पादप परजीवी सूत्रकृमि

- एक मूल ग्रंथ

INTRODUCTORY

NEMOTOLOGY

हरिश कान्त बजाज

रमन कुमार वालिया

साईन्टिफिक
पब्लिशर्स

प्रकाशक
साईन्टिफिक पब्लीशर्स (इण्डिया)

जोधपुर
5-ए, न्यू पाली रोड, पो. बा. नं. 91
जोधपुर-342 001 (राज.)
टेलिफोन : 0291-2433323
फैक्स : 0291-2624154
E-mail : info@scientificpub.com

दिल्ली
4806/24, अंसारी रोड,
दरियागंज
नई दिल्ली-110 002 (भारत)

ISBN: 978-93-86347-26-8

विस्तृत जानकारी हेतु कृपया हमारी वेबसाईट पर सम्पर्क करें–
http://www.scientificpub.com
Digitally Printed at Replika Press Pvt. Ltd.
भारत में मुद्रित

प्राक्कथन

अब यह प्रमाणित हो चुका है कि प्राय: जमीन में रहने वाले सूक्ष्मदर्शी सूत्रकृमि कृषि उत्पादकता को प्रभावित करते हैं। इसी तथ्य के आधार पर विश्व व भारत के कृषि व अन्य विश्वविद्यालयों में सूत्रकृमि विज्ञान के स्वतन्त्र विभाग स्थापित किये गये हैं जहां शोध कार्य के अतिरिक्त स्नातकोत्तर स्तर के पाठ्यक्रम चल रहे हैं। भारत के कृषि विश्वविद्यालयों में स्नातक स्तर पर सूत्रकृमि विज्ञान को स्वतन्त्र अथवा पादप रोग के कोर्स के अंर्तगत पढ़ाया जा रहा है। भारतीय कृषि अनुसंधान परिषद द्वारा गठित पंचम अधिष्ठाताओं की समिति ने भी बी.एस.सी. (आनर्स) कृषि, बी.एस.सी. (आनर्स) हॉरटीकल्चर व बी.एस.सी. सिरीकल्चर के पाठ्यक्रम में सूत्रकृमि विज्ञान को स्वतन्त्र अथवा पादप रोग के कोर्स के भाग के रूप में आवश्यक कोर्स रखा है।

लेखक गत कई वर्षों से स्नातकोत्तक स्तर पर सूत्रकृमि विज्ञान के विभिन्न कोर्स पढ़ाते हुए यह अनुभव कर रहे थे कि देश में हिन्दी माध्यम में अध्ययन करने वाले छात्रों के लिए इस भाषा में मूल पुस्तक का अभाव है। इसी आवश्यकता को पूरा करने के लिए प्रस्तुत पुस्तक की रचना की गई है।

पुस्तक के अध्यायों को दो भागों में व्यवस्थित किया गया है, प्रथम दस अध्यायों में सामान्य सूत्रकृमि विज्ञान तथा 11 से 19 अध्यायों में विभिन्न फसलों को क्षति पहुंचाने वाले महत्वपूर्ण सूत्रकृमियों का विवरण है। इस भाग के अन्तिम तीन अध्याय कीटों द्वारा संचरित पादप सूत्रकृमियों, पादप/फंगसभक्षी व कीटपरजीवी सूत्रकृमियों एवम् कीटरोग जनक सूत्रकृमियों से सम्बन्धित हैं। द्वितीय भाग (प्रयोगात्मक सूत्रकृमि विज्ञान) में उपरोक्त कोर्सों में निर्धारित प्रयोगों को सम्मिलित किया गया है। वस्तुत: बी.एस.सी. (आनर्स) कृषि, बी.एस.सी. (आनर्स) हॉरटीकल्चर व बी.एस.सी. सिरीकल्चर, तीनों के पाठ्यक्रमों के लिए निर्दिष्ट सूत्रकृमि विज्ञान के कोर्सों की आवश्यकताओं को यह पुस्तक पूरी करती है। पुस्तक में सम्मिलित कुछ अन्य अध्याय विद्यार्थियों को SRF, NET आदि के लिए लाभप्रद होगें। लेखन में वैज्ञानिक तथा तकनीकी शब्दावली आयोग, मानव

संसाधन मंत्रालय (माध्यमिक शिक्षा और उच्चतर शिक्षा विभाग), भारत सरकार द्वारा प्रकाशित सूत्रकृमिविज्ञान परिभाषा-कोश, वृहत् पारिभाषिक शब्द संग्रह प्राणिविज्ञान नामक पुस्तकों व अन्य दिशा निर्देशों का अनुसरण किया गया है।

इस पुस्तक के माध्यम से हमारा लक्ष्य सूत्रकृमि विज्ञान को समुचित चित्रों की सहायता से सरल भाषा में प्रस्तुत करना रहा है जिससे कि छात्र न केवल सूत्रकृमियों को समझ सके अपितु उनमें इस विषय को और भी जानने की जिज्ञासा उत्पन्न हो सके। इस उद्देश्य की पूर्ति के लिए हमने अन्य पुस्तकों, शोध पत्रिकाओं आदि की सहायता ली है जिसके लिए हम उनके प्रकाशकों के कृतज्ञ हैं। हम श्रीमती सुमन बजाज एम.ए. हिन्दी, पुस्तक के सम्पादन में सहयोग के लिए आभारी हैं।

— हरीश बजाज

— रमन वालिया

Forward

Dr. Pranjib Kumar Chakrabarty
Assistant Director General (Plant Protection & Biosafety)
Indian Council of Agricultural Research
KrishiBhawan,
New Delhi 110001

Plant Parasitic Nematodes have become economically important limitations imposing significant biosecurity threat to crops. The recent emergence of nematodes under protected cultivation systems is most challenging and needs immediate interventions for successful crop cultivation in polyhouse crops. Potato cyst nematode has been intercepted in newer areas in hilly regions of north India. Rice root-knot nematode has attained the status of a national problem. Nematode spread to far-flung areas through infected planting materials, particularly in fruits and vegetables, needs to be curbed by sanitation procedures and through enforcement of domestic quarantine regulations.

Increasing association and documentation of this insidious agent with crops have led to wider acknowledgement of nematode as limiting factors in crop productivity. A strong human resource needs to be developed to address these problems at the grass root level through concerted extension education efforts. Agricultural and horticultural graduates constitute a major force working at village levels and needs to be sensitized on nematode problems of crops. Course curricula at undergraduate level in agriculture, horticulture, sericulture and forestry programmes include syllabi on nematode problems.

The authors of this book – **Drs. Harish Bajaj** and **Raman Walia** are renowned experts of Nematology. A "**Text Book on Introductory Plant Nematology**" written by them in 2003 has been widely acclaimed and is used in teaching programmes all over India. However, vast areas of the country use Hindi as the instructional medium. The present book "**पादप परजीवी सूत्रकृमि - एक मूल ग्रंथ**" by Drs. Bajaj and Walia is basically designed for this clientele. This book is a sincere effort to blend the basic and applied aspects of Nematology that are required at undergraduate level. I congratulate the authors of the book on this valuable contribution.

Dated: February 1, 2017

Pranjib Kumar Chakrabarty

विषय–सूची

ООО

अध्याय 1 प्रस्तावना

सूत्रकृमि शब्द सूत्र = धागा + कृमि = कीड़ा से मिलकर बना है अर्थात धागे जैसा कीड़ा। यह अंग्रेजी शब्द निमेटोड (Nematode) का रूपान्तर है जो इसकी धागे-जैसी आकृति इंगित करता है- निमेटा (Nemata) = धागा (thread) + ऑइडस (oides) = जैसा। कुछ लोग इन्हें गोलकृमि या राउंड वर्म (round worm) कहते हैं क्योंकि इनकी देह बेलनाकार होती है जिसका अनुप्रस्थ काट (transverse section) गोल होता है। इन जन्तुओं की चाल व आकृति समुद्री मछली ईल (eel fish) से मिलती है इसलिए अंग्रेज लोग इन्हें ईल वर्म कहना पसन्द करते हैं। कुछ अन्य लोग इन्हें केवल निमा कह कर पुकारते हैं।

आवास व विविधता

सूत्रकृमि उन सभी प्रकार के आवासों में, जहां जीवन सम्भव है, मिलते हैं। समुद्र की तली, पर्वतों की चोटी, गर्म झरनों, ठंडे बर्फीले आर्कटिक क्षेत्र, गर्म रेगिस्तान, बंजर भूमि, उपजाऊ जमीन, घास के मैदान, घने जंगल आदि पृथ्वी का कोई भी भाग ऐसा नहीं है जो सूत्रकृमि रहित हो। हर प्रकार के पादपों और जन्तुओं के साहचर्य में इन्हें पाया जा सकता है।

संख्याबल में सूत्रकृमि सबसे अधिक पाए जाने वाले बहुकोशकीय जन्तु है और विविधता (जातियों की संख्या के आधार पर) सम्भवतया कीटों से भी अधिक है। एक अनुमान के अनुसार पृथ्वी पर लगभग पांच लाख सूत्रकृमियों की जातियां हैं जिनमें से अभी तक केवल 25000 ही पहचानी जा सकी हैं। साधारणतया सूत्रकृमियों को दो मुख्य भागों में बांटा जा सकता है- (1) मुक्तजीवी (free living) और (2) परजीवी (parasitic)। मुक्तजीवी सूत्रकृमि सूक्ष्मभक्षी (microvorous), मृतभक्षी (saprophagous) अथवा परभक्षी (predator) होते हैं और कार्बनिक पदार्थ के पुनरावृति (recycling) में अहम् भूमिका निभाते हैं। परजीवी सूत्रकृमि अपना आहार पादपों और जन्तुओं से लेते हैं। पादपों से आहार लेने पाले सूत्रकृमि पादप सूत्रकृमि (plant nematodes/ phytonematodes) अथवा पादप परजीवी (plant parasitic) सूत्रकृमि कहलाते हैं। इस प्रकार के सूत्रकृमि किसी भी प्रकार के पादप (निम्न वर्ग से उच्चतम वर्ग) पर भक्षण कर सकते हैं और हजारों की संख्या में मूल परिसर में मिलते हैं। सभी प्रकार के अकशेरुकी (invertebrate) व कशेरुकी (vertebrate) जन्तु परजीवी सूत्रकृमियों के परपोषी (host) होते हैं। मुक्तजीवी व परजीवी (मनुष्य, पशुओं व फसलों के) सूत्रकृमियों का संक्षिप्त परिचय इस प्रकार है-

मुक्तजीवी सूत्रकृमि

आर्थिक रूप से महत्वपूर्ण न होने के कारण मनुष्य कुछ वर्ष पूर्व तक ऐसे सूत्रकृमियों की अवहेलना करता रहा है। मृदा व पानी में रहने वाले ये सूत्रकृमि सूक्ष्मदर्शी होते हैं जो इनकी अवहेलना का एक मुख्य कारण रहा है। सागर में रहने वाले सूत्रकृमि जैसे- *कीटोस्टोमा (Chaetostoma)*, *क्रोमाडोरा (Chromadora)*, *डिओन्टोस्टोमा (Deontostoma)* आदि समुद्री पानी में रहने के आदी होते हैं। *पलेक्टस (Plectus)*, *डोरीलेमस (Dorylaimus)*, *नाइगोलेमस (Nygolaimus)*, *मोनोनकस (Mononchus)*, *सीनोरेबडाइटिस (Caenorhabditis)* मृदा और ताजे पानी में प्रायः मिलने वाले सूत्रकृमियों के उदाहरण हैं। मृदा में रहने वाले सूत्रकृमियों को एक प्रकार का जलीय सूत्रकृमि ही माना जाता है क्योंकि वे मृदा कणों को आच्छदित करते हुए पानी की परत में ही जीवित रह सकते हैं।

पिछले कुछ वर्षों से मुक्तजीवी सूत्रकृमि वैज्ञानिकों के गहन अध्ययन का केन्द्र बने हुए हैं। उदाहरणार्थ *सी. एलीगेंस (C. elegans)* व *सी. ब्रगीसी (C. briggsae)* को जीवन के मूल भूत सिद्धान्तों जैसे- जरण (ageing), कोशिका वंशावली (cell lineage) द्वारा अंगों का बनना, जीवन पद्धतियों का अनुवांशिक नियंत्रण, कार्यिकी इत्यादि को समझने के लिए अनुवांशिक वैज्ञानिकों (Geneticists), कोशिका वैज्ञानिकों (Cytologists), पोषकाहार वैज्ञानिकों (Nutrionalists), कार्यिकी वैज्ञानिकों (Physiologists) और विष वैज्ञानिकों (Toxicologists) ने मॉडल के रूप में अपनाया है। *सी. एलीगेंस* का पूरा जिनोम का अब पता चल चुका है। ब्रेनर, सुलस्टन व होरविज (Brener, Sulston & Horvitz) को सन् 2002 में मेडीसिन/ कार्यिकी का नॉबल पुरस्कार *सी. एलीगेंस* पर की हुई शोध पर मिला था। उन्होंने इस सूत्रकृमि की व्यष्टि (individual) कोशिका की वंशावली तथा प्रत्येक जीन द्वारा कोशिकाओं के वर्धन और मृत्यु के नियमन पर शोध की थी। मिस्सोरी विश्वविद्यालय, कोलम्बिया के जरण राष्ट्रीय संस्थान में *सीनोरेबडाइटिस एलीगेंस* अनुवांशिक केन्द्र (*Caenorhabditis elegans Genetic Centre at National Institute of Ageing,* University of Missouri, Columbia, USA) स्थापित किया गया है जो इस सूत्रकृमि के अनुवांशिक नक्शों (genetic mapping), अनुवांशिक नामकरण व संग्रह और उत्परिवर्ती (mutants) के वितरण के लिए उत्तरदायी है। निम्नलिखित विशेषताओं के कारण यह सूत्रकृमि एक अच्छा जैव मॉडल है-

- इसकी अनुवांशिक संरचना बहुत छोटी व साधारण है।
- यह सूत्रकृमि जीवाणुभक्षी है जिसका आसानी से जीवाणुओं व कृत्रिम माध्यम पर संवर्धन किया जा सकता है।
- इस सूत्रकृमि में आसानी से उत्परिवर्तन (mutation) किये जा सकते हैं।
- इसका जीवन चक्र बहुत छोटा होता है तथा ये प्राकृतिक रूप में इसमें उभयलिंगी मादा व नर होते हैं।
- पारदर्शी क्यूटिकल होने के कारण इसके आंतरिक अंगों का आसानी से निरीक्षण किया जा सकता है।
- इन्हें अनेक वर्षों तक द्रवीय नाइट्रोजन में सुप्तावस्था में रखा जा सकता है।
- इसमें तंत्रिका तंत्र पूर्णतयाः विकसित होता है।

एक और मुक्तजीवी सूत्रकृमि *पेनाग्रेलस रेडीविवस* *(Panarellus redivivus)* का जमीन व पानी के प्रदूषण सूचक (pollution indicator), सूत्रकृमियों की पोषक आवश्कताओं व जरण आदि क्रियाओं को समझने के लिए जैव मॉडल के रूप में प्रयोग किया जा रहा है।

मनुष्यों के परजीवी सूत्रकृमि

आदि काल से सूत्रकृमि मनुष्यों में रोग उत्पन्न करते रहे हैं। लम्बे होने के कारण मनुष्य इन्हें आसानी से पहचानता भी है। कुछ सूत्रकृमियों का संक्षिप्त वर्णन इस प्रकार है–

- ***एस्केरिस लुम्ब्रीकॉडिस*** *(Ascaris lumbricoides)* **:** यह सूत्रकृमि अविकसित व विकासशील देशों में जहां पर सफाई व्यवस्था बहुत कमजोर है, आम तौर पर पाया जाता है। यह सूत्रकृमि मुख्य रूप से आंत्र में रहता है किन्तु शरीर के अन्य अंगों में अपने जीवन चक्र में पहुंचता है। मादा सूत्रकृमि एक फुट से अधिक लम्बी होती है और लगभग 2700000 अंडे प्रति दिन देती है जो मल के साथ बाहर आते रहते हैं। इस सूत्रकृमि के कारण खून की कमी व पाचन विकार होते हैं। सूत्रकृमियों की अधिक संख्या होने पर आंत्र अवरुद्ध हो जाती है।

- ***एंट्रोबियस वर्मीकुलेटस*** *(Enterobius vermiculatus)* **:** यह सूत्रकृमि बड़ी आंत्र के अंधनाल (सीकम caecum) भाग में रहते हैं तथा लगभग एक सेंटीमीटर लम्बे होते हैं। इन सूत्रकृमियों का प्रकोप बच्चों में अधिक मिलता है तथा उनके मल में रेंगते हुए देखे जा सकते हैं। बच्चों में सोते समय मादा सूत्रकृमि गुद द्वार से बाहर आकर उसके आस-पास अंडे देती है। इस समय बच्चों को गुदा के आस-पास बहुत खुजली होती है।

- ***वक्खरेरिया बेन्क्राटी*** *(Wuchraria bancrofti)* **:** यह सूत्रकृमि एलीफेन्टाइटिस (Elephantitis) नामक बीमारी करता है जिसमें मनुष्य की टांगों, पैर, वृषण कोश, स्तन आदि बहुत बड़े हो जाते हैं (चित्र 1.1)। यह सूत्रकृमि लसिका तंत्र (lymphatic system) में रहता है और मच्छरों द्वारा मनुष्यों में फैलता है। दक्षिणी भारत के तटीय क्षेत्र, पश्चिमी बंगाल, ओडिशा, बिहार व पूर्वी राज्यों में इस सूत्रकृमि का बड़ा प्रकोप है।

- ***ओनकोसेरा वोलवुलस*** *(Oncocera volvulus)* **:** यह सूत्रकृमि काली मक्खी, *सिमुलियम* जाति (black fly- *Simulium* sp.) के काटने से मनुष्य के शरीर में पहुंचता है जहां पर यह उपत्वचा के ऊतकों में फफोला बनाकर कर रहता है (चित्र 1.2)। इस सूत्रकृमि से होने वाली बीमारी को ओनकोसेरासिस (Onchocerasis) या रिवर ब्लांइडनेस (River blindness) कहते हैं। यह बीमारी अफ्रीका, मध्य व दक्षिणी अमेरिका के देशों व यमन में पायी जाती है।

- ***एन्काइलोस्टोमा डयुडोनेल*** *(Ancylostoma dudonale)* और ***नेक्टर अमेरिकाना*** *(Nector americana)* **:** हुक वर्म के नाम से जाने वाले ये सूत्रकृमि लगभग विश्व की एक चौथाई आबादी को प्रभावित करते हैं और विशेषकर यूरोप, उत्तरी अमेरिका, व एशिया के देशों में मिलते हैं। वयस्क सूत्रकृमि छोटी आंत्र की श्लेष्मिका (mucosa) में रहते हैं और वहां धमनियों को दांतों से काटकर खून चूसते हैं जिसके कारण छोटी आंत्र में घाव बन जाते हैं।

- ***ड्रेकनकुलस मेडीनेंसिस*** *(Dracunculus medinensis)* **:** इसे प्रायः गिनी वर्म (Guinea worm) के नाम से जाना जाता है और यह त्वचा के नीचे उपत्वचा के ऊतकों में रहता है। अफ्रीका व एशिया की लगभग दो करोड़ आबादी इस सूत्रकृमि से पीड़ित है। इस सूत्रकृमि के कारण टांगों

तथा पैरों पर फफोले/ फोड़ें (blister) बन जाते हैं (चित्र 1.3)। इन अंगों के पानी के सम्पर्क में आने पर मादा सूत्रकृमि फफोलों में से अपना कुछ भाग बाहर निकाल कर पानी में डिंभक (larvae) छोड़ देती है। ये डिंभक वहां उपस्थित साइक्लॉप्स (cyclops) के अन्दर पहुंचकर आगे वर्धन करते हैं। मनुष्य में इन सूत्रकृमियों का प्रवेश साइक्लॉप्स-ग्रसित दूषित पानी पीने से होता है।

• **ट्राइकिनेला स्पाइरेलिस** (*Trichinella spiralis*) एवं **ट्राइसूरिस ट्राइसूरा** (*Trichuris trichura*) मनुष्यों में पाये जाने वाले दो अन्य महत्वपूर्ण सूत्रकृमि हैं।

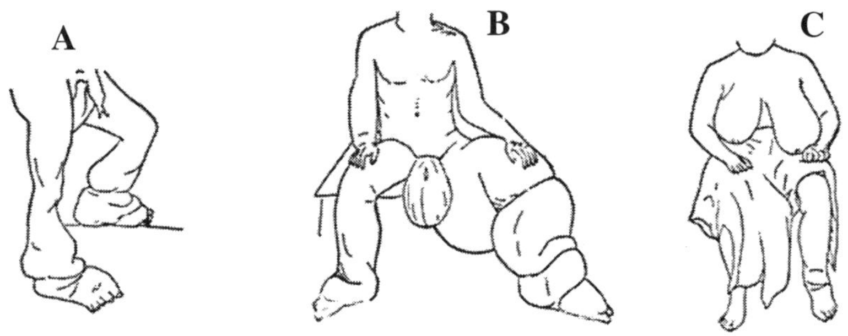

■ चित्र 1.1 : **मनुष्यों में एलीफेन्टाइटिस बीमारी के लक्षण– A. टांगों व पैरों पर, B. वृषण कोश व टांगों पर, C. स्तनों पर**

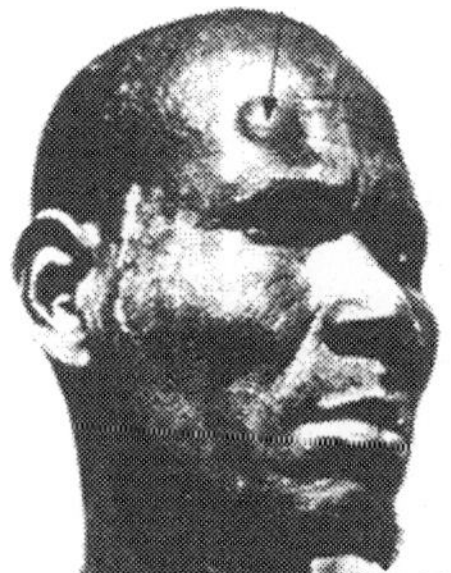

■ चित्र 1.2 : ***ओनकोसेरा वोलवुलस* के कारण मनुष्य के माथे पर बना फोड़ा**

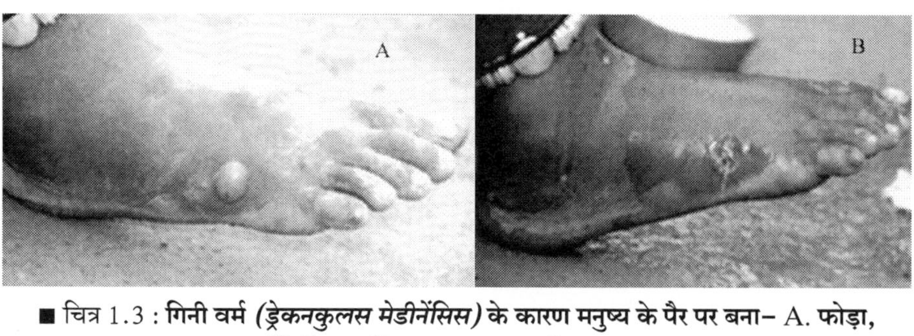

■ चित्र 1.3 : **गिनी वर्म *(ड्रेकनकुलस मेडीनेंसिस)* के कारण मनुष्य के पैर पर बना–** A. **फोड़ा,** B. **फोड़ें में बाहर निकला हुआ सूत्रकृमि का कुछ भाग**

कशेरुकी जन्तुओं के कुछ अन्य परजीवी सूत्रकृमि

मनुष्य को पालतु पशुओं के सूत्रकृमियों का ज्ञान बहुत पहले से ही है क्योंकि वे काफी लम्बे होते हैं और नंगी आंखों से दिखाई दे जाते हैं। ऐसे कुछ सूत्रकृमियों का सूक्ष्म परिचय इस प्रकार है–

- ***ट्राइसूरिस* जातियां** (*Trichuris* species) **:** विप वर्म के नाम से जाने वाले ये सूत्रकृमि 30-50 cm लम्बे होते हैं और प्रायः कुत्तों, सूअर और जुगाली करने वाले पशुओं की वृहद आंत्र (colon), उण्डुक पुच्छ (vermiform appendix) और मलाशय में मिलते हैं।
- ***डाइओक्टोफाइम रिनेल*** *(Dioctophyme renale)* **:** मुख्यतयाः कुत्तों के गुर्दों (kidney) में मिलने वाला जाइंट किडनी वर्म (Giant kidney worm) नामक यह सूत्रकृमि 90 cm तक लम्बा हो सकता है। यदा कदा यह मनुष्य के गुर्दे में भी मिल जाता है।
- ***हिमोंकस कॉनटोरटस*** *(Haemonchus contortus)* : यह सूत्रकृमि भेड़, बकरी, गाय, भैंस आदि के पेट में रह कर खून चूसता है जिसके कारण पशुओं में अल्प रक्तता (anemia) हो जाती है।
- ***ट्रिकोस्ट्रोन्गाइलस* जातियां** (*Trichostrongylus* species) **:** इस वंश की कई जातियां भेड़, बकरी, घोड़े तथा जुगाली करने वाले पशुओं के पेट में प्रायः मिलते हैं। ये सूत्रकृमि अपेक्षाकृत छोटे होते हैं।
- ***एस्केरिडिया गेलाइ*** *(Ascaridia galli)* **:** ये सूत्रकृमि चूजों की आंत्र में बहुधा मिल जाते हैं।

अकशेरुकी जन्तुओं के परजीवी सूत्रकृमि

अकशेरुकी जन्तु, विशेषकर कीट (insect), सूत्रकृमियों की पारिस्थितिकी (ecology) में महत्वपूर्ण भूमिका निभाते हैं। कई कीट मनुष्यों, अन्य कशेरुकी जन्तुओं व पादपों परजीवी सूत्रकृमियों के जीवन चक्र के अभिन्न अंग हैं क्योंकि वे मध्यस्थ परपोषी (intermediate host) और/अथवा संवाहक का कार्य करते हैं। अनेक परजीवी सूत्रकृमियों के लिए अकशेरुकी जन्तु अंत्य परपोषी (final host) होते हैं। मरमिथिडा गण के *रोमेनोमरमिस क्युलीसीवोरेक्स (Romanomermis culicivorax)* व *मरमिस नाइजीरेसेंस (Mermis nigerescens)* क्रमशः मच्छरों व ग्रास होपर के परजीवी सूत्रकृमि हैं। ये सूत्रकृमि काफी बड़े होते हैं और उनके कीट देह से बाहर निकलने पर कीटों की मृत्यु हो जाती है (चित्र 1.4)। कुछ कीट परजीवी सूत्रकृमियों जैसे– *आर. क्युलीसीवोरेक्स* का मच्छरों के जैव नियंत्रण में प्रयोग हुआ है।

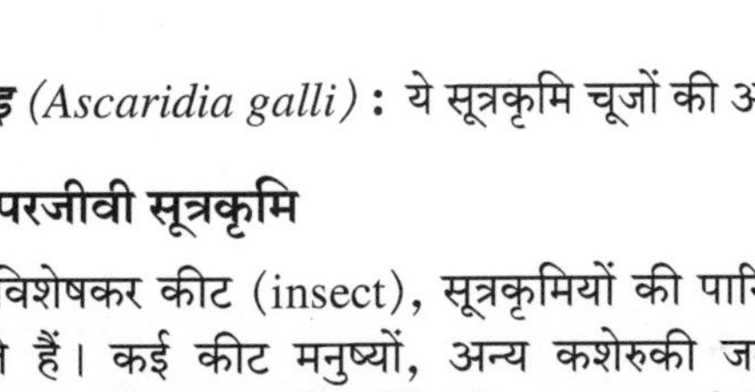

■ चित्र 1.4 : **ग्रास होपर में मरमिथिड सूत्रकृमि**

कीट परजीवी सूत्रकृमियों के एक अन्य समूह को कीट रोगजनक सूत्रकृमियों (entomopathogenic nematodes) के नाम से जाना जाता है। ये सूत्रकृमि *हेटरोरेबडाइटिस (Heterorhabditis)* व *स्टाइनरनिमा (Steinernema)* वंश के हैं। इन सूत्रकृमियों की आंत्र में क्रमशः *फोटोरेबडस (Photorahbdus)* व *जेनोरेबडस (Xenorhabdus)* नामक जीवाणु (bacteria) होते हैं जो सूत्रकृमियों के कीट डिंभकों में वेधन करने पर सूत्रकृमि आंत्र से निकल कर कीट रक्तगुहा (haemocoele) में आ जाते हैं। कीट रक्तगुहा में जीवाणु तेजी से बढ़ते हैं और 48 घंटों के अन्दर विषाक्ता (septicemia) के कारण कीट डिंभक मर जाते हैं (चित्र 1.5)। सूत्रकृमि जीवाणुओं द्वारा नष्ट किये गये कीट ऊतकों को जीवाणुओं सहित खाते हैं। इन सूत्रकृमियों को कृषि के पीड़क कीटों के नियंत्रण के लिए जैव नियंत्रक के रूप में उपयोग किया जा रहा है।

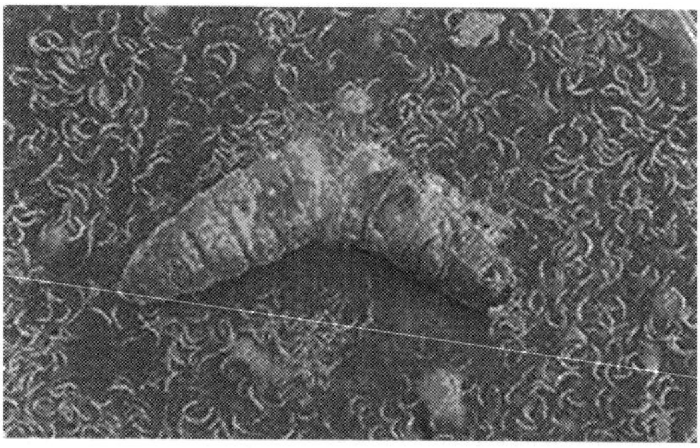

■ चित्र 1.5 : **कीट डिंभक से निकलते हुए *स्टाइनरनिमा* के संक्रामक डिंभक**

पादप परजीवी सूत्रकृमि

पादप सूत्रकृमि बहुत छोटे होते हैं जो केवल सूक्ष्मदर्शी की सहायता से देखे जा सकते हैं। अधिकतर पादप सूत्रकृमि मिट्टी में रहते हुए जड़ों पर खाते हैं (चित्र 1.6) किन्तु कुछ सूत्रकृमि पादपों के वायवीय (aerial) / उपरभूमिक (above ground) भागों पर जीवन निर्वाह करते हैं। कुछ पादप सूत्रकृमियों के उदाहरण हैं–

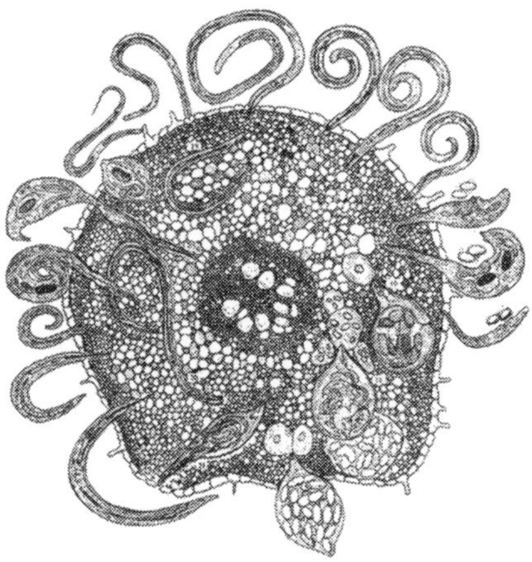

■ चित्र 1.6 : **जड़ ऊतकों पर खाते हुए विभिन्न प्रकार के सूत्रकृमि**

- ***एंग्युआइना ट्रिटिसाई*** (*Anguina tritici*)- गेहूँ का बीज पिटिका सूत्रकृमि
- ***मेलॉइडोगाइन जातियां*** (*Meloidogyne* species)- धान, सब्जियों, फलों, दालों आदि का जड़ गांठ सूत्रकृमि
- ***हेटरोडेरा एविनी*** (*Heterodera avenae*)- गेहूँ व जौ का सिस्ट सूत्रकृमि
- ***टाइलेंकुलस सेमीपेनिट्रेंस*** (*Tylenchulus semipenetrans*)- सिट्रस वंश का सूत्रकृमि

पादप परजीवी सूत्रकृमियों का अध्ययन सूत्रकृमि वैज्ञानिक करते हैं। आमतौर पर सूत्रकृमि विज्ञान (Nematology), पादप सूत्रकृमि विज्ञान (Plant Nematology/ Phytonematology) या कृषि सूत्रकृमि विज्ञान (Agricultural Nematology) का संदर्भ पादप परजीवी सूत्रकृमियों के लिए होता है। इस विज्ञान में उन परजीवी सूत्रकृमियों का अध्ययन किया जाता है जो आर्थिक रूप से महत्वपूर्ण फसलों, सब्जियों, फलों व अन्य वृक्षों को प्रभावित करते हैं। मनुष्य व अन्य जन्तुओं के परजीवी सूत्रकृमियों की अपेक्षा इन सूत्रकृमियों पर शोध कार्य बहुत बाद में आरम्भ हुआ। सन् 1743 में पहले पादप परजीवी सूत्रकृमि का पता चला जिसका वर्तमान नाम *एंग्युआइना ट्रिटिसाई* है। यद्यपि अनेक वर्षों पूर्व से यह आशंका व्यक्त की जा रही थी कि पादप सूत्रकृमि कृषि उत्पादन में बाधक हैं किन्तु उनका आर्थिक महत्व 1940 के आस-पास ही सिद्ध किया जा सका। सूत्रकृमि विज्ञान की धीमी प्रगति के कई कारण रहे हैं जिनमें से कुछ मुख्य ये हैं–

- पादप सूत्रकृमि बहुत छोटे होते हैं और बिना माइक्रोस्कोप के दिखाई नहीं देते।
- पादप सूत्रकृमि मिट्टी या जड़ों में छिपे रहते हैं।
- पौधों में सूत्रकृमि संक्रमण के कारण विशिष्ट लक्षण पैदा नहीं होते। पौधों का पीलापन, बढ़ाव व उत्पादन में कमी आदि लक्षण मिट्टी में खाद व पानी की कमी व अन्य कारणों से भम्रित करते हैं।
- प्रशिक्षित वैज्ञानिकों की कमी थी।

सन् 1943 में यह सिद्ध हो गया कि पादप सूत्रकृमि फसलों में भारी नुकसान पहुंचाते हैं। इसके बाद इस विज्ञान का बहुत तेजी से विकास हुआ और विश्व के कई देशों में सूत्रकृमियों से होने वाली बिमारियों का पता चलने लगा। अब सूत्रकृमि विज्ञान कीट विज्ञान (Entomology) और पादप रोग विज्ञान (Plant Pathology) के समान पादप संरक्षण (Plant protection) की स्वतन्त्र इकाई के रूप में माना जाता है।

पादप सूत्रकृमियों का आर्थिक महत्व

पादप सूत्रकृमियों की लगभग 2000 जातियों का अब तक पता लग चुका है और वे विश्व के सभी क्षेत्रों में विद्यमान हैं। इनका परपोषी परास (host range) एल्गी/ फंगस से ले कर एंजियोस्पर्म (angiosperm) वृक्षों तक है। मूलपरिवेश से ली गयी थोड़ी सी मिट्टी में ही पादप सूत्रकृमियों की चार-पांच जातियों का मिलना आम बात है। पादप सूत्रकृमि अविकल्पी परजीवी होते हैं और पादप कोशिकाओं से ही अपने लिए खाना लेते हैं। अतः परपोषी पादपों पर उनका दुष्प्रभाव पड़ना स्वाभाविक ही है।

फसलों में सूत्रकृमियों द्वारा होने वाली क्षति कई कारकों पर निर्भर करती है जिनमें से मुख्य हैं- सूत्रकृमियों का समष्टि घनत्व, परजीविता का प्रकार (बाह्य/ अंतः परजीवी), परपोषी सुग्राहिता,

फसल चक्र, मृदा कारक (मिट्टी का प्रकार, नमी इत्यादि), जलवायु (मुख्यतया तापमान व आर्द्रता)। अकेले सूत्रकृमि-संक्रमण के कारण कदाचित ही पौधों की मृत्यु होती है किन्तु वे अन्य रोग जनक सूक्ष्मजीवों (जीवाणु, फंगस, विषाणु) के साथ मिलकर जटिल रोग पैदा करते हैं। ऐसे रोगों में सूत्रकृमि गंभीर कारक (aggrevator), उत्तेजक (incitant), पूर्वानुकूलक (predisposer) अथवा संवाहक का कार्य करते हैं जिससे फसलों को रोगजनक सूक्ष्मजीवों से अधिक नुकसान होता है।

सूत्रकृमियों से होने वाले नुकसान का ठीक आंकलन करना बहुत कठिन है और यह सूत्रकृमि की रोगजनक क्षमता, उसका भूमितलीय विस्तार तथा फसल के बाजार भाव पर निर्भर करता है। नुकसान के आंकलन के लिए सूत्रकृमि-संक्रमित खेत के आधे हिस्से में सूत्रकृमिनाशी दवाई लगाकर तथा अंत में दोनों भागों (दवाई लगा हुआ और बिना दवाई लगा हुआ) में हुई पैदावार की तुलना करके किया जाता है। इस प्रकार हम यह गणना कर पाते हैं कि सूत्रकृमिनाशी लगाकर कितने नुकसान से बचा जा सकता है (परिहार्य नुकसान)। कुछ आंकलन सूत्रकृमि ग्रसित और सूत्रकृमि मुक्त खेतों में होने वाली उपज की तुलना पर भी आधारित हैं। बहुधाः सूत्रकृमियों से होने वाले नुकसान को अपेक्षाकृत पैदावार में हुई प्रतिशत कमी तथा सूत्रकृमि के समष्टि घनत्व के संदर्भ में देखा जाता है।

सूत्रकृमियों से होने वाले विभिन्न फसलों में नुकसान के आंकड़े कई देशों में उपलब्ध हैं। 1980 के दशक में अमेरिका के वैज्ञानिक सासर (Sasser) ने अन्तरराष्ट्रीय *मेलॉइडोगाइन* परियोजना (International *Meloidogyne* Project) के अन्तर्गत विश्व भर से एकत्रित किये गये आंकड़ों के आधार पर पादप सूत्रकृमियों से होने वाली क्षति का अनुमान लगाया। इस अनुमान (तालिका 1.1) के अनुसार कुल मिलाकर विश्व में 12.3% नुकसान सूत्रकृमियों द्वारा फसलों में होता है। प्रमुख 20 फसलों में 10.7% तथा वैश्विक (commercial) फसलों में 14.0% पैदावार में कमी इन सूत्रकृमियों के कारण होती है। तुलनात्मक दृष्टि में विकासशील देशों में (14.6%) विकसित देशों (8.8%) की अपेक्षा अधिक क्षति होती है। अमेरिका में 1984 के उत्पादन व मूल्य के आधर पर यह नुकसान 77 अरब डॉलर अनुमानित किया गया था। 1971 की एक रिपोर्ट के अनुसार केवल अमेरिका में सूत्रकृमियों के कारण खाद्यान्न फसलों में 6% ($ 11 करोड़), 12% फलों व मेवों में ($ 22.5 करोड़), 11% सब्जियों में ($ 26.7 करोड़) और फूलों में 10% ($ 6 करोड़) का नुकसान होता है।

■ तालिका 1.1 : **विश्वस्तर पर पादप सूत्रकृमि द्वारा विभिन्न फसलों में होने वाली क्षति**

अति आवश्यक फसलें	क्षति (%)	अन्य आर्थिकरूप से महत्वपूर्ण फसलें	क्षति (%)
केला (Banana)	19.7	कोको (Cacao)	10.5
जौ (Barley)	6.3	सिट्रस (Citrus)	14.2
कसावा (Cassava)	8.4	कॉफी (Coffee)	15.0
चना (Chickpea)	13.7	कपास (Cotton)	10.7
नारियल (Coconut)	17.1	लोबिया (Cowpea)	15.1
मक्की (Maize)	10.2	बैंगन (Eggplant, Brinjal)	16.9
फील्ड बीन (Field bean)	10.9	चारा (Forages)	8.2

अति आवश्यक फसलें	क्षति (%)	अन्य आर्थिकरूप से महत्वपूर्ण फसलें	क्षति (%)
बाजरा (Millets)	11.8	अंगूर (Grape)	12.5
जई (Oat)	4.2	अमरुद (Guava)	10.8
मूंगफली (Groundnut)	12.0	खरबूज आदि (Melons)	13.8
अरहर (Pigeonpea)	13.2	भिण्डी (Okra)	20.4
आलू (Potato)	12.2	सजावटी फूल (Ornamentals)	11.1
चावल (Rice)	10.0	पपीता (Papaya)	15.1
राई (Rye)	3.3	काली मिर्च (Pepper)	12.2
ज्वार (Sorghum)	6.9	अनानास (Pineapple)	14.9
सोयाबीन (Soybean)	10.6	चाय (Tea)	8.2
चुकन्दर (Sugarbeet)	10.9	तम्बाकू (Tobacco)	14.7
गन्ना (Sugarcane)	15.3	टमाटर (Tomato)	20.6
शकरकंद (Sweet potato)	10.2	जिमीकंद (Yam)	17.7
गेहूँ (Wheat)	7.0	अन्य (Other)	17.3
औसत	10.7	औसत	14.0
कुल औसत 12.3%			

भारत में सन् 2005 के न्यूनतम समर्थन मूल्य के आधार पर 21,06,950,000 रुपए का नुकसान 24 फसलों में अनुमानित किया गया है। इससे पहले सैषाद्री व गौड़ ने सन् 1999 में 5% तिलहनी फसलों, 8% दलहनी फसलों, 8% गन्ने व फलों, 12% सब्जियों में नुकसान अनुमानित किया था। अकेले *एंग्युआइना ट्रिटिसाई* से उत्तर भारत में सात करोड़ रुपए की क्षति आंकी गयी थी। कर्नाटक राज्य में *प्रेटीलेंकस कॉफी (Pratylenchus coffee)* के कारण कॉफी में 1000 हैक्टअर क्षेत्र में दो करोड़ रुपए का नुकसान अनुमानित किया गया था। राजस्थान में सन् 1969 के न्यूनतम समर्थन मूल्य के आधार पर 3.2 तथा 2.5 करोड़ रुपए का नुकसान क्रमशः गेहूँ व जौ में *हेटरोडेरा एविनी (Heterodera avenaae)* से होने वाली मोल्या बीमारी के कारण हुआ था। हरियाणा राज्य में इसी बीमारी के कारण 68.71 करोड़ रुपए के बराबर कम पैदावार हुई थी। यह आंकड़ा गेहूँ के मूल्य 700 रुपए प्रति क्विंटल पर आधारित है। रेड्डी (Reddy) ने सन् 2008 में तब तक उपलब्ध आंकड़ों से निष्कर्ष निकाला कि फलों में 10-69%, सब्जियों में 13.2-99.5%, पुष्पीय पौधों में 22-64%, बागान फसलों में 18.6-76% तथा खुम्ब में 35-100% नुकसान सूत्रकृमियों के कारण होता है।

ooo

अध्याय 2

पादप सूत्रकृमियों का इतिहास

मानव सूत्रकृमि काफी लम्बे होते हैं तथा शरीर में अनेक प्रकार के विकार पैदा करते हैं, अतः आदि काल से ही मनुष्य ऐसे सूत्रकृमियों को पहचानता व समझता रहा है। यह अध्याय कुछ प्रमुख मानव परजीवी सूत्रकृमियों के संदर्भ को छोड़कर पादप सूत्रकृमियों के इतिहास तक केन्द्रित है।

प्राचीन इतिहास

वेद (6000-9000 B.C.) मानव सभ्यता के सबसे प्राचीन धार्मिक ग्रंथ हैं। ऋज्, अर्थ व यजुर् वेदों के अनेक श्लोकों में सूत्रकृमियों का कृमिन् और कृमि के नाम से उल्लेख है। इन शब्दों के अतिरिक्त सूत्रकृमियों के लिए अलगन्दुन = गोलकृमि और कुरुरु = सूत्रकृमि (thread worm) शब्दों का भी प्रयोग किया गया है। चाणक्य संहिता में भी मनुष्य व पालतू पशुओं की आंत्र में पाये जाने वाले सूत्रकृमियों का विवरण है।

चीन के हुयांग जी नी चिंग (Huang Ti Nei Ching) व दि येलो अमपेरर क्लासिक ऑफ इन्टरनल मेडीसिन (The Yellow Emperor's Classics of Internal Medicine) रचनाओं में भी *एस्केरिस लुम्ब्रीकॉडिस (Ascaris lumbricoides)* के कारण मनुष्य शरीर में उत्पन्न होने वाले लक्षणों का सजीव विवरण मिलता है। मिस्री इतिहास के अभिलेखों (1553-1550 B.C.) में भी गिनिकृमि, *ड्रेकनकुलस मेडीनेंसिस (Dracunculus medinensis)* एवम् ए. *लुम्ब्रीकॉडिस* की जातियों के संदर्भ में वर्णन मिलते हैं। कुछ इतिहासकारों का विश्वास है कि हिब्रू स्वास्थ्यवर्धी नियमों (Hebrew laws of Sanitation) में जिन तीक्षण सर्पों (fiercy serpants) का उल्लेख किया गया है, वे वास्तव में गिनिकृमि ही थे, जिनसे मरूस्थलों में इजराइली पीड़ित हो जाते थे। इसके पश्चात के अनेक अभिलेखों में गिनिकृमि के उपचार एवम् निष्कर्षण विधियों के वर्णन मिलते हैं तथा इन उपचार विधियों का आज भी उत्तरी अफ्रीका एवं मध्य पूर्व देशों में प्रयोग किया जाता है। हिप्पोक्रेटस (Hippocrate, 430 B.C.) ने पिन कृमि (pinworm), *एण्टरोबियस वर्मीकुलेरिस (Enterobius vermiculatus)* का उल्लेख किया था तथा अरस्टिोटल (Aristotle 384-322 B.C.) भी *एस्केरिस* एवम् पिनकृमि जैसे परजीवी सूत्रकृमियों से पूर्णतया परिचित थे। जन्तु परजीवी सूत्रकृमियों का ज्ञान भी उतना ही प्राचीन है जितना पुराना मानव का इतिहास है। 100 A.D. व 200 A.D. के मध्य कई अन्य स्तन धारियों व पक्षियों के परजीवी सूत्रकृमियों का पता चला था।

मुक्तजीवी व पादप परजीवी सूत्रकृमियों पर अध्ययन माइक्रोस्कोप के आविष्कार के बाद प्रारम्भ हुआ। कुछ महत्वपूर्ण एतिहासिक घटनाओं का कालानुक्रम (chronological) विवरण इस

प्रकार है–

- 1656 A.D.– बोरेलस (Borellus) ने मुक्तजीवी 'सिरका सूत्रकृमि– Vinegar eels', *टरबाट्रिक्स ऐसिटी (Turbatrix aceti)* की खोज की।
- 1743– केथोलिक पादरी टरबेविल नीधम (Turbevill Needham) ने पहले पादप सूत्रकृमि का पता लगाया। अपने शोध के बारे में उन्होने लिखा 'जब मैंने गेंहूँ के काले दाने को तोड़ा तो मुझे उसमें से मुझे सफेद रेशे–नुमा पदार्थ निकलता हुआ दिखाई दिया । मैंने इस पदार्थ के कुछ भाग को माइक्रोस्कोप के नीचे देखा तो पता चला कि यह पदार्थ लम्बवत् पड़े हुए रेशों का बना हुआ है। जब मैंने इसके ऊपर पानी की कुछ बूंदे डाली तो यह देख कर अचम्भित रह गया कि ये रेशे अलग–अलग हो गये हैं व उनमें जान आ गयी है। वे टेढ़े–मेड़े हो कर अगले 9 से10 घंटो तक चलते रहे' । इस सूत्रकृमि को बाद में *विबिरियो ट्रटिसाई (Vibrio tritici)* नाम दिया गया जिसे अब *एंग्युआइना ट्रिटिसाई (Anguina tritici)* नाम से जानते हैं।
- 1855– बर्कली (Berkeley) ने इंग्लेंड में खीरे की जड़ों में बनी हुई गाँठों में सूत्रकृमियों को देखा।
- 1857– कॉर्नू (Cornu) ने *ओनोब्रिकिस सताइवा (Onobryschis sativa)* की जड़ों पर बनी गांठों को देखा व उनमें से मिले सूत्रकृमियों का *एंगयुइलुला मेरीओनी (Anguillula marioni)* के नाम से वर्णन किया।
- 1859– कून (Kuhn) ने स्तम्भ सूत्रकृमि, *डाइटाइलेंकस डिपसेकी (Ditylenclus dispsaci)* को कांटेदार सिरे वाले पौधे टीजल के संक्रमित पुष्प शीर्ष में पाया।
- 1859– शेक्ट (Schacht) ने सिस्ट सूत्रकृमि को चुकन्दर के उन खेतों में पाया जिनमें चुकन्दर का उत्पादन काफी कम हो गया था तथा बिमारी को चुकन्दर क्लान्त मृदा रोग (beet tiredness disease) का नाम दिया गया था। शमिट (Schmidt) ने सन् 1879 में इस सूत्रकृमि को *हेटरोडेरा शेक्टाई (Herodera schachtii)* नाम दिया।
- 1891– रिटजामाबॉस (Ritzema-Bos) ने स्ट्राबेरी में *एफलेंकॉडिस फ्रेगरी (Aphelenchoides fragariaae)* का पता लगाया ।
- 1892– लाइबशर (Liebscher) ने मटर सिस्ट सूत्रकृमि, *हेटरोडेरा गोटिनगियाना (Heterodera goettingiana)* को मटर की जड़ों पर देखा ।
- 1892– मेसी (Massee) ने आलू के खेतों में सिस्ट सूत्रकृमि देखे । कुन (Kuhn) को भी जर्मनी में आलू की जड़ों पर ऐसे ही सूत्रकृमि मिले जिसे उसने *हेटरोडेरा शेक्टाई* की एक किस्म ही समझा। जिमरमान (Zimmermann) ने सिद्ध किया कि आलू में भारी नुकसान पहुंचाले वाला यह सूत्रकृमि *हेटरोडेरा शेक्टाई* से भिन्न है और इसका नया नाम *हेटरोडेरा रोस्टोकाइएनसिस (Heterodera rostochiensis)* (वर्तमान नाम *ग्लोबोडेरा रोस्टोकाइएनसिस – Golobodera rostochiensis*) दिया।

एन. ए. कॉब (Cobb) – सूत्रकृमि विज्ञान के जनक

■ चित्र 2.1 : **एन. ए. कॉब**

अमेरिका में जन्में नाथम ओगसतस कॉब (Natham Augustus Cobb) ने अनेक देशों में विभिन्न क्षेत्रों में कार्य किया किन्तु अन्त में सूत्रकृमि विज्ञान को अपना कार्य क्षेत्र बनाया। M. Sc. करने के बाद उन्होंने छः वर्ष तक एक स्कूल में रसायन शास्त्र के अध्यापक के रूप में पढ़ाया। कुछ समय बाद उन्होंने जर्मनी से Ph.D. की उपाधि प्राप्त की और आस्ट्रेलिया चले गये जहां पर कुछ समय तक साबुन, घड़ियां आदि बेचकर अपना जीवन ज्ञापन किया। बाद में उन्हें पादप रोग सलाहकार का कार्य मिल गया। सन् 1900 में वे हवाई चीनी उत्पादक संघ (Hawaiian Sugar Planters Association) के शोध केन्द्र से जुड़ गये और उन्होंने गन्ने के सूत्रकृमियों का अध्ययन

किया। सन् 1907 में वे अमेरिका के कृषि विभाग में आ गये तथा सन् 1910 तक अपना ध्यान सूत्रकृमियों के अध्ययन पर केन्द्रित कर लिया। उन्होंने अनेक शोध पत्र प्रकाशित किये जिनमें से सन् 1913 में प्रकाशित 'सूत्रकृमि विज्ञान में योगदान' (Contributions to the Science of Nematology) विशेष रूप से उल्लेखनीय है। उनका कार्य, विशेषकर, उनके द्वारा आविष्कार की गयी सूत्रकृमियों की नई जातियों के चित्र अब भी बहुत उच्च स्तर के माने जाते हैं। उनके महत्वपूर्ण योगदान निम्नलिखित हैंः-

1. नई तकनीकों का आविष्कार जो अभी भी प्रयोग में आ रही हैं, जैसे- चालन व छानना तकनीक द्वारा सूत्रकृमियों का मिट्टी से निष्कर्षण, दोहरी कवर स्लिप वाली एल्मूनियम स्लाइड, अक्षीय दृश्य *(en face view)* व आरोपण (toto mount) तैयार करना, सूत्रकृमियों के चित्र बनाने के लिए नये प्रकार का केमरा ल्युसिडा (camera lucida), इत्यादि।
2. सूत्रकृमियों के सूक्ष्म संवेदी अंग जैसे दूविक (amphid), पश्चक (phasmid), शिरस्यक (cephalid), डाइरिड (deirids), पिप्पल, इत्यादि का आविष्कार।
3. अनेक नई जातियों का वर्णन।
4. मुक्त व पादप परजीवी सूत्रकृमियों के लिए तकनीकी शब्द हेलमिन्थोलोजी (Helminthology) के स्थान पर नेमोटोलोजी का प्रयोग।
5. अमेरिका के कृषि विभाग में अलग सूत्रकृमि प्रभाग की स्थापना।

आधुनिक इतिहास

सन् 1914 के बाद विश्व के विभिन्न देशों में रोग ग्रस्त फसलों के साथ सूत्रकृमियों का साहचर्य मिला था किन्तु उस समय के वैज्ञानिकों को संशय था कि ये रोग सूत्रकृमियों के कारण ही हैं। इन वैज्ञानिकों के सामने सबसे बड़ी समस्या ऐसी तकनीकों व सूत्रकृमिनाशी दवाईयों का अभाव था जिनसे सूत्रकृमियों की रोगजनक क्षमता को प्रदर्शित किया जा सके। बीसवीं सदी के मध्य में कुछ धूमक सूत्रकृमिनाशी दवाईयों व नई तकनीको के आविष्कारों से वैज्ञानिकों व प्रशासनिक अधिकारियों को संतुष्ट किया जा सका कि सूत्रकृमियों का कृषि उत्पादन पर प्रतिकूल प्रभाव पड़ता है। ततपश्चात सूत्रकृमि विज्ञान का बहुत तेजी से विकास हुआ। आगे कुछ ऐसी ही घटनायों व आविष्कारों का उल्लेख किया गया है जो सूत्रकृमि विज्ञान के विकास में मील का पत्थर सिद्ध हुई हैं।

- **1941**– अमेरिका के नासो काउंटी, लोंग आइलेंड (Nassau county, Long Island) में आलू का सिस्ट सूत्रकृमि, *जी. रोस्टोकाइएनसिस*, मिला। इससे पहले यह सूत्रकृमि यूरोप के कई देशों में मिल चुका था और यह तथ्य सामने आ चुका था कि इस सूत्रकृमि के कारण आलू की फसल की पैदावार में भारी कमी आ जाती है। अमेरिका में मिलने के बाद वहां की सरकार ने इस सूत्रकृमि को देश के अन्य भागों में फैलने से रोकने के लिए संगरोध (quarantine) अधिनियम बनाये। इस के अतिरिक्त सरकार द्वारा दी गयी अनुदान राशि लोगों को पादप सूत्रकृमियों का कृषि उत्पादन में महत्व को समझाने में बहुत सहायक सिद्ध हुई। इस सूत्रकृमि पर की गयी गहन शोध से पादप सूत्रकृमियों की जैविकी, पारिस्थितिकी, सैम्पल लेने के विधियाँ, आदि के मौलिक सिद्धान्तों को समझने में बहुत सहायता मिली।

- **1943–45–** कारटर (Carter) ने सन् 1940 में डीडी- डाइक्लोरोप्रोपेन डाइक्लोरोप्रोपीन का मिश्रण (DD- a mixture of dichloropropane and dichloropropene) का तथा क्रिस्टी (Christie) ने ईडीबी- एथीलीन डाइब्रोमाइड (EDB- ethylene dibromide) धूमक सूत्रकृमिनाशी दवाइयों का आविष्कार किया। इन दोनों दवाइयों से सूत्रकृमियों से होने वाले नुकसान का आंकलन व उनकी रोग क्षमता को प्रदर्शित करने में बहुत सहायता मिली। इनके अतिरिक्त सूत्रकृमियों से होने वाले रोगों को बड़े स्तर पर नियंत्रित किया जा सका।
- **1943–** क्रिस्टी व पेरी (Christie & Perry) ने अनेक बाह्य परजीवी सूत्रकृमियों जैसे- *लोंजीडोरस (Longidorus), जफीनीमा (Xiphinema), ट्रिकोडोरस (Trichodorus), बेलोनोलेमस (Belonolaimus), डोलीकोडोरस (Dolichodorus), हेमीसाइक्लोफोरा (Hemicycliophora)* आदि की रोगजनक क्षमता को दर्शाया।
- **1953–** अमेरिका के फ्लोरिडा राज्य में सिट्रस की व्याप्तिशील अपक्षय/ विस्तारी ह्वास (spreading decline of citrus) नामक बीमारी का कारण *रेडोफोलस सिमिलिस = आर. सिट्रोफिलस (Radopholus similis = R. citrophilus)* को पाया गया। इंडोनेशिया के बांगका आइलेंड (Bangka island) में काली मिर्च में फैली बीमारी पैपर पीत (Pepper yellows) की बेलों में भी *आर. सिमिलिस* का संक्रमण मिला। इस आइलेंड पर उगाई गई 2.2 करोड़ बेलों में से 2 करोड़ बेलें इस सूत्रकृमि के कारण मर गयी थी जिसके कारण उस देश की आर्थिक स्थिति, जो काली मिर्च के निर्यात पर निर्भर थी, पूर्णतया चरमरा गयी थी।
- **1955–** माउंटेन व पेट्रीक (Mountain & Patrick) ने विक्षत सूत्रकृमि, *प्रेटीलेंकस पेनीट्रेंस (Pratylenchus penetrans)* को आधार बनाकर कॉश अभिधारणों (Koch's posulates) के सारे माप-दंडों को पूरा करते हुए यह सिद्ध किया था कि पादप सूत्रकृमि रोग उत्पन्न करते हैं। ये वैज्ञानिक कनाडा में इस सूत्रकृमि द्वारा होने वाले रोग, आड़ू की आरोपित करने की समस्या (Peach replant problem) पर आविष्कार कर रहे थे।
- **1956–** निमेटोलोजिका (Nematologica) नामक पहली शोध पत्रिका का प्रकाशन प्रारम्भ हुआ जो पूर्णतया मुक्तजीवी व पादप परजीवी सूत्रकृमि संबंधित शोध पत्रों के लिए थी।
- **1958–** हेविट, रास्की व गोहीन (Hewitt, Raski & Goheen) ने प्रयोगों से यह सिद्ध कर दिया कि *जिफीनीमा इंडेक्स (Xiphinema index)* नामक सूत्रकृमि अंगूरों में पंख नुमा पर्ण विषाणु (Grapevine Fan leaf Virus) का वाहक के रूप में संचारण करता है।
- **1971–** जापान में चीड़ के वृक्षों में चीड़ म्लानि बीमारी (Pine wilt disease) का रोगजनक जीव *बरसेफलेंकस जाइलोफिलस (Bursaphelenchus xylophilus)* नामक सूत्रकृमि को पाया गया जो चीड़ के वृक्ष पर कीट, *मोनोकेमस आलट्रनेटस (Monochamus alternates)* की सहायता से पहुंचता है।

भारत में सूत्रकृमि विज्ञान का विकास

सन् 1901 और 1958 के बीच में भारतवर्ष में मिलने वाले कुछ पादप सूत्रकृमियों का पता चला था। परन्तु इस देश में पाए जाने वाले पादप परजीवी सूत्रकृमियों व उनके नियंत्रण पर व्यवस्थित रूप से शोध कार्य सन् 1959 में प्रारम्भ हुआ। भारत में सूत्रकृमि विज्ञान के उत्थान में हुई कुछ प्रमुख घटनाएं हैं:-

- **1901–** बार्बर (Barber) ने दक्षिण भारत में जड़ गाँठ सूत्रकृमि से ग्रसित चाय का विवरण दिया। यह भारत में पाया जाने वाला सबसे पहला पादप परजीवी सूत्रकृमि था।
- **1913–14–** बटलर (Butler) ने *डाइटाइलेंकस अंगसटस (Ditylenchus angustus)* द्वारा धान में होने वाले 'उफरा रोग' का पता लगाया।
- **1919–** मिलन (Milne) को पंजाब में गेंहूँ के बीजों में *एंग्युआइना ट्रिटिसाई (Anguina tritici)* द्वारा बनायी हुई पिटिकाएं (galls) मिली।
- **1934–** अय्यर (Ayyar) द्वारा दक्षिण भारत में जड़ गाँठ सूत्रकृमियों से संक्रमित सब्जियों एवम् अन्य फसलों का विवरण दिया गया।
- **1936–** दस्तूर (Dastur) ने *एफलेंकॉडिस बेसीआई (Aphelenchoides besseyi)* से उत्पन्न धान के श्वेत सिरा (white tip) रोग का वर्णन किया।
- **1958–** गेंहूँ तथा जौ में *हेटरोडेरा एविनी (Heterodera avenaae)* के द्वारा होने वाले मोल्या (Molya) रोग को पहली बार वासुदेवा (Vasudeva) ने राजस्थान में देखा।
- **1959–** सिद्दिकी (Siddiqi) ने भारत में पाए जाने वाले अनेक पादप परजीवी सूत्रकृमियों का विवरण प्रकाशित किया जिसमें सिट्रस सूत्रकृमि, *टाइलेंकुलस सेमीपेनिट्रेंस (Tylenchulus semipenetrans)* भी एक है।
- **1961–** जोन्स (Jones) ने तमिलनाडु की नीलगिरि पहाड़ियों में आलू की फसल को सुनहरी सिस्ट सूत्रकृमि, *जी. रोस्टोकाइएनसिस* से संक्रमित पाया।
- **1964–65–** स्कॉटलेंड, पश्चिमी जर्मनी व आयरलेंड से आयात किये आलू के 130 टन प्रमाणित बीजों में आलू सिस्ट सूत्रकृमि पाया गया जिसके कारण सम्पूर्ण बीजों को नष्ट कर दिया गया।
- **1966–** भारतीय कृषि अनुसंधान संस्थान, नयी दिल्ली में सूत्रकृमि विज्ञान प्रभाग की स्थापना की गयी।
- **1966–** नायर, दास व मेनन (Nair, Das & Menon) ने केरल राज्य में केले की जड़ों में से *रेडोफोलस सिमिलिस* को खोज निकाला।
- **1967–68–** प्रथम दक्षिण पूर्व एशिया स्नातकोत्तर सूत्रकृमि विज्ञान पाठ्यक्रम का आयोजन अलीगढ़ मुस्लिम विश्वविद्यालय, अलीगढ़ एवम् भारतीय कृषि अनुसंधान संस्थान, नयी दिल्ली में अन्तरदेशीय कृषि केन्द्र, वेजिंगन, नीदरलेंड (International Agricultural Centre, Wageningen, The Netherlands) के सहयोग से आयोजित किया गया।

- **1969–** भारतीय सूत्रकृमि विज्ञान समिति (Nematological Society of India) की स्थापना हुई व प्रथम अखिल भारतीय सूत्रकृमि विज्ञान सिम्पोजियम का आयोजन भारतीय कृषि अनुसंधान संस्थान, नयी दिल्ली में किया गया।
- **1971–** भारतीय सूत्रकृमि विज्ञान शोध पत्रिका (Indian Journal of Nematology) का प्रकाशन आरम्भ हुआ।
- **1977–** फसलों के सूत्रकृमि व उनके नियन्त्रण पर अखिल भारतीय समन्वित अनुसंधान परियोजना का प्रारम्भ भारत सरकार के विज्ञान व तकनीकी विभाग, नयी दिल्ली के सौजन्य से हुआ। सन् 1979 से इस परियोजना का संचालन भारतीय कृषि अनुसंधान परिषद, नयी दिल्ली द्वारा किया जा रहा है। इस परियोजना में देश के विभिन्न क्षेत्रों में फैले हुए अनेक केन्द्र हैं।

1967 से 1975 तक छः दक्षिण पूर्व एशिया स्नातकोत्तर सूत्रकृमि विज्ञान पाठ्यक्रमों का आयोजन अलीगढ़ मुस्लिम विश्वविद्यालय, अलीगढ़ एवम् भारतीय कृषि अनुसंधान संस्थान, नयी दिल्ली में किया गया जिसमें देश व विदेश के अनेक शोध संस्थानों व विश्वविद्यालयों में कार्यरत वैज्ञानिकों ने हिस्सा लिया और वापिस अपने संस्थानों में आकर सूत्रकृमि संबंधी शोध कार्य आरम्भ किया। भारतीय कृषि अनुसंधान परिषद्, नयी दिल्ली के आर्थिक सहयोग व अखिल भारतीय समन्वित अनुसंधान परियोजना से सूत्रकृमि विज्ञान का बहुत तेजी से विकास हुआ है और अब देश के अनेक कृषि विश्वविद्यालयों व भारतीय कृषि अनुसंधान परिषद के संस्थानों में पादप सूत्रकृमियों पर अनुसंधान चल रहा है। अनेक कृषि विश्वविद्यालयों में स्नताक व स्नातकोत्तर स्तर पर सूत्रकृमि विज्ञान पढ़ाया जा रहा है।

भारत में सूत्रकृमियों पर आर्थिक रूप से संबंधित शोध से पहले अलीगढ़ मुस्लिम विश्वविद्यालय, अलीगढ़ व उस्मानिया विश्वविद्यालय, हैदराबाद के वैज्ञानिकों जैसे- एम. आर. सिद्दिकी (M. R. Siddiqi), एम. एस. जयराजपुरी (M. S. Jairajpuri), इ. खान (E Khan) व वी. एम. दास (V. M. Das) ने सूत्रकृमि वर्गिकी (Taxonony) पर विश्वस्तरीय शोध कार्य कर एक मजबूत आधार प्रदान कर दिया था।

ooo

अध्याय 3 आकारिकी

जिस प्रकार गीली मिट्टी से अनेक प्रकार की आकृतियां बन सकती हैं उसी प्रकार सूत्रकृमियों की शारीरिक संरचना का आधार इतना सरल है कि उनमे असंख्य प्रकार की विविधताएं मिलती हैं। सूत्रकृमियों का वर्गीकरण मुख्यतया उनकी आकारिकी पर निर्भर है अतः वर्गीकरण को समझने के लिए आकारिकी का ज्ञान होना अतिआवश्यक है। आकारिकी हमें सूत्रकृमियों के व्यवहार तथा उसके विभिन्न तंत्रों की कार्यिकी को समझने में भी काफी सहायक होती है। इस अध्याय में सूत्रकृमियों की बाह्य व आंतरिक संरचना और विशेषकर पादप परजीवी सूत्रकृमियों (गण टाइलेंकिडा - Order Tylenchida) में मिलने वाली विविधताओं का वर्णन किया गया है। उदाहरणार्थ कहीं-कहीं अन्य प्रकार के सूत्रकृमियों को भी आवश्यकतानुसार उल्लेख भी किया गया है।

सूत्रकृमियों का आकार व आमाप

सूत्रकृमियों के आमाप में अविश्वनीय विभिन्नताएं पायी जाती हैं। जन्तु परजीवी सूत्रकृमि बहुत बड़े होते हैं जिन्हें नंगी आंखों से (बिना सूक्ष्मदृर्शी के) आसानी से देखा जा सकता है। मनुष्य की आंत्र में प्रायः मिलने वाले सूत्रकृमि- *एस्केरिस लुम्ब्रीकॉइडस (Ascaris lumbricoides)* लगभग 30 cm लम्बा होता है जबकि उपचर्म ऊतकों में मिलने वाले *ड्रेकनकुलस मेडीनेंनसिस (Dracunculus medinensis)* लम्बाई में एक मीटर तक पहुंच सकता है। व्हेल मछली की गर्भानाल (placenta) में मिलने वाला *प्लेसेन्टोनिमा जाइजेंटीसीमा (Placentonema gigantissima)* नामक सूत्रकृमि अभी तक पाये जाने वाला सबसे लम्बा सूत्रकृमि है जिसकी लम्बाई आठ मीटर तक मापी गयी है। पादप सूत्रकृमि बहुत छोटे होते हैं जो केवल सूक्ष्मदृर्शी की सहायता से ही देखे जा सकते हैं। अधिकांश पादप सूत्रकृमियों (गण टाइलेंकिडा, एफलेंकिडा व ट्रिपलोंकिडा) की लम्बाई 0.5-1.5 mm होती है (चित्र 3.1)। 12 mm लम्बा *पेरालोंजीडोरस एपीमीकिस (Paralongidorus epimikis)* (गण डोरीलेमिडा- order Dorylaimida) नामक सूत्रकृमि अभी तक पाए जाने वाला सबसे लम्बा पादप सूत्रकृमि है। *पेराटाइलेंकस* वंश के सूत्रकृमि सबसे छोटे माप के होते हैं जिनकी लम्बाई 0.2 mm के लगभग होती है। समुद्र में पाये जाने वाला *ग्रिफीएला माइन्यूटम (Greeffiella minutum)* नामक सूत्रकृमि 82 μm लम्बा होता है।

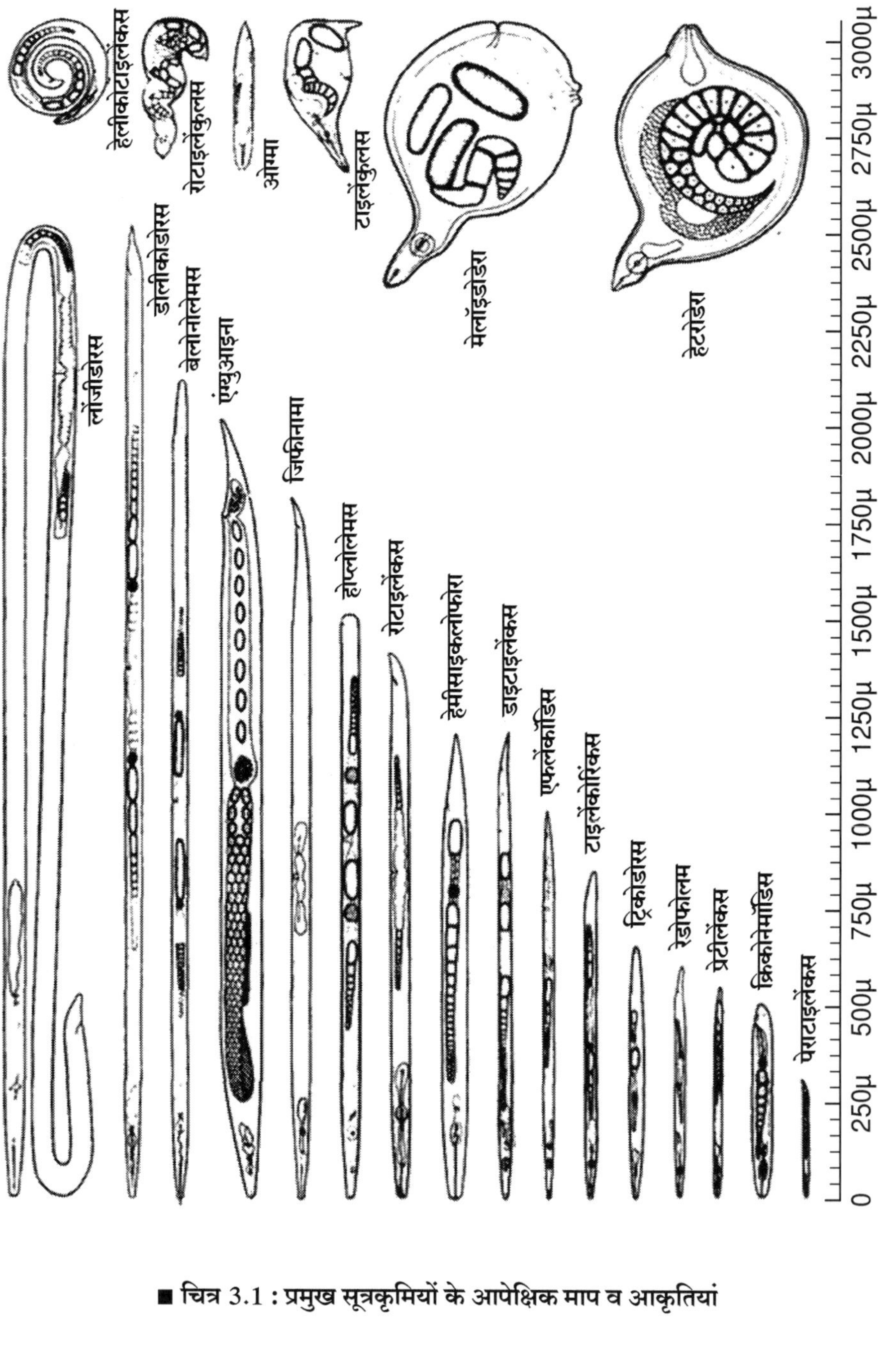

■ चित्र 3.1 : प्रमुख सूत्रकृमियों के आपेक्षिक माप व आकृतियां

सूत्रकृमि मौलिक रूप से धागे जैसे बेलनाकार/ सर्पाकार होते हैं जिनके दोने सिरे मध्य भाग से अपेक्षाकृत पतले होते हैं। ये अनुप्रस्थ काट (cross section) में गोल होते हैं तथा इनका मुख्य अक्ष (axis) अनुदैर्घ्य (longitudinal) होता है। नर व मादा सूत्रकृमि प्रायः एक से दिखाई देते हैं (चित्र 3.2। स्थानबद्ध अंतः व अर्द्ध अंतः पादप परजीवी सूत्रकृमि जैसे *हेटरोडेरा, मेलॉइडोगाइन, रोटाइलेंकुलस* आदि की मादाएं जड़ों पर एक ही स्थान पर खाती रहती हैं जिससे उनका शरीर फूलकर थैले, सेब, नींबू अथवा वृक्काकार हो जाता है। इन सूत्रकृमियों के नर मिट्टी में चलते-फिरते रहते हैं जिससे उनका शरीर सर्पाकार/ कृमिवत् बना रहता है। कुछ बाह्य जैसे *क्रिकोनिमा, हेमीक्रिकोनेमॉडिस, हेमीसाइकलोफोरा* और प्रवासी अंतः पादप परजीवी जैसे *रेडोफोलस* के मादा व नर सूत्रकृमि, दोनों सर्पाकार बने रहते हैं किन्तु नर कृमि आहार लेने में असक्षम होते हें क्योंकि उनका मुख पथ (मुख गुहा व ग्रसनी- buccal cavity and pharynx) पूर्णतयाः विकसित नहीं होता। दोनों परिस्थितियों में एक ही जाति के मादा और नर सूत्रकृमि जनन अंगों अतिरिक्त आकृतिक भिन्नता दर्शाते हैं जिसे लैंगिक द्विरूपता (sexual dimorphism) कहते हैं (चित्र 3.3)।

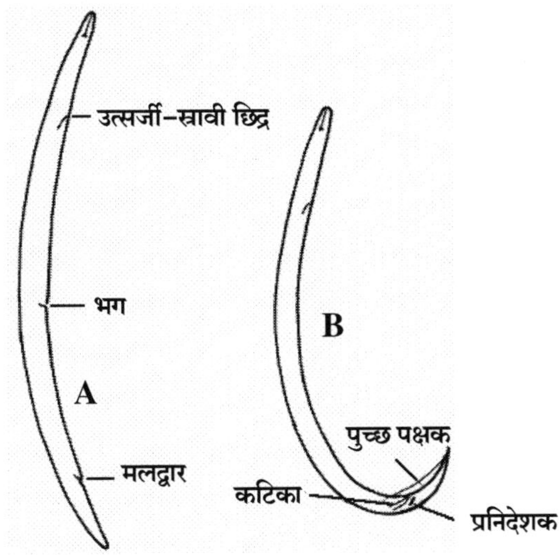

■ चित्र 3.2 : **सामान्य कृमिरूप आकृति- A. मादा, B. नर**

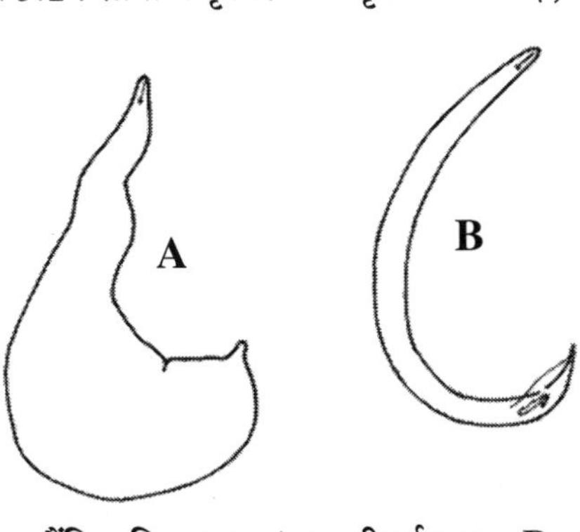

■ चित्र 3.3 : **लैंगिक द्विरूपता- A. फूली हुई मादा, B. कृमिरूप नर**

शारीरिक क्षेत्र (body regions) व खंडीभवन (segmentation)

सूत्रकृमियों की देह भित्ति पारदर्शी होती है जिसके कारण उनके आन्तरिक अंगों को बाहर से देखा जा सकता है। वे प्रायः रंगहीन होते हैं किन्तु आंत्र में पड़े हुए भोजन के कारण कुछ सूत्रकृमि हलके हरे या पीले रंग के दिखाई देते हैं।

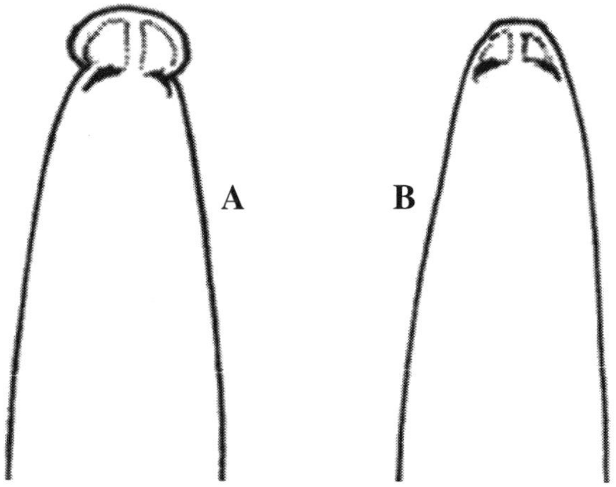

■ चित्र 3.4 : **ओष्ठ क्षेत्र– A. अविरल, B. अपशीर्ष**

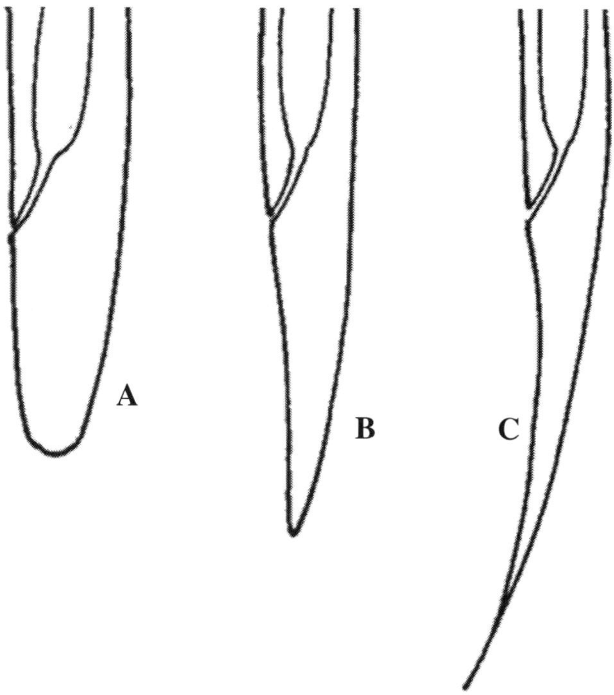

■ चित्र 3.5 : **पुच्छ आकार– A. बेलनाकार, B. शंक्वाकार, C. तंतुरूप**

सूत्रकृमियों के उपांग (appendages) जैसे टांग, पंख आदि नहीं होते और न ही उनका शरीर अलग-अलग खंडों में आंतरिक रूप से विभाजित होता है। कुछ सूत्रकृमियों जैसे *क्रिकोनिमा (Criconema), ओग्मा (Ogma)* आदि में देह खंडित प्रतीत होती है किन्तु यह खंडीभवन केवल क्यूटिकल तक सीमित रहता है और अन्दर तक नहीं पंहुचता। सूत्रकृमि के शरीर को आसानी से शीर्ष (head), वक्ष (Thorax) व उदर (abdomen) में नहीं बांटा जा सकता। शरीर का अग्र सिरा जिसमें मुख तथा ओष्ठ होते हैं, शीर्ष अथवा ओष्ठ क्षेत्र कहलाता है। अधिकतर सूत्रकृमियों में यह क्षेत्र शरीर के शेष भाग से नगण्य से लेकर प्रचुर मात्रा तक सीमांकित होता है परन्तु कुछ सूत्रकृमियों में विभिन्न मात्रा तक अपशीर्ष (offset) हो सकता है (चित्र 3.4)। शीर्ष से ग्रसनी (pharynx) के आधार तक का क्षेत्र प्रायः रंगहीन होता है। इस क्षेत्र को गर्दन/ ग्रीवा अथवा ग्रसनी या ग्रसिका क्षेत्र कहते हैं। शरीर के गुदा (नर में अवस्कर- cloaca) और पश्च सिरे तक के भाग को पुच्छ या पूंछ (tail) कहते हैं। सूत्रकृमियों में पुच्छ के आकार में काफी विभिन्नताएं पायी जाती हैं जो पादप सूत्रकृमियों में लम्बी तंतुरूप (long filiform), तिकोनी अथवा बेलनाकार, छोटी व गोल या तिकोनी हाती हैं (चित्र 3.5)। अनुदैर्घ्य रूप से सूत्रकृमि के शरीर के चार पक्ष हाते हैं-अधर, पृष्ठ व दो पार्श्व। अधर की ओर उत्सर्जी-स्रावी, पाचक एवं जनन तंत्रों के द्वार (उत्सर्जी-स्रावी छिद्र, गुदा/ अवस्कर व भग- excretory secretory pore, anus/ cloaca, vulva) खुलते हैं। अधर दिशा के ठीक पीछे पृष्ठ दिशा तथा दाहिने और बांयें ओर दो पार्श्व पक्ष होते हैं जो अधर व पृष्ठों से समकोण बनाते हैं। मरे हुए सूत्रकृमि अधर दिशा की ओर मुड़े होते हैं (चित्र 3.2)।

शारीरिक संगठन व सममिति (Body organization and Symmetry)

मौलिक रूप से सूत्रकृमियों के शरीर की संरचना नलिकाकार (tubular) होती है जो दो नलिकाओं की बनी होती है तथा जिसमें एक नलिका दूसरी नलिका के अन्दर रखी होती है। बाह्य नलिका लम्बी होती है और देह भित्ति (body wall) बनाती है। आंतरिक नलिका अपेक्षाकृत छोटी व पतली होती है जो आहार नलिका (alimentary canal) बनाती है। आंतरिक नलिका बाह्य नलिका से अग्र भाग में जुड़कर ओष्ठ / शीर्ष क्षेत्र बनाती है। पश्च सिरे पर दोनों नलिकाएं गुदा/ अवस्कर पर जुड़ी रहती हैं (चित्र 3.6)। दोनों नलिकाओं के बीच के स्थान (देह गुहा - body cavity) को कूटगुहा (pseudocoelom) कहते हैं। इस कूटगुहा में द्रव्य पदार्थ भरा रहता है जिसे कूटगुहा द्रव्य (pseudocoeelomic fluid) कहते हैं। यह द्रव्य देह भित्ति तथा आहार नलिका पर दबाब बनाये रखता है जिसके कारण सूत्रकृमियों का निश्चित आकार बना रहता है। कूटगुहा में उत्सर्जी-स्रावी, जनन व तंत्रिका तंत्रों के अंग विद्यमान रहते हैं। सूत्रकृमि में श्वसन व परिसंचरण (circulatory) तंत्रों के लिए विशिष्ट अंग नहीं होते हैं।

सूत्रकृमियों का शरीर मूलरूप से द्विपार्श्व सममित (bilaterally symmetrical) होता है अर्थात यदि इसके सममितार्धी तल (sagittal plane) से दो भागों में काटा जाए तो दोनों भाग एक दूसरे के दर्पण प्रतिबिम्ब होते हैं। सूत्रकृमियों के कुछ अन्य अंग जैसे ओष्ठ, ओष्ठ पिप्पल अरीय (radial) सममिति में होते हैं तथा जनन जैसे कुछ अन्य अंग असमतिति (asymmetry) दर्शाते हैं।

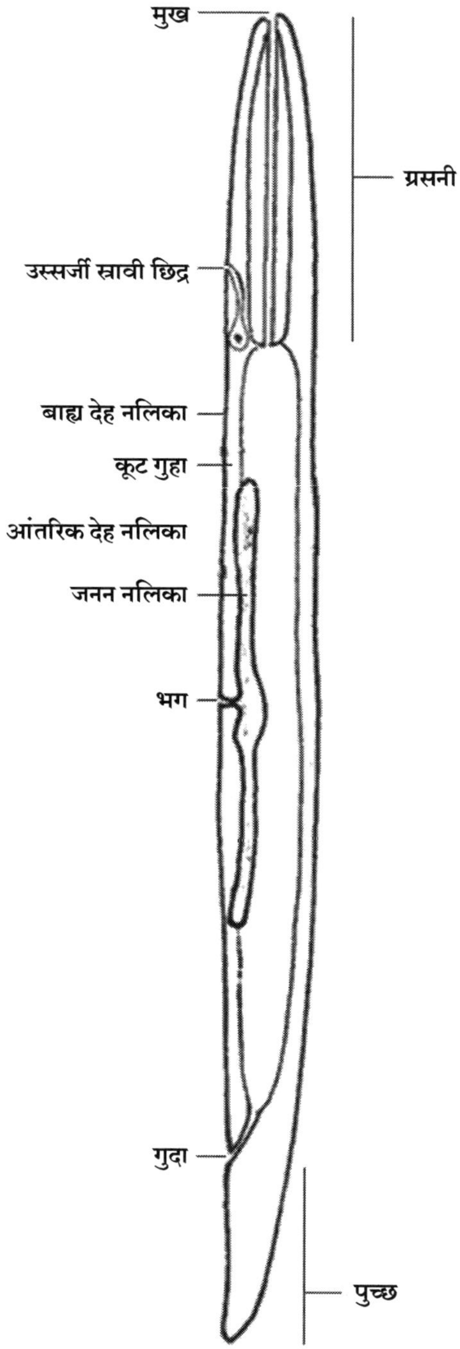

■ चित्र 3.6 : **शारीरिक संगठन**

बाह्य देह नलिका– देह भित्ति

सूत्रकृमियों की बाह्य देह भित्ति तीन परतों की बनी होती है– 1. सबसे ऊपर क्यूटिकल, 2. बीच में अधिचर्म (epidermis)/ अधचर्म (hypodermis), तथा 3. सबसे नीचे पेशी (musculature) परत (चित्र 3.7)।

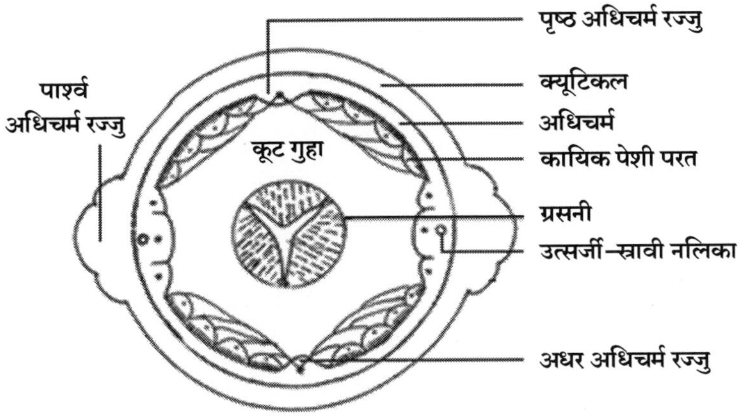

■ चित्र 3.7 : **ग्रसनी क्षेत्र से गुजरता हुआ अनुप्रस्थ काट**

क्यूटिकल

यह सूत्रकृमि की देह भित्ति की कोशिकाहीन (non cellular) तथा निर्जीव परत हाती है जो सूत्रकृमि को बाहर से ढके रहती है। यह परत बहुत दृढ़ परन्तु लचीली होती है और सूत्रकृमियों के लिए बाह्य कंकाल का काम करती है। क्यूटिकल सूत्रकृमियों को वर्धन, उत्सर्जन, प्रजनन व श्वसन क्रियाओं में भी सहायता करती है। इलेक्ट्रोन माइक्रोस्कोप में देखने पर क्यूटिकल अपने आप में कई परतों की बनी हुई दिखती है जिन्हें चार मुख्य परतों–अधिक्यूटिकल (epicuticle), बाह्यक्यूटिकल (exocuticle), मध्यक्यूटिकल (mesocuticle) तथा अंतःक्यूटिकल (endocuticle) में बांटा जा सकता है। इनमें से प्रत्येक परत स्वयं में अनेक परतों की बनी हो सकती है। क्यूटिकल की रासायनिक संरचना काफी जटिल होती है जिसमें कैराटिन (keratin), कॉलाजन (collagen) व मेट्रीसिन (matricin) जैसे संरचक प्रोटीन पाए जाते हैं। सूत्रकृमियों की क्यूटिकल में कीटों में मिलने वाली काइटिन (chitin) नहीं पायी जाती। प्रत्येक निर्मोक में सूत्रकृमि नई क्यूटिकल का निर्माण व पुरानी क्यूटिकल का त्याग करते हैं।

सूत्रकृमियों की क्यूटिकल में अनेक प्रकार के क्यूटिकलीय आपरिवर्तन (cuticular modifications) मिलते हैं (चित्र 3.8)। कुछ सूत्रकृमियों की क्यूटिकल समतल होती है किन्तु अधिकांशतया उस पर अनुप्रस्थ रेखाएं अंकित होती हैं जिन्हें अनुप्रस्थ धारियां (transverse striae) कहते हैं। दो धारियों के बीच का उभरा हुआ स्थान अंतराधारिय क्षेत्र (interstrial region) कहलाता है। इन धारियों के कारण सूत्रकृमि के शरीर पर रिंग (वलय) बनी हुई दिखती हैं। कुछ सूत्रकृमियों में ये धारियां काफी गहरी होती हैं तथा उनका अंतराधारिय क्षेत्र भी काफी चौड़ा होता है जिससे ऐसा आभास होता है कि सूत्रकृमियों का शरीर खंडों में विभाजित है।

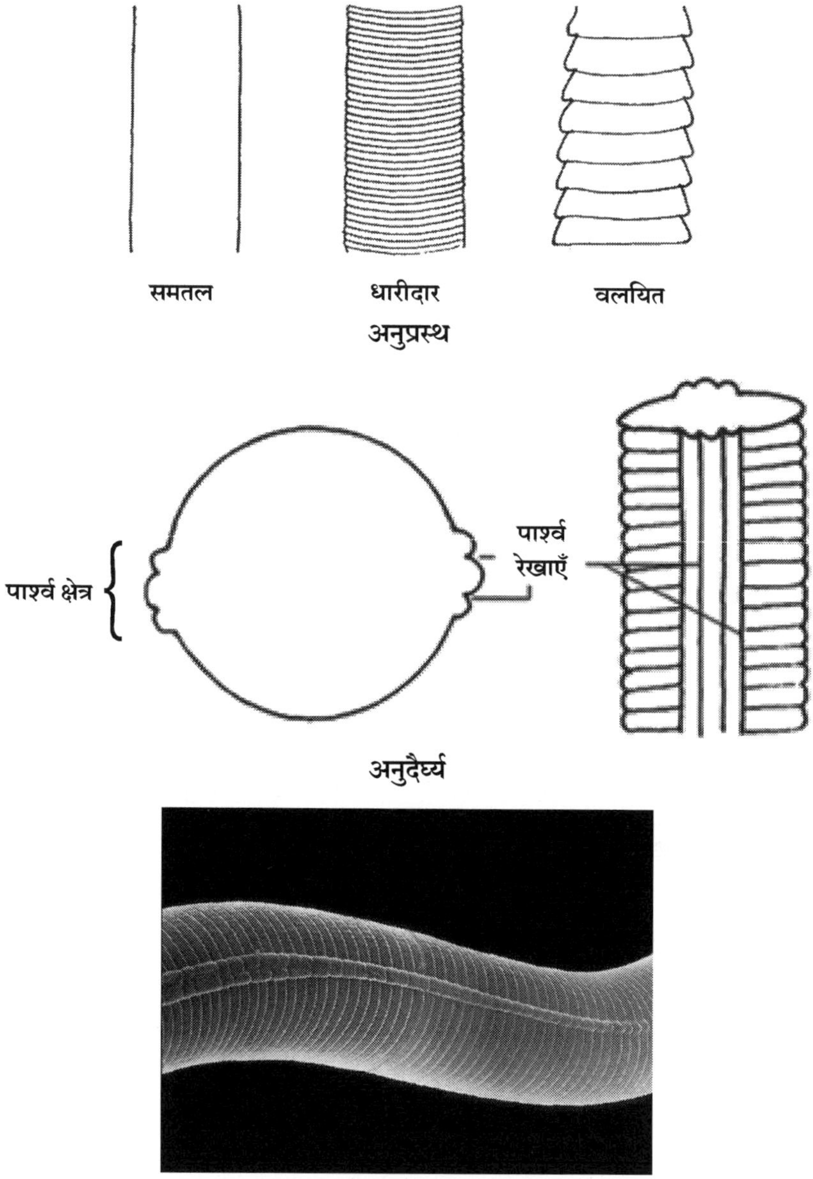

■ चित्र 3.8 : **क्यूटिकलीय आपरिवर्तन**

ऐसे चौड़े अंतराधारिय क्षेत्र को वलयांश/ एनयूल (annule) कहते हैं। कुछ सूत्रकृमियों के वलयांश पश्चमुखी (retrose) होते हैं जो अपने से पीछे वाले वलय के कुछ भाग को ढके रहते हैं। *ओग्मा* आदि सूत्रकृमियों में वलयांश के पश्च भाग पर शल्क (scale), कंटक (spine) एक सुनिश्चित ढंग में लगे होते हैं। गण टाइलेंकिडा, एफलेंकिडा के पादप सूत्रकृमियों में दोनों पार्श्व क्षेत्रों पर क्यूटिकल उभरी हुई रहती है। इस पार्श्व क्षेत्रों पर उभरी हुई अनुदैर्घ्यवत क्यूटिकल को

पार्श्व पक्षक (lateral alae) कहते हैं। प्रत्येक पार्श्व पक्षक के अपने अन्दर भी अनुदैर्घ्य खांच/कटक (groove) हो सकते हैं जो कि पूर्ण आरोपण (whole mount) में पार्श्व क्षेत्र तक सीमित लम्बवत रेखाओं के रूप में दिखाई देते हैं। इस प्रकार की पार्श्व क्षेत्र तक सीमित पूर्ण आरोपण में दिखने वाली रेखाएं पार्श्व रेखाएं (lateral lines) कहलाती हैं। इनकी संख्या 0 से 16 तक हो सकती है तथा सूत्रकृमियों को पहचानने में बहुत सहायक होती हैं। अधिकतर टाइलेंकिडा गण के नर सूत्रकृमियों में पुच्छ के पार्श्व क्षेत्र में क्यूटिकल फैलकर पंख जैसी हो जाती है जिसे पुच्छ पक्षक (caudal alae) या प्रपुटी (bursa) कहते हैं। प्रपुटी की लम्बाई में काफी विविधता पायी जाती है जो अधिगुद तक सीमित, पुच्छ के कुछ भाग अथवा पूर्णरूप से ढक सकती है। मैथुन क्रिया में नर सूत्रकृमि प्रपुटी की सहायता से मादा को जकड़े रहता है।

अधिचर्म

क्यूटिकल तथा पेशी परतों के बीच में अधिचर्म या अधचर्म होता है। यह परत जीवित कोशिकाओं की बनी होती है जो बहुकेन्द्रक भी हो सकती है। अधिचर्म का मुख्य कार्य क्यूटिकल को स्रावित करना और उसका रख रखाव करना है। अधिचर्म लम्बाई में पृष्ठ, अधर व पार्श्व भागों में कूटगुहा की तरफ उभर कर चार रज्जु (epidermal chords) बनाती है जिससे पेशीन्यास (musculature) चार खंडों में बट जाता है (चित्र 3.7)। दोनों पार्श्व रज्जु पृष्ठ व अधर रज्जुओं से अपेक्षाकृत बड़े होते हैं। मुख्य तंत्रिका रज्जु व उत्सर्जन नलिका इन्हीं रज्जुओं में से हो कर गुजरते है।

कायिक (somatic) पेशी स्तर/ कायिक पेशीन्यास

सूत्रकृमियों के शरीर में दो प्रकार की पेशियां होती हैं- कायिक व विशिष्ट (specialized)। कायिक कोशिकाएं तर्कुरूपी होती हैं तथा अधिचर्म के नीचे एक-एक की कतार में अनुदैर्घ्य रूप में अंतररज्जुओं में व्यवसित होती है। सूत्रकृमि इन्हीं पेशियों की सहायता से चलते हैं। आशय भोजन (reserved food) भी कायिक पेशियों में भंडारित रहता है। विशिष्ट पेशियां विशेष अंगों जैसे स्टाइलेट, भग, कंटिका (spicule) के साथ जुड़ी रहती है और उन्हीं के कार्य करने में सहायक होती है।

प्रत्येक पेशी कोशिका को दो भागों में विभक्त किया जा सकता है- 1. संकुचलन (contractile) या तंतुकी (fibrillar) क्षेत्र जिसमें संकुचलनशील तत्व या रेशे होते हैं, तथा 2. असंकुचलनशील (non contractile) या पेशीद्रव्य (sarcoplasmic) क्षेत्र जिसके अन्दर केन्द्रक तथा साइटोप्लाजम होता है। कोशिका के इस क्षेत्र से साइटोप्लाजमिक विस्तार (cytoplasmic extension) निकलता है जो उसे तंत्रिका तंत्र से जोड़ता है। इस संदर्भ में सूत्रकृमियों की पेशी कोशिकाएं अन्य जन्तुओं में पायी जाने वाली पेशी कोशिकाओं से भिन्न होती हैं क्योंकि उनमें ऐसा साइटोप्लाजमिक विस्तार नहीं होता। पृष्ठाध तथा अधराध कोशिकाओं से निकले हुए तंत्रिकायन विस्तार (innervations process) क्रमशः पृष्ठ तंत्रिका रज्जु और अधर तंत्रिका रज्जु में मिलते हैं। इसी कारण पृष्ठाध की पेशियां एक साथ कार्य करती हैं तथा अधराध की पेशियां एक साथ। इनके एक साथ और विपरीत दिशाओं में कार्य करने (सिकुड़न व शिथिलीकरण- contraction and relaxation) के कारण सूत्रकृमि पृष्ठ-अधर की ओर से मुड़कर चलता है

पेशी कोशिकाओं को आकृति व संकुचलनशील रेशों (myofibril) की व्यवस्था के आधार पर तीन समूहों में बांटा जा सकता है (चित्र 3.9)–

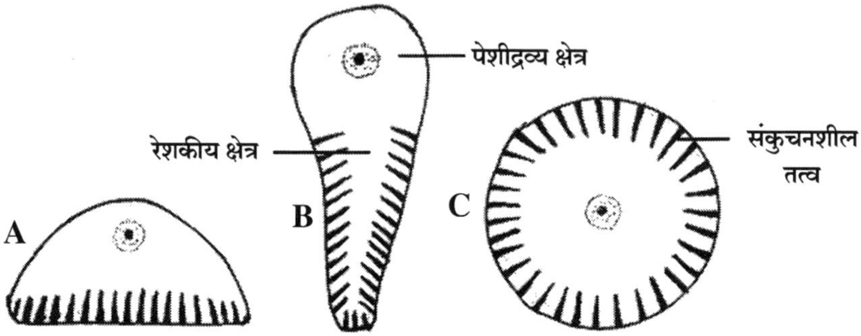

■ चित्र 3.9 : **पेशी कोशिकाओं के प्रकार– A. प्लेटीमाएरियन, B. सीलोमाएरियन, C. सरकोमाएरियन**

i. **प्लेटीमाएरियन** (platymyarian): इन कोशिकाओं का आधार चौड़ा व चपटा होता है जिससे वे अधिचर्म के साथ जुड़ी रहती हैं। संकुचलनशील रेशे केवल इसी आधार तक सीमित रहते हैं।

ii. **सीलोमाएरियन** (coelomyarian): इन कोशिकाओं का अधिचर्म से जुड़ा हुआ आधार संकीर्ण होता है तथा संकुचलनशील रेशे पेशीद्रव्य (sarcoplasm) को घेरे रहते हैं।

iii. **सरकोमाएरियन** (circomyarian): इन कोशिकाओं में पेशीद्रव्य चारों ओर से संकुचलनशील रेशों से घिरा रहता है। ऐसी पेशी कोशिकाएं विशिष्ट पेशीन्यास में ही मिलती हैं।

पेशी कोशिकाओं के विन्यास के अनुसार पेशीन्यास निम्न प्रकार का होता है–

i. **मिरोमाएरियन**: यदि अनुप्रस्थ काट में प्रत्येक अंतराअधिचर्मरज्जु क्षेत्र में पेशी कोशिकाओं की संख्या 2 से 5 तक हो तो पेशीन्यास मिरोमाएरियन कहलाता है।

ii. **पोलीमाएरियन**: इस विन्यास में प्रत्येक अंतराअधिचर्मरज्जु क्षेत्र में पांच से अधिक पेशी कोशिकाएं होती हैं।

iii. **होलोमाएरियन**: इस अवस्था में सूत्रकृमि के किसी भाग में अधिचर्मरज्जु नहीं होते तथा अनुप्रस्थ काट में पेशी कोशिकाएं बिना किसी अवरोध के पूरी अधिचर्म से चिपकी रहती हैं।

आंतरिक शरीर नलिका (आहार नाल– alimentary canal)

सूत्रकृमि की आंतरिक शरीर नलिका आहार नाल बनाती है जो बाह्य नलिका से अग्र भाग में मुख तथा पश्च भाग में गुदा/ अवस्कर से जुड़ी रहती है। आहार नाल को तीन भागों में विभक्त किया जा सकता है (चित्र 3.10)– 1. मुखपथ (stomodeum), 2. मध्यांत्र/ मिसेन्ट्रान (mid gut/ mesenteron), तथा 3. पश्चांत्र/ गुदपथ (proctodeum/ hind gut)। मुखपथ व गुदपथ की अवकाशिका (lumen) क्यूटिकल से आस्तरित रहती है।

■ चित्र 3.10 : **आंतरिक देह नलिका**

मुखपथ

यह मुख से प्रारम्भ होकर ग्रसनी के आधार तक पंहुचती है। मुख या मुखद्वार सूत्रकृमि के अग्र सिरे पर ठीक बीच में होता है। मौलिक रूप से मुख द्वार के चारों ओर छः ओष्ठ होते हैं- 2 पार्श्व, 2 उपपृष्ठ व 2 उपअधर (चित्र 3.11)। मुखद्वार अन्दर की तरफ मुखगुहिका (mouth cavity/ buccal cavity/ stoma) में खुलता है। मुखगुहिका की दिवारें आंतरिक भित्ति सूत्रकृमि के अशन व्यवहार के अनुसार कई प्रकार से रूपांतरित होती है (चित्र 3.12)। पादप सूत्रकृमियों की मुखगुहिका भित्तियां संलयन कर एक इंजेक्शन की सूई जैसा अंग बनाती है जिसे स्टाइलेट (stylet)/ स्पीर (spear) / कंतु /शुकिका/ मुखशुकिका कहते हैं। इसकी अवकाशिका बहुत संकीर्ण (1 μm) से कम होती है जो स्टाइलेट के अगले सिरे से थोड़ा नीचे अधर की तरफ खुलती है। प्रत्येक स्टाइलेट के तीन भाग होते हैं- 1. अग्र भाग शंकुक (conus), 2. मध्य बेलनाकार शैफ्ट/ कांड (shaft) तथा 3. पश्च नोब/ घुंडियां (knobs)। स्टाइलेट नोब संख्या में तीन होती हैं- एक पृष्ठ और दो उपाधर स्थिति में। स्टाइलेट पादप कोशिकाओं का वेधन करके उसके साइटोप्लाजम को सूत्रकृमि की ग्रसनी तक पहुंचाने में सहायता करता है। स्टाइलेट स्टाइलेट अपाकंचुक पेशियों (stylet protractor muscles) की सहायता से मुखद्वार से बाहर निकल सकता है। स्टाइलेट की गतिविधि का निर्देशन सूत्रकृमि के अग्र भाग पर स्थित दृढ़ीकृत (sclerotized) उलटी टोकरी सदृश संरचना, शिरस्य प्राधार/ ढांचा (cephalic sclerotization) द्वारा होता है (चित्र 3.13, 3.14)।

ग्रसनी/ ग्रसिका (pharynx/ oesophagus): ग्रसनी मुख से आंत्र के बीच का भाग होता है। स्टाइलेट की अवकाशिका ग्रसनी की अवकाशिका में खुलती है। ग्रसनी मौलिक रूप से एक पम्पन (pumping) अंग होता है जो स्टाइलेट द्वारा लिए हुए आहार को खींचकर आंत्र तक भेजता है। सूत्रकृमियों की आहार लेने की प्रवृति के अनुसार ग्रसनी की संरचना में बहुत विभिन्नताएं पायी जाती हैं (चित्र 3.12)–

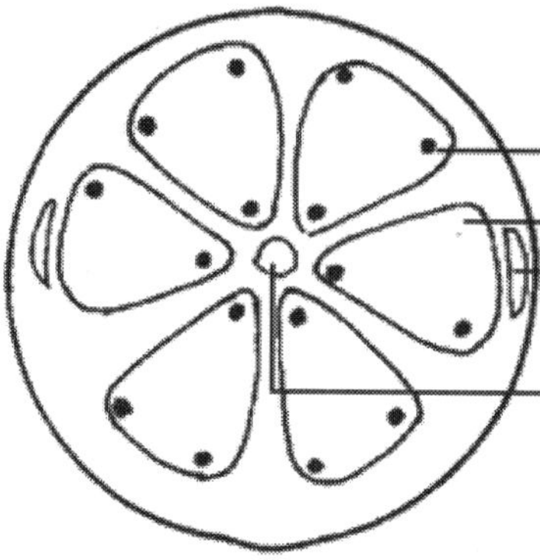

■ चित्र 3.11 : **अभिमुख दृश्य**

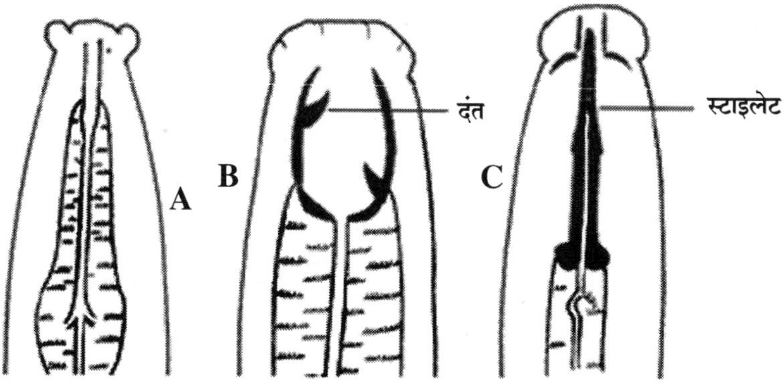

■ चित्र 3.12 : **मुख गुहिका की विभिन्नताएं– A. सूक्ष्मजीव भक्षी (रेबडिटिड), B. परभक्षी (मोनोनकिड), C. पादप परजीवी (टाइलेंकिड)**

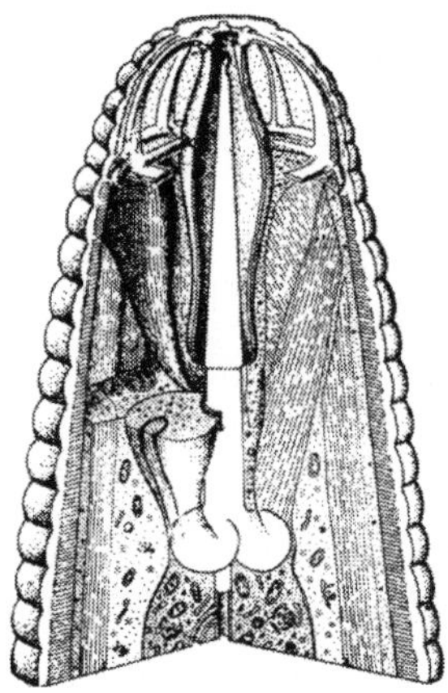

■ चित्र 3.13 : **टाइलेंकिड सूत्रकृमि का शिरस्य क्षेत्र**

i. पूरी ग्रसनी एक ही मोटाई की और बेलनाकार होती है जैसे कि परभक्षी सूत्रकृमियों के गण मोनोकिडा (Mononchida) में मिलती है।

ii. ग्रसनी का अग्र भाग पतला व बेलनाकार होता है तथा पश्च भाग फैला हुआ चौड़ा होता है। फैले हुए इस भाग को बल्ब (bulb) या कन्द भी कहते हैं। पश्च भाग में होने के कारण यह पश्चीय या आधारी या अंतस्थ बल्ब भी कहलाता है।

iii. ग्रसनी तीन भागों में विभक्त होती है– 1. अग्र कारपस (corpus) जिसे पुनः प्रोकारपस (procorpus) तथा मेटाकारपस (metacarpus) में बांट सकते हैं। प्रोकारपस पतला – बेलनाकार तथा मेटाकारपस गोल या अंडाकार होता है। मेटाकारपस के अन्दर की अवकाशिका के चारों ओर नवचंद्राकार (crescentric) पटल होते हैं जो कपाटीय उपकरण (valvular apparatus) बनाते हैं। ग्रसनी के बीच में होने के कारण इसे मध्य ग्रसनी बल्ब भी कहते हैं। कपाटीय उपकरण पादप कोशिकाओं में से आहार खींचकर पीछे आंत्र की तरफ धकेलने में सहायता करती है। 2. तनुयोजी (isthmus)। यह कारपस तथा अंतस्थ बल्ब के बीच का संकीर्ण बेलनाकार भाग होता है। प्रायः तंत्रिका रिंग/ वलय (nerve ring) इसके कुछ भाग को चारों ओर से घेरे रहती है। 3. अंतस्थ/ आधारीय/पश्चीय बल्ब– ग्रसनी का तनुयोजी के पीछे का भाग फूला हुआ होता है जिसे अंतस्थ/ आधारीय/पश्चीय (end, basal or posterior) बल्ब कहते हैं। ग्रसनी ग्रंथियां इसी बल्ब में होती है। यह बल्ब भी कपाटीय या अकपाटीय हो सकता है।

ग्रसनी की अवकाशिका अन्दर से क्यूटिकल से आस्तरित होती है। यह अवकाशिका प्रायः त्रिअरीय (triradiate) होती है जिसकी एक बाहु अधरीय तथा दो उपपृष्ठीय होती हैं जिसके परिणाम स्वरूप ग्रसनी के तीन उपखंड बन जाते हैं– एक पृष्ठीय और दो उपाधरीय। ग्रसनी के अंतस्थ बल्ब में इन्हीं उपखंडों में तीन ग्रंथियां होती हैं जो पृष्ठीय और उपाधरीय कहलाती हैं।

टाइलेंकिडा और एफलेंकिडा गणों के पादप सूत्रकृमियों की ग्रसनी मौलिक रूप से इसी प्रकार त्रिभाजित (tripartite) होती है (चित्र 3.15)। इनका मध्य बल्ब प्रायः कपाटीय व अंतस्थ बल्ब अकपाटीय होता है। पृष्ठ ग्रंथि गण टाइलेंकिडा में स्टाइलेट नोब के पीछे प्रोकारपस की अवकाशिका में, तथा गण एफलेंकिडा में मध्य बल्ब में कपाटीय उपकरण के ऊपर अवकाशिका में खुलती है। दोनों गणों में उपाधर ग्रंथियां अलग-अलग द्वारों से मध्य बल्ब में कपाटीय उपकरण के नीचे खुलती हैं (चित्र 3.14)।

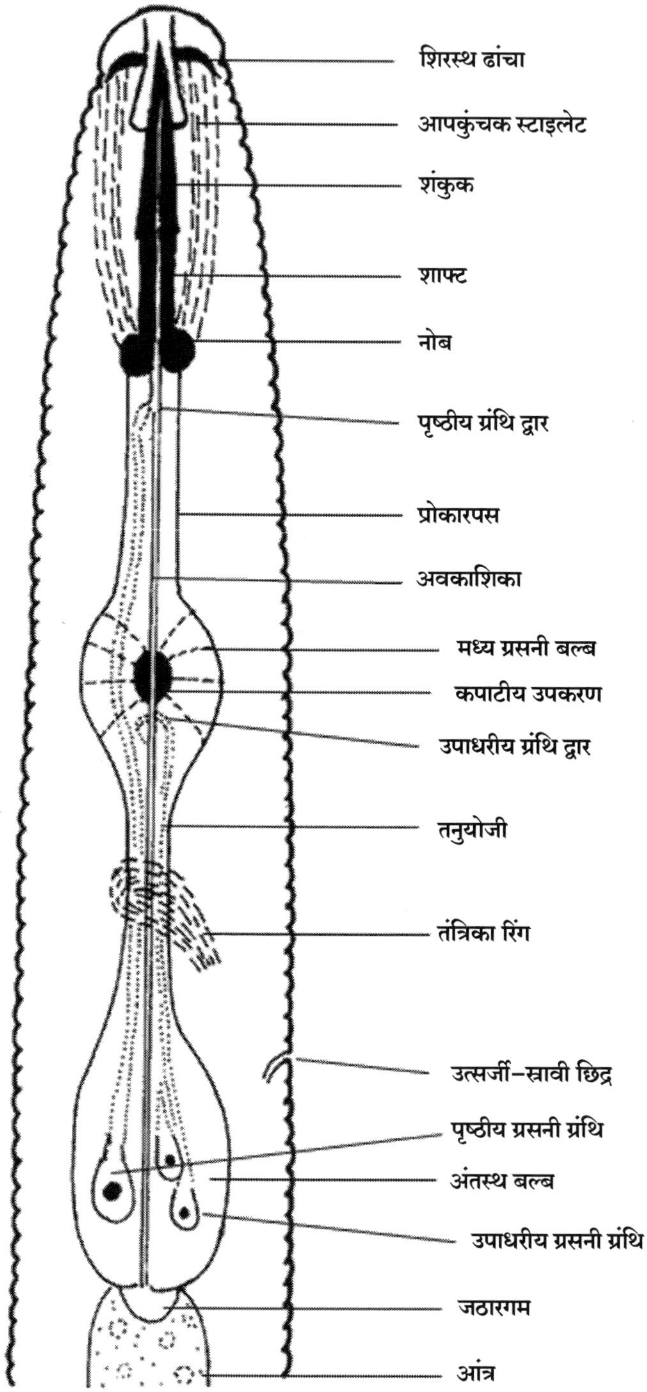
शिरस्थ ढांचा
आपकुंचक स्टाइलेट
शंकुक
शाफ्ट
नोब
पृष्ठीय ग्रंथि द्वार
प्रोकारपस
अवकाशिका
मध्य ग्रसनी बल्ब
कपाटीय उपकरण
उपाधरीय ग्रंथि द्वार
तनुयोजी
तंत्रिका रिंग
उत्सर्जी–स्रावी छिद्र
पृष्ठीय ग्रसनी ग्रंथि
अंतस्थ बल्ब
उपाधरीय ग्रसनी ग्रंथि
जठारगम
आंत्र

■ चित्र 3.14 : **मुख पथ**

गण टाइलेंकिडा की ग्रसनी के पुनः निम्न प्रकार हैं–

i. **टाइलेंकिड प्रकार–** इस प्रकार की ग्रसनी ऊपर बताये गए भागों– प्रोकारपस, मध्य बल्ब, तनुयोजी व अंतस्थ बल्ब की बनी होती है। मध्य बल्ब कपाटीय तथा अंतस्थ बल्ब अंडाकार या गोल होता है।

ii. **नियोटाइलेंकिड प्रकार** (neotylenchid type)– यह ग्रसनी भी टाइलेंकिड प्रकार की होती है लेकिन मध्य बल्ब बहुत संकीर्ण और कपाटीय उपकरण रहित होता है

iii. **क्रिकोनिमेटिड प्रकार** (criconematid type)– इस प्रकार की ग्रसनी में प्रोकारपस तथा मेटाकारपस आपस में संयुक्त (amalgamated) हो जाते हैं। अंतस्थ बल्ब बहुत छोटा होता है।

iv. **होप्लोलेमिड प्रकार** (hoplolaimid type)– इस प्रकार की ग्रसनी का प्रारूप टाइलेंकिड प्रकार की ग्रसनी का होता है जिसमें प्रोकारपस, कपाटीय मध्य बल्ब व तनुयोजी ठीक वैसा ही होता है किन्तु ग्रसनी ग्रंथियां बड़ी होकर पालि (lobe) बना लेती हैं जो आंत्र को पृष्ठीय, अधरीय या पार्श्वीय ओर से ढके रहती हैं (चित्र 3.15)।

ग्रसनी से होकर आंत्र में पहुंचने के लिए आहार को ग्रसनी–आंत्र सन्धि पर स्थित ग्रसनी–आंत्र कपाट (pharyngo-intestinal valve) से गुजरना पड़ता है। यह कपाट आहार को वापिस ग्रसनी में जाने से (प्रत्यावहन– regurgination) से रोकता है। इस कपाट को कारडिया/ जठरागम (cardia) भी कहते हैं।

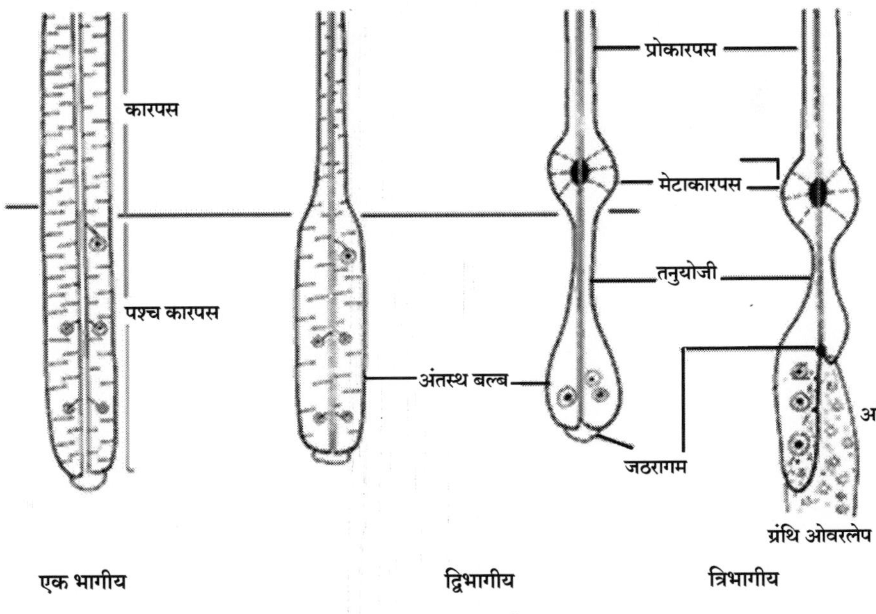

■ चित्र 3.15 : **ग्रसनी के प्रकार**

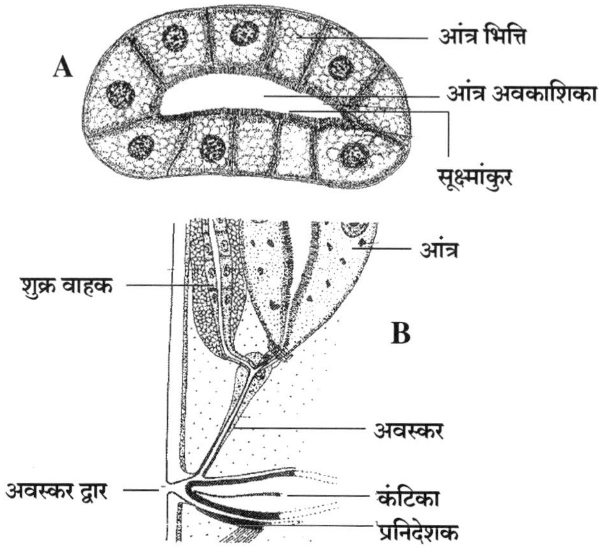

■ चित्र 3.16 : **A. आंत्र का अनुप्रस्थ काट, B. अवस्कर**

आंत्र/ मध्यांत्र (intestine/ mesenteron)

मध्यांत्र केवल आंत्र की बनी होती है जो एक सरल और लम्बी नाल होती है। यह अन्तश्चर्मी उपकला (endodermal epithelial) कोशिकाओं की बनी होती है जो अनुप्रस्थ काट में एक ही कतार में लगे हुए दिखाई देती हैं। ये कोशिकाएं अवशोषक व स्रावी, दोनों होती हैं। प्रत्येक कोशिका की अन्दरुनी सतह पर सूक्ष्मांकुर (microvilli) होते हैं जो कोशिकाओं के अवशोषण क्षेत्र को बढ़ा देते हैं (चित्र 3.16 A)।

गुदपथ (Proctodeum)

गुदपथ या मलाशय एक छोटी और चपटी नली होती है जिसकी अवकाशिका क्यूटिकल से आस्तरित रहती है। यह शरीर के बाहर अधर की ओर गुद छिद्र (anal aperture) द्वारा खुलती है। नर सूत्रकृमियों में जनन तंत्र की शुक्रवाहिका (vas deferens) मलाशय से मिलकर अवस्कर बनाती है जो बाहर अवस्कर द्वार से खुलती है (चित्र 3.16 B)।

जनन तंत्र

सूत्रकृमियों में प्रजनन लैंगिक होता है और जनन अंग कूटगुहा में होते हैं। अधिकांश सूत्रकृमियों में मादा व नर जनन अंग अलग-अलग विशिष्टों (individuals) में पाये जाते हैं। कुछ जातियां उभयलिंगी (hermaphrodite) होती हैं जिनमें एक ही जनद (gonad) अंडाशय (ovary) वर्षण (testis) का कार्य करता है। मादा व नर सूत्रकृमि प्रायः एक से दिखते हैं किन्तु नर सूत्रकृमियों के पश्च भाग में कंटिकाएं/ स्पीकूयल (Spicule) व पुच्छ पश्च (caudal alae) होते हैं जिससे वे मादा सूत्रकृमि से आसानी से अलग किए जा सकते हैं। सूत्रकृमियों का जनन तंत्र नलिकाकार होता है और इसे जनन नलिका भी कहते हैं।

मादा जनन तंत्र

मादाओं में जनन तंत्र जनद (gonad) अंडाशय और जननवाहिका (gonoduct) का बना होता है। अंडाशय में अंडक (oocytes) विकसित होकर जननवाहिनी में पहुंच जाते हैं। जननवाहिनी के अंडवाहिनी (oviduct), शुक्रग्राहिका/ शुक्र-आधन (spermatheca), गर्भाशय (uterus), योनि (vagina) और भग (vulva) भाग होते हैं (चित्र 3.17)। अंडाशय में विकसित होकर अंडक अंडवाहिनी से होते हुए शुक्रग्राहिका में पहुंच जाते हैं जिसमें नर सूत्रकृमि से मैथुन क्रिया में मिले हुए शुक्राणु एकत्रित रहते हैं। इसी स्थान पर शुक्राणु अंडक में वेधन करते हैं। गर्भाशय के कुछ भाग में स्रावी ग्रंथियां होती हैं जो अंडे के कवच (shell) की भित्तियां स्रावित करती हैं। गर्भाशय के इस भाग को क्रस्टाफोरमेरिया (crustaformeria) कहते हैं। गर्भाशय आगे योनि में खुलता है। योनि शरीर के बाहर अधर सतह की ओर झिर्री (slit) जैसे छिद्र, भग, द्वारा खुलती है।

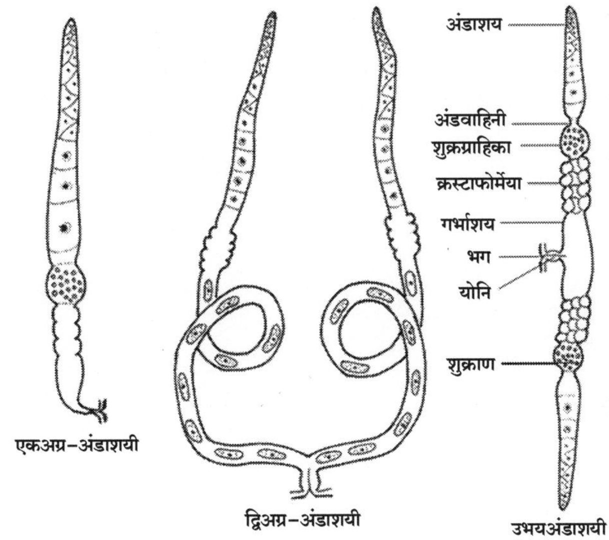

■ चित्र 3.17 : **मादा प्रजनन तंत्र**

मादा जननतंत्र में एक या दो जनन शाखाएं होती हैं। एक शाखा वाली मादा एकअंडाशयी (monodelphic) तथा दो शाखाओं वाली मादा द्विअंडाशयी (didelphic) कहलाती है। जनन शाखा भग के अग्र या पश्च भाग में स्थित हो सकती है जो क्रमशः अग्रअंडाशयी (prodelphic) और पश्चअंडाशयी (opisthodelphic) कहलाती हैं। इस प्रकार सूत्रकृमियों की मादा एकअंडाशयी + अग्रअंडाशयी = एक-अग्रअंडाशयी (monoprodelphic), एकअंडाशयी + पश्चअंडाशयी = एक-पश्चअंडाशयी (mono-opisthodelphic), द्विअंडाशयी + अग्रअंडाशयी = द्वि-अग्रअंडाशयी (diprodelphic), द्विअंडाशयी + पश्चअंडाशयी = द्वि-पश्चअंडाशयी (diopisthodelphic) हो सकती हैं। दो जनन शाखाओं वाली मादाओं में प्रायः एक जनन शाखा भग के अग्र तथा दूसरी भग के पश्च भाग में स्थित होती है। जनन शाखाओं की इस व्यवस्था को उभय-अंडाशयी (amphidelphic) कहते हैं। टाइलेंकिडा और एफलेंकिडा गणों के पादप सूत्रकृमियों की मादाएं एक-अग्रअंडाशयी या उभयअंडाशयी होती हैं। कुछ ही वंशों जैसे

मेलॉइडोगाइन (Meloidogyne), *हेटरोडेरा (Heterodera)* की मादाओं में भग पश्च सिरे पर स्थित होता है जिससे जनन तंत्र द्वि-अग्रअंडाशयी होता है।

नर जनन तंत्र

टाइलेंकिडा और एफलेंकिडा गणों के पादप सूत्रकृमियों के नरों में केवल एक ही वृषण (testis) होता है इसलिए वे एकवृषणीय (monorchic) कहलाते हैं। अन्य गणों के सूत्रकृमियों में द्विवृषणीय (diorchic) नर भी मिलते हैं। जनन तंत्र के विभिन्न भाग हैं- वृषण (जनद), शुक्राशय (seminal vesicle), शुक्रवाहिका, अवस्कर व अवस्कर छिद्र (चित्र 3.18 A)। शुक्राणु वृषण में बनकर शुक्राशय में एकत्रित होते रहते हैं और वहां से शुक्रवाहिका से होकर अवस्कर में पंहुचते हैं। मलाशय और शुक्रवाहिका मिलकर अवस्कर बनाते हैं जो शरीर के बाहर अधर की ओर अवस्कर द्वार से खुलता है। अवस्कर के पास ही अवस्कर थैली में दृढ़ क्यूटिकल की बनी हुई रचनाएं होती हैं जिसे स्पीक्यूल या कंटिकाएं (spicules) कहते हैं। स्पीक्यूल पेशियों की सहायता से शरीर से बाहर आ सकते हैं तथा मैथुन क्रिया में शुक्राणु मादा की योनि में पहुंचाने में सहायता करते हैं। स्पीक्यूल का चलन एक दृढ़ पट्टिका द्वारा निर्देशित होता है जिसे प्रनिदेशक (gubernaculum) कहते हैं। पादप सूत्रकृमियों में प्रायः पुच्छ पक्षक/ प्रपुटी होता है जिसकी सहायता से नर मैथुन क्रिया में मादा को जकड़े रहता है। लम्बी पुच्छ वाले सूत्रकृमियों में पुच्छ पक्षक केवल अवस्कर क्षेत्र तक सीमित रहता है। ऐसे पुच्छ पक्षक को लेप्टोडेरान (leptoderan) कहते हैं (चित्र 3.18 B)। पेलोडेरान (peloderan) पुच्छ पक्षक पुच्छ के सिरे तक फैला होता है और पूरी पुच्छ को घेरे रहता है (चित्र 3.18 C)। स्पीक्यूल, प्रनिदेशक और पुच्छ पक्षक द्वितीयक जनन अंग कहलाते हैं।

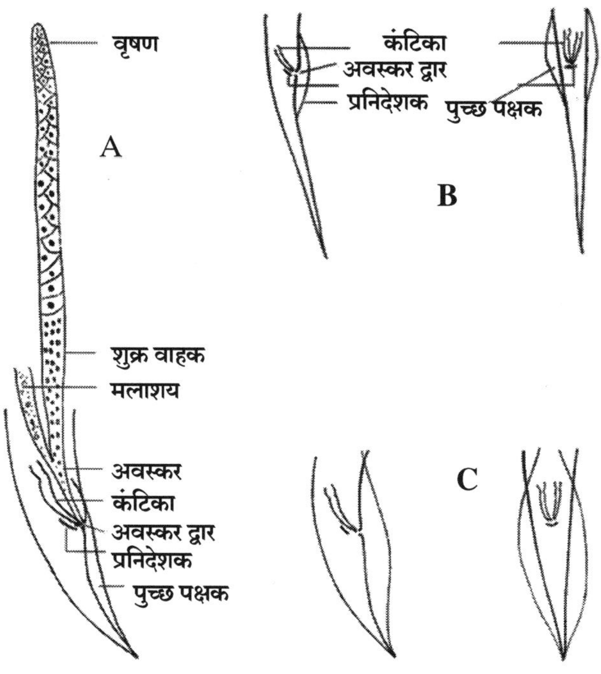

■ चित्र 3.18 : **नर प्रजनन तंत्र**

तंत्रिका तंत्र

सूत्रकृमियों में तंत्रिका तंत्र पूर्णतयाः विकसित होता है। पादप सूत्रकृमि बहुत छोटे होते हैं अतः तंत्रिका तंत्र को बिना अभिरंजित (stain) किए देखना बहुत मुश्किल होता है। पादप सूत्रकृमियों के पूर्ण आरोपण (whole mount) में इनका मस्तिष्क एक रिंग जैसा दिखाई देता है जो ग्रसनी की तनुयोजी को घेरे रहता है अतः इसे परिग्रसनीय तंत्रिका रिंग (circumpharyngeal nerve ring) कहते हैं। इस रिंग से छः मुख्य लम्बवत तंत्रिकाएं निकलती हैं जो सूत्रकृमि के अग्र ओर के संवेदी अंगों का तंत्रिकायन करती हैं। तंत्रिका तंत्र से चार मुख्य तंत्रिकाएं (1 पृष्ठ, 1 अधर और दो पार्श्व) निकलती हैं जो अधिचर्म रज्जुओं में से गुजरती हैं तथा शरीर के विभिन्न अंगों व कायिक पेशियों का तंत्रिकायन करती हैं. शरीर के विभिन्न क्षेत्रों में अनुदैर्घ्य तंत्रिकाएं अनुप्रस्थ संधायिओं (commissures) से आपस में जुड़ी रहती हैं।

जैसा ऊपर उल्लेख किया गया है तंत्रिकाएं संवेदी अंगों का तंत्रिकायन करती हैं। पादप सूत्रकृमियों में मुख्यतया संवेदी अंग छिद्र या पिप्पल के रूप में होते हैं अथवा क्यूटिकल से ढके रहते हैं। ये संवेदी अंग दो प्रकार के होते हैं– स्पर्शग्राही (tactoreceptor) व रसोग्राही जो वातावरण में उपस्थित क्रमशः भौतिक व रासायनिक उद्दीपनों का बोध सूत्रकृमि को कराते हैं। अग्र क्षेत्र में शिरस्य भाग पर स्थित एमफिड/ द्विक (amphids) मुख्य संवेदी अंग हैं जो सूत्रकृमि को वातावरण में उपस्थित रसायनों, जैसे जड़ों द्वारा मूल परिसर में स्रवित रसायनों, का बोध कराते हैं। द्विकों की संख्या दो होती हैं और ये सूत्रकृमि के पार्श्व ओर होते हैं (चित्र 3.11)। द्विक शरीर के बाहर द्विक् छिद्र से खुलते हैं जिसके ठीक नीचे द्विक कोष्ठ (amphidial pouch) होता है।

द्विक कोष्ठ द्विक नलिका (amphidial duct) से संवेदिका कोष्ठ (sensillar pouch) से जुड़ा होता है जिसमें तंत्रिका तंतु होते हैं। दूसरा प्रमुख रसोग्राही संवेदी अंग सूत्रकृमियों के पुच्छ भाग में पार्श्व की ओर होता है जिसे फेज्मिड/ पश्चक (phasmid) कहते हैं। ये संवेदी अंग भी एक जोड़े में होते हैं। कुछ सूत्रकृमियों जैसे *होप्लोलेमस (Hoplolaimus)*, *स्कूटेलोनिमा (Scutellonema)* में पश्चक काफी बड़े आकार के होते हैं और स्कूटेलम (scutellum) अथवा प्रढोल कहलाते हैं (चित्र 3.19)। सूत्रकृमियों में प्रमुख स्पर्शग्राही संवेदी अंग पिप्पल जैसे होते हैं जो मुख के चारों ओर छः ओष्ठों पर लगे होते हैं। प्रारुपिक तौर पर ओष्ठों की संख्या छः होती है जिनमें दो ओष्ठ पार्श्व, दो उपपृष्ठीय तथा शेष दो उपाधर होते हैं (चित्र 3.11)। 16 ओष्ठीय पिप्पल ओष्ठों पर इस प्रकार व्यवसित होते हैं– 1. आंतरिक सतह पर छः पिप्पल का आंतर वृतक और प्रत्येक ओष्ठ पर एक पिप्पल 2. . बाह्य सतह पर छः पिप्पल का बाह्य वृतक और प्रत्येक ओष्ठ पर एक पिप्पल, 3. प्रत्येक उपपृष्ठीय और उपाधर ओष्ठ के बाहरी ओर एक और बाह्य पिप्पल।

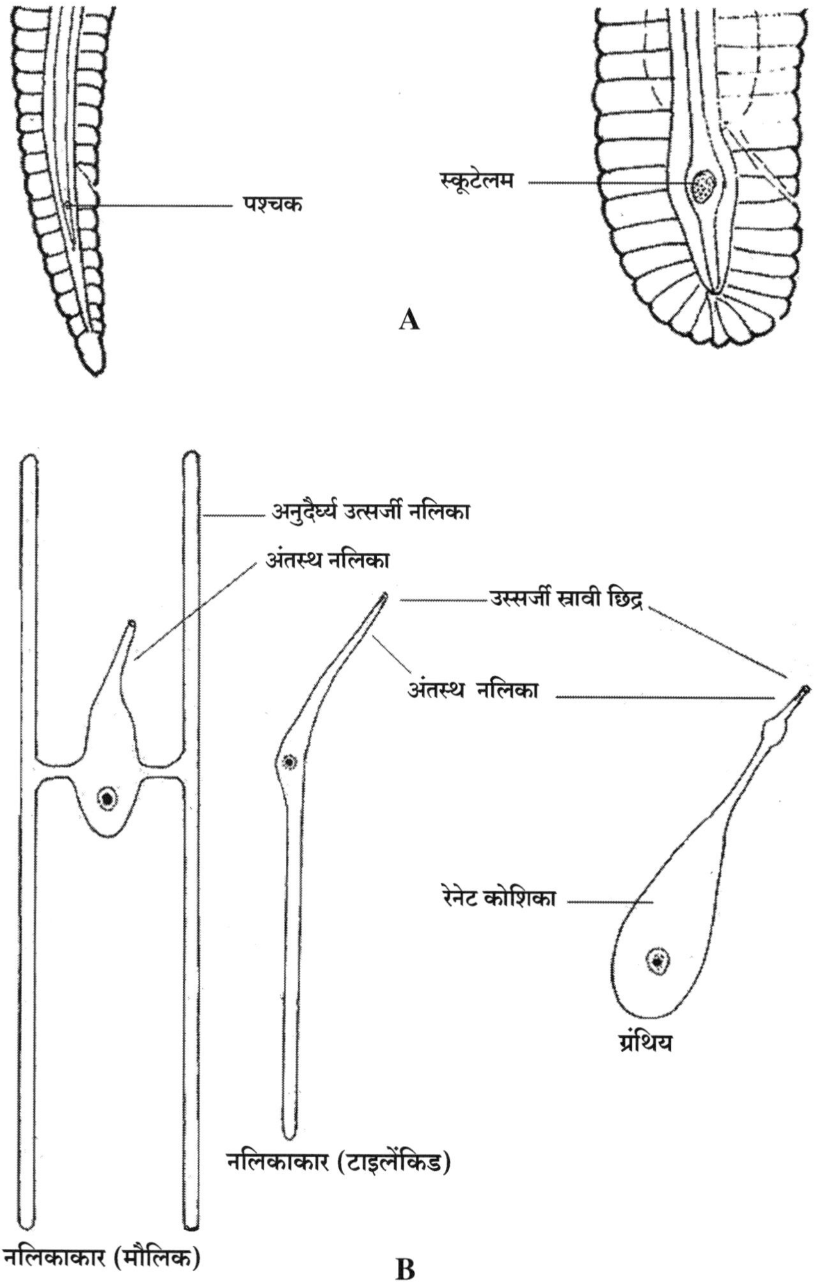

■ चित्र 3.19 : **A. पुच्छीय संवेदी तंत्र, B. उत्सर्जी–स्रावी तंत्र**

श्वसन व परिसंचरण तंत्र

सूत्रकृमियों में श्वसन और परिसंचरण के लिए विशिष्ट अंग नहीं होते परन्तु फिर भी सूत्रकृमियों में दोनों तंत्र काम करते हैं। वायुजीवी (aerobic) श्वसन में सूत्रकृमियों की क्यूटिकल से गैसों का आदान-प्रदान होता है। कूटगुहा का द्रव्य परिसंचरण का कार्य करता है। प्रमुख अंग सदैव इस द्रव्य में भीगे रहते हैं जिससे तत्वों का परिसंचरण होता रहता है।

उत्सर्जी-स्रावी तंत्र

सूत्रकृमियों में दो प्रकार के उत्सर्जी-स्रावी तंत्र पाए जाते हैं- नलिकाकार (canalicular) और ग्रंथिय (glandular)। नलिकाकार उत्सर्जी-स्रावी तंत्र (चित्र 3.19) दो अनुदैर्घ्य नलिकाओं का बना होता है जो पार्श्व अधिचर्म रज्जुओं में से होकर गुजरती है। ग्रसनी क्षेत्र के पास दोनों अनुदैर्घ्य नलिकाएं अनुप्रस्थ नलिका से जुड़ जाती हैं और अंतस्थ नलिका के माध्यम से शरीर के बाहर उत्सर्जी-स्रावी छिद्र द्वारा खुलती है। अंतस्थ नलिका की अवकाशिका क्यूटिकल से आस्तरित होती है। उत्सर्जी-स्रावी छिद्र शरीर के मध्याधर (ventromedian) की तरफ, प्रायः ग्रसनी के आधार के पास, स्थित होता है। टाइलेंकिडा और एफलेंकिडा गणों के अधिकतर सूत्रकृमियों में एक ही अनुदैर्घ्य नलिका होती है और केवल अंतस्थ नलिका ही पूर्ण आरोपण में दिखाई देती है (चित्र 3.19 B)।

ग्रंथिय प्रकार का उत्सर्जी-स्रावी तंत्र केवल एक ही कोशिका का बना होता है जिसे रिनेट/ कटोर/ ग्रीवा (renette/ sinus or cervical) ग्रंथि कोशिका कहते हैं। यह ग्रंथि कोशिका स्वतन्त्र रूप से कूटगुहा में लटकी रहती है। इस ग्रंथि कोशिका में से उत्सर्जी-स्रावी नलिका निकल कर सूत्रकृमि के ग्रीवा क्षेत्र में मध्याधर की तरफ उत्सर्जी-स्रावी छिद्र द्वारा शरीर के बाहर खुलती है (चित्र 3.19 B)। उत्सर्जी-स्रावी तंत्र के आधार पर ही सूत्रकृमियों को दो वर्गों में बांटा गया है- 1. एडिनोफोरिया (Adenophorea) जिसमें यह तंत्र ग्रंथिय प्रकार का होता है, और 2. सेसरनेंसिया (Secernentea) जिसमें उत्सर्जी-स्रावी तंत्र नलिकाकार होता है।

उत्सर्जी-स्रावी अंग उत्सर्जन के अतिरिक्त परासरण नियमन (osmoregulation) का कार्य भी करते हैं। ये अंग रासायनिक द्रव्य भी स्रावित करते हैं जैसे निर्मोचन में अल्फा ल्युसाइन पेपटीडेज (α-leucine peptidase)। अतः इस तंत्र को उत्सर्जी तंत्र की अपेक्षा उत्सर्जी-स्रावी तंत्र कहना अधिक उचित है। सिट्रस सूत्रकृमि- *टाइलेंकुलस सेमीपेनिट्रेंस (Tylenchulus semipenetrans)* में यह तंत्र श्लेषी आधात्री (gelatinous matrix) स्रावित करता है जिसमें मादा अपने अंडे देती है।

सूत्रकृमियों की परिभाषा

उपरोक्त गुणों के आधार पर सूत्रकृमियों को इस प्रकार परिभाषित किया जा सकता है (चित्र 3.20)- त्रिस्तरीय (triploblastic), द्विपार्श्व सममित (bilaterally symmetrical), खंडहीन (unsegmented), कूटगुहिक (pseudocoelomate) अकशेरुकी (invertebrate) जन्तु जिनके अन्दर चार मुख्य अधिचर्म रज्जु (epidermal chords), त्रिअरीय ग्रसनी (triradiate pharynx), परिग्रसनीय तंत्रिका रिंग (circumpharyngeal ring) होती है तथा श्वसन व परिसंचरण तंत्रों के लिए विशिष्ट अंग नहीं होते। इनके अन्दर जनन अंग नलिकाकार होते हैं जो मादा में स्वतन्त्र रूप से, परन्तु नर में आहार नलिका से जुड़ कर एक ही अवस्कर छिद्र (cloacal aperture) से शरीर के बाहर खुलते हैं।

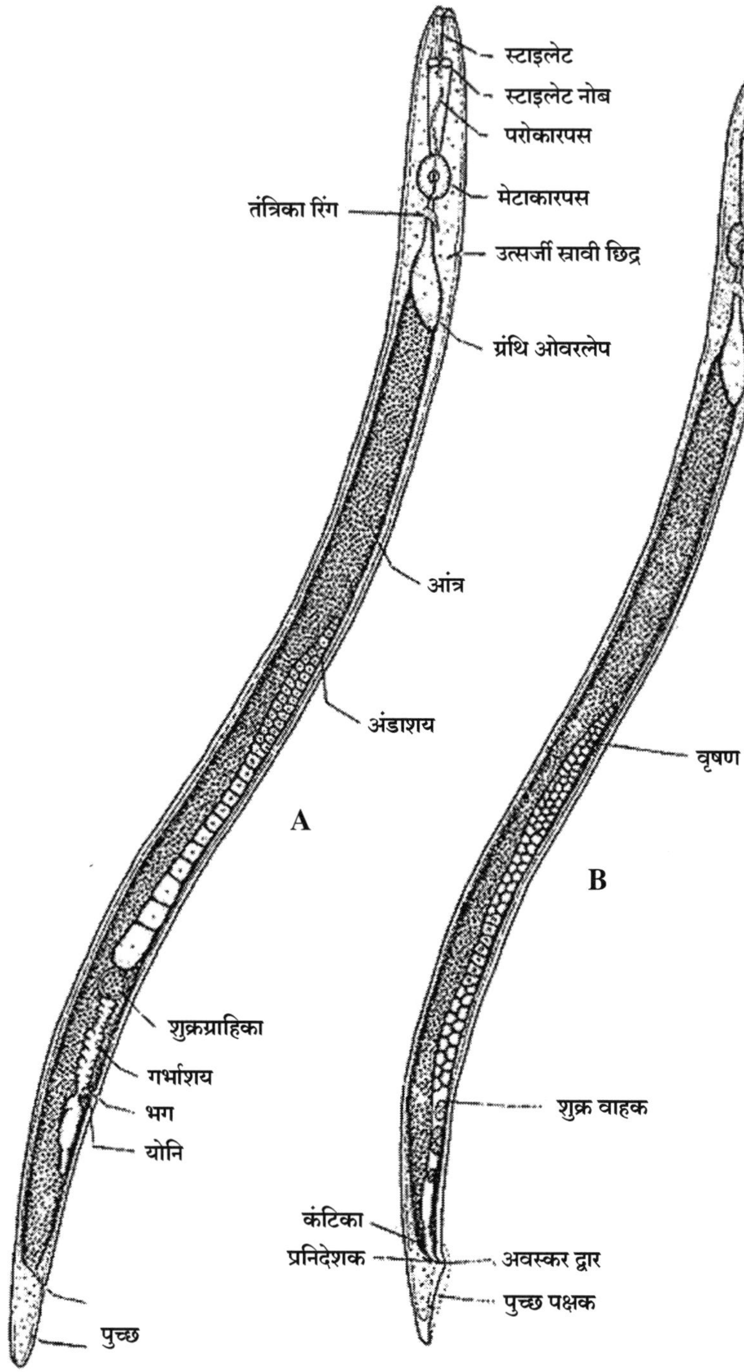

■ चित्र 3.20 : **पादप सूत्रकृमि की आकारिकी– A. मादा, B. नर**

अध्याय 4

सूत्रकृमि वर्गिकी

पादप सूत्रकृमियों का वर्गीकरण मौलिक रूप से उनकी आकारिकी पर आधारित है। आकृतिक गुणों के अतिरिक्त आकृतिमितीय (morphometric) व सापेक्षमितीय (allometric) गुणों, विशेषकर डि मान अनुपातों –de Man ratios (तालिका 4.1) का भी सूत्रकृमि वर्गीकरण में प्रयोग होता है।

तालिका 4.1 : **डि मान के अनुपात**

अनुपात	गुण	उदाहरण
L	देह की कुल लम्बाई	1000 μm
a	L/ अधिकतम देह की चौड़ाई	1000/20 = 50
b	L/ ग्रसनी की लम्बाई	1000/150 = 6.67
c	L/ पुच्छ की लम्बाई	1000/25 = 40
V	अग्रिम सिरे से भग की दूरी × 100 /L	350/1000 × 100 = 35
c'	पुच्छ की लम्बाई / गुदा पर देह की चौड़ाई	25/10 = 2.5

सूत्रकृमियों का वर्गीकृत स्थान

प्रक्षेत्र (Domain) : यूकेरिओटा (Eucaryota)
जगत (Kingdom) : एनामेलिया (Animalia)
प्रभाग (Division) : बाइलेट्रिया (Bilateralia)
सेक्शन (Section) : प्रोस्टोमिया (Protostomia)
अधिफाइलम (Superphylum) : एस्केहेल्मिंथ (Aschelminthes)
फाइलम (Phylum) : नेमाटोडा (Nematoda)

पादप सूत्रकृमियों का वर्गीकरण

इस पुस्तक के अनुच्छेद II में पादप सूत्रकृमियों के वर्गीकरण की रूप-रेखा दी गई है। सूत्रकृमि वंशों के विभेदक लक्षण व चित्र अध्याय 9 में प्रस्तुत किये गये हैं।

फाइलम (Phylum) नेमाटोडा रूडोल्फी (Rudolphi), 1808

त्रिस्तरीय (triploblastic), द्विपार्श्व सममित (bilaterally symmetrical), खंडहीन (unsegmented), कूटगुहिक (pseudocoelomate) अकशेरुकी (invertebrate) जन्तु। देह अधिकतर सर्पाकार, अधिचर्म द्वारा स्रावित क्यूटिकल से ढकी हुई। कुछ अंतः परजीवियों में फूली हुई, थैले, सेब, नींबू अथवा वृक्काकार। आहार नलिका में सिरे पर मुख, मुख गुहिका, ग्रसनी, आंत्र व मलाशय जो बाहर की ओर, पुच्छ सिरे पहले गुदा। उत्सर्जी तंत्र बिना फ्लैम कोशिकाओं के। श्वसन व परिसंचरण तंत्रों के लिए विशिष्ट अंग अनुपस्थित। मादा व नर जनन अंग अलग-अलग व्यष्टियों में, नलिकाकार; जनन नलिका मादा में स्वतन्त्र रूप से, परन्तु नर में आहार नलिका से जुड़ कर एक ही अवस्कर छिद्र (cloacal aperture) से शरीर के बाहर खुलती हुई; नर में कंटिका के रूप में मैथुनांग। जीवन चक्र- अंडा, चार अवस्थाओं के डिंभक व वयस्क नर/मादा। प्रत्येक निर्मोक में पुरानी क्यूटिकल का त्याग।

वर्ग: एडिनोफोरिया फॅान लिनस्टो, 1905 (Adenophorea von Linstow, 1905) और सेसरनेंसिया फॅान लिनस्टो, 1905 (Secernentea)

■ तालिका 4.2 : **वर्ग एडिनोफोरिया (Adenophorea) और सेसरनेंसिया (Secernentea) में अन्तर**

एडिनोफोरिया/ एफेजमिडा (= Aphasmidia)	**सेसरनेंसिया / फेजमिडा (= Phasmidia)**
शिरस्थ पिप्पल शूकाकार (चित्र 4.1)	शिरस्थ पिप्पल शूकाकार नहीं
उत्सर्जी-स्रावी तंत्र ग्रंथिय	उत्सर्जी-स्रावी तंत्र नलिकाकार
अधिचर्मीय व पुच्छक ग्रंथियां उपस्थित	अधिचर्मीय व पुच्छक ग्रंथियां अनुपस्थित
नर द्विवृषणी	नर एकवृषणी
पुच्छ पक्षक अधिकतर अनुपस्थित	पुच्छ पक्षक अधिकतर उपस्थित
पश्चक अनुपस्थित	पश्चक उपस्थित
गण : ऐनोप्लीडा (Enoplida), आइसोलेमिडा (Isolaimida), मोनोनकिडा (Mononchida), डोरीलेमिडा (Dorylaimida)*, मरमीथिडा (Mermithida), ट्रिपलोंकिडा (Triplonchida), ट्रिकोसेफेलिडा (Trichocephalida), मसपीसिडा (Muspiceida), क्रोमाडोरिडा (Chromadorida), मोनहिस्टेरिडा (Monhysterida), एरियोलेमिडा (Araeolaimida), डेस्मोस्कोलेसिडा (Desmoscolecida), डेस्मोडोरिडा (Desmodorida)	रेबडीटिडा (Rhabditida), एसकेरिडिडा (Ascaridida), स्ट्रोंगाइलिडा (Strongylida), डिपलोगेस्टेरिडा (Diplogasterida), टाइलेंकिडा (Tylenchida)*, एफलेंकिडा (Aphelenchida), स्पाइरूरिडा (Spirurida), केमालेनिडा (Camallanida)

* पादप सूत्रकृमि टाइलेंकिडाए एफलेंकिडा, डोरीलेमिडा व ट्रिपलोंकिडा में मिलते हैं। अतः इन्हीं का वर्णन इस अध्याय में किया गया है।

गण टाइलेंकिडा थोर्न, 1949 (Order Tylenchida Thorne, 1949)

निदान : सेसरनेंसिया। कृमिरूप, लम्बाई 3 mm से कम, कुछ पादप परजीवी व अधिकतर कीट परजीवी की मादाएं फूली हुई। क्यूटिकल पर धारियां, एनयूल जिनके ऊपर शल्क (scale) अथवा कंटक (spines) हो सकते हैं। पार्श्व क्षेत्र अक्सर उपस्थित जिसके अन्दर 1-6 पार्श्व रेखाऐं (lateral lines)। दृविक (amphids) सूक्ष्म, छेद जैसे, अक्सर मुख के पास। मुखशूकिका (Stomatostylet) (शंकुक, शाफ्ट व नोब का बना हुआ) अधिकतर उपस्थित। पृष्ठ ग्रसनीय ग्रंथि (dorsal pharyngeal gland) का छिद्र स्टाइलेट नोब के पीछे प्रोकारपस में। उपाधर ग्रसनीय ग्रंथियों के छिद्र मध्य बल्ब में। ग्रसनी तीन भागों में विभक्त - 1. अग्र कारपस (corpus) (पुनः प्रोकारपस (procorpus) तथा मेटाकारपस (metacarpus) में विभाजित), 2. तनुयोजी (isthmus) व 3. आधारी बल्ब। प्रोकारपस तथा मेटाकारपस आपस में संयुक्त (amalgamated) हो सकते हैं (क्रिकोनिमेटिड -criconematid ग्रसनी, चित्र 4.2) या ग्रसनी ग्रंथियां बड़ी होकर पालि (lobe) बना लेती हैं जो आंत्र को ढक लेती हैं (होप्लोलेमिड- hoplolaimid) ग्रसनी) अथवा मध्य बल्ब बहुत संकीर्ण और बिना कपाटीय उपकरण के हो सकता है (नियोटाइलेंकिड-neotylenchid) ग्रसनी। उत्सर्जी-स्रावी तंत्र नलिकाकार, उत्सर्जी-स्रावी छिद्र सामान्यतया ग्रसनी क्षेत्र में। तंत्रिका रिंग (nerve ring) परिग्रसनी (circumpharyngeal)। मादा जनन तंत्र एकअग्रअंडाशयी (monoprodelphic) या उभयअंडाशयी (amphidelphic) अथवा फूली हुई मादाओं में द्विअग्रअंडाशयी (didelphic prodelphic)। अंडाशय सीधे। पुच्छ विविध प्रकार की- छोटी गोल से लेकर लम्बी तंतुरूप (filiform)। नर अधिकतर मादा जैसे, कुछ में अग्रिम भाग अपह्रासित (degenerated)। जनन नलिका एकवृषणी (monorchic), सीधे। कंटिकाएं (spicules) दो, माप व आकृति में एक जैसे, चापाकार (arcuate)। पुच्छ पक्षक अधिकतर उपस्थित, बिना प्रपुटी पर्शुक (bursal rays) के (चित्र 4.3)। पादप परजीवियों में जीवन चक्र प्रत्यक्ष। अल्गी, फंगस, जड़/ उपरभूमिक पादप भक्षी अथवा/ और कीट परजीवी।

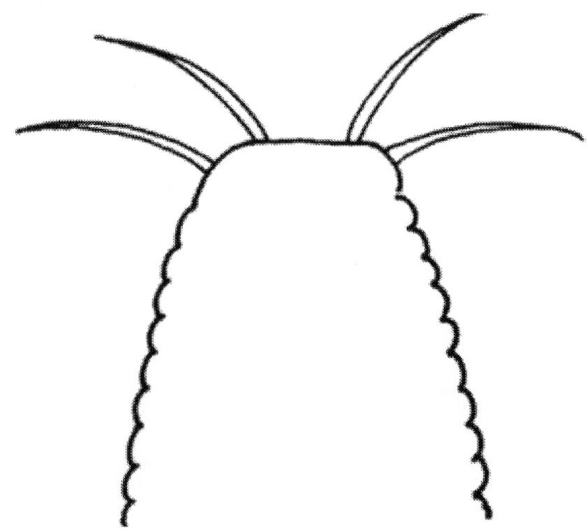

■ चित्र 4.1 : **शिरस्य शूक**

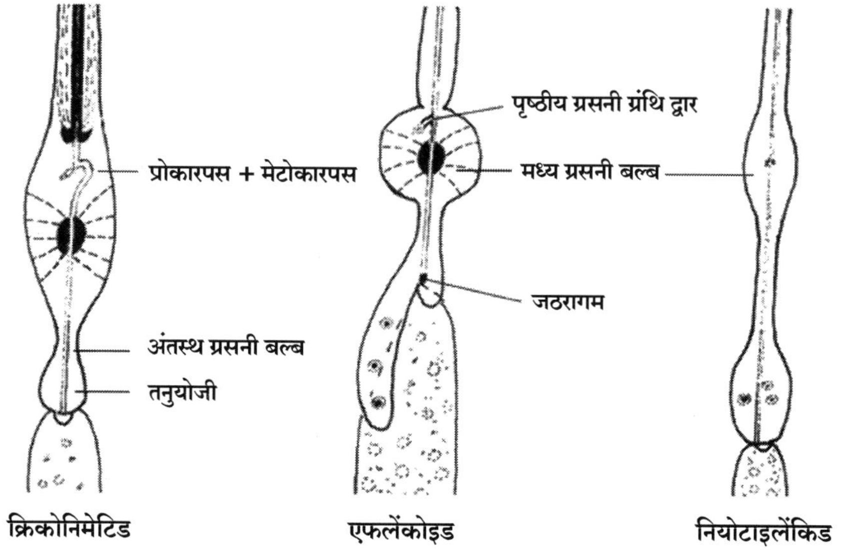

■ चित्र 4.2 : **ग्रसनी**

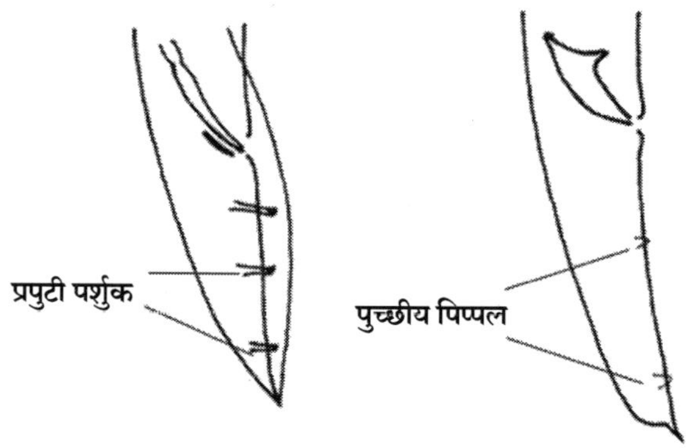

■ चित्र 4.3 : **एफलेंकिड के पुच्छ पक्षक व पिप्पल**

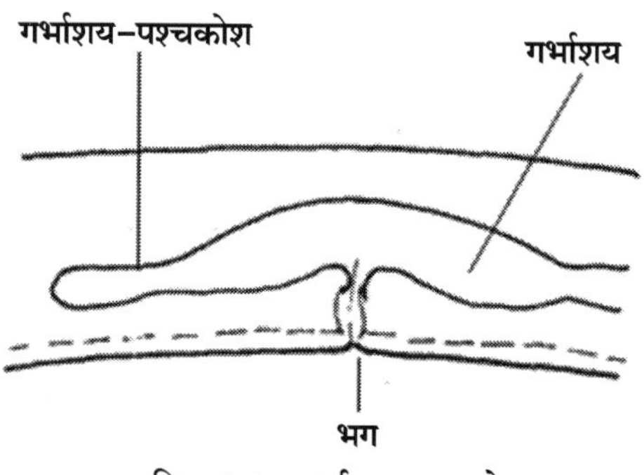

■ चित्र 4.4 : **गर्भाशय पश्चकोश**

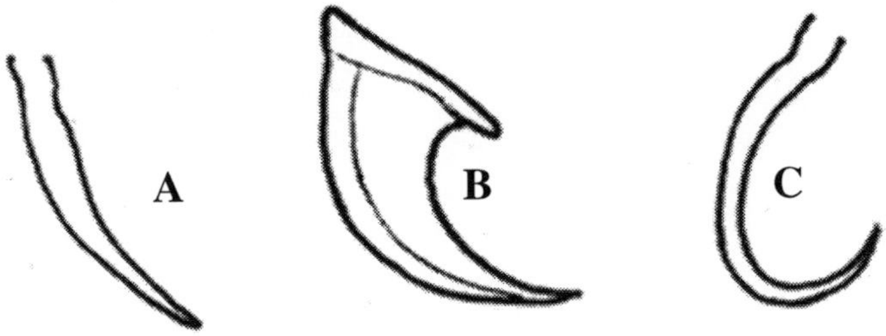

■ चित्र 4.5 : कंटिकाएं- **A. चापाकार, B. गुलाब के कांटे जैसा, C. दरांती-रूप**

उपगण : टाइलेंकिना चिटवुड व चिटवुड में चिटवुड, 1950 (Tylenchina Chitwood in Chitwood & Chitwood, 1950)*, होप्लोलेमिना सिजोव व बेरेजिना, 1988 (Hoplolaimina Chizov & Berezina, 1988)*, क्रिकोनिमेटिना सिद्दिकी, 1980 (Criconematina Siddiqi, 1980)* व हेक्साटाइलिना सिद्दिकी, 1980 (Hexatylina Siddiqi, 1980)*

उपगण टाइलेंकिना चिटवुड व चिटवुड में चिटवुड, 1950

निदान : टाइलेंकिडा। मादा व नर कृमिरूप, क्यूटिकल पर धारियां, एनयूल। पार्श्व रेखाएं 1-6। ग्रसनी टाइलेंकिड, होप्लोलेमिड अथवा नियोटाइलेंकिड। मादा जनन तंत्र एकअग्रअंडाशयी, गर्भाशय-पश्चकोश (post uteine sac) उपस्थित (चित्र 4.4)। पुच्छ लम्बी शंक्वाकार (conoid) से तंतुरूप। पश्चक अधिभग (advulval) या अनुपस्थित। कंटिकाएं चापाकार (चित्र 4.5)। पुच्छ पक्षक अधिगुद (adanal), लेप्टोडेरान (leptoderan) अथवा पेलोडेरान (peloderan)। अल्गी, फंगस भक्षी अथवा पादपों के उपरभूमिक भागों के परजीवी। जीवन चक्र प्रत्यक्ष। पादपों के उपरभूमिक भागों के परजीवियों में सुप्तावस्था संभव।

इंफ्रागणः टाइलेंकेटा सिद्दिकी, 2000 (Tylenchata Siddiqi, 2000) व एंग्युआइनेटा सिद्दिकी, 2000 (Anguinata Siddiqi, 2000)

इंफ्रागण टाइलेंकेटा

निदान : टाइलेंकिना। मादा व नर दोनों कृमिरूप, सामान्यतया 0.33-1.00 mm लम्बे। स्टाइलेट छोटा, छोटी नोब के साथ। ग्रसनी टाइलेंकिड या नियोटाइलेंकिड। जठागरम (Cardia) उपस्थित। शुक्रग्राहिका (spermatheca) अक्षीय (axial) (चित्र 4.6)। दोनों लिंगों में पुच्छ लम्बी, तंतुरूप। पुच्छ पक्षक अधिगुद। अल्गी, फंगस भक्षी अथवा पादप जड़ के अधिचर्म कोशिकाओं के बाह्य परजीवी।

अधिकुल : टाइलेंकोइडिया ओरले, 1880 (Tylenchoidea Orley, 1880); कुल टाइलेंकिडी ओरले,1880 (Tylenchidae Orley, 1880)

कुल टाइलेंकिडी

निदान : टाइलेंकोइडिया। मादा व नर दोनों कृमिरूप। सामान्यतया 0.33-1.00 mm लम्बे। कोई लैंगिक द्विरूपता नहीं। क्यूटिकल पर धारियां, एनयूल। अनेदैर्घ्य रेखाएं उपस्थित या अनुपस्थित। स्टाइलेट छोटा, छोटी नोब के साथ। ग्रसनी टाइलेंकिड या नियोटाइलेंकिड। मादा

एकअग्रअंडाशयी, गर्भाशय-पश्चकोश उपस्थित। शुक्रग्राहिका अक्षीय, शुक्राणु सूक्ष्म व गोल। क्रस्टाफोर्मेरिया (crustformeria) चतु:स्तंभिकीय (quadricolumellar)। पुच्छ लम्बी शंक्वाकार (conoid) से तंतुरूप। पुच्छ पक्षक अधिगुद। अल्गी, फंगस भक्षी अथवा पादप जड़ के अधिचर्म कोशिकाओं के बाह्य परजीवी।

प्ररूप वंश : *टाइलेंकस* बासटिआन, 1865 (*Tylenchus* Bastian, 1865)

अन्य महत्वपूर्ण वंश : *कोसलेंकस* सिद्दिकी, 1978 (*Coslenchus* Siddiqi, 1978)

■ तालिका 4.3 : ***टाइलेंकस* और *कोसलेंकस* में अन्तर**

गुण	*टाइलेंकस*	*कोसलेंकस*
अनुदैर्घ्य रेखाएं (चित्र 4.7)	अनुपस्थित	उपस्थित
प्ररूप जाति	*टी. दवेनी* बासटिआन, 1865 (*T. davainei* Bastian, 1865)	*सी. कोसटेटस* (डि मान, 1921) सिद्दिकी, 1978 *C. costatus* (de Man, 1921) Siddiqi, 1978

इंफ्रागण एंग्युआइनेटा

निदान : टाइलेंकिना। कृमिरूप, गाल/ पिटिका (gall) बनाने वाले। मादाएं मोटी। पार्श्व रेखाएं 4 या 6। स्टाइलेट महीन व छोटा, स्टाइलेट नोब छोटी। आधारी ग्रसनी बल्ब संभजित (offset), मध्य बल्ब बिना कपाटीय उपकरण के हो सकता है। कोशकीय जठागरम अनुपस्थित। शुक्रग्राहिका जनन नलिका की सीध में, शुक्राणु बड़े व उनमें काफी साइटोप्लाजम। पुच्छ लम्बी, शंक्वाकार। पश्चक (phasmids) अनुपस्थित। पुच्छ पक्षक लेप्टोडेरान अथवा पेलोडेरान। फंगस भक्षी, कीट सहचर्यी अथवा पादप के उपरभूमिक भागों के परजीवी।

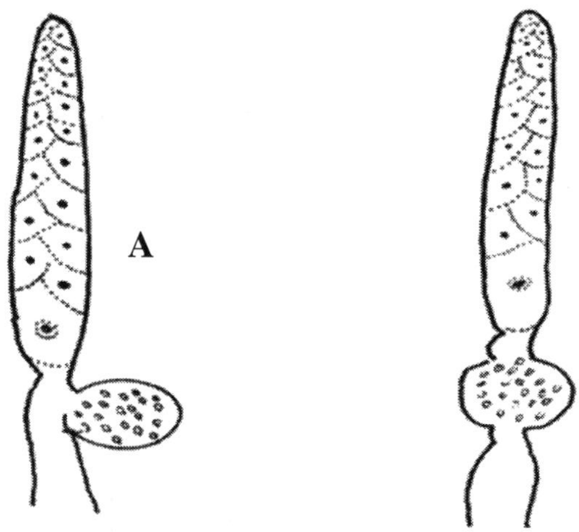

■ चित्र 4.6 : **शुक्रग्राहिका– A. अक्षीय, B. सीध में**

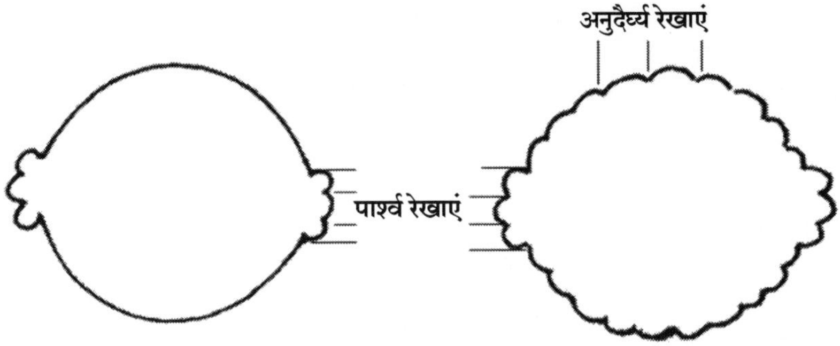

■ चित्र 4.7 : **पार्श्व एवं अनुदैर्घ्य रेखाएं**

■ चित्र 4.8 : **स्टाइलेट नोब– A. गोल, B. ट्यूलिप रूप वाली, C. ऐंकर रूप वाली, D. पीछे की ओर निर्दिष्ट**

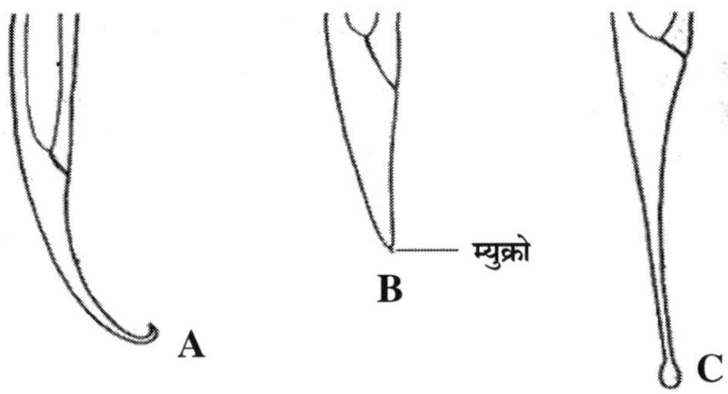

■ चित्र 4.9 : **पुच्छ सिरा– A. घुंडी दार, B. म्युक्रो सहित, C. गदाकार**

अधिकुल : एंग्युआइनोइडिया निकोल., 1935 (Anguinoidea Nicoll., 1935): कुलः एंग्युआइनिडी निकोल., 1935 (Anguinidae)

कुलः एंग्युआइनिडी निकोल., 1935

निदान : एंग्युआइनोइडियाः कृमिरूप, गाल बनाने वाली मादाएं मोटी। पार्श्व रेखाएं 4 या 6। स्टाइलेट महीन व छोटा, स्टाइलेट नोब छोटी। आधारी ग्रसनी बल्ब संभजित, मध्य बल्ब बिना कपाटीय उपकरण के हो सकता है। शुक्रग्राहिका जनन नलिका की सीध में, शुक्राणु बड़े व उनमें काफी साइटोप्लाज्म। पुच्छ लम्बी, शंक्वााकार। पश्चक अनुपस्थित। पुच्छ पक्षक लेप्टोडेरान अथवा पेलोडेरान। फंगस भक्षी, कीट सहचर्यी अथवा पादप के उपरभूमिक भागों के परजीवी।

प्ररूप वंश : *एंग्युआइना* स्कोपुली, 1777 (*Anguina* Scopoli, 1777)

अन्य महत्वपूर्ण वंश : *सबएंग्युआइना* पेरेमोनोव, 1967 (*Subanguina* Paramonov, 1967)

डाइटाइलेंकस फिलिपजेव, 1936 (*Ditylenchus* Filipjev, 1936)

■ तालिका 4.4 : ***एंग्युआइना, सबएंग्युआइना* और *डाइटाइलेंकस* में अन्तर**

गुण	***एंग्युआइना***	***सबएंग्युआइना***	***डाइटाइलेंकस***
मादा	मोटी	मोटी	सामान्यतया कृमिरूप
गाल	पादप के उपरभूमिक भागों पर	पादप के उपरभूमिक भागों / जड़ पर	फंगस भक्षी/ पादप के उपरभूमिक भागों के परजीवी/ गाल न बनाने वाले
अंडाशय में अंडाणु	कई पंक्तियों में	1–2 पंक्तियों में	1–2 पंक्तियों में
क्रस्टाफोर्मेरिया	कोशिकाएं अनेक पंक्तियों में, प्रत्येक पंक्ति में 14 से अधिक कोशिकाएं	4 × 8–14 कोशिकाओं का बना हुआ	चतुःस्तंभिकीय (4 × 4 कोशिकाएं)
प्ररूप जाति	*ए. ट्रिटिसाई* (स्टाइनबक, 1799) चिटवुड, 1935 *A. tritici* (Steinbuch, 1799) Chitwood, 1935	*एस. रेडीसिकोला* (ग्रीफ, 1872) पेरेमोनोव, 1968 *S. radicicola* (Greef, 1872) Paramonov, 1968	*डी. डिपसेकी* (कुन, 1857) फिलिपजेव, 1936 *D. dipsaci* (Kuhn, 1857) Filipjev, 1936

उपगण होप्लोलेमिना

निदान : टाइलेंकिडा। कृमिरूप, 3 mm के कम लम्बे, कुछ अंतः व अर्द्ध अंतः पादप परजीवी की मादाएं फूली हुई। क्यूटिकल पर धारियां, एनयूल। पार्श्व क्षेत्र सामान्यतया उपस्थित, पार्श्व रेखाएं 1–6। दृविक सूक्ष्म, छेद जैसे, अक्सर मुख के पास। ग्रसनी टाइलेंकिड या होप्लोलेमिड। मादा जनन तंत्र एकअग्रअंडाशयी (गर्भाशय-पश्चकोश के साथ), उभयअंडाशयी अथवा फूली हुई मादाओं में द्विअग्रअंडाशयी। पुच्छ विविध प्रकार की- छोटी गोल से लेकर लम्बी, शंक्वाकार तक। पश्चक सुस्पष्ट, पुच्छ पर स्थित अथवा बड़े होकर प्रढोल (scutella) के रूप में। नर सदैव कृमिरूप, कुछ में अग्रिम भाग अपह्रासित (जैसे *रेडोफोलस, Radopholus*)। कंटिकाएं दो, माप व आकृति में समान, चापाकार। पुच्छ पक्षक अधिकतर उपस्थित। जीवन चक्र प्रत्यक्ष। जड़ों के बाह्य, अंतः व अर्द्ध अंतः परजीवी या फंगस भक्षी।

अधिकुल : होप्लोलेमोइडिया फिलिपजेव, 1934 (Hoplolaimoidea Filipjev, 1934) व डोलिकोडोरोइडिया चिटवुड व चिटवुड में चिटवुड, 1950 (Dolichodoroidea Chitwood in Chitwood & Chitwood, 1950)

अधिकुल होप्लोलेमोइडिया

निदान : होप्लोलेमिना। कुछ अंतः व अर्द्ध अंतः पादप परजीवी की मादाएं फूली हुई। क्यूटिकल पर धारियां, एनयूल। पार्श्व क्षेत्र सामान्यतया उपस्थित, पार्श्व रेखाएं 1-6। ग्रसनी टाइलेंकिड या होप्लोलेमिड। मादा जनन तंत्र एकअग्रअंडाशयी (गर्भाशय-पश्चकोश के साथ), उभयअंडाशयी अथवा फूली हुई मादाओं में द्विअग्रअंडाशयी। पश्चक सुस्पष्ट, पुच्छ पर स्थित अथवा बड़े होकर प्रढोल (scutella) के रूप में। नर सदैव कृमिरूप, कुछ में अग्रिम भाग अपह्रासित (जैसे *रेडोफोलस, Radopholus*)। कंटिकाएं दो, माप व आकृति में समान, चापाकार। पुच्छ पक्षक अधिकतर उपस्थित व पेलोडेरान। जीवन चक्र प्रत्यक्ष। जड़ों के बाह्य, अंतः व अर्द्ध अंतः परजीवी।

कुल : होप्लोलेमिडी फिलिपजेव, 1934 (Hoplolaimidae Filipjev, 1934), रोटाइलेंकुलिडी हुसैन व खान, 1967 (Rotylenchulidae Husain & Khan, 1967), *प्रेटीलेंकिडी* थोर्न, 1949 (*Pratylenchidae* Thorne, 1949), मेलॉइडोगाइनिडी स्कारबिलोविच, 1959 (Meloidogynidae Skarbilovich, 1959) व हेटरोडेरिडी फिलिपजेव व शूरमान - स्टेकऑवन, 1936 (Heteroderidae Filipjev & Sch-Stek., 1936)

कुल होप्लोलेमिडी

निदान : होप्लोलेमोइडिया। नर व मादा, दोनों कृमिरूप। ओष्ठ क्षेत्र ऊंचा (ऊंचाई चौड़ाई से दूनी या अधिक)। ग्रसनी ग्रंथियां आंत्र को पृष्ठीय अथवा अधरीय ओर से ढकती हुई। मादा जनन तंत्र एकअग्रअंडाशयी अथवा उभयअंडाशयी। पश्चक सुस्पष्ट, पुच्छ पर स्थित अथवा प्रढोल के रूप में अथवा अनुपस्थित। पुच्छ छोटी, गोल (c'< 2.0)। मादा द्वारा स्वतंत्र रूप से मिट्टी अथवा जड़ों में अंडे देना। नर सामान्य, पुच्छ पक्षक पेलोडेरान। जड़ों के बाह्य अथवा अंतः परजीवी।

प्ररूप वंश : *होप्लोलेमस* फॉन डेडे, 1905 (*Hoplolaimus* Von Daday, 1905)

अन्य महत्वपूर्ण वंश : *स्कुटेलोनिमा* अंद्रासी, 1958 (*Scutellonema* Andrassy, 1959)
हेलीकोटाइलेंकस स्टाइनर, 1935 (*Helicotylenchus* Steiner, 1945)
रोटाइलेंकस फिलिपजेव, 1936 (*Rotylenchus* Filipjev, 1936)

■ तालिका 4.5 : ***होप्लोलेमस, स्कुटेलोनिमा, हेलीकोटाइलेंकस*** **और** ***रोटाइलेंकस*** **में अन्तर**

गुण	*होप्लोलेमस*	*स्कुटेलोनिमा*	*हेलीकोटाइलेंकस*	*रोटाइलेंकस*
आकृति	लगभग सीधी	लगभग सीधी अथवा कुंडलित (coiled)	कुंडलित	कुंडलित
स्टाइलेट नोब (चित्र 4.8)	ट्यूलिप-नुमा	गोल	गोल/ ऐंकर-नुमा	गोल/ ऐंकर-नुमा

गुण	*होप्लोलेमस*	*स्कुटेलोनिमा*	*हेलीकोटाइलेंकस*	*रोटाइलेंकस*
ग्रसनी ग्रंथियों का ओवरलेप	पृष्ठीय	पृष्ठीय	अधरीय	पृष्ठीय
पश्चक	पुच्छ से अग्रिम भाग में, प्रढोल के रूप में	पुच्छ पर, प्रढोल के रूप में	पुच्छ पर छिद्र जैसे	पुच्छ पर छिद्र जैसे
प्ररूप जाति	*एच. टाइलेंकिफोरमिस* डेडे, 1905 *H. tylenchiformis* Daday, 1905	*एच. ब्लाबेरम* (स्टाइनर, 1937) अंद्रासी, 1958 *S. blaberum* (Steiner, 1937) Andrassy, 1958	*एच. डाइहिस्ट्रा* (कॉब, 1893) शेर, 1961 *H. dihystera* (Cobb, 1893) Sher, 1961	*आर. रोबस्टस* (डि मान, 1876) फिलिपजेव, 1936 *R. robustus* (de Man, 1876) Filipjev, 1936

कुल रोटाइलेंकुलिडी

निदान : होप्लोलेमोइडिया। परिपक्व मादा फूली हुई, वृक्काकार। ग्रसनी ग्रंथियां आंत्र को पार्श्व ओर से ओवरलेप करती हुई। पश्चक छिद्र जैसे। J3 व J4 डिंभक J2 डिंभक की क्यूटिकल के अन्दर। नर में स्टाइलेट व ग्रसनी अपेक्षाकृत कम विकसित। पुच्छ पक्षक अल्पविकसित (rudimentary)। जड़ों के अर्द्ध अंतः परजीवी, मादा द्वारा अंडे श्लेषी आधात्री (gelatinous matrix) में।

प्ररूप वंश : *रोटाइलेंकुलस* लिनफोर्ड व ओलिवेरा, 1940 (*Rotylenchulus* Linford & Oliveira, 1940)

कुल प्रेटीलेंकिडी

निदान : होप्लोलेमोइडिया। नर व मादा, दोनों कृमिरूप (अपवाद *नेकोबस- Nacobbus*)। कुछ वंश के नरों में अपह्रासित स्टाइलेट व ग्रसनी। क्यूटिकल पर एनयूल। पार्श्व रेखाएं 3, 4 या 6। ओष्ठ क्षेत्र नीचा, ऊपरी सतह समतल। स्टाइलेट छोटा (15-30 μm) लेकिन मजबूत। ग्रसनी ग्रंथियां आंत्र को ओवरलेप करती हुई। मादा जनन तंत्र एकअग्रअंडाशयी अथवा उभयअंडाशयी। क्रस्टाफोर्मेरिया त्रिस्तंभिकीय। पुच्छ लम्बी, बेलनाकार (c'> 2.0), सिरे पर कभी-कभी म्युक्रो/ तीक्ष्णाग्र (mucro)। पुच्छ पक्षक पेलोडेरान/ लेप्टोडेरान। जड़ों के प्रवासी अंतःपरजीवी (अपवाद स्थूल अंतः परजीवी- *नेकोबस*)।

प्ररूप वंश : *प्रेटीलेंकस* फिलिपजेव, 1936 (*Pratylenchus* Filipjev, 1936)

अन्य महत्वपूर्ण वंश : *हर्शमेनियेला* लुक व गुडी, 1964 (*Hirschmanniella* Luc & Goodey, 1964)

रेडोफोलस थोर्न, 1949 (*Radopholus* Thorne, 1949)

नेकोबस थोर्न व एलन, 1944 (*Nacobbus* Thorne & Allen, 1944)

■ तालिका 4.6 : ***प्रेटीलेंकस, हर्शमेनियेला*** **और** ***रेडोफोलस*** **में अन्तर**

गुण	*प्रेटीलेंकस*	*हर्शमेनियेला*	*रेडोफोलस*
नर	अग्रिम भाग पूर्ण विकसित	अग्रिम भाग पूर्ण विकसित	अग्रिम भाग अपह्रासित (स्टाइलेट व ग्रसनी अविकसित)
ग्रसनी ग्रंथियों का ओवरलेप	अधरीय	अधरीय	पृष्ठीय
मादा जनन तंत्र	एकअग्रअंडाशयी	उभयअंडाशयी	उभयअंडाशयी
पुच्छ सिरा	बिना म्युक्रो के	म्युक्रो के साथ (चित्र 4.9)	बिना म्युक्रो के
प्ररूप जाति	*पी. प्राटेंसिस* (डि मान, 1880) फिलिपजेव, 1936 *P. pratensis* (de Man, 1880) Filipjev, 1936	*एच. स्पिनीकॉडेटा* शूरमान व स्टेकऑवन, 1944) लुक व गुडी, 1964 *H. spinicaudata* (Sch. Stek., 1944) Luc & Goodey, 1964	*आर. सिमिलिस* (कॉब, 1893) थोर्न, 1949 *R. similis* (Cobb, 1893) Thorne, 1949

कुल मेलॉइडोगाइनिडी

निदान : होप्लोलेमोइडिया। लैंगिक द्विरूपता, मादा फूली हुई, अधिकतर गोल, नर कृमिरूप। *मादा:* क्यूटिकल पर एनयूल। स्टाइलेट पूर्ण विकसित। जनन तंत्र द्विअग्रअंडाशयी। उत्सर्जी–स्रावी छिद्र मध्य ग्रसनी बल्ब से अगले भाग में। भग सिरे पर। क्रस्टाफोर्मेरिया त्रिस्तंभिकीय। मादा द्वारा अंडे श्लेषी आधात्री में। *नर:* कृमिरूप, क्यूटिकल पर एनयूल। ग्रसनी ग्रंथियां आंत्र को ओवरलेप करती हुई। देह का पश्च भाग घूमा हुआ। पुच्छ पक्षक अनुपस्थित। *J2 डिंभक:* कृमिरूप। क्यूटिकल पर एनयूल। शिरस्य दृढ़ीकृत ढांचा कमजोर। स्टाइलेट बारीक, 15 μm से कम लम्बा। ग्रसनी ग्रंथियां आंत्र को ओवरलेप करती हुई। पुच्छ लम्बी, बेलनाकार, बिना पारदर्शी क्षेत्र के। *J3 व J4 डिंभक:* देह फूली हुई, J2 डिंभक की क्यूटिकल के अन्दर। स्टाइलेट अनुपस्थित। पश्च भाग स्पाइकेट। जड़ों पर गांठें बनाने वाले अविकल्पी स्थूल अंतः परजीवी।

प्ररूप वंश : *मेलॉइडोगाइन* गोल्डी, 1892 (*Meloidogyne* Goeldi, 1892)

कुल हेटरोडेरिडी

निदान : होप्लोलेमोइडिया। लैंगिक द्विरूपता, मादा फूली हुई (गोल, नाशपती अथवा नींबू जैसी)। नर कृमिरूप। *मादा:* क्यूटिकल पर लेस जैसी चित्राम (pattern), मरणोपरान्त सिस्ट में परिवर्तित। स्टाइलेट पूर्ण विकसित। जनन तंत्र द्विअग्रअंडाशयी। उत्सर्जी–स्रावी छिद्र मध्य ग्रसनी बल्ब से पिछले भाग में। भग सिरे पर। क्रस्टाफोर्मेरिया त्रिस्तंभिकीय। मादा अंडे सिस्ट में ही धारण किए रहती है किन्तु कुछ जातियों में बाहर श्लेषी आधात्री में भी देती है। *नरः* कृमिरूप, क्यूटिकल पर एनयूल। ग्रसनी ग्रंथियां आंत्र को ओवरलेप करती हुई। देह का पश्च भाग घूमा हुआ। पुच्छ पक्षक अनुपस्थित। *J2 डिंभक:* कृमिरूप। क्यूटिकल पर एनयूल। शिरस्य दृढ़ीकृत ढांचा मजबूत। स्टाइलेट दृढ़, 15 μm से लम्बा। ग्रसनी ग्रंथियां आंत्र को ओवरलेप करती हुई। पुच्छ लम्बी,

बेलनाकार, पारदर्शी क्षेत्र के साथ। *J3 व J4 डिंभक:* देह फूली हुई, J2 डिंभक की क्यूटिकल को त्याग कर बाहर, स्टाइलेट उपस्थित। पश्च भाग छोटा- गोल या तिकोन। जड़ों के अविकल्पी स्थूल अंतः परजीवी।

■ चित्र 4.10 : **कांचमय भाग वाली पुच्छ**

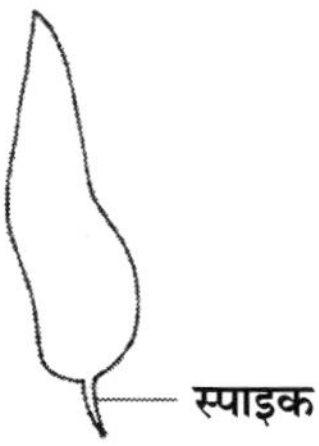

■ चित्र 4.11 : **स्पाइक पुच्छ**

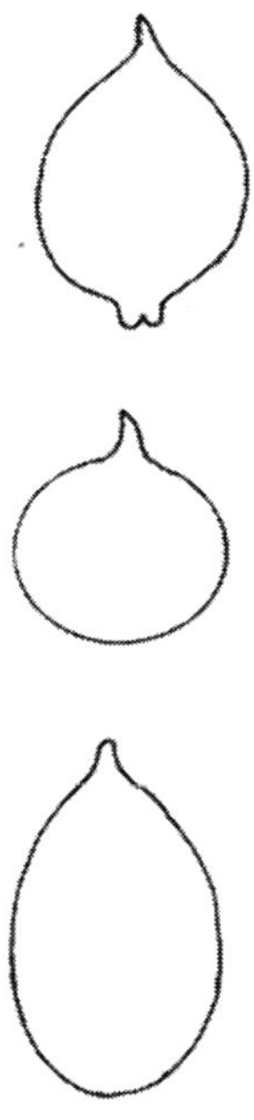

■ चित्र 4.12 : **सिस्टों की आकृति**

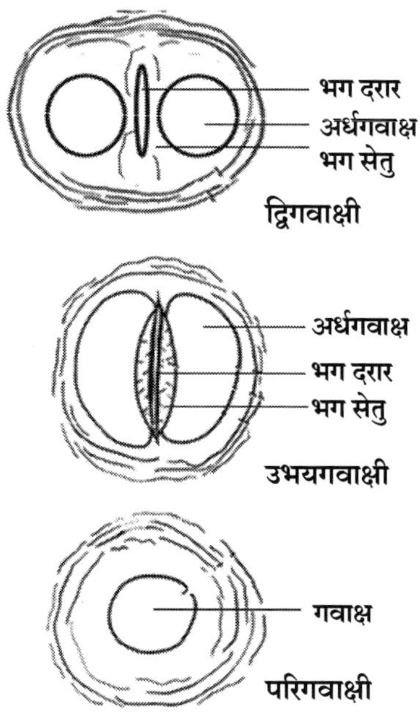

■ चित्र 4.13 : **सिस्टों में गवाक्षी भवन**

अन्य महत्वपूर्ण वंश : *ग्लोबोडेरा* स्कारबिलोविचए 1959 (*Globodera* Skarbilovich, 1959)

पंक्टोडेरा मल्वी व स्टोन, 1976 (*Punctodera* Mulvey & Stone, 1976)

इस कुल के वंशों की मादाओं की क्यूटिकल मरणोपरान्त सिस्ट में परिवर्तित हो जाती है जिसके अन्दर वे अपने अंडे प्रतिकूल परिस्थितियों में धारण किए रहती हैं। भग के दोनों ओर पतले व पारदर्शी क्षेत्र होते हैं जो सिस्ट के परिपक्व होने पर टूट कर छिद्र बन जाते हैं। इन छिद्रों को गवाक्ष

(fenestra) कहते हैं जिनमें से J2 डिंभक स्फुटन के बाद सिस्ट में से बाहर आते हैं। गवाक्षों के रूप व माप के आधार पर सिस्ट को द्विगवाक्षी (bifenstrate- गवाक्ष की लम्बाई चौड़ाई से दुगनी), उभय गवाक्षी (गवाक्ष की लम्बाई लगभग चौड़ाई के बराबर) या परिगवाक्षी (ambifenestrate- गवाक्ष क्षेत्र टूटने से बना छिद्र) कहा जाता है। भग शंकुकप (vulval cone) के अन्दर अधोसेतु (underbridge) व बुल्ली (bullae) हो सकते हैं।

■ तालिका 4.7 : ***हेटरोडेरिडी* और *मेलॉइडोगाइनिडी* कुलों में अन्तर**

अवस्था/ गुण	***हेटरोडेरिडी***	***मेलॉइडोगाइनिडी***
मादा		
सिस्ट अवस्था	उपस्थित	अनुपस्थित
क्यूटिकूलीय आपरिवर्तन	लेस जैसी चित्राम (pattern)/ एनयूल	एनयूल
उत्सर्जी-स्रावी छिद्र	मध्य ग्रसनी बल्ब से पीछे	मध्य ग्रसनी बल्ब से आगे
मूलाधर चित्राम (Perineal pattern)	अनुपस्थित	उपस्थित
J2 डिंभक		
शिरस्य दृढ़ीकृत ढांचा	मजबूत	कमजोर
स्टाइलेट	दृढ, 15 μm से लम्बा	बारीक, 15 μm से छोटा
पुच्छ	पारदर्शी क्षेत्र के साथ (चित्र 4.10)	बिना पारदर्शी क्षेत्र के
J3 व J4 डिंभक	J2 डिंभक की क्यूटिकल को त्याग कर बाहर	J2 डिंभक की क्यूटिकल के अन्दर
	पश्च भाग स्पाइकेट नहीं	पश्च भाग स्पाइकेट (चित्र 4.11)
	स्टाइलेट उपस्थित, अशन करने वाली अवस्थाएं	स्टाइलेट अनुपस्थित, अशन न करने वाली अवस्थाएं
उदाहरण	*हेटरोडेरा* (*Heterodera*), *ग्लोबोडेरा* (*Globodera*), *पंक्टोडेरा* (*Punctodera*)	*Meloidogyne*

■ तालिका 4.8 : ***हेटरोडेरा, ग्लोबोडेरा* और *पंक्टोडेरा* में अन्तर**

गुण	***हेटरोडेरा***	***ग्लोबोडेरा***	***पंक्टोडेरा***
सिस्ट की आकृति (चित्र 4.12)	नींबू जैसी	गोल	नाशपती जैसी
भग शंकु (Vulval cone)	उपस्थित	अनुपस्थित	अनुपस्थित

गुण	*हेटरोडेरा*	*ग्लोबोडेरा*	*पंक्टोडेरा*
गवाक्षीभवन (Fenestration) (चित्र 4.13)	द्वि-, उभय- अथवा परिगवाक्षी (Bi-, ambi- or circumfenestrate	परिगवाक्षी (Circumfenestrate)	परिगवाक्षी
गुदा गवाक्ष (Anal fenestra)	अनुपस्थित	अनुपस्थित	उपस्थित
प्ररूप जाति	*एच. शेक्टाई* शमिट, 1871 *H. schachtii* Schmidt, 1871	*जी. रोस्टोकाइएनसिस* (वूलनवेबर, 1923) बेहरेंस, 1975 *G. rostochiensis* (Wollenweber, 1923) Behrens, 1975	*पी. पंक्टेटा* (थोर्न, 1928) मल्वी व स्टोन, 1976 *P. punctata* (Thorne, 1928) Mulvey & Stone, 1976

अधिकुल डोलिकोडोरोइडिया चिटवुड व चिटवुड में चिटवुड, 1950 (Dolichodoroidea Chitwood in Chitwood & Chitwood, 1950)

निदान : होप्लोलेमोइडिया: मादा व नर, दोनों कृमिरूप, 3 mm से कम लम्बे। अग्रिम भाग में कोई लैंगिक द्विरूपता नहीं। क्यूटिकल पर धारियां/ एनयूल। पार्श्व क्षेत्र सामान्यतया उपस्थित, पार्श्व रेखाएं 1-6। स्टाइलेट 10-160 μm लम्बा, स्टाइलेट नोब स्पुष्ट (*साइलेंकस- Psilenchus* में स्टाइलेट नोब अनुपस्थित)। द्विक सूक्ष्म, छेद जैसे, अक्सर मुख के पास (*साइलेंकस* में दरार- जैसे व पश्च ओष्ठीय)। ग्रसनी टाइलेंकिड। मादा जनन तंत्र उभयअंडाशयी। पुच्छ तंतुरूप, बेलनाकार, शंक्वाकार, गोल अथवा स्पाइकेट। पश्चक छिद्र-जैसे। कंटिकाएं दो, माप व आकृति में समान, चापाकार। पुच्छ पक्षक अधिकतर पेलोडेरान। जड़ों के बाह्य परजीवी या फंगस भक्षी।

कुल : डोलिकोडरिडी चिटवुड व चिटवुड में चिटवुड, 1950 (Dolichodoridae Chitwood in Chitwood & Chitwood, 1950), बेलोनोलेमिडी व्हाइटहेड, 1958 (Belonolaimidae Whitehead, 1958), टिलोटाइलेंकिडी सिद्दकी, 2000 (Telotylenchidae Siddiq, 2000) व साइलेंकिडी पेरामानॉव, 1967 (Psilenchidae Paramonov, 1967)

कुल डोलिकोडरिडी

निदान : डोलिकोडोरोइडिया। मादा व नर, दोनों, कृमिरूप, 1-3.5 mm लम्बे। ओष्ठ क्षेत्र अधिकतर संभजित। क्यूटिकल पर एनयूल। पार्श्व रेखाएं तीन या चार। स्टाइलेट 50-160 μm लम्बा, स्पुष्ट। आधारी ग्रसनी बल्ब संभजित। जठागरम मध्य ग्रसनी बल्ब से लगभग दुगनी देह चौड़ाई के बराबर दूरी पर। मादा जनन तंत्र उभयअंडाशयी, क्रस्टाफोर्मेरिया चतुःस्तंभिकीय। पुच्छ गोल या स्पाइकेट। नर में त्रिकोष्ठीय पुच्छ पक्षक (चित्र 4.14)। जड़ों के अविकल्पी बाह्य परजीवी।

प्ररूप वंश : *डोलिकोडरस* कॉब, 1914 (*Dolichodorus* Cobb, 1914)

कुल बेलोनोलेमिडी

निदान : डोलिकोडोरोइडिया। मादा व नर, दोनों कृमिरूप, 1-3.5 mm लम्बे। ओष्ठ क्षेत्र अधिकतर चार कोष्ठी। ओष्ठीय डिस्क उपस्थित। क्यूटिकल पर एनयूल। पार्श्व रेखाएं एक या चार। स्टाइलेट 62-140 μm लम्बा, स्पुष्ट। जठागरम मध्य ग्रसनी बल्ब से लगभग देह चौड़ाई के बराबर दूरी पर। मादा जनन तंत्र उभयअंडाशयी, क्रस्टाफोर्मेरिया त्रिस्तंभिकीय। पुच्छ बेलनाकार। पुच्छ पक्षक पेलोडेरान। जड़ों के अविकल्पी बाह्य परजीवी।

प्ररूप वंश : *बेलोनोलेमस* स्टाइनर, 1949 (*Belonolaimus* Steiner, 1949)

कुल टिलोटाइलेंकिडी

निदान : डोलिकोडोरोइडिया। मादा व नर, दोनों कृमिरूप, 0.75-1.8 mm लम्बे। ओष्ठ क्षेत्र अविरल (continuous)/ संभजित। क्यूटिकल पर एनयूल। पार्श्व रेखाएं 3–6। स्टाइलेट छोटा अथवा लम्बा (10-200 μm)। आधारी ग्रसनी बल्ब संभजित या आंत्र को ओवरलेप करता हुआ। मादा जनन तंत्र उभयअंडाशयी। पुच्छ बेलनाकार। नर में पुच्छ पक्षक पेलोडेरान, कुछ वंशों में नुचा हुआ। जड़ों के अविकल्पी बाह्य परजीवी।

प्ररूप वंश : *टाइलेंकोरिंकस* कॉब, 1913 (*Tylenchorhynchus* Cobb, 1913)

अन्य महत्वपूर्ण वंश : *मरलीनियस* सिद्दकी, 2000 (*Merlinius* Siddiqi, 2000)

कुल साइलेंकिडी

निदान : डोलिकोडोरोइडिया। मादा व नर, दोनों, कृमिरूप, 0.75-1.5 mm लम्बे। ओष्ठ क्षेत्र अविरल या संभजित। दूविक छिद्र दरार जैसे। क्यूटिकल पर एनयूल। पार्श्व रेखाएं 4। स्टाइलेट छोटा, बिना नोब के। आधारी ग्रसनी बल्ब संभजित। मादा जनन तंत्र उभयअंडाशयी। पुच्छ तंतुरूप, गदाकार (clavate) (चित्र 4.9)। नर में पुच्छ पक्षक अधगुद। फंगस भक्षी।

प्ररूप वंश : *साइलेंकस* डि मान, 1921 (*Psilenchus* de Man, 1921)

उपगण क्रिकोनिमेटिना

निदान : टाइलेंकिडा। कृमिरूप अथवा सॉसेज आकृति वाले, लैंगिक द्विरूपता उपस्थित। *मादा:* क्यूटिकल पर एनयूल जिसके ऊपर शल्क, कंटक व अन्य क्यूटिकूलीय संरचनाएं हो सकती हैं। स्टाइलेट लम्बा व विकसित। ग्रसनी क्रिकोनिमेटिड (प्रोकारपस तथा मेटाकारपस आपस में संयुक्त, आधारी बल्ब छोटा)। जनन तंत्र एकअग्र अंडाशयी, बिना गर्भाशय पश्चकोश के साथ। *नर:* अग्रिम भाग (मुखपथ- स्टाइलेट व ग्रसनी) सदैव अपह्रासित। जड़ों के बाह्य, अंतः व अर्द्ध अंतः परजीवी।

अधिकुल : क्रिकोनिमेटोइडिया टेलर, 1936 (Criconematoidea Taylor, 1936), हेमीसाइकिलोफोरोइडिया स्कारबिलोविच, 1959 (Hemicycliophoroidea Skarbilovich, 1959) व टाइलेंकुलोइडिया स्कारबिलोविच, 1947 (Tylenchuloidea Skarbilovich, 1947)

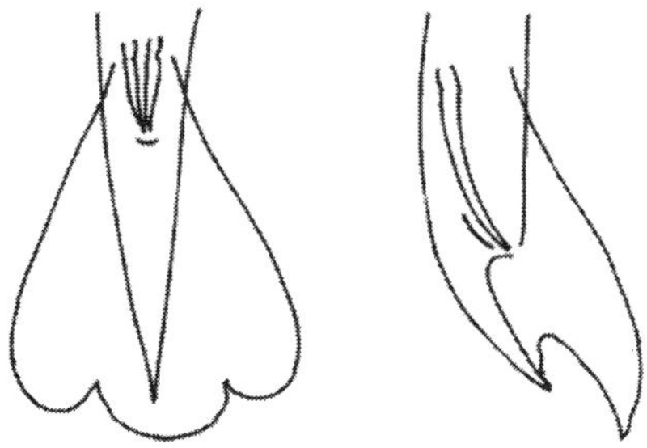

■ चित्र 4.14 : **त्रिकोष्ठीय पुच्छ पक्षक– बाएं. पार्श्व दृश्य, दाएं. अधर दृश्य**

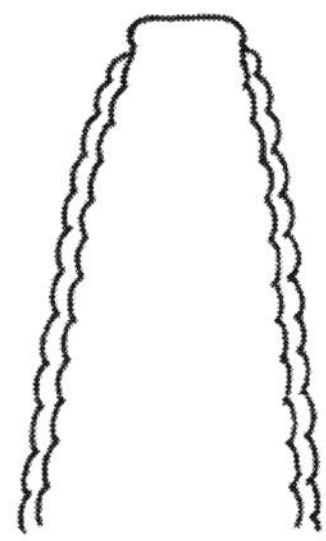

■ चित्र 4.15 : **क्यूटिकलीय आच्छद**

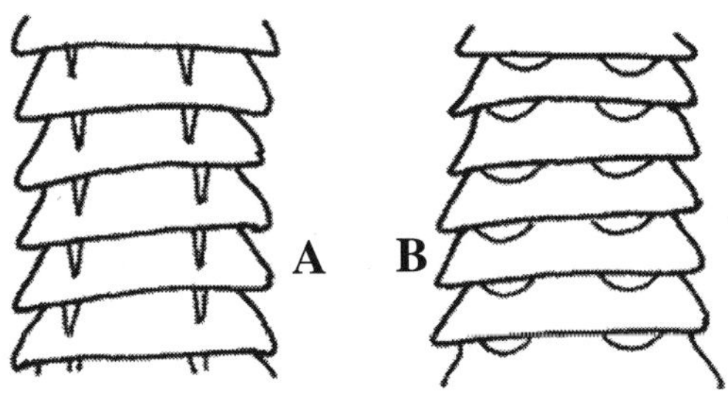

■ चित्र 4.16 : **क्रिकोनिमेटिड में क्यूटिकलीय आपरिवर्तन– A. कंटक, B. शल्क**

अधिकुल क्रिकोनिमेटोइडिया

निदान : क्रिकोनिमेटिना। *मादा:* कृमिरूप अथवा सॉसेज आकृति वाले। क्यूटिकल पर एनयूल चौड़े (गोल अथवा पश्चमुखी) जिसके ऊपर शल्क, कंटक या अतिरिक्त क्यूटिकूलीय आच्छद हो सकते हैं। स्टाइलेट विशाल, शंकुक भाग शाफ्ट की अपेक्षा बहुत लम्बा, नोब ऐंकर रूप वाली। ग्रसनी के तनुयोजी व आधारी बल्ब बहुत छोटे। *नर:* पुच्छ छोटी, पुच्छ पक्षक नीचा, वर्धन कायांतरण (metamorphosis) से। जड़ों के बाह्य परजीवी।

प्ररूप वंश : *क्रिकोनिमा* हॉफमानर व मेन्जेल, 1914 (*Criconema* Hofmanner & Menzel, 1914)

अन्य महत्वपूर्ण वंश : *क्रिकोनिमोइड* टेलर, 1936 (*Criconemoides* Taylor, 1936)
हेमीक्रिकोनिमोइड चिटवुड व ब्रिचफील्ड, 1957 (*Hemicriconemoides* Chitwood & Birchfield,1957)

अधिकुल हेमीसाइकिलोफोरोइडिया

निदान : क्रिकोनिमेटिना। *मादा:* लम्बी, कृमिरूप। एनयूल चौड़े। अतिरिक्त क्यूटिकूलीय आच्छद उपस्थित। स्टाइलेट विशाल, शंकुक भाग शाफ्ट की अपेक्षा बहुत लम्बा, नोब गोल अथवा पाछे की ओर निर्दिष्ट। ग्रसनी के तनुयोजी व आधारी बल्ब बहुत छोटे। नर: पुच्छ लम्बी, पुच्छ पक्षक ऊंचा, वर्धन प्रत्यक्ष। जड़ों के बाह्य परजीवी।

कुल : *हेमीसाइकिलोफोरिडी* स्कारबिलोविच, 1959

प्ररूप वंश : *हेमीसाइकलोफोरा* डि मान, 1921 (*Hemicycliophora* de Man, 1921)

■ तालिका 4.9 : ***क्रिकोनिमा, क्रिकोनिमोइड, हेमीक्रिकोनिमोइड* और *हेमीसाइकलोफोरा* में अन्तर**

अवस्था/ गुण	*क्रिकोनिमा*	*क्रिकोनिमोइड*	*हेमीक्रिकोनिमोइड*	*हेमीसाइकलोफोरा*
मादा				
एनयूल	200 से कम	200 से कम	200 से कम	200 से अधिक
अतिरिक्त क्यूटिकूलीय आच्छद	अनुपस्थित	अनुपस्थित	उपस्थित (चित्र 4.15)	उपस्थित
स्टाइलेट नाब (चित्र 4.8)	ऐंकर रूप वाली	ऐंकर रूप वाली	ऐंकर रूप वाली	गोल अथवा पीछे की ओर निर्दिष्ट
डिंभक				
क्यूटिकल	शल्क/ कंटक (चित्र 4.16) उपस्थित	शल्क/ कंटक अनुपस्थित	शल्क/ कंटक उपस्थित	अतिरिक्त क्यूटिकूलीय आच्छद उपस्थित
नर				
पुच्छ पक्षक	अविकसित	अविकसित	अविकसित	पूर्ण विकसित
कंटिकाएं (चित्र 4.5)	छोटे, चापाकार	छोटे, चापाकार	छोटे, चापाकार	बड़े, दरांती-रूप
प्ररूप जाति	*सी. जियारडी* (सेरटेस, 1889) मायीकोलेटस्की, 1925 *C. giardi* (Certes, 1889) Micoletzky, 1925	*सी. मॉरजेंसिस* (हॉमानर व मेंजल में हॉमानर 1914) टेलर, 1936 *C. morgensis* (Hofmanner in Hofmanner & Menzel, 1914) Taylor, 1936	*एच. वेसोनी* चिटवुड व ब्रिचफील्ड, 1957 *H. wessoni* Chitwood & Birchfield, 1957	*एच. टिपीका* डि मान, 1921 *H. typica* de Man, 1921

अधिकुल टाइलेंकुलोइडिया

निदान : क्रिकोनिमेटिना। छोटे, 0.5 mm तक लम्बे। देह कृमिरूप अथवा फूली हुई। क्यूटिकल पर महीन एनयूल, ग्रसनी में तनुयोजी बहुत लम्बा, आधारी बल्ब बड़ा। नर का अग्रिम भाग (मुखपथ- स्टाइलेट व ग्रसनी) सदैव अपह्रासित। जड़ों के बाह्य, अंतः व अर्द्ध अंतः परजीवी।

कुल : टाइलेंकुलिडी स्कारबिलोविच, 1947 (Tylenchuludae Skarbilovich, 1947) व पेराटाइलेंकिडी थोर्न, 1949 (Paratylenchidae Thorne, 1949)

कुल टाइलेंकुलिडी

निदान : टाइलेंकुलोइडिया। मादा- फूली हुई, उप गोलाकार। स्टाइलेट 15 µm से कम लम्बा, उसके शंकुक व शाफ्ट भागों की लम्बाई लगभग बराबर। प्रोकॉरपस बेलनाकार। नर: लगभग सीधे। पुच्छ लम्बी। जड़ों के अर्द्ध अंतः परजीवी।

प्ररूप वंश : *टाइलेंकुलस* कॉब, 1913 (*Tylenchulus* Cobb, 1913)

कुल पेराटाइलेंकिडी

निदान : टाइलेंकुलोइडिया। मादा: कृमिरूप। स्टाइलेट सामान्यतया 20 µm से लम्बा, शंकुक भाग शाफ्ट की अपेक्षा बहुत लम्बा। प्रोकॉरपस फूला हुआ। नर: बहुत मुड़े हुए। पुच्छ छोटी। जड़ों के बाह्य परजीवी।

प्ररूप वंश : *पेराटाइलेंकस* माइकोलेटसकी, 1922 (*Paratylenchus* Micoletzky, 1922)

अन्य महत्वपूर्ण वंश : *काकोपोरस* थोर्न, 1943 (*Cacopaurus* Thorne, 1943)

■ तालिका 4.10 : ***पेराटाइलेंकस* और *काकोपोरस* में अन्तर**

गुण	*पेराटाइलेंकस*	*काकोपोरस*
मादा की आकृति	कृमिरूप	मोटी, बेलनाकार
क्यूटिकल	टयूबरकिल (tubercles) अनुपस्थित	टयूबरकिल उपस्थित
भग पश्च क्षेत्र	भग पर देह की चौड़ाई से लम्बा	भग पर देह की चौड़ाई से छोटा

उपगण हेक्साटाइलिना सिद्दिकी, 1980

निदान : टाइलेंकिडा। मौलिक रूप से कीट अंतः परजीवी, कुछ वंशों में मुक्तजीवी/ पादप परजीवी/ फंगसभक्षी पीढ़ी उपस्थित। *कीट परजीवी मादा :* फूली हुई, देह सतह पर अवशोषण के लिए सूक्ष्मांकुर। *मुक्तजीवी/ पादप परजीवी/ फंगसभक्षी मादा :* कृमिरूप या फूली हुई। स्टाइलेट छोटा। ग्रसनी नियोटाइलेंकिड, आधारी बल्ब विस्तार के साथ अथवा ग्रसनी ग्रंथियां आंत्र को ओवरलेप करती हुई। एक अग्र अंडाशयी, गर्भाशय पश्च कोष्ठ अनुपस्थित। पश्चक अनुपस्थित। पुच्छ विविध प्रकार की। नर: मुक्तजीवी मादा जैसे। कीट परजीवी सूत्रकृमियों में दो प्रकार के शुक्राणु। पुच्छ पक्षक व प्रनिर्देशक उपस्थित/ अनुपस्थित। कंटिकाएं चापाकार अथवा कोणीय। *वीर्यसेचित संक्रामक मादा :* स्टाइलेट लम्बा, मजबूत। ग्रसनी ग्रंथियां अतिविकसित। जनन नलिका में थोड़ी अंडकोशीय कोशिकाएं, शेष नलिका शुक्राणु से भरपूर।

अधिकुल स्फेरोलेरिओइडिया लुबोक, 1861 (Sphaerularioidea Lubbock, 1861)* व आयोटोंकोअडिया गुडी, 1953 (Iotonchoidea Goodey, 1953)

अधिकुल स्फेरोलेरिओइडिया

निदान : हेक्साटाइलिना। पादप परजीवी/ फंगसभक्षी। ग्रसनी नियोटाइलेंकिड, आधारी बल्ब विस्तार के साथ अथवा ग्रसनी ग्रंथियां आंत्र की ओवरलेप करती हुई। कुछ वंशों में कीट परजीवी पीढ़ी उपस्थित। कंटिकाएं चापाकार।

कुल : स्फेरोलेरिडी लुबोक, 1861 (Sphaerulairiidae Lubbock, 1941), नियोटाइलेंकिडी थोर्न, 1941 (Neotylenchidae Thorne, 1961)* एलानटोनिमेटिडी पेरिरा, 1931 (Allantonematidae Pereira, 1931)।

कुल नियोटाइलेंकिडी

निदान : स्फेरोलेरिओइडिया। ग्रसनी नियोटाइलेंकिड, ग्रसनी ग्रंथियां आंत्र की ओवरलेप करती हुई। कंटिकाएं चापाकार। पादप पिटिका बनाने वाले/ फंगसभक्षी।

प्ररूप वंश *हेक्साटाइलस* गुडी, 1926 (*Hexatylus* Goodey, 1926)

अन्य वंश *फरगुसोबिया* कुरी, 1937 (*Fergusobia* Currie, 1937)

डेलाडेनस थोर्न, 1941 (*Deladenus* Thorne, 1941)

गण एफलेंकिडा सिद्दिकी, 1980 (Aphelenchida Siddiqi, 1980)

निदान : सेसरनेंसिया। देह 0.2-2.5 μm लम्बी, कृमिरूप, कुछ कीट परजीवी की मादाएं फूली हुई। क्यूटिकल पर अधिकतर एनयूल। पार्श्व रेखाएं 0-16। स्टाइलेट सामान्यतया 10-20 μm लम्बा, किन्तु कुछ वंशों में 185 μm तक, स्टाइलेट नोब अधिकतर कमजोर अथवा अनुपस्थित। ग्रसनी एफलेंकोइड (कारपस, कपाटीय उपकरण सहित अति विकसित मध्य बल्ब व ग्रंथिय आधारी बल्ब जो आंत्र को पृष्ठ ओर से ओवरलेप कर सकता है)। पृष्ठ ग्रसनीय ग्रंथि का छिद्र मध्य बल्ब कपाटीय उपकरण के ऊपर। मादा जनन तंत्र एकअग्रअंडाशयी। गर्भाशय- पश्चकोश उपस्थित। नर: एकवृषणी। कंटिकाएं अधिकतर गुलाब के कांटे के आकार के (चित्र 4.5), कुछ वंशों में चापाकार। पुच्छ पक्षक अधिकतर अनुपस्थित। उपस्थित होने पर पेलोडेरान व प्रपुटी पर्शुक सहित अथवा पुच्छ सिरे पर फ्लेप के रूप में। पुच्छ पर पुच्छीय पिप्पलों की तीन जोड़ियां (चित्र 4.3) उपस्थित। सूक्ष्मजीवभक्षी, उपरभूमिक पादप परजीवी / कीटरागी/ कीट परजीवी अथवा परभक्षी।

अधिकुलः एफलेंकोइडिया फक्स, 1937 (Aphelenchoidea, Fuchs, 1937) व एफलेंकॉइडोइडिया स्कारबिलोविच, 1947 (Aphelenchoidoidea Skarbilovich, 1947)

अधिकुल एफलेंकोइडिया

निदान : एफलेंकिडा। देह कृमिरूप। पार्श्व रेखाएं 6-16। ग्रसनी में स्पुष्ट तनुयोजी। आधारी बल्ब आंत्र को ओवरलेप न करता हुआ। मादा पुच्छ बेलनाकार, सिरा गोल। नर में कंटिकाएं चापाकार। प्रनिदेशक उपस्थित। पुच्छ पक्षक उपस्थित या अनुपस्थित। अगर उपस्थित तो प्रपुटी पर्शुक सहित। फंगसभक्षी।

कुल : *एफलेंकिडी* फक्स, 1937 (*Aphelenchidae* Fuchs, 1937)

प्ररूप वंश : *एफलेंकस* बास्टियान, 1865 (*Aphelenchus* Bastian, 1865)

अधिकुल एफलेंकॉइडोइडिया

निदान : एफलेंकिडा। देह अधिकतर कृमिरूप, कुछ कीट परजीवी में फूली हुई। पार्श्व रेखाएं 1-4। स्टाइलेट अक्सर नोब सहित। तनुयोजी अनुपस्थित, आधारी ग्रंथिय बल्ब आंत्र को पृष्ठ ओर से ओवरलेप करता हुआ। मादा पुच्छ शंक्वाकार, सिरा गोल/ नुकीला अथवा म्युक्रो सहित। नर में कंटिकाएं गुलाब के कांटे के आकार की। प्रनिदेशक अनुपस्थित। पुच्छ पक्षक उपस्थित होने पर पुच्छ सिरे पर फ्लेप के रूप में। सूक्ष्मजीवभक्षी, उपरभूमिक पादप भाग के परजीवी / कीटरागी/ कीट परजीवी अथवा परभक्षी।

कुल : एफलेंकॉइडोइडिडी स्कारबिलोविच, 1947 (Aphelenchoididae Skarbilovich, 1947) व पेरासिटेफलेंकिडी रुह्म, 1956 (Parasitaphelenchidae Ruhm, 1956)

कुल एफलेंकॉइडोइडिडी

निदान : एफलेंकॉइडोइडिया। स्टाइलेट पतला, नोब अधिकतर छोटी, गर्भाशय पश्चकोश उपस्थित। मादा पुच्छ लम्बी, शंक्वाकार, सिरा गोल/ नुकीला अथवा म्युक्रो सहित। कंटिकाएं गुलाब के कांटे के आकार की। प्रनिदेशक अनुपस्थित। पुच्छ पक्षक अनुपस्थित। पादप के उपरभूमिक पादप परजीवी /फंगसभक्षी।

प्ररूप वंश : *एफलेंकॉडिस* फिशर, 1894 (*Aphelenchoides* Fisher, 1894)

अन्य वंश : *सिस्टोंकस* कॉब, 1927 (*Schistonchus* Cobb, 1927)

कुल पेरासिटेफलेंकिडी

निदान : एफलेंकॉइडोइडिया। नर पुच्छ के सिरे पर पुच्छ पक्षक क्यूटिकूलीय फ्लेप के रूप में उपस्थित। कंटिकाएं गुलाब के कांटे के आकार की, रोसट्रम (rostrum) अति विकसित। कीटरागी/ कीट परजीवी/ फंगसभक्षी।

प्ररूप वंश : *पेरासिटेफलेंकस* फक्स, 1930 (*Parasitaphelenchus* Fuchs, 1930)

अन्य महत्वपूर्ण वंश : *बरसेफलेंकस* फक्स, 1960 (*Bursaphelenchus* Fuchs, 1960)
रेडिनेफलेंकस गुडी, 1960 (*Rhadinaphelenchus* Goodey, 1960)

■ तालिका 4.11 : ***एफलेंकस, एफलेंकॉडिस, रेडिनेफलेंकस*** **और** ***बरसेफलेंकस*** **में अन्तर**

गुण	*सिस्टोंकस*	*एफलेंकॉडिस*	*रेडिनेफलेंकस*	*बरसेफलेंकस*
आकार	पतला ($a< 40$)	पतला ($a< 40$)	बहुत पतला ($a= 60-179$)	पतला ($a< 40$)
स्टाइलेट नोब	उपस्थित	प्रायः उपस्थित	उपस्थित	उपस्थित
स्टाइलेट का शंकु भाग	लम्बा, पतला, सूई जैसा	सामान्य	सामान्य	सामान्य
मादा पुच्छ	शंक्वाकार, सिरा म्युक्रो सहित/गोल, $c'<5$	शंक्वाकार, सिरा म्युक्रो सहित, $c'<7$	लम्बी,पतली व बेलनाकार, $c'>10$	शंक्वाकार, सिरा म्युक्रो रहित, $c'<5$

गुण	*सिस्टोंकस*	*एफलेंकॉडिस*	*रेडिनेफलेंकस*	*बरसेफलेंकस*
पुच्छ पक्षक	अनुपस्थित	अनुपस्थित	पुच्छ सिरे पर पुच्छ पक्षक बड़े फ्लेप के रूप में	पुच्छ सिरे पर पुच्छ पक्षक छोटे फ्लेप के रूप में
आवास	फाइकस के फल	फंगसभक्षी, उपरभूमिक पादप भाग के परजीवी	पाम घुन (palm weevil) के सहचर्यी व पाम) वृक्षों के परजीवी	कीट सहचर्यी व चीड़ (pinus) वृक्षों के परजीवी
प्ररूप जाति	*एस. केपरीफीसी* (गासपारिनी, 1864) कॉब, 1927 *S. caprifici* (Gasparrini, 1864) Cobb, 1927	*ए. कुहनी* फिशर, 1894 *A. kuehni* Fisher, 1894	*आर. कोकोफिलस* (कॉब, 1919) गुडी, 1960 *R. cocophilus* (Cobb, 1919) Goodey, 1960	*बी. पिनीपरडी* फक्स, 1937 *B. piniperdae* Fuchs, 1937

गण डोरीलेमिडा पियर्स, 1942 (Dorylaimida Pearse, 1942)

निदान : एडिनोफोरिया। कृमिरूप। क्यूटिकल समतल। द्विक स्टिरप (stirrup) आकार के, द्विक छिद्र दरार के रूप में। मुख गुहिका में भित्तिस्थ दंत (mural tooth) अथवा अक्षीय स्टाइलेट (ओडोन्टोस्टील/ दंतशुकिका- odntostyle)। ग्रसिनी दो भाग बेलनाकार। मादा एकअग्र अंडाशयी/ एकपश्च अंडाशयी अथवा उभयअंडाशयी। अंडाशय मुड़ी हुई। नर द्विवृषणी। कंटिकाएं दो, आकार व माप में समान। मध्य-अधरीय (ventromedian) संपूरक (supplements) उपस्थित। पुच्छ पक्षक सामान्यतया अनुपस्थित। सूक्ष्मजीवभक्षी, पादप जड़ों के बाह्य परजीवी अथवा परभक्षी।

उपगण : उपगण डोरीलेमिना पियर्स, 1942 (Dorylaimina Pearse, 1941)* व नाइगोलेमिना (Nygolaimina)

उपगण डोरीलेमिना

निदान : डोरीलेमिडा। अक्षीय स्टाइलेट दो भागों का बना हुआः ओडोन्टोस्टील (odontostyle) व ओडोन्टोफोर (दंतधर- odontophore)। द्विक स्टिरप या पालि (lobe) आकार के, द्विक छिद्र छेद अथवा दरार के रूप में। नर द्विवृषणी। पुच्छ पक्षक अनुपस्थित। सूक्ष्मजीवभक्षी, पादप जड़ों के बाह्य परजीवी अथवा परभक्षी।

अधिकुल : डोरीलेमोइडिया (Dorylaimoidea), एक्टाइनोलेमोइडिया (Actino-laimoidea), बेलोनडेरोइडिया (Belondoroidea), एनकोलेमोइडिया (Encholaimoidea), लोंजीडोरोइडिया थोर्न, 1935 (Longidoroidea Thorne, 1935)*

अधिकुल लोंजीडोरोइडिया (चित्र 4.17)

निदान : डोरीलेमिना। लम्बे सूत्रकृमि (L=1.5-12mm)। क्यूटिकल समतल। द्विक स्टिरप

या पालि आकार के, दृविक छिद्र छेद अथवा दरार के रूप में, पश्च ओष्ठीय (चित्र 4.18)। स्टाइलेट लम्बा, सुई जैसा (60-200 μm), ओडोन्टोस्टील व ओडोन्टोफोर भागों का बना हुआ। ओडोन्टोफोर के पश्च सिर पर फ्लेंजेज (पाँखी- flanges) हो सकते हैं। ओडोन्टोस्टील को घेरे हुई एक या दो निर्देशक रिंग (guiding ring) (चित्र 4.19)। ग्रसिनी दो भाग बेलनाकार, अग्रिम भाग पतला व घुमावदार। मादा: जनन तंत्र एकअग्र अंडाशयी/ एकपश्च अंडाशयी अथवा उभयअंडाशयी। पुच्छ विविध प्रकार की- छोटी गोल से लेकर लम्बी तंतुरूप। नर द्विवृषणी, पश्च भाग में लैंगिक द्विरूपता। जड़ों के बाह्य परजीवी।

प्ररूप वंश : *लोंजीडोरस* माइकोलेटसकी, 1922 (*Longidorus* Micoletzky, 1922)

अन्य महत्वपूर्ण वंश : *जिफीनिमा* कॉब, 1913 (*Xiphinema* Cobb, 1913)
पेरालोंजीडोरस सिद्दिकी आदि, 1963 (*Paralongidorus* Siddiqi *et al.*, 1963)

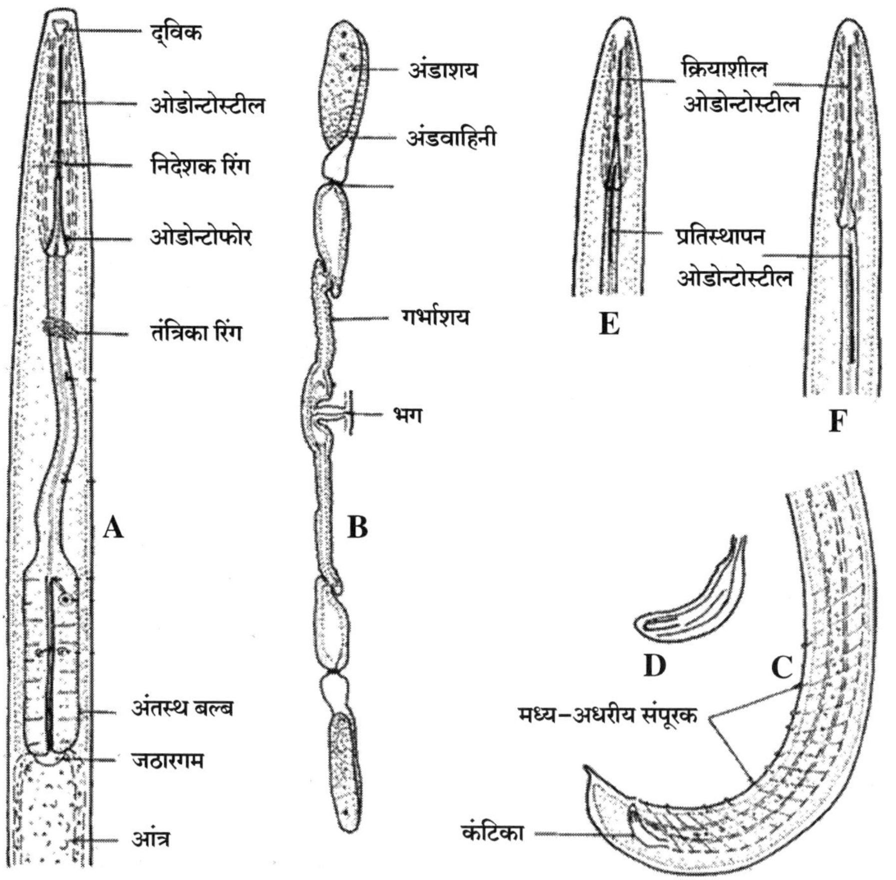

■ चित्र 4.17 : **लोंजीडोरिड के विभेदक लक्षण- A. वयस्क का मुख पथ, B. मादा जनन नलिका, C. नर का पश्च भाग, D. कंटिका, E-F. डिंभक के अग्र भाग**

■ तालिका 4.12 : ***जिफीनिमा, लोंजीडोरस* और *पेरालोंजीडोरस* में अन्तर**

गुण	*जिफीनिमा*	*लोंजीडोरस*	*पेरालोंजीडोरस*
द्विक	स्टिरप आकार के	पालि रूप में	स्टिरप आकार के
द्विक छिद्र	दरार जैसे	छेद जैसे	दरार जैसे
निर्देशक रिंग	दो, ओडोन्टोस्टील व ओडोन्टोफोर के जोड़ के पास	एक, मुख के पास	एक, मुख के पास
ओडोन्टोफोर	फ्लेंजेज के साथ	बिना फ्लेंजेज के	बिना फ्लेंजेज के
प्ररूप जाति	*एक्स. अमेरिकेनम* कॉब, 1913 *X. americanum* Cobb, 1913	*एल. एंलोंगेटस* (डि मान, 1876) मायीकोलेटस्की, 1922 *L. elongatus* (de Man, 1876) Micoletzky, 1922	*पी. साली* सिद्दिकी आदि, 1963 *P. sali* Siddiqi *et al.*, 1963

■ चित्र 4.18 : **लोंजीडोरिड में द्विक–बाएं. स्टिरप आकार, दाएं. पालि रूप**

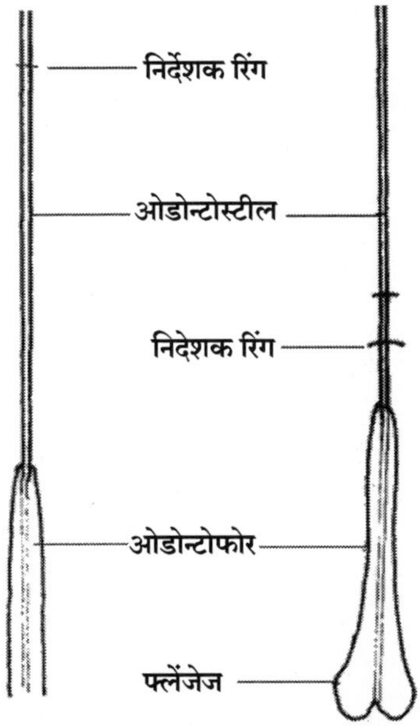

■ चित्र 4.19 : **लोंजीडोरिड में स्टाइलेट– बाएं. *लोंजीडोरस*, दाएं. *जिफीनिमा***

गण ट्रिपलोंकिडा कॉब, 1920 (Triplonchida Cobb, 1920)

निदान : एडिनोफोरिया। देह छोटी (L = 0.6-1.5 mm), सिगार के आकार की। द्विक स्टिरप आकार के। मुख गुहिका में चलायमान दंत अथवा अतिरिक्त टुकड़ों से दृढ़ीकृत स्टाइलेट। ग्रसिनी दो भाग बेलनाकार, आधारी बल्ब छोटा। मादा: जनन तंत्र एकअग्र अंडाशयी अथवा उभयअंडाशयी। *नर:* एकवृषणी, कंटिकाएं लम्बी व चापाकार। पुच्छ पक्षक उपस्थित या अनुपस्थित। पुष्टीकृत/संदिग्ध जड़ों के बाह्य परजीवी।

अधिकुल : ट्रिपलोंकोइडिया (Triplonchoidea), डिथेरोफोरोइडिया (Diphtherophoroidea), ट्रिकोडोरोइडिया थोर्न, 1935 (Trichodoroidea Thorne, 1935)*

■ चित्र 4.20 : **ओंकियोस्टाइलेट**

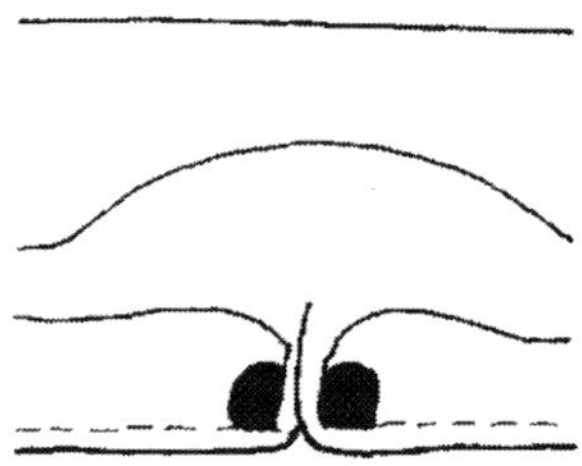

■ चित्र 4.21 : **योनि दृढ़ीकृत संरचना**

अधिकुल ट्रिकोडोरोइडिया

निदान : ट्रिपलोंकिडा। मादा: 0.5-1.5 mm लम्बी, सिगार के आकार की। कुछ वंशों में क्यूटिकल फूली हुई। ओंकियोस्टाइलेट (onchiostyle, चित्र 4.20) का ऊपरी सिरा ठोस, पृष्ठीय उत्तल (dorsally convex)। ग्रसिनी का अग्रिम भाग पतला, बेलनाकार, पश्च भाग नाशपती के आकार का आधारी बल्ब। मादा जनन तंत्र एकअग्र अंडाशयी अथवा उभयअंडाशयी। योनि के चारों ओर दृढ़ीकृत क्यूटिकूलीय संरचना उपस्थित या अनुपस्थित (चित्र 4.21)। नर: एकवृषणी। पुच्छ पक्षक उपस्थित या अनुपस्थित। जड़ों के बाह्य परजीवी।

कुल : ट्रिकोडोरिडी थोर्न, 1935 (Trichodoridae Thorne, 1935)

प्ररूप वंश : *ट्रिकोडोरस* कॉब, 1913 (*Trichodorus* Cobb, 1913)

अन्य महत्वपूर्ण वंश : *पेराट्रिकोडोरस* सिद्दिकी, 1974 (*Paratrichodorus* Siddiqi, 1974)

■ तालिका 4.13 : ट्रिकोडोरस और पेराट्रिकोडोरस में अन्तर

गुण	*ट्रिकोडोरस*	*पेराट्रिकोडोरस*
क्यूटिकल	सूत्रकृमियों के स्थायीकरण (fixation) में नहीं फूलती	सूत्रकृमियों के स्थायीकरण (fixation) में फूल जाती है
योनि के चारों ओर दृढ़ीकृत क्यूटिकूलीय संरचना	उपस्थित	अनुपस्थित

गुण	ट्रिकोडोरस	पेराट्रिकोडोरस
नर का पश्च क्षेत्र	बहुत मुड़ा हुआ	सीधा
पुच्छ पक्षक	अनुपस्थित	उपस्थित
प्ररूप जाति	*टी. प्रिमिटीवस* (डि मान, 1880) मायीकोलेटस्की, 1922 *T. primitivus* (de Man, 1880) Micoletzky, 1922	*पी. टयूनिसीएंसिस* (सिद्दिकी, 1963) सिद्दकी, 1974 *P. tunisiensis* (Siddiqi, 1963) Siddiqi, 1974

* इनमें पादप परजीवी होते हैं।

❍❍❍

अध्याय 5 सूत्रकृमि जीवविज्ञान/जैविकी

जीवन चक्र (चित्र 5.1)

पादप सूत्रकृमियों के जीवन चक्र में छ: अवस्थाएं होती हैं- अंडा, चार डिंभक (larva) या किशोर (juvenile) व वयस्क मादा/ नर अथवा उभयलिंगी। डिंभक निर्मोचन (moulting) कर के अगली अवस्था में पहुंचते हैं, अत: पूरे जीवन चक्र में चार निर्मोक हाते हैं। J1, J2, J3 और J4 क्रमश: पहली, दूसरी, तीसरी और चौथी अवस्था के डिंभक/ किशोर दर्शाते हैं।

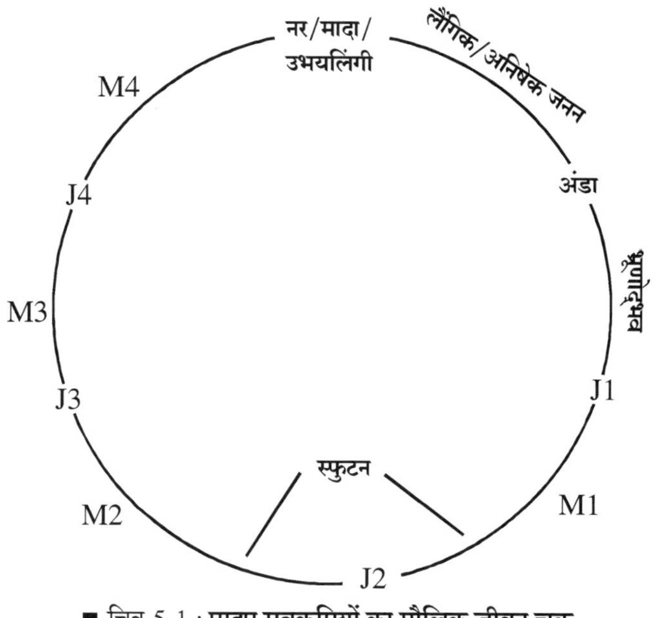

■ चित्र 5.1 : **पादप सूत्रकृमियों का मौलिक जीवन चक्र**
(J1-J4- चार डिंभक अवस्थाएं, M1-M4- चार निर्मोक)

अधिकतर पादप सूत्रकृमियों का जीवन चक्र प्रत्यक्ष होता है। भ्रूणोद्भव (embryo-genesis) के बाद अंडों में J1 डिंभक बनते हैं। टाइलेंकिडा (Tylenchida) और एफलेंकिडा (Aphelenchida) गणों के पादप सूत्रकृमियों में पहला निर्मोक अंडे के अन्दर ही होता है जिसके

कारण J2 डिंभक स्फुटन करके अंडों से बाहर निकलते हैं। बाहर आकर वे दूसरा निर्मोक करके J3, तीसरा निर्मोक करके J4 तथा चौथा निर्मोक करके वयस्क नर या मादा बन जाते हैं। सामान्यतया डिंभक की आकारिकी वयस्क नर या मादा जैसी होती है किन्तु उनमें प्रजनन तंत्र विकसित नहीं होते। निर्मोक के बाद विकसित हुआ डिंभक अपने से पहली वाली अवस्था के डिंभक से बड़ा होता है। चौथे व अन्तिम निर्मोचन के बाद वयस्क नर या मादा निकलते हैं जिनमें प्रजनन अंग पूर्णतया विकसित होते हैं। मादा में भग (vulva) तथा नर में द्वितीयक लैंगिक अंग (secondary sexual organs) जैसे कंटिका (spicules), प्रनिदेशक (gubernaculum) व पुच्छ पक्षक (caudal alae) स्पष्ट दिखाई देते हैं।

कुछ पादप सूत्रकृमि एक वर्ष में केवल एक ही जीवन चक्र पूरा करते हैं (एकप्रज- univolatine) जबकि अन्य सूत्रकृमियों की एक ही वर्ष में बहुत सारी पीढ़ियां बन जाती हैं (बहुप्रज- multivoltine)। एक वर्ष में एक ही पीढ़ी पूरा करने वाले सूत्रकृमि जैसे *हेटरोडेरा एविनी (Heterodera avenae)* परपोषी विशिष्ट होते हैं तथा उनके डिंभक प्रतिकूल वातावरण व परपोषी फसल की अनुपस्थिति में (खरीफ के मौसम में) सुप्तावस्था में रहते हैं। एक वर्ष में कई पीढ़ियां पैदा करने वाले सूत्रकृमियों का परपोषी परास अपेक्षाकृत बड़ा होता है।

एक जीवन चक्र पूरा करने का समय विभिन्न सूत्रकृमियों में अलग-अलग होता है जिस पर परपोषी पादप, तापमान व अन्य वातावरण की परिस्थितियों का बहुत प्रभाव पड़ता है। उष्णकटिबंधी (tropical) तथा उपोष्ण क्षेत्रों में रहने वाले अधिकतर पादप सूत्रकृमि लगभग एक महीने में अपना जीवन चक्र पूरा कर लेते हैं। परन्तु कुछ अन्य सूत्रकृमि जैसे *एफलेंकॉडिस* (*Aphelenchoides* spp) का जीवन चक्र बहुत छोटा होता है और एक सप्ताह में ही पूरा हो जाता है। *जिफीनीमा, लोंजीडोरस* आदि सूत्रकृमियों का जीवन चक्र पूरा होने में कई वर्ष तक लग जाते हैं।

भ्रूणोद्भव (Embryogenesis) (चित्र 5.2)

अंड कवच बनने के पश्चात वेधन किए हुए शुक्राणु व अंड के प्राक्केन्द्रक (pronuclei) पास-पास आ जाते हैं व निषेचन (fertilization) करते हैं (चित्र 5.2 A-C) विभिन्न सूत्रकृमि जातियों के अंडे, भ्रूण (embryo) बनने तक एक समान रूप में विभक्त नहीं होते हैं। परन्तु सम्भवत: यह विकास गुण में निर्धारी (determinate) होता है क्योंकि प्रत्येक कोशिका का कार्य निर्धारित होता है। अंडे के प्रथम विदलन (cleavage) से दो समान कोशिकाएं अथवा कोरक खण्ड (blastomeres) बनते हैं, जो प्रथम कायिक कोशिका (Somatic cell = AB/S1) एवम् पैतृक जननिक कोशिका (parental germinal cell = P1) कहलाते हैं (चित्र 5.2 D-F)। द्वितीय विदलन पहले एक टी-आकार (T-shape) में व्यवस्थित चार कोशिकाओं को उत्पन्न करता है। यह कोरक खंड S1 के अनुदैर्घ्य (longitudinally) रूप में A और B कोरक खंडों में, तथा कोरक खंड P1 के अनुप्रस्थ (transverly) रूप में P2 एवम् S2 विभक्त होने से बनता है। ये कोरक खंड पुन: व्यवस्थित होकर एक चतुष्कोणी (rhomboid) बनाते हैं, जो एक प्रारूपिक सूत्रकृमि की चतु:कोशीय अवस्था (four-celled stage) की विशेष आकृति होती है। कोरक खंड S1 प्राथमिक कायिक कोशिका होती है और इसकी सन्तति कोशिकाएं A एवम् B सूत्रकृमि की अधिकांश अधिचर्मी कोशिकाओं को बनाती हैं। कोरक खंड S2 (EMST) भी कायिक ऊतक (somatic tissue) बनाता है और यह अंतश्चर्म (endoderm = E), मध्यजनस्तर या मेसोडर्म

(mesoderm = M) एवम् मुखपथ (stomodaeum=St) ऊतकों का निर्माण करता है। A एवम् B सन्तति कोशिकाएं विभक्त होकर 4 कोशिकाएं- a, b, α एवम् β तथा P2 कोशिका विभक्त होकर P3 व S3 कोशिकाएं बनाती हैं। A एवम् B कोशिकाएं विभाजित होती रहती है और अन्त में अधिकांश अधिचर्म (epidermis), तंत्रिका तंत्र (nervous system) एवम् उत्सर्जी-स्रावी (excretory-secretory) तंत्र का निर्माण करती हैं। P3 कोशिका P4 एवम् S4 कोशिकाओं में बंट जाती है। S3 एवम् S4 कोशिकाएं दोनों ही बाह्यचर्मी होते हैं और सूत्रकृमि शरीर के पश्च क्षेत्र अधिचर्म का निर्माण करती हैं। पैतृक जननिक कोशिका (P4) P5 एवम् S5 में विभक्त हो जाती है। S5 कोशिका की संतति कोशिकाएं उपकला (epithelium) को बनाती हैं जो जनद एवम् उनकी वाहिनियों (ducts) को ढकती है तथा P5 की सन्तति कोशिकाएं जनन-कोशिकाओं (germ cells) को उत्पन्न करती हैं।

सूत्रकृमि की देह भित्ति पेशीन्यास (musculature) प्राथमिक मध्यजनस्तरी कोशिका (mesodermal cell) M से तथा ग्रसनी (Pharynx) St कोशिका की सन्तति कोशिकाओं से उत्पन्न होती है। प्रारम्भिक भ्रूणीय अवस्थाओं में प्राथमिक कोशिकाएं St, M एवम् E भ्रूण की अधर सतह (Ventral surface) पर होती हैं जो बाद में कन्दुकन (gastrulation) की प्रक्रिया द्वारा भ्रूण के भीतर पहुंच जाती हैं (चित्र 5.2 L)। कुछ समय बाद भ्रूण टेडपोल आकार (चित्र 5.2 N-O) का होता हुआ कृमि आकार (worm-shaped) के डिंभक के रूप में विकसित हो जाता हैं (चित्र 5.2 P-R)।

सीनोरेबडाइटिस एलीगेंस (Caenorhabditis elegans) सूत्रकृमि में भ्रूणोद्भव के गहन अध्ययन से प्रत्येक कोरक खंड के विघटन से बननी वाली कुल कोशिकाओं की संख्या व उनसे बनने वाले अंगों में कोशिकाओं की संख्या का पता चल चुका है। यह तथ्य भी ज्ञात हो चुका है कि कुछ कोशिकाएं कुछ समय बाद निर्धारित कार्यक्रम के अनुसार मर जाती हैं (programmed cell death- apoptosis) (तलिका 5.1)। इस सूत्रकृमि के अंडे से स्फुटन करने वाले डिंभक में 558 कोशिकाकाएं होती हैं। विभिन्न अवस्थाओं के डिंभकों व वयस्क सूत्रकृमि में जनन तंत्र व अधिचर्म में उपस्थित कोशिकाओं के अतिरिक्त किसी भी कोशिका का विभाजन नहीं होता।

स्फुटन

सामान्य परिस्थितियों में भ्रूणोद्भव पूरा होने के बाद ही J1/ J2 अंडों से बाहर आ जाते हैं किन्तु कुछ पादप सूत्रकृमियों में स्फुटन विशेष वातावरण की परिस्थितियों (उचित तापमान, अन्य उद्दीपन- परपोषी पादप की जड़ों के नि:श्राव) मिलने पर ही प्रारम्भ होता है। उद्दीपन मिलने पर अंडे में विकसित हुए डिंभक में हलचल पैदा हो जाती है जो पहले धीरे-धीरे और बाद में तेजी से अंडे के अन्दर घूमने लगता है। अंत में अंड कवच (egg shell) टूट जाता है और डिंभक अंडे से बाहर आ जाता है। अंड कवच का टूटना यांत्रिक या रासायनिक अथवा दोनों प्रकार से हो सकता है। ग्रसनी ग्रंथियों से स्रावित एन्जाइम अंड कवच की भीतरी परत को कहीं-कहीं पर पिघला देते हैं जिससे डिंभक को स्फुटन में आसानी हो जाती है। *ग्लोबोडेरा रोस्टोकाइएनसिस (Globodera rotochiensis)* आदि के डिंभक अंड कवच के एक ध्रुव (pole) पर अपने स्टाइलेट की सहायता से पास-पास अनेक छोटे-छोटे छेद कर देते हैं जो आपस में मिलकर दरार का रूप ले लेते हैं। डिंभक यहीं से अंड कवच को तोड़ कर बाहर निकल आता है (चित्र 5.3)।

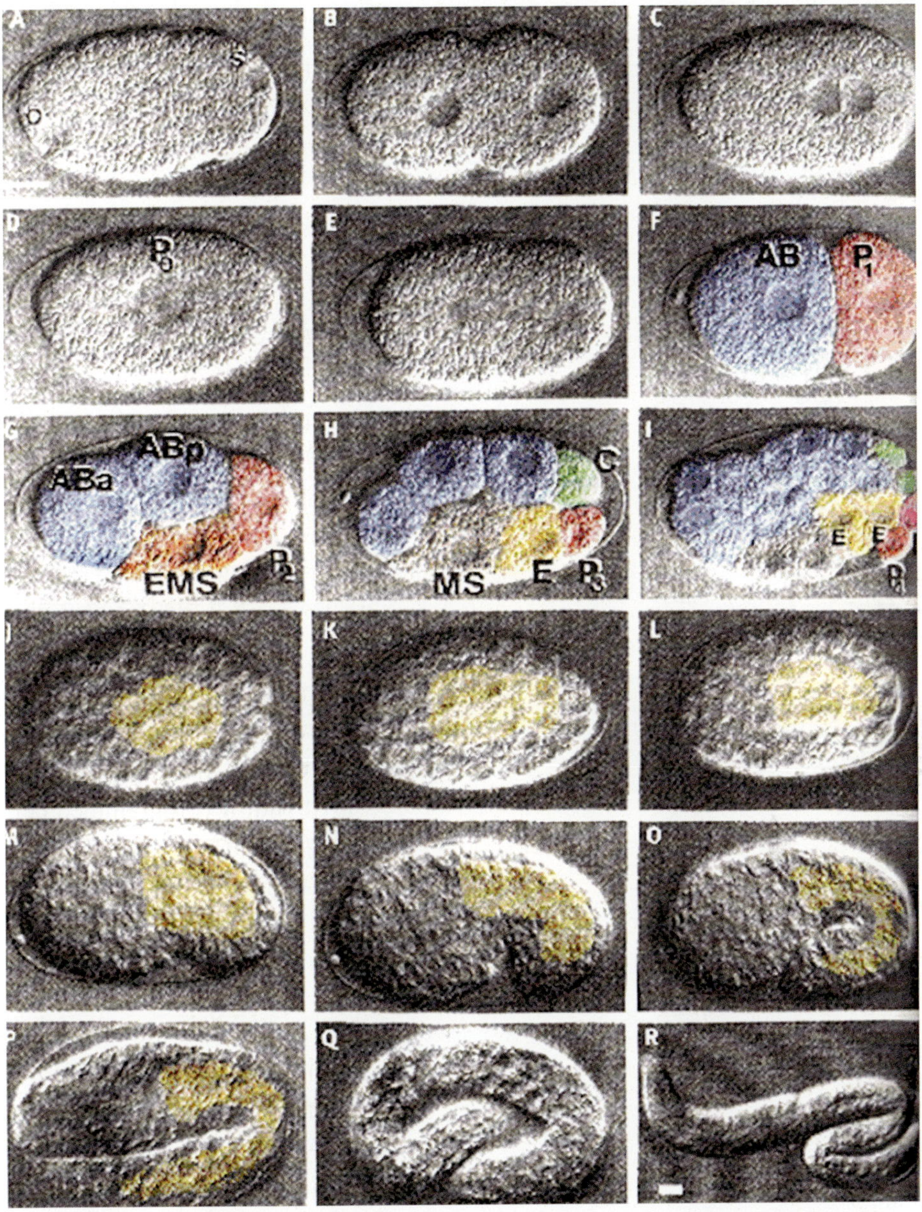

■ चित्र 5.2 : **भ्रूणोद्भव– A-C. अंड प्राक्केन्द्रक (pronucleus) व शुक्राणु प्राक्केन्द्रक का निषेचन, D-K. प्रारम्भिक विदलन, L. कन्दुक (गैस्ट्रुला), N-O. टेडपोल अवस्थाएं, P-R. टेडपोल अवस्था से कृमि–रूप में परिवर्धन**

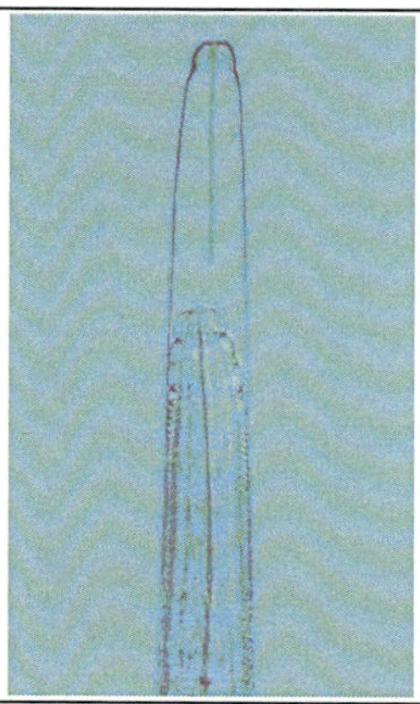

■ चित्र 5.5 : **निर्मोचन– पूर्व अवस्था के डिंभक की क्यूटिकल, शिरस्य ढांचा व स्टाइलेट के शंकुकप भाग का निर्मोकोत्सर्जन**

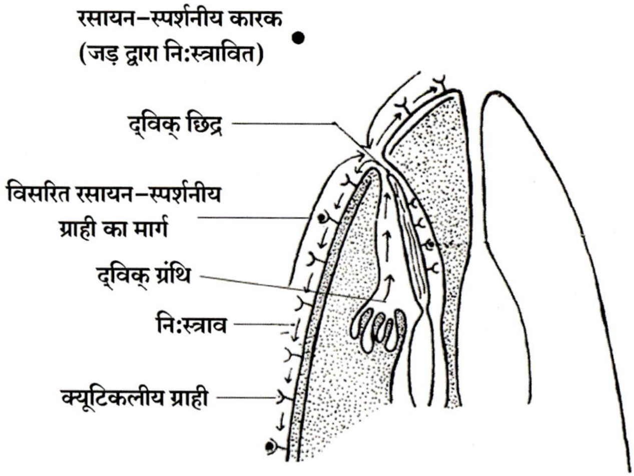

■ चित्र 5.6 : **सूत्रकृमियों में रसायन अनुचलन**

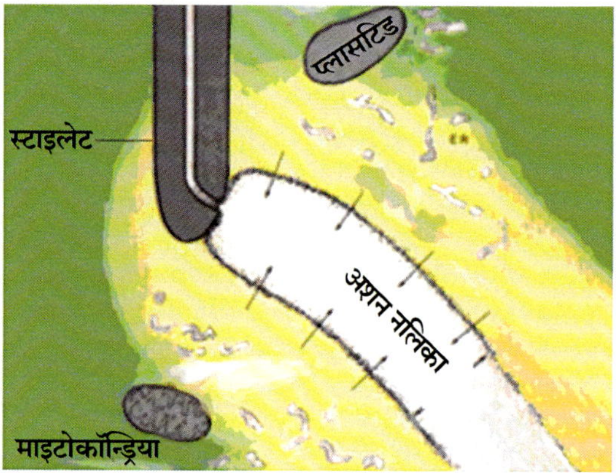

■ चित्र 5.7 : **अशन नलिका**

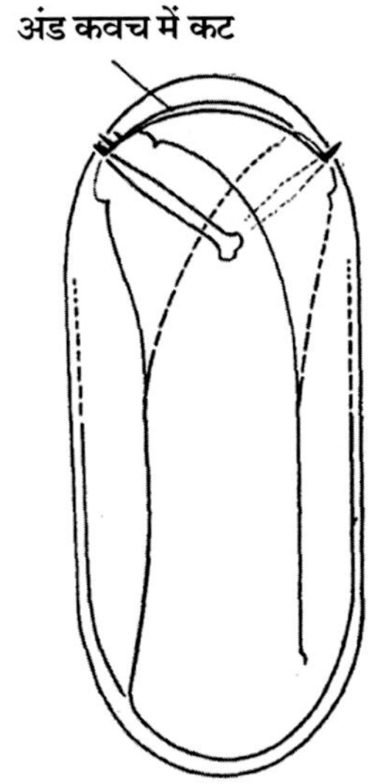

■ चित्र 5.3 : अंड कवच में दरार बनाता हुआ J2 डिंभक

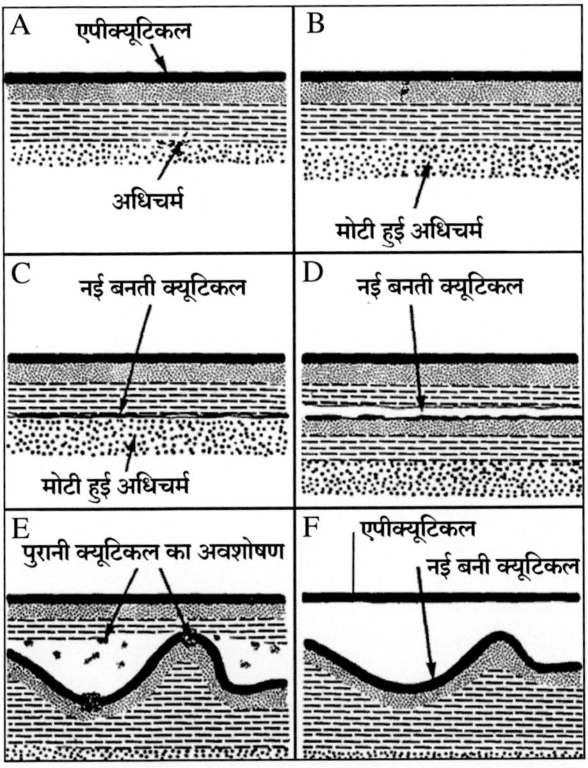

■ चित्र 5.4 : सूत्रकृमि की क्यूटिकल में निर्मोचन में आने वाले परिवर्तन

निर्मोचन

सूत्रकृमि अपने जीवन चक्र में चार बार निर्मोक करते हैं। प्रत्येक निर्मोक में डिंभक पुरानी क्यूटिकल को त्याग कर नई क्यूटिकल बनाते हैं (चित्र 5.4)। निर्मोचन की प्रक्रिया हारमोनों के आधीन होती है तथा डिंभक की निश्चित कार्यिकी परिपक्वता होने पर ही प्रारम्भ होती है। निर्मोक होने से पहले डिंभक शिथिल हो जाते हैं तथा उनकी आंत्र संग्रहित भोज के कारण गाढ़े रंग की दिखाई देती है। इन डिंभकों की अधिचर्म सक्रिय होकर पुरानी क्यूटिकल के नीचे टुकड़ों में नई क्यूटिकल में स्रावित करना शुरु कर देती है। बाद में ये टुकड़े आपस में मिलकर नई क्यूटिकल की रचना करते हैं जो प्रारम्भ में लहरदार होती है। इन परिवर्तनों के साथ-साथ पुरानी क्यूटिकल की ऊपरी परत (epicuticle), को छोड़कर शेष क्यूटिकल की परतें अधिचर्म द्वारा अवशोषित कर ली जाती हैं। अन्त में सूत्रकृमि पुरानी क्यूटिकल को तोड़ कर बाहर निकल आता है। पुरानी देह क्यूटिकल के साथ उत्सर्जी-स्रावी नलिका (excretory-secretory duct), पश्चक (phasmids), द्विक नलिका (amphidial duct), स्टाइलेट का शंकुक भाग व शिरस्य ढांचा प्रत्येक निर्मोचन में त्याग दिए जाते हैं और पुन: नये बनते हैं (चित्र 5.5)। इनके अतिरिक्त स्टाइलेट के शैफ्ट व नोबें और ग्रसनी की अवकाशिका पर चढ़ी हुई क्यूटिकल की परत भी अवशोषण के बाद पुन: नई बनती हैं।

अधिकतर सूत्रकृमियों में निर्मोचन प्रत्यक्ष होते हैं तथा डिंभक आपस में तथा वयस्क मादा व नर से आकार में मिलते हैं किन्तु कुछ सूत्रकृमियों में वयस्क नर का वर्धन कायांतरण (metamorphosis) से होता है और सर्पाकार नर सूत्रकृमि फूले हुए J3 डिंभक के अन्दर से निर्मोक करके बाहर आता है। नर सूत्रकृमियों का इस प्रकार का वर्धन *मेलॉइडोगाइन (Meloidogyne)*, *हेटरोडेरा (Heterodera)* आदि में देखने को मिलता है। प्रत्येक निर्मोक में जनन अग्रज (genital primordium) बढ़ता रहता है और अन्तिम निर्मोक में जनन नलिका के विभिन्न अंग पूर्ण विकसित हो कर अलग-अलग दिखने लगते हैं।

कुछ सूत्रकृमियों के डिंभक निर्मोचन के बाद भी पुरानी क्यूटिकल को धारण किए रहते हैं। ऐसे परिच्छादी (ensheathed) डिंभक आहार लेने में असमर्थ होते हैं। कीटरोगजनक सूत्रकृमि के J3 डाअर (dauer) डिंभक, और पादप सूत्रकृमि *मेलॉइडोगाइन* व *रोटाइलेंकुलस (Rotylenchulus)* के J3 और J4 डिंभक J2 डिंभक की क्यूटिकल धारण किए रहते हैं।

पादप सूत्रकृमियों द्वारा परपोषी पादप जड़ों की ओर आकर्षण

जड़ों पर अशन करने वाले सूत्रकृमि अविकल्पी परजीवी होते हैं और कुछ जातियां तो केवल विशिष्ट पादपों की जड़ों पर ही खाने में सक्षम होती हैं। अत: उन्हें ऐसी जड़ों को पहचानना व उन तक पहुंचना अति आवश्यक होता है। अब यह प्रमाणित हो चुका है कि सूत्रकृमि विशिष्ट पौधों की जड़ों तक अपने अग्र भाग में स्थित संवेदी अंग, द्विक, की सहायता से पहुंचते हैं। सूत्रकृमियों की जड़ों की ओर आकर्षित होने व वहां तक पहुंचने की प्रक्रिया को जकरमेन व जैनसन (Zuckerman & Jensen) ने 1986 में प्रस्तावित किया है (चित्र 5.6) जिसके अनुसार प्रक्रिया के आरम्भ में सूत्रकृमि मिट्टी में इधर-उधर, किसी भी दिशा में घूमते रहते हैं। मूल परिसर में पहुंचकर वे सुग्राही जड़ों से निकलने वाले नि:श्राव के सम्पर्क में आ जाते हैं। नि:श्राव में उपस्थित रसोअनुचलक कारक (chemotactic factors) के जैविक अणु (biomolecules) सूत्रकृमियों की सतह पर उपस्थित

क्यूटिकलीय ग्राहियों (cuticular receptors) से विशिष्ट रूप से बंध जाते हैं। ये क्यूटिकलीय ग्राही सूत्रकृमियों की द्विक ग्रन्थियों (amphidial glands) द्वारा क्यूटिकल की सतह पर स्रावित किए जाते हैं। बंधे हुए जैविक अणु द्विक मुख (amphidial aperture) से होते हुए उसके संवेदक कोष्ठ (sensillar pouch) तक पहुंच जाते हैं। वहां से उद्दीपन मस्तिष्क तक पहुंच जाते हैं और सूत्रकृमि जैविक अणुओं के स्रोत्र अर्थात सुग्राही जड़ों की दिशा में अग्रसर हो जाता है।

अशन (Feeding)

सूत्रकृमि जड़ों के पास पहुंच कर खाने के लिए उचित स्थान का चयन करते हैं। अधिकांश सूत्रकृमि संभरक जड़ों के सिरे के पास खाना पसन्द करते हैं। सूत्रकृमि वहां पर अपने अग्र भाग को रगड़ते हुए और ओष्ठों पर उपस्थित स्पर्शग्राही (tactoreceptor) पिप्पलों की सहायता से पहुंचते हैं। सूत्रकृमि वहां पहुंच कर स्टाइलेट से पादप कोशिका का वेधन कर देते हैं। पृष्ठीय ग्रन्थी में बनने वाला स्राव स्टाइलेट के छिद्र से निकल कर छिद्रित पादप कोशिका के अन्दर पहुंच कर उसके साइटोप्लाजम में मिल जाता है जिसे देह बाह्य पाचन (extra corporeal digestion) कहते हैं। आहार लेते हुए स्टाइलेट के सिरे के पास अशन नलिका (feeding tube) बन जाती है जिसके माध्यम से साइटोप्लाजम स्टाइलेट के छिद्र तक पहुंचता है (चित्र 5.7)। इस नलिका का निर्माण ग्रसनी ग्रन्थियों के स्राव व प्रभावित कोशिका मिलकर करते हैं। यह अशन नलिका एक सूक्ष्म फिल्टर का कार्य करती है जिससे कोशिका के अंगक (orgenelles) स्टाइलेट के छिद्र में नहीं फसते। अर्धपचित (semidigested) साइटोप्लाजम केशिकात्व क्रिया (capillary action) और ग्रसनी के मध्य बल्ब में उपस्थित कपाटीय उपकरण (valvular apparatus) के धड़कने से आहार नलिका में पहुंच जाता है। मध्य बल्ब की पेशियों के सिकुड़ने से कपाटीय उपकरण के कपाट खुल जाते हैं जिससे नकारात्मक दबाब पैदा हो जाता है और पादप कोशिका का साइटोप्लाजम सूत्रकृमि की ग्रसनी में प्रवेश करने लगता है। मध्य बल्ब से गुजरते हुए उसमें उपाधर ग्रन्थियों के स्राव भी मिल जाते हैं। इसके बाद आहार जठरागम (cardia) से होता हुआ आंत्र में पहुंचता है जहां पर स्वांगीकरण (assimilation), अवशोषण आदि पाचन क्रियाएं सम्पूर्ण होती हैं। आक्रमित कोशिका के खाली हो जाने पर सूत्रकृमि वहां से हट कर नई कोशिका की तलाश करते हैं। स्थानबद्ध अंतः परजीवी सूत्रकृमि एक ही स्थान पर लगातार खाते हैं और पादप कोशिकाओं इस प्रकार से परिवर्तित कर देते हैं कि उन्हें ऐसी कोशिकाओं से लगातार खाना मिलता रहे।

प्रजनन

सूत्रकृमियों में मादा व नर प्रजनन अंग अलग-अलग व्यष्टियों में होते हैं तथा प्रजनन लैंगिक या उभयजनद (amphigonous) होता है। कुछ सूत्रकृमि जैसे *सिनोरेबडाइटिस एलीगेंस (Caenorhabditis elegans)*, *हेटरोरेबडाइटिस (Heterorhabditis)* में उभयलिंगी व्यष्टि भी होते हैं जिनके आकार मादा व्यष्टियों से मिलते हैं। सूत्रकृमियों में पूर्णतया विकसित संवेदी अंग होते हैं जो उन्हें दूसरे लिंग वाले व्यष्टियों को पहचानने व अपनी ओर आकर्षित करने में सहायता करते हैं। ऐसा विश्वास किया जाता हे कि मादा सूत्रकृमि वातावरण में रसायन (फीरोमॉन- pheromone) स्रावित करती हें जिसे नर अपने पश्चक (phasmid) द्वारा ग्रहण करके मादा की ओर आकर्षित हो जाते हैं। मैथुन क्रिया में नर सूत्रकृमि मादा को पुच्छ पक्षक की सहायता से जकड़े रहता है और कंटिकाओं को योनि में घुसा देता है। शुक्राणु अवस्कर द्वार से होते हुए मादा की जनन नलिका में

पहुंच जाते हैं जहां पर वे शुक्रग्राहिका में संग्रहित हो जाते हैं। विकसित हो रहे अंडाणु जब अंडाशय से निकल कर शुक्रग्राहिका में पहुंचते हैं तो शुक्राणु अंडाणु में वेधन करते हैं। अंड कवच की सभी अतिरिक्त परते गर्भाशय द्वारा अंडे देने से पूर्व ही बन जाती हैं।

कुछ पादप सूत्रकृमियों में नर बहुत कम या बिल्कुल नहीं होते। ऐसे सूत्रकृमियों में अनिषेचित (parthenogenetic) प्रजनन होता है और अंडों में बिना युग्मक के ही भ्रूणोद्भव हो जाता है। इस प्रकार का प्रजनन वैकल्पी या अवैकल्पी होता है। वैकल्पिक रूप से अनिषेकजनन (parthenogenesis) करने वाले सूत्रकृमियों में, आरम्भ में समष्टि कम होने पर, अनिषेचित प्रजनन होता है जिससे उनकी संख्या तेजी से बढ़ती है। समष्टि अधिक हो जाने पर सूत्रकृमि उभयजनित प्रजनन करते हैं। *एम. हेपला (M. hapla)* की प्रजाति A इसी प्रकार प्रजनन करती है। जड़ गांठ सूत्रकृमि की आम तौर पर मिलने वाली जातियों *एम. इनकोगनिटा (M. incognita)*, *एम. जैवेनिका (M. javanica)*, *एम. एरीनेरिया (M. arenaria)* व *एम. हेपला (M. hapla)* प्रजाति B में अवैकल्पिक अनिषेचित प्रजनन होता है। इन सूत्रकृमियों में नर कुछ विशेष परिस्थितियों जैसे उच्च तापमान, समष्टि में अत्यधिक वृद्धि आदि, होने पर पैदा होते हैं किन्तु प्रजनन में भाग नहीं लेते। कुछ सूत्रकृमि जैसे *सिनोरेबडाइटिस एलीगेंस* उभयलिंगी होते हैं जो आकार में मादा दिखते हैं। इनके जनद (gonads) में शुक्राणु व अंडे दोनों बनते हैं। इस सूत्रकृमि में नर भी मिलते हैं जो प्रजनन में भी भाग लेते हैं। कीटरोगजनक सूत्रकृमि *हेटरोरेबडाइटिस* में उभयलिंगी व एकलिंगी की एकांतर (alternate) पीढ़ियां बनती हैं।

विभिन्न सूत्रकृमियों में अंडे देने का स्वभाव अलग-अलग होता है। जड़ों के बाह्य परजीवी सूत्रकृमि मिट्टी में एक-एक करके अंडे देते हैं। प्रवासी अंत:परजीवी भी जड़ों व मिट्टी में एक-एक करके अंडे देते हैं। स्थानबद्ध अंत: परजीवी एक ही जगह बहुत सारे अंडे मिट्टी में या जड़ों की सतह पर देते हैं। ये अंडे मादा सूत्रकृमि द्वारा स्रावित श्लेषी आधात्री (gelatinous matrix) में एक साथ दिये जाते हैं। श्लेषी आधात्री *मेलॉइडोगाइन* में मल ग्रन्थियों, *हेटरोडेरा* में योनिक ग्रन्थियों तथा *टाइलेंकुलस सेमीपेनिट्रेंस (Tylenchulus semipenetrans)* में उत्सर्जी-स्रावी ग्रंथि द्वारा स्रावित की जाती हैं। *हेटरोडेरा, ग्लोबोडेरा* जैसे सिस्ट सूत्रकृमि की मादाएं अपने अंडों को देह के अन्दर धारण किये रहती हैं। इन सूत्रकृमियों की क्यूटिकल बाद में कठोर आवरण में बदल जाती है जिसे सिस्ट कहते हैं। पादप सूत्रकृमियों की जनन क्षमता में भी बहुत भिन्नता पायी जाती है। बाह्य व प्रवासी अंत: परजीवी सूत्रकृमि की मादा अपने जीवन काल में केवल 10-25 अंडे देती है जबकि जड़ों के स्थानबद्ध अंत: परजीवी मादा 50-500 अंडे पैदा करती है। गेहूँ का बीज पिटिका सूत्रकृमि *एंग्युआइना ट्रिटिसाई (Anguina tritici)* की मादा दो से तीन हजार अंडे देती है।

जैविक रेस/ जैविक प्रजाति/ परपोषी प्रजाति/ परपोषी रेस/ पेथोटाइप/ बायोटाइप (Biological race/ host race/ biotype/ pathotype)

सूत्रकृमि की प्रत्येक जाति में अनेक समष्टिाएं होती हैं जिसके कारण उसका जीन पूल बहुत बड़ा होता है। जब कभी उन्हें परिवर्तित अथवा प्रतिकूल परिस्थिति (तापमान/ अपरपोषी पादप) का सामना करना पड़ता है तो प्रत्येक समष्टि व व्यष्टि अपने-आप को उस परिस्थिति के अनुसार ढालने का प्रयास करता है। उनमें से कुछ अपने अनुवांशिक गुणों अथवा उत्परिवर्तन (mutation) के कारण ऐसा करने में सफल हो पाते हैं। कालांतर में ऐसी समष्टियों/ व्यष्टियों का समूह बाकी

समष्टियों / व्यष्टियों से अलग हो जाते हैं जिसे जैविक रेस/ प्रजाति/ पेथोटाइप/ बायोटाइप कहते हैं। सूत्रकृमि विज्ञान में तकनीकी शब्दों जैविक रेस/ प्रजाति, पेथोटाइप और बायोटाइप में कोई विशेष अन्तर नहीं माना गया है। प्राय: परपोषी प्रजाति शब्द हम उन समष्टियों के लिए प्रयोग करते हैं जिनकी प्रजनन क्षमता विभिन्न पादपों जातियों पर अलग-अलग होती है। पेथोटाइप/ बायोटाइप ऐसी समष्टियों का समूह है जो एक ही पादप जाति की विभिन्न किस्मों पर प्रजनन करने में सक्षम या असक्षम होते हैं।

सूत्रकृमि परपोषी प्रजातियों को पहचानना नितान्त आवश्यक होता है क्योंकि सूत्रकृमियों का प्रबंधन, विशेषकर प्रतिरोधी किस्म व फसल चक्र के चुनाव, परपोषी प्रजाति के अनुसार ही किया जाता है।

प्रमुख सूत्रकृमियों के परपोषी प्रजातियों की सूची उनके विभेदी परपोषी किस्मों के साथ तालिका 5.2 में दी गयी है-

■ तालिका 5.1 : **स्फुटन करके बाहर आए *सीनोरेबडाइटिस एलीगेंस* के डिंभक के विभिन्न अंगों में उपस्थित कोशिकाओं की संख्या व उनकी वंशावली**

	AB	MS	E	S3	S4	P4	कुल	ब्लास्ट कोशिकाएं
अधिचर्म	72	0	0	13	0	0	85	35
तंत्रिका तंत्र	240	6	0	2	0	0	248	0
कायिक पेशियां	1	28	0	32	20	0	81	0
उत्सर्जी-स्रावी तंत्र	4	0	0	0	0	0	4	0
मुखपथ	49	31	0	0	0	0	80	0
आंत्र	0	0	20	0	0	0	20	14*
जठरागम	0	6	0	0	0	0	6	0
आंत्र-मलाशय वाल्व	2	0	0	0	0	0	2	0
मलाशय	9	0	0	0	0	0	9	1
जनन अग्रज में कायिक कोशिकाएं	0	2	0	0	0	0	2	2
जनन अग्रज में जननिक कोशिकाएं	0	0	0	0	0	2	2	2
अन्य	12	7	0	0	0	0	19	1
बची हुए जीवित कोशिकाएं	389	80	20	47	20	2	558	56
मृत कोशिकाएं	98	14	0	1	0	0	113	

* केवल केन्द्रक

■ तालिका 5.2.1 : ***मेलॉइडोगाइन इनकोगनिटा* व *एम. एरीनेरिया* की परपोषी प्रजातियां**

प्रजाति	मूंगफली फ्लोररनर	कपास डेल्टापाइन	तम्बाकू NC95
एम. एरीनेरिया			
1	+		
2	–		
एम. इनकोगनिटा			
1		–	–
2		–	+
3		+	–
4		+	+

+ = प्रजनन; – = प्रजनन नहीं

■ तालिका 5.2.2 : ***रोटाइलेंकुलस रेनीफॅरमिस* की परपोषी प्रजातियां**

प्रजाति*	प्रजाति **	कपास H-777	लौबिया पूसा कोमल	अरंड CH-1	बाजरा पूसा 23	सरसों पूसा बोल्ड
A	1	+	+	+	–	–
A	2	+	+	+	+	–
A	3	+	+	+	–	+
A	4	+	+	+	+	+
B		–	+	–		

+ = प्रजनन; – = प्रजनन नहीं

* दासगुप्ता व शैषाद्री, 1971; ** प्रसादा राव व गांगुली, 1996

■ तालिका 5.2.3 : ***टाइलेंकुलस सेमीपेनिट्रेंस* के जीवप्ररूप**

जीवप्ररूप	*सिट्रस Citrus* spp. (Citrus)	*डायोपीरोस* जाति- परसीमोन *(Diospyros* spp.- Persimmon*)*	*ओलिया यूरोपी-* जैतून (*Olea europeae-* Olive)	*पोनसिरस ट्राइफोलिएट-* ट्राइफोलिएट ओरेंज (*Poncirus trifoliate* -Trifoliate orange)
सिट्रस (Citrus)	+	+	+	–
पोनसिरस (Poncirus)	+	+	+	+
मेडीटेरेरियन (Mediterranean)	+	+	+	+

+ = प्रजनन; – = प्रजनन नहीं

■ तालिका 5.2.4.A. : **हेटरोडेरा एविनी के प्रमुख रोगप्ररूप**

रोगप्ररूप ग्रुप	ड्रोस्ट/ ओरटोलान (Drost/ Ortolan)	सिरी/ KVL191 (Siri/ KVL191)	मोरक्को (Morocoo)
1	R	S/R	S/R
2	S	R	S/R
3	S	S	R

R = पांच से कम सिस्ट (प्रतिरोधी), S = पांच से अधिक सिस्ट (सुग्राही)

■ तालिका 5.2.4.B. : **हेटरोडेरा एविनी ग्रुप 1 के रोगप्ररूप**

Differential	रोगप्ररूप						
	Ha11	Ha21	Ha31	Ha41	Ha51	Ha61	Ha71
जौ							
वारडे (Varde)	S	-	-	S	-	S	S
एमिर (Emir)	S	S	-	S	-	R	S
सिरी (Siri)	R	R	R	S	S	S	R
KVL 191	R	R	R	-	S	S	S
हेरटा (Herta)	S	S	R	-	R	-	R
डलमाटिष (Dalmatische)	(R)	-	-	S	-	R	(S)
जई							
निदार (Nidar)	S	-	-	(S)	-	S	R
सोल II (Sol II)	S	R	R	R	R	S	R
गेहूँ							
केपा (Capa)	S	S	-	S	-	S	S
AUS 10894	R	-	-	R	-	R	S
इकामिश K-2-Light (Iskamish K-2-light)	S	-	-	R	-	(R)	-

R = प्रतिरोधी, S = सुग्राही, – = टैस्ट नहीं, ( ) = मध्यस्थ

ग्रुप 2 में केवल एक Ha12 रोगप्ररूप है।

■ तालिका 5.2.4.C. : ***हेटरोडेरा एविनी* ग्रुप 3 के रोगप्ररूप**

Differential	Pathotype		
	Ha13	Ha23	Ha33
जौ			
वारडे (Varde)	S	S	S
सिरी (Siri)	S	S	S
मारटिन 403 (Martin 403)	R	S	S
हारटन (Hartan)	–	R	S
डलमाटिष (Dalmatische)	S	(R)	S
जई			
निदार (Nidar)	S	S	S
पूसा हाइब्रिड BS1 (Pusa hybrid BS1)	S	R	S
सिल्वा (Silva)	(R)	(R)	S
गेहूँ			
केपा (Capa)	S	S	S
AUS 10894	(R)	S	S
साथिआस (Psathias)	S	S	R

R = प्रतिरोधी, S = सुग्राही, ( ) = मध्यस्थ

■ तालिका 5.2.5 : ***ग्लोबोडेरा रोस्टोकाइएनसिस* व *जी. पेलीडा* के रोगप्ररूप**

विभेदक	**रोगप्ररूप**							
	जी. रोस्टोकाइएनसिस					*जी. पेलीडा*		
	Ro1	Ro2	Ro3	Ro4	Ro5	Pa1	Pa2	Pa3
सोलानम टुबरोसम (Solanum tuberosum)	+	+	+	+	+	+	+	+
एस. टुबरोसम ssp. *एंडीजिना* 1673 (*S. tuberosum* ssp. *andigena*) CPC 1673	–	+	+	–	+	+	+	+
एस. कुरतीएनम 60-21-19 (*S. kurtzianum* 60-21-19)	–	–	+	+	+	+	+	+
एस. मल्टीडिसेक्टम P 55/7 (*S. multidissectum* P 55/7)	+	+	+	+	+	–	+	+

विभेदक	रोगप्ररूप							
	जी. रोस्टोकाइएनसिस					*जी. पेलीडा*		
	Ro1	Ro2	Ro3	Ro4	Ro5	Pa1	Pa2	Pa3
एस. वेनाई 58-1642/4 (*S. vernei* 58-1642/4)	–	–	–	+	+	+	+	+
एस. वेनाई 62-33-3 (*S. vernei* 62-33-3)	–	–	–	–	+	–	–	+
एस. मल्टीडरइसेक्टम x *एस. टुबरोसम* ssp. *एंडीजिना* k6/34 (*S. multidissectum* x *S. tuberosum* ssp. *andigena* k6/34)	–	+	+	+	+	–	+	+

+ = Pf/Pi >1; - = Pf/Pi <1

❍❍❍

अध्याय 6 सूत्रकृमि पारिस्थितिकी

सूत्रकृमि पहाड़ की चोटियों से समुद्र की तली तक, शीतोष्ण (temperate) से गर्म रेगिस्तान (desert) तक, घास से ऊंचे-ऊंचे वृक्षों तक, जड़ों से लेकर बीजों तक मिलते हैं। ऐसा तभी सम्भव है अगर वे वातावरण के अनुसार अपने को ढाल लें। अत: सूत्रकृमियों की आकारिकी व जैविकी उनके पर्यावरण से प्रभावित होती है ।

वातावरण का प्रभाव जीवों की भौतिक व रासायनिक क्रियाओं पर पड़ता है और सूत्रकृमि भी इसका अपवाद नहीं हैं। इन प्रभावों का अध्ययन करना अति आवश्यक होता है क्योंकि वे ही सूत्रकृमि नियंत्रण के आधार बनते हैं।

अधिकतर सूत्रकृमि जड़ों से भोजन ग्रहण करते हैं, अत: उन पर मूलपरिवेश की मिट्टी में होने वाले भौतिक, रासायनिक व जैविक परिवर्तनों का सीधा प्रभाव पड़ता है। सूत्रकृमियों को प्रभावित करने वाले पारिस्थितिक कारकों को अजैविक (abiotic) व जैविक (biotic) कारकों में बांट सकते हैं। अजैविक कारकों में मृदा की भौतिक व रासायनिक संरचना, तापमान, नमी, मूलपरिवेश में होने वाले भौतिक व रासायनिक परिवर्तन आदि आते हैं। जैविक कारकों में परपोषी पादप और उनकी जड़ें, जड़ों के विसार व नि:श्राव (exudates and diffusatcs), मूलपरिवेश में रह रहे असंख्य सूक्ष्मजीव (microfauna and microfauna) और जन्तु सम्मिलित हैं। इन कारकों का सूत्रकृमियों के जीवन पर प्रत्यक्ष या अप्रत्यक्ष रूप से प्रभाव पड़ता है।

सूत्रकृमियों का मिट्टी में वितरण

एक एकड़ खेत की मिट्टी में अनेक जातियों के असंख्य सूत्रकृमि रहते हैं। पादप सूत्रकृमि समुदाय बहुजातिय होता है तथा एक समुदाय में प्राय: 4-5 जातियां मिल जाती हैं। यद्यपि सूत्रकृमियों का मिट्टी में वितरण एक सा, अनियमित या कहीं-कहीं समूहों में हो सकता है (चित्र 6.1) किन्तु अधिकतर सूत्रकृमि खेतों में कहीं-कहीं समूहों में मिलते हैं क्योंकि उन्हें अशन के लिए संभरक (feeder) जड़ों के आस-पास ही रहना पड़ता है। इसके अतिरिक्त वे अपने अंडे जड़ों के अन्दर/ आस-पास, अकेले/ श्लेषी आधात्री (gelationous matrix) के अन्दर समूहों में देते हैं जिसके कारण उनकी संख्या जड़ों के आस-पास ही अधिक होती है। सूत्रकृमियों का गतिशील न होना (गति 1-2 मीटर प्रति वर्ष) उनका खेतों में कुछ समूहों में मिलने का एक और कारण है।

सूत्रकृमियों का उदग्र वितरण (vertical distribution) भी संभरक जड़ों के विस्तार पर निर्भर करता है। मौसमी फसलों की जड़ें मिट्टी में अधिक गहराई तक नहीं जाती जिसके कारण उनके

परजीवी सूत्रकृमि 5-30 cm गहराई तक अधिक मिलते हैं। बहुवर्षीय पादप/ वृक्षों की जड़ें जमीन में काफी गहराई तक जाती हैं और उनके ऊपर आश्रित सूत्रकृमि भी उनके साथ काफी गहराई तक मिल सकते हैं। इसी प्रकार सूत्रकृमियों का समस्तरीय (horizontal) विस्तार भी संभरक जड़ों के वितरण पर निर्भर करता है।

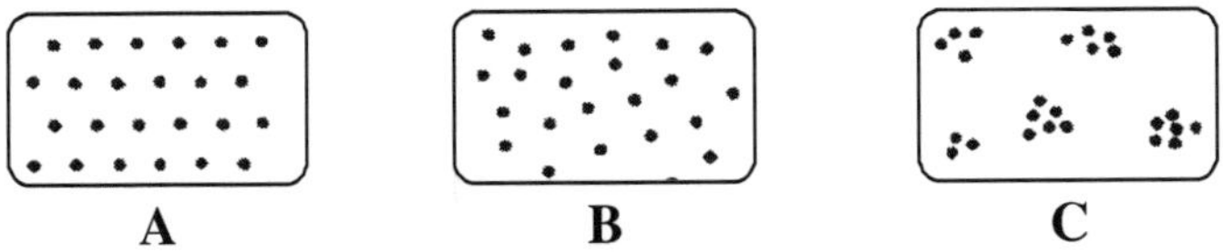

■ चित्र 6.1 : सूत्रकृमियों का मिट्टी में वितरण

सूत्रकृमियों के समिष्ट घनत्व व फसलों की क्षति में संबंध

परपोषी फसलों में सूत्रकृमियों द्वारा होने वाली क्षति अनेक घटकों पर निर्भर करती है जिसमें से सूत्रकृमियों की प्रारम्भिक संख्या (initial population- Pi) अत्यधिक महत्वपूर्ण है। अन्य घटकों में वातावरण पारिस्थितिकी प्रमुख घटक है। एक ही सूत्रकृमि द्वारा एक ही Pi पर तथा एक फसल पर होने वाला नुकसान विभिन्न वातावरण की परिस्थितियों में अलग-अलग हो सकता है।

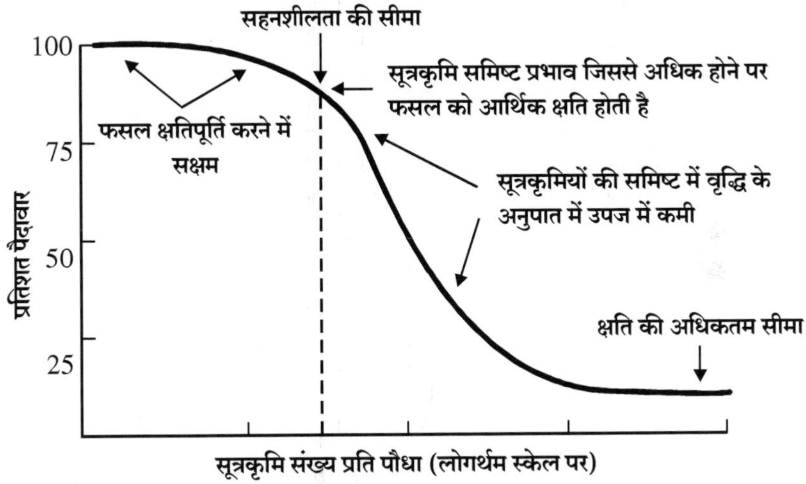

■ चित्र 6.2 : **सूत्रकृमि समष्टि व फसल क्षति में संबंध**

किसी भी निश्चित वातावरण में सूत्रकृमियों द्वारा होने वाली हानि सूत्रकृमियों की एक निश्चित न्यूनतम समष्टि से आरम्भ होती है जिसे आर्थिक प्रभाव सीमा (ecomomic threshold level) या रोगजनक स्तर (pathogenic level) कहते हैं। सूत्रकृमियों की समष्टि इससे कम होने पर परपोषी फसलें सूत्रकृमियों द्वारा होने वाली क्षति को सहन करने में समर्थ होती हैं और यदा-कदा पादपों का बढ़ाव भी अधिक हो जाता है। सूत्रकृमियों की समष्टि इस सीमा से अधिक होने पर फसलों में होने वाला नुकसान सूत्रकृमियों की संख्या में हुई वृद्धि के अनुपात में बढ़ता रहता है परन्तु एक ऐसी स्थिति आ जाती है जिसके बाद सूत्रकृमियों की संख्या में और वृद्धि होने पर भी फसलों में अधिक नुकसान नहीं पहुँचता (चित्र 6.2)। इस प्रकार के अध्ययनों के आधार पर अब कुछ सूत्रकृमि के

प्रति ऐसे मॉडल तैयार किए गए हैं जिनसे फसलों में सूत्रकृमियों की प्रारम्भिक संख्या के आधार पर विभिन्न परिस्थितियों में होने वाले नुकसान का अनुमान लगाया जा सकता है।

सूत्रकृमियों की समष्टि को प्रभावित करने वाले कारक

अनेक अजैविक और जैविक कारक पादप सूत्रकृमियों की विभिन्न अवस्थाओं तथा जैविकी को अकेले या संयुक्त रूप से प्रभावित करते हैं जिनका वर्णन नीचे किया गया है–

अजैविक कारक

लगभग सभी पादप सूत्रकृमि अपने जीवन का कुछ भाग मिट्टी में अवश्य बिताते हैं। बाह्य परजीवी सूत्रकृमियों का सम्पूर्ण जीवन ही मिट्टी में बीतता है जबकि अधिकांश अंत: मूलपरजीवी सूत्रकृमियों के J2 डिंभक व नर मिट्टी में रहते हैं। *रोटाइलेंकुलस रेनीफॉरमिस* (*Rotylenchulus reniformis*) में अवयस्क मादा तक परिवर्धन मृदा के अन्दर ही होता है। उपरिभूमिक पादप परजीवी सूत्रकृमियों की भी कोई न कोई अवस्था जमीन में अवश्य मिलती है। अत: मृदा की संरचना व उसमें होने वाले परिवर्तनों का प्रभाव सूत्रकृमियों पर पड़ता है। (चित्र 6.3)

मृदा गठन (soil texure) : मृदा का गठन उसमें पाए जाने वाले बालू, मटियार और सिल्ट के सापेक्ष अनुपातों पर निर्भर करता है। फसलों की खेती मृदा के अनुसार ही की जाती है। कपास, सरसों, ग्वार की खेती के लिए बलूई मिट्टी अच्छी होती है जबकि संचित धान की मटियार मृदा में उपज अधिक होती है। कुछ फसलों को किसी भी प्रकार की मिट्टी में बोया जा सकता है।

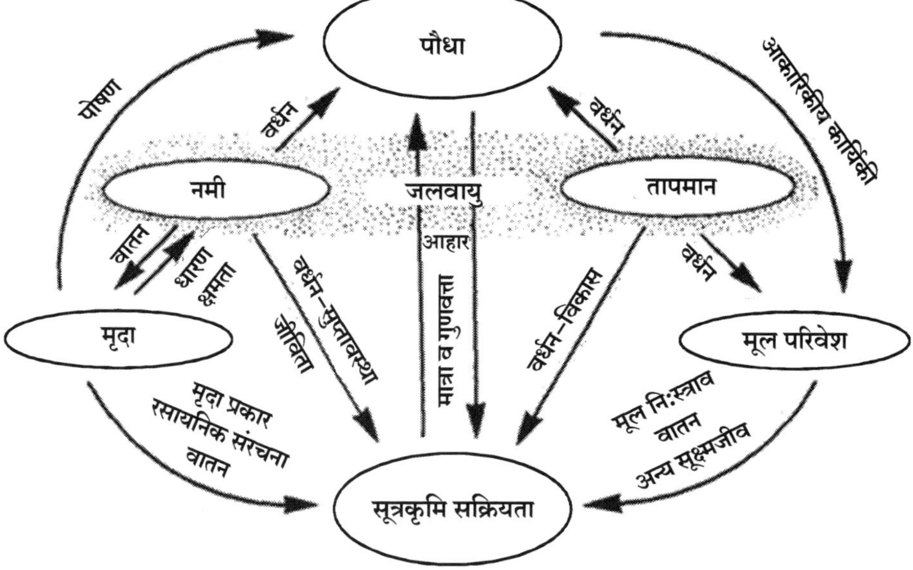

■ चित्र 6.3 : **पादप सूत्रकृमियों के पारिस्थतिकी तंत्र में सूत्रकृमि, पादप, जलवायु व मृदा वातावरण के पारस्परिक जटिल संबंध**

स्थूल गठित मृदा में बालू अधिक अनुपात में होती है जिसके के कारण उनमें रन्ध्रों का माप बड़ा होता है। ऐसी मृदा में रन्ध्रें में से पानी व हवा शीघ्र निकल जाते हैं जिसके के कारण सूत्रकृमि सुगमता से ऐसी मृदा में चल सकते हैं। अधिकतर सूत्रकृमि-जनित रोग जैसे *हेटरोडेरा एविनी* (*Heterodera avenae*) के कारण गेहूँ में होने वाला मोल्या रोग ऐसी ही मृदा में होते हैं। जड़ गांठ सूत्रकृमि ऐसी ही मिट्टी में अधिक पनपते हैं और फसलों को अधिक नुकसान पहुंचाते हैं। महीन गठित मृदा में मटियार व बालू के कण अधिक होते हैं जो अधिक समय तक पानी से भरे रह सकते हैं। धान का जड़ सूत्रकृमि, *हर्शमेनियेला*, ऐसी ही मृदा पसन्द करते हैं। कई अन्य सूत्रकृमि सभी प्रकार की मिट्टी में समान रूप से पनपते हैं।

मृदा तापमान (soil temperature) : पादप सूत्रकृमि 5-40 °C तक तापमान आसानी से सहन कर सकते हैं जिससे अधिक या कम तापमान उनके लिए घातक सिद्ध होता है। अधिकतर सूत्रकृमियों के लिए 15-30 °C तापमान बहुत अनुकूल रहता है तथापि उनमें काफी विविधता पायी जाती है। विभिन्न सूत्रकृमियों में स्फुटन, निर्मोचन, परिवर्धन, प्रजनन आदि जैविक क्रियाएं अलग-अलग तापमानों पर हो सकती हैं जैसे कि रबी फसल में होने वाली गेहूँ के सूत्रकृमि, *हेटरोडेरा एविनी* J2 डिंभकों का सिस्ट में से स्फुटन 16-18 °C पर होता है जबकि जड़ गांठ सूत्रकृमि *मेलॉइडोगाइन इनकोगनिटा* (*Meloidogyne incognita*) के लिए 25-30 °C अधिक अनुकूल होता है। विशिष्ट सूत्रकृमि का जीवन चक्र कम तापमान पर अधिक समय में पूरा होता है जैसा कि *एम. इनकोगनिटा* में देखा गया है। इस सूत्रकृमि का जीवन चक्र खरीफ के मौसम में 25-30 °C में पूरा हो जाता है किन्तु उसे पूरा होने में रबी के मौसम में 90-100 दिन तक लग जाते हैं।

मृदा आर्द्रता व वातन (soil moisture and aeration) : कृषि क्रियाओं व मौसम के अनुरूप मिट्टी की आर्द्रता में निरन्तर परिवर्तन आते रहते है। सिंचाई/ बारिश के पश्चात मृदा कणों के रंध्र पूर्णतया: पानी से भर जाते हैं और उनमें से हवा निकल जाती है। इसके विपरीत सूखे में रंध्रों में से पानी लगभग नगण्य हो जाता है और उनमें हवा भर जाती है। सूत्रकृमियों को चलने व अन्य जैविक क्रियाओं के लिए आर्द्रता की आवश्यकता होती है और उन्हें अपने जीवन काल में ऐसी सभी परिस्थितियों का सामना करना पड़ सकता है।

मिट्टी में पानी अधिक होने पर सूत्रकृमियों को चलने में कठिनाई होती है और ऑक्सीजन की कमी के कारण श्वास प्रणाली पर विपरीत असर पड़ता है। फलस्वरूप कुछ सूत्रकृमि दम घुटने (asphyxia) के कारण मर जाते हैं और सूत्रकृमियों की समष्टि कम हो जाती है। अधिकतर सूत्रकृमि ऐसी स्थिति को थोड़े समय के लिए ही सहन कर सकते हैं किन्तु कुछ सूत्रकृमि जैसे *हर्शमेनियेला ओराइजी* (*Hirschmanniella oryzae*), ऐसे वातावरण में रहने के आदी होते हैं और उन पर कोई विपरीत प्रभाव नही पड़ता। अधिक सूखे वाली अवस्था में मृदा के कणों के ऊपर की पानी की परत काफी पतली हो जाती है जिससे सूत्रकृमियों के आवागमन पर विपरीत प्रभाव पड़ता है। सामान्यतया सूत्रकृमियों के लिए खेतों में मृदा 40-60% जल धारिता (field capacity) अधिक अनुकूल होती है।

मृदा रसायन (soil chemicals) : खेतों में रासायनिक व गोबर की खाद, अन्य पोषक तत्व, कीटनाशी दवाईयां, इत्यादि समय-समय पर डाले जाते हैं। मिट्टी की नमी के अनुसार इनकी व मृदा में उपस्थित अन्य रसायनों की सांद्रता पर बदलती रहती है जिससे सूत्रकृमि की समष्टि में परिवर्तन आ सकते हैं।

सूत्रकृमि प्रत्यक्ष रूप से मृदा से कोई रसायन नहीं ले सकते। वातावरण में होने वाले परासरण दबाब (osmotic pressure) का नियमन वे अपने उत्सर्जी-स्रावी तंत्र के द्वारा करते हैं। सूत्रकृमि कुछ समय तक 10 atm परासरण दबाब को सहन करने में सक्षम होते हैं।

मृदा का 4.0-8.0 pH सूत्रकृमियों पर विपरीत प्रभाव नहीं डालता। मृदा के pH में आए परिवर्तनों को आसानी से सहन कर लेते हैं।

जलवायु : जलवायु में हो रहे परिवर्तनों का यद्यपि भूमिक सूत्रकृमियों पर कोई प्रत्यक्ष प्रभाव नहीं पड़ता परन्तु परपोषी पादपों पर होने वाले प्रभावों से वे अछूते नहीं रहते। जलवायु का अधिक असर पादपों के उपरिभूमिक भागों पर रहने वाले सूत्रकृमियों पर पड़ता है। ऐसे सूत्रकृमियों को चलने, संक्रमण करने व ऊपरी भागों तक पहुंचने के लिए पानी की पतली परत की आवश्यकता होती है, अत: वे बरसात के मौसम में, तथा वातावारण में अधिक आर्द्रता वाले दिनों में सूत्रकृमि अधिक सक्रिय हो जाते हैं। विपरीत परिस्थितियों, विशेषकर कम आर्द्रता और उच्च तापमान को सहने में ये सूत्रकृमि भूमिक सूत्रकृमियों की अपेक्षा अधिक सक्षम होते हैं । ऐसी परिस्थितियां आने पर वे सुप्तावस्था में चले जाते हैं व उनके अनुकूल होने पर पुन: सक्रिय हो जाते हैं।

जैविक कारक

परपोषी पादप : पादप परजीवी सूत्रकृमि अपने आहार व प्रजनन के लिए परपोषी पौधों पर निर्भर होते हैं, अत: फसल व फसल चक्रों का उन पर अधिक प्रभाव पड़ता है। ऐसे पादप जिन पर सूत्रकृमि प्रजनन करने में सक्षम होता है उसे उस सूत्रकृमि का परपोषी पादप कहते हैं। कुछ सूत्रकृमि अनेक जातियों के पादपों पर खाने व प्रजनन करने में सक्षम होते हैं जिसके कारण उनका परपोषी परास (host range) काफी बड़ा होता है। ऐसे सूत्रकृमियों को बहुभक्षीय सूत्रकृमि कहते हैं। इसके विपरीत कुछ सूत्रकृमि कुछ ही जातियों के पादपों/ फसलों पर ही प्रजनन कर सकते हैं जिसके कारण उनका परपोषी परास बहुत सीमित होता है। पौधों पर प्रजनन करने की क्षमता के आधार पर परपोषी पादपों को अच्छा, कमजोर या अपरपोषी पादप कहा जाता है। अच्छे परपोषी पादपों पर सूत्रकृमि बहुत अधिक, कमजोर पर मध्यम और अपरपोषी पर बहुत कम अथवा बिल्कुल प्रजनन नहीं करते।

परपोषी फसलों की किस्मों/ जनन द्रव्यों (germplasm) को उन पर होने वाले नुकसान व सूत्रकृमियों की प्रजनन शक्ति को आधार बनाकर सुग्राही (susceptible), सहनशील (tolerant), प्रतिरोधी (resistant), असहनशील (intolerant) अथवा प्रतिरक्षित (immune) परपोषी कहा जाता है-

- सुग्राही किस्में : इन पर सूत्रकृमियों का प्रजनन व पौधों को क्षति, दोनों, बहुत होते हैं।
- सहनशील किस्में : ऐसी किस्मों में सूत्रकृमियों के प्रकोप को सहने की शक्ति होती है जिसके कारण सूत्रकृमियों का संक्रमण व प्रजनन बहुत अधिक होने पर भी उनमें क्षति नहीं होती।
- असहनशील किस्में : ऐसी किस्मों में सूत्रकृमियों का कम प्रजनन होने पर भी अधिक नुकसान होता है।
- प्रतिरोधी किस्में : इन किस्मों में सूत्रकृमि प्रजनन बिल्कुल नहीं या बहुत ही कम कर पाते हैं और उनमें नुकसान भी नहीं होता।
- प्रतिरक्षित किस्में : ऐसी किस्मों के पौधे सूत्रकृमियों को अपने अन्दर वेधन नहीं करने देते।

अलग-अलग किस्मों पर किसी भी सूत्रकृमि की प्रजनन क्षमता इस बात पर निर्भर करती है कि वे उनमें खाने के लिए अशन स्थल बना पाता है अथवा नहीं।

जड़ों से निकलने वाले नि:श्राव सूत्रकृमियों की जैविक क्रियाओं, विशेषकर स्फुटन, निर्मोचन तथा जड़ों के प्रति आकर्षण को, काफी प्रभावित करते हैं। गैंदा, सरसों, प्याज, लहसुन आदि पौधें की जड़ों से निकलने वाले नि:श्राव कुछ जातियों के सूत्रकृमियों को मार देते हैं या दूर रखते हैं। अन्य कुछ पादप जैसे क्रोटोलेरिया / सन (Crotolaria) फांसू पादप का काम करते हैं जिनकी जड़ों में J2 डिंभक वेधन तो कर जाते हैं परन्तु उनका आगे वर्धन नहीं हो पाता। ऐसे पादपों का पादप सूत्रकृमियों के जैविक नियंत्रण में प्रयोग किया जाता है।

खेतों में सूत्रकृमियों का समुदाय अनेक जातियों का बना होता है। किसी विशिष्ट फसल पर कुछ ही जातियां अधिक प्रजनन कर सकती हैं जबकि अन्य जातियां निष्क्रिय या सुप्तावस्था में रहती हैं। दूसरी फसल आने पर वे जातियां अधिक सक्रिय हो जाती हैं। यह चक्र हमेशा वर्षीय फसलों में चलता रहता है। बहुवर्षीय फसलों या वृक्षों में ऐसे उतार-चढ़ाव कम देखने को मिलते हैं। सूत्रकृमि समष्टि परपोषी पादपों की संभरक जड़ों की उपलब्धता पर भी निर्भर करती है।

खेतों में उगने वाले खर-पतवार भी पादप सूत्रकृमियों पर प्रभाव डालते हैं। वे-

- सूत्रकृमियों के लिए परपोषी पादपों का कार्य करते हैं और उनकी समष्टि बढ़ाते हैं।
- अपने अवशेषों में सूत्रकृमियों को बचा कर रखते हैं।
- सूत्रकृमियों के प्रसार में सहायक होते हैं।
- आशय परपोषी (reservoir host) का कार्य करते हैं।
- परपोषी फसल की अनुपस्थिति में सूत्रकृमि इन्हीं पर प्रजनन करते हैं और खेतों में बने रहते हैं।

सूत्रकृमियों में उत्तरजीविता (survival)

सूत्रकृमि विपरीत परिस्थितियों में अपने आप को जिन्दा रखने के लिए अनेक युक्तियां अपनाते हैं-

- सूत्रकृमियों के जिन्दा रहने के लिए देह के चारों ओर पानी की झिल्ली /परत आवश्यक होती है। पौधों के ऊपरी भागों पर रहने वाले सूत्रकृमियों को नमी प्रतिबल का अधिक सामना करना पड़ता है जो कि फसल के पकने के समय और भी भीषण हो जाता है। सूत्रकृमि के डिंभक ऐसी स्थिति में सिकुड़ कर घुंडी-नुमा हो कर मृत प्राय: हो जाते हैं और सुप्तावस्था (quiscense)/ गुप्तजीवन (cryptobiosis) या प्रसुप्त (anabiosis) अवस्था में पहुंच जाते हैं। वातावरण के पुन: अनुकूल होने पर वे सक्रिय हो जाते हैं। *एंग्युआइना ट्रिटिसाई* (*Anguina tritici*) के J2 डिंभक बीज गाल/ पिटिकाओं में तथा *एफलेंकॉडिस* (*Apphelenchoides* spp) जातियों के सूत्रकृमि पादप ऊतकों में कई वर्षों तक सुप्तावस्था में जीवित रह सकते हैं। प्रतिकूल परिस्थितियों में *डाइटाइलेंकस डिपसेकी* (*Ditylenchus dipsaci*) के J4 डिंभक सैंकड़ों की संख्या में पास-पास आकर गुच्छा बना लेते हैं जिसे सूत्रकृमि ऊन (nema wool) कहते हैं और वे गुप्तावस्था में पंहुच कर अपने आप को जिन्दा रखते हैं।

- *हेटरोडेरा , ग्लोबोडेरा* जैसे कुछ सूत्रकृमियों का परपोषी परास बहुत छोटा होता है। ऐसे सूत्रकृमियों की मादाएं अंडों को शरीर के अन्दर ही धारण किए रहती हैं और उनकी क्यूटिकल बाद में कठोर होकर सिस्ट में परिवर्तित हो जाती है जिसके अन्दर अंडे/ J2 डिंभक खेतों में परपोषी फसल की अनुपस्थिति और तापमान/ आर्द्रता के प्रतिकूल होने तक सुप्तावस्था में सुरक्षित पड़े रहते हैं। वातावरण के अनुकूल होने पर ही J2 डिंभक सिस्ट में से स्फुटन करके बाहर आते हैं। *ग्लोबोडेरा पेलीडा* व *जी. रोस्टोकाइएनसिस* में स्फुटन परपोषी फसलों से नि:श्राव मिलने पर ही प्रारम्भ होता है। इन जातियों के J2 डिंभक आठ से भी अधिक वर्षों सिस्ट में जीवित रह सकते हैं।
- वृक्षों के ऊपरभूमिक भागों पर रहने वाले सूत्रकृमि जैसे *बरसेफलेंकस जाइलोफिलस, रेडिनेफलेंकस कोकोफिलस* (*Bursaphelenchus xylophilus, Rhadinaphelnchus cocophilus*) का संचरण विशिष्ट कीटों द्वारा होता है। ऐसे सूत्रकृमि संचरण के लिए अलग प्रकार के J3/J4 डिंभक बनाते हैं जिन्हें डाअर (dauer) डिंभक कहते हैं। ये डिंभक J2 डिंभक की क्यूटिकल से ढके रहते हैं तथा उनकी मुख गुहा बन्द रहती है। इस अवस्था में वे काफी समय तक बिना भोजन के कीट के अन्दर और सतह पर जिन्दा रह सकते हैं। कीटों द्वारा गंतव्य स्थान पर पंहुचने पर डाअर डिंभक सक्रिय हो जाते हैं और निर्मोक कर के आगे का जीवन चक्र पूरा करते हैं। कीट रोग जनक सूत्रकृमि भी डाअर डिंभक बनाते हैं जो मिट्टी में काफी समय तक जीवित रह सकते हैं।

सूत्रकृमियों का प्रसार

पादप सूत्रकृमि अपने आप बहुत धीरे, एक वर्ष में एक-दो मीटर तक ही चल सकते हैं। इसलिए प्रसार के लिए वे दूसरे साधनों पर निर्भर होते हैं। खेतों में उनका प्रसार मुख्यतया: खेती-बाड़ी की प्रक्रियाओं, उपकरणों व पानी के द्वारा होता है। अधिक दूरी तक प्रसार मनुष्य द्वारा संक्रमित पादप पर्दाथों जैसे बीज, कंद, प्रकंद, कलम, शल्ककंद, पौध तथा उनके साथ लगी हुई मृदा द्वारा होता है। मनुष्य ने ही इसी प्रकार अज्ञानतावश विश्व के विभिन्न क्षेत्रों में सूत्रकृमियों का प्रसार किया है। नये क्षेत्रों में पहुंचकर सूत्रकृमि अनुकूल वातावरण व परपोषी पादप मिलने पर पनपने लगते हैं। कीटरागी और कीट-संचरित पादप सूत्रकृमियों के प्रसारण में कीट महत्वपूर्ण भूमिका निभाते हैं।

○○○

अध्याय 7 पादप सूत्रकृमियों जनित विकृतियां

पादप सूत्रकृमि 'जिओ और जीने दो' के सिद्धान्त का अनुसरण करते हैं क्योंकि बहुत ही कम अवसरों पर इनके प्रकोप से पौधों की मृत्यु होती है। यद्यपि पादप सूत्रकृमि सभी प्रकार के पादपों (घास, वृक्ष, वर्षीय, मौसमी, बहुवर्षीय, खर पतवार, फसल, आदि) पर खाते हैं किन्तु अधिकांश अवसरों पर ये पौधों में इतनी कम विकृतियां उत्पन्न करते हैं कि इनका प्रभाव नजर अंदाज होता रहता है। परन्तु कुछ सूत्रकृमि खाने के लिए पौधों के ऊतकों में इतने परिवर्तन कर देते हैं कि उनमें कई प्रकार के विकार पैदा हो जाते हैं। पादपों में सूत्रकृमियों द्वारा होने वाली विकृतियों के संदर्भ में निम्न तथ्यों को ध्यान में रखना आवश्यक है–

- पौधों में उत्पन्न होने वाली विकृतियां सूत्रकृमि की संख्या तथा उनकी जाति पर निर्भर करती है।
- अधिकांश सूत्रकृमि जड़ों पर खाते हैं जिसके फलस्वरूप मूल तंत्र के ऊतक प्रत्यक्ष रूप से प्रभावित होते हैं। परन्तु उनका प्रभाव व लक्षण उपरिभूमिक भागों पर भी देखे जा सकते हैं।
- उपरिभूमिकर भागों पर खाने वाले सूत्रकृमि स्पष्ट लक्षण पैदा करते हैं।
- सूत्रकृमि अन्य सूक्ष्मजीवों के साथ मिल कर भी पौधों में विकृतियां उत्पन्न करते हैं।

सूत्रकृमियों से पौधों में होने वाली ऊतकीविकृतियों (histological) का वर्णन इस पुस्तक के अध्याय 9 में किया गया है।

इस विषय को विस्तार में जानने के लिए 'कॉश अभिधारणों' (Koch Postulates) को समझना अति आवश्यक है। कॉश ने ये अभिधारणाएं किसी भी जीव की रोगजनकता को सिद्ध करने के लिये दी थी जिनके विभिन्न चरण इस प्रकार हैं–

1. रोगजनक जीव का सदैव रोगी जीव में मिलना।
2. रोगजनक जीव का रोगी जीव से पृथक्करण व उसका अन्य जीव की अनुपस्थिति में शुद्ध संवर्धन (pure culture) तैयार करना।
3. शुद्ध संवर्धन से रोगजनक जीव को स्वस्थ परपोषी जीव में संरोपित करना तथा परपोषी जीव में रोग के लक्षण उत्पन्न होना।
4. संरोपित रोगी जीव से रोगजनक जीव का पुनः पृथक्करण ।

सूत्रकृमियों के संदर्भ में इन अभिधारणों को लागू करने में दो मुख्य समस्याऐं आती हैं। पहली समस्या दूसरी अभिधारणा से सम्बंधित है जिसके अनुसार सूत्रकृमियों का अन्य जीव की अनुपस्थिति में शुद्ध संवर्धन तैयार करना होता है। सूत्रकृमि अविकल्पी परजीवी हैं तथा उन्हें अभी तक बिना किसी अन्य जीव की उपस्थिति में संवर्धन करना सम्भव नहीं हो पाया है। अत: इस अभिधारणा को पूरा करने के लिये सूत्रकृमियों का संवर्धन उनकी परपोषी पौध पर जीवाणुनाशन की हुई मिट्टी में किया जाता है तथा संरोपण से पहले उनकी सतह पर उपस्थित सूक्ष्मजीवों का एंटीबायोटिक्स से निर्मूलन कर लिया जाता है जिससे कि कोई भी अन्य सूक्ष्मजीव उनके साथ परपोषी पौध में न जा सके। इस के अतिरिक्त अब कुछ सूत्रकृमियों को *पात्रे* (*in vitro*) कैलस तथा एक्साइड जड़ों पर संवर्धित किया जा सकता है।

इन अभिधारणों को लागू करने में दूसरी समस्या तब आती है जब कोई रोग सूत्रकृमि व सूक्ष्मजीव की पारस्परिक क्रियाओं से पैदा होता है। ऐसी अवस्था में दोनों जीवों की भूमिकाओं का अलग अलग विश्लेषण करना होता है। माउंटेन (Mountain) ने ऐसी परिस्थितियों का गहन विवेचन करते हुए यह प्रमाणित कर दिया है कि इन परिस्थितियों में भी कॉश अभिधारणों को लागू किया जा सकता है लेकिन इस के लिये हमें इन सिद्धान्तों को विस्तृत रूप में समझना चाहिये। इन अभिधारणों के अनुसार किसी भी परपोषी-परजीवी संबंध को स्थापित करने के लिये तीन चरणों से गुजरना पडता है (तालिका 7.1)।

1. पारिस्थितिक चरण- इस स्तर पर सूत्रकृमि का सदैव रोगी की संगति में पाया जाना सुनिश्चित करना होता है किन्तु अन्य सूक्ष्मजीवों की भूमिका को नकारा नहीं जा सकता।
2. जैविक चरण- तत्पश्चात सूत्रकृमियों की आकारिकी तथा कार्यिकी के आधार पर उनकी परजीवी क्षमताओं पर विचार किया जाता है। जैसे कि मुख में स्टाइलेट होना, जड़ों में घुसकर वहां स्थायी आहार क्षेत्र बनाकर प्रजनन करना आदि।
3. हेतुवैज्ञानिक (Etiological) चरण- पहले दोनों चरणों में सफल होने के बाद सूत्रकृमियों की विशिष्ट भूमिका का (उत्तेजक, प्रेरक, रोगवाहक या रोगजनक - aggravator, incitant, vector or pathogen) ग्रीन हाउस तथा प्रयोगशाला में प्रयोग कर के पता लगाया जाता है।

पौधों में उत्पन्न होने वाली विकृतियां केवल सूत्रकृमियों की गतिविधियों के कारण (प्रत्यक्ष क्षति) अथवा अन्य सूक्ष्मजीवों के सम्मिश्रण से (अप्रत्यक्ष क्षति) होती हैं। सूत्रकृमि अकेले ही निम्न प्रकार से पौधों की जड़ों को नुकसान पहुंचाते हैं-

1. सूत्रकृमि पादप कोशिकाओं पर खाते हुए उनके प्रोटोप्लाजम को चूस लेते हैं जिसके कारण कोशिकाएं मर जाती हैं। मृत कोशिकाओं के कारण पौधों की जड़ों में ऊतकक्षय (necrotic) क्षेत्र बन जाते हैं।
2. कुछ प्रवासी अंत: परजीवी सूत्रकृमि [*प्रेटीलेंकस* (*Pratylenchus*), *हर्शमेनियेला* (*Hirschmanniella*), रेडोफोलस (*Radopholus*) आदि] वल्कुट ऊतकों में विचरते रहते हैं। सूत्रकृमियों के चलने और टकराने से वल्कुट की कोशिकएं टूट जाती हैं।
3. जड़ गांठ, सिस्ट आदि स्थानबद्ध अंत: परजीवी सूत्रकृमि जड़ों में संवहनी ऊतकों पर खाते हैं और वहां पर एन्जाइम व अन्य रासायनिक स्रावों से विशिष्ट अशन स्थल बना

लेते हैं। इन अशन स्थलों पर जड़ों द्वारा अवशोषित व संश्लेषित (synthesized) रसायन एकत्रित होते रहते हैं तथा पौधों के ऊपरी भागों पर नहीं पहुंच पाते। फलस्वरूप ऐसे पौधों की बढ़वार कम हो जाती है और उपज पर प्रतिकूल प्रभाव पड़ता है।

4. कुछ सूत्रकृमि मूलाग्र के पास खाते हैं तथा विभज्योतिकी (meristematic) ऊतकों को नष्ट कर देते हैं। फलस्वरूप ऐसी जड़ों का बढ़ना बन्द हो जाता है जिससे पूरा मूल तंत्र छोटा रह जाता है। ऐसे पौधों का सामान्य विकास नहीं हो पाता।
5. कुछ सूत्रकृमियों के कारण जड़ों में काफी रासायनिक, विशेष रूप से हारमोन, की मात्रा में परिवर्तन आ जाते हैं। इन परिवर्तनों के कारण जड़ें फूल जाती हैं तथा उनमें गाठें बन जाती हैं। ऐसे भागों पर संभरक जड़ें नहीं बनती जिससे पौधों की भूमि से पानी व अन्य खाद्य पदार्थों को लेने व उनको ऊपरी भागों तक पहुंचाने की क्षमता पर प्रतिकूल प्रभाव पड़ता है।
6. दंश सूत्रकृमि (Sting Nematode) *बेलोनोलेमस* (*Belonolaimus*) आदि सूत्रकृमि अंकुरित हो रही पौध के भ्रूण (plumule) पर खाते हैं जिससे पौध अंकुरित होने से पहले ही मर जाती है।
7. *एंग्युआइना ट्रिटिसाई* जैसे सूत्रकृमि पुष्प अग्रज के अन्दर घुसकर उनके ऊतकों से अपना भोजन लेते हैं। ऐसे अग्रज गाल/पिटिकाओं में परिवर्तित जाते हैं और वहां बीज नहीं बनते।
8. *बरसेफलेंकस जाइलोफिलस* (*Bursaphelenchus xylophilus*) नामक सूत्रकृमि चीड़ के पेड़ की राल नलिकाओं (resin canals) की अधिचर्म कोशिकाओं पर खाते हैं जिससे पेड़ों में राल बनना बन्द हो जाता है।

सामान्य लक्षण

अभी तक हमने अध्ययन किया कि किस प्रकार सूत्रकृमि पौधों की संरचना व कार्यिकी को परिवर्तित करते हैं। इन्हीं परिवर्तनों के कारण पौधों में विभिन्न प्रकार के विकार एवम् लक्षण पैदा हो जाते हैं। ये लक्षण भूमिगत व उपरभूमिक भागों पर प्रकट होते हैं व सूत्रकृमियों से होने वाले रोगों के निदान व प्रबंधन में काफी सहायक होते हैं।

I. भूमिगत भागों पर उत्पन्न लक्षण: अधिकतर सूत्रकृमि पौधे की जड़ों से ही अपना भोजन ग्रहण करते हैं तथापि वे पौधे के अन्य भूमिगत भाग, जैसे कन्द, प्रकन्द, आदि पर भी खाने में सक्षम होते हैं। जड़ों पर उत्पन्न होने वाले लक्षण इस प्रकार हैं–

A. जड़ों पर उत्पन्न होने वाले लक्षण

- जड़ गांठ: जड़ गांठ सूत्रकृमि (*मेलॉइडोगाइन*) अपने नाम के अनुरूप जड़ों पर गांठें बनाते हैं जो कि इस सूत्रकृमि की विशिष्ट पहचान है। गांठों की संख्या व आकार सूत्रकृमि की जाति, संख्या व परपोषी पौधे के ऊपर निर्भर करती है। गांठों के अन्दर सूत्रकृमि की मादा व डिंभक मिलते हैं। यद्यपि मुख्यतया *मेलॉइडोगाइन* की जातियां ही जड़ों पर गांठें बनाती हैं किन्तु कुछ अन्य सूत्रकृमि जैसे कूट जड़ गांठ सूत्रकृमि, *नेकोबस बटाटिफॉरमिस*, (false root-knot nematode- *Nacoobus batatiformis*) चुकन्दर की जड़ों में गांठ

बना कर वहां पर रहते हैं। *सबएंग्युआइना रेडीसिकोला* (*Subanguina radicicola*) नामक सूत्रकृमि गेहूँ, जौ आदि की जड़ों पर गांठें बनाकर वहीं पर निवास व प्रजनन करते हैं। *लोंजीडोरस* (*Longidorus*), *जिफीनिमा बसीरी* (*Xiphinema basiri*), *हेमीसाइक्लोफोरा एरीनेरिया* (*Hemicycliophora arenaria*) नामक कुछ अन्य बाह्य परजीवी सूत्रकृमि भी जड़ों पर गांठें बनाते हैं किन्तु उनके द्वारा गांठें बनाने की प्रक्रिया जड़ गांठ सूत्रकृमि द्वारा गांठें बनाने की प्रक्रिया से बिल्कुल भिन्न होती है तथा वे गांठों के अन्दर नहीं बसते।

- अवरुद्ध मूल तंत्र (Stubby root system): अवरुद्ध मूल सूत्रकृमि, *ट्रिकोडोरस* व *पेराट्रिकोडोरस* (stubby root nematode, *Trichodorus* and *Paratrichodorus*) जड़ों के मूलाग्र (root cap) के निकट से आहार लेते हैं जिससे विभज्योतिक ऊतक दुष्प्रभावित होते हैं और जड़ों का बढ़ना बन्द हो जाता है। इन सूत्रकृमियों से संक्रमित जड़ों का बढ़ना पार्श्व जड़ों के निकलने व उनके द्वारा कुछ लम्बाई प्राप्त करने के बाद प्रभावित होता है जिसके कारण पूरा मूल तंत्र अनेक छोटी-छोटी शाखाओं वाला (प्राय: गुच्छों में व्यवस्थित) बन जाता है।
- स्थूल मूल तंत्र (Coarse root system): ऐसा मूल तंत्र सूत्रकृमियों द्वारा पार्श्व जड़ों के मूलाग्र के पास संक्रमण के कारण होता है। पार्श्व जड़ें मुख्य जड़ से निकल ही नहीं पाती अथवा बहुत छोटी रह जाती है। फलस्वरूप मूल तंत्र में मुख्य जड़ों पर पार्श्व जड़ों का विशेष अभाव हो जाता है। ऐसे लक्षण विशेष रूप से *बेलोनोलेमस लोंजीकोडेटस* (*Belonolaimus longicaudatus*) द्वारा संक्रमित मक्के की जड़ों पर दिखते हैं।
- जड़ विक्षत (Root lesion): प्रवासी अंत: परजीवी सूत्रकृमि जैसे *रेडोफोलस, प्रेटीलेंकस, हर्शमेनियेला* आदि जड़ों के अन्दर घुसकर वल्कुट कोशिकाओं पर खा कर उन्हें नष्ट कर देते हैं जिसके फलस्वरूप मरे हुए ऊतक लम्बे घाव या विक्षत के रूप में दिखाई देते हैं। तदन्तर ये घाव ऊतकक्षयी (necrotic) विक्षत बन जाते हैं। विक्षत आपस में मिलकर जड़ों को चारों ओर से घेर लेते हैं।
- अत्यधिक जड़ शाखन (Excessive root branching): कुछ सूत्रकृमि जड़ों को इस प्रकार प्रभावित करते हैं कि उनके वेधन स्थल के आस-पास से अनेक छोटी-छोटी पार्श्व शाखाएं निकल आती हैं। ऐसा *मेलॉइडोगाइन हेपला* संक्रमित टमाटर की व *हेटरोडेरा एविनी* संक्रमित गेहूँ की जड़ों में देखा जाता है।
- फुलाव (Swelling): *हेटरोडेरा एविनी* डिंभकों के घुसने व रहने के स्थान पर जड़ें थोड़ा फूल जाती हैं जहाँ से कई पार्श्व शाखाएं भी निकलने लगती हैं।
- झाड़ी-नुमा जड़ें (Bushy roots): गेहूँ के पौधों में सामान्यतया 35 दिनों के अन्दर क्राउन जड़ें निकलने लगती हैं किन्तु *हेटरोडेरा एविनी* संक्रमित पौधों में ऐसी जड़ें या तो निकलती ही नहीं अथवा बहुत छोटी व पतली रह जाती हैं। फलस्वरूप पूरा मूल तंत्र झाड़ीनुमा दिखाई देता है।

B. पौधों के अन्य भूमिगत भागों पर उत्पन्न लक्षण

- विगलन (Rot): ऐसा प्राय: मृतभक्षी सूक्ष्मजीवों द्वारा होता है जो कि पादप सूत्रकृमियों के कारण बने हुए ऊतकक्षयी विक्षत में पहुंच कर तेजी से बढ़ने लगते हैं। *डाइटाइलेंकस डेसट्रक्टर* (*Ditylenchus destructor*) से संक्रमित आलू के कन्द व *स्कूटेलोनिमा बरेडिस* (*Scutellonema bradys*) संक्रमित जिमीकंद के रतालू में ऐसा ही होता है।
- फुन्सियां: जड़ गांठ सूत्रकृमि आलू के कन्दों पर जो गांठें बनाती है वे बल्ब की सतह पर फुन्सी या मुँहासे के रूप में दिखाई देती है।
- विकृत कंद: *प्रेटीलेंकस* से संक्रमित आलू का आकार विकृत हो जाता है तथा उन पर ऊतकक्षयी विक्षत बन जाते हैं।
- ऊतकक्षयी विक्षत कंद व प्रकंद: *प्रेटीलेंकस* व *रेडोफोलस* से संक्रमित क्रमश: आलू व केले के प्रकंद पर ऊतकक्षयी विक्षत बनाते हैं। मूंगफली के ऊपर *प्रेटीलेंकस* संक्रमण से ऐसे ही विक्षत बनते हैं।
- फली गांठ: मूंगफली के ऊपर *मेलॉइडोगाइन जैवेनिका* व *एम. एरीनेरिया* (*Meloidogyne javanica* and *M. arenaria*) गांठें बनाते हैं जिसके कारण मूंगफली का रंग बदल जाता है।
- टेस्टा की सिकुड़न: *एफलेंकॉडिस एराकिडिस* (*Aphelenchoides arachidis*) नामक सूत्रकृमि मूंगफली के टेस्टा (दानों पर लगा पतला गुलाबी छिलका) पर खाता है जिसके कारण मूंगफली के बीज गाढ़े रंग के होकर सिकुड़ जाते हैं।
- कंद के अन्दर रंगीन धारियां: *डाइटाइलेंकस डिपसेकी* (*Ditylenchus dipsaci*) नारकीसस (Narcissus), प्याज आदि के कंदों के अन्दर संक्रमित पत्तियों से वेधन करते हैं और वहां पर्ण शल्कों पर पनपने लगते हैं। परन्तु ये सूत्रकृमि अन्य पर्ण शल्कों तक नहीं पहुंच पाते, संक्रमित मध्य पटलिका (middle lamella) गल कर लाल-भूरे रंग की हो जाती है जो अनुप्रस्थ काट (C.S.) में लाल गोल रिंग सी दिखाई देती है।

II. उपरिभूमिक भागों पर उत्पन्न होने वाले लक्षण: पौधों के उपरिभूमिक भागों पर सूत्रकृमियों द्वारा होने वाले विकार जड़ों व अन्य भूमिगत भागों एवम् उपरिभूमिक भागों पर भोजन करने वाले, सभी प्रकार के सूत्रकृमियों द्वारा होते हैं-

A. भूमिगत भोजी सूत्रकृमियों के कारण उपरिभूमिक भागों पर उत्पन्न लक्षण

जड़ों व पौधों के अन्य भूमिगत भागों पर खाने वाले सूत्रकृमियों का प्रभाव पौधों के ऊपरी भागों पर भी दिखाई देता है। सामान्यतया ऐसे लक्षण अविशिष्ट होते हैं तथा पौधों में पोषक तत्वों की कमी से होने वाले लक्षणों से मेल खाते हैं। ऐसी स्थिति में विकार का सही कारण मिट्टी में सूत्रकृमियों की पहचान करके ही किया जा सकता है। प्रारम्भ में ये लक्षण खेत के कुछ ही हिस्सों में दिखाई देते हैं जिनका माप प्रति वर्ष बढ़ता रहता है और कुछ ही वर्षों में पूरे खेत में देखे जा सकते हैं। सूत्रकृमि मुख्यतया निम्न लिखित उपरभूमिक लक्षण पैदा करते हैं।

- स्तभित या अवरुद्ध वृद्धि (Stunted growth): सूत्रकृमि संक्रमित पौधे छोटे रह जाते हैं तथा उनमें दोजियां (tillers) भी कम बनते हैं।

- पर्ण समूह का पीला पड़ना (yellowing of leaves): सूत्रकृमियों द्वारा जड़ों पर हुए संक्रमण का दुष्प्रभाव उनकी मिट्टी से पोषक तत्वों की अवशोषण करने की क्षमता पर पड़ता है। फलस्वरूप पत्तियां पीली पड़ना शुरु हो जाती हैं और अन्त में गिर जाती हैं। पत्तियों में हरिमाहीन (chlorosis) की स्थिति सूत्रकृमियों के प्रकोप होने पर अधिक बढ़ जाती है। ऐसी पत्तियां अन्त में सिकुड़ कर और सूख कर गिर जाती हैं। पौधों में ऐसे लक्षण मिट्टी में पोषक तत्वों की कमी के कारण भी उत्पन्न होते हैं तथा विकार का असली कारण मिट्टी में सूत्रकृमियों का पता लगा कर ही चलता है।
- म्लानि या मुरझाना (Wilting): सूत्रकृमियों द्वारा संवाहक तंत्र में होने वाले परिवर्तनों से जड़ों द्वारा अवशोषित पोषक तत्व व पानी पौधें के उपरिभूमिक भागों तक प्रचुर मात्रा में नहीं पहुंच पाते जिसके कारण पौधे मुरझाना शुरु कर देते हैं। ऐसे लक्षण तेज धूप में चौड़ी पत्ती वाले पौधों में अधिक दिखाई देते हैं। पतली पत्ती वाले पौधों की पत्तियां धूप में सिकुड़ जाती हैं। यद्यपि शुरु में ऐसे पौधे शाम के समय ठीक हो जाते हैं लेकिन कुछ दिनों बाद उनका ठीक होना समाप्त हो जाता है और पौधे स्थायी रूप से मुरझा जाते हैं।
- शीर्षारंभीय क्षय (Die back): कुछ सूत्रकृमि जैसे *टाइलेंकुलस सेमीपेनिट्रेंस* (*Tylenchulus semipenetrans*) बहुवर्षीय पौधों में शीर्षारंभीय क्षय के लक्षण पैदा करते हैं। ऐसे पेड़ों की शाखाएं ऊपर से नीचे की ओर सूखने लगती हैं। संक्रमित पौधों में कच्चे फलों का गिरना, छोटे आकार के फल बनना तथा पैदावार में कमी आना प्राय: देखा जाता है।

B. उपरिभूमिक भोजी सूत्रकृमियों द्वारा पौधों में उत्पन्न लक्षण

उपरिभूमिक भोजी सूत्रकृमि सामान्यतया पौधों के उपरिभूमिक भागों पर विशिष्ट लक्षण पैदा करते हैं जिनके कारण उन्हें आसानी से पहचाना जा सकता है। अधिकांश अवसरों पर सूत्रकृमि पौधों के प्रभावित क्षेत्र अन्दर ही मिलते हैं। इन भागों पर उत्पन्न होने वाले लक्षण इस प्रकार हैं–

- पत्तियों का व्याकुंचित या झुर्रीदार होना (crinking and curling of leaves): *एंग्युआइना ट्रिटिसाई* के डिंभक गेहूँ की वर्धन शिखा (growing point) पर खाने व ऊपरी भागों तक पहुंचने के लिए एकत्रित हो जाते हैं जिसके कारण आरम्भ के 20 से 25 दिनों में, वनस्पतिक चरण (vegetative phase) में, पत्तियां व्याकुंचित व झुर्रीदार हो जाती हैं। ऐसे ही लक्षण अन्य सूत्रकृमि जो अपने जीवन चक्र में वर्धन शिखा पर एकत्रित होते हैं, द्वारा संक्रमित पौधों पर भी दिखते हैं। ये लक्षण कुछ दिनों बाद लुप्त हो जाते हैं।
- आधारी फुलावट (basal swelling): *एंग्युआइना ट्रिटिसाई* संक्रमित पौधे वनस्पतिक अवस्था में आधार पर फूले हुए दिखाई देते हैं। इस प्रकार के लक्षण कुछ अन्य सूत्रकृमि जैसे *एंग्युआइना एग्रोपाइरी* (*Anguina agropyri*) भी पैदा करते है।
- भूशायी वर्धन (prostrate growth): *एंग्युआइना ट्रिटिसाई* संक्रमित पौधों में शुरु की अवस्था में भूशायी फैलावट अधिक होती है तथा उनमें दौजियां भी अधिक निकलती हैं।
- मृत व निर्जीव कलिकाएँ (dead or devitalized buds): *एफलेंकॉडिस* (*Aphelenchoides*) वंश के सूत्रकृमि कलिकाओं या वर्धन शिखा पर खाते हैं जिसके कारण फूलों का बनना व खिलना प्रभावित होता है। *एफलेंकॉडिस फरागेरी*

(*Aphelenchoides fragariae*) *स्ट्राबेरी* तथा *ए. बेसीआइ* (*A. besseyi*) रजनी गंधा (*tuberose*) पर ऐसे ही लक्षण पैदा करते हैं।

- पिटिकाएं (galls): *एंग्युआइना, सबएंग्युआइना* की जातियां पौधों के उपरिभूमिक भागों पर पहुंच कर पिटिकाएं बनाती हैं और उनके अन्दर प्रजनन करती हैं। ऐसी पिटिकाएं पौधों के विशिष्ट भाग जैसे तना, पत्ती, पुष्प विन्यास आदि भागों पर विशिष्ट सूत्रकृमि की जातियों के द्वारा बनाई जाती है। कुछ सूत्रकृमि जैसे *एंग्युआइना ट्रिटिसाई* के डिंभक पुष्प अग्रज (floral primordium) में घुसकर उनको पिटिकाओं में परिवर्तित कर देते हैं जिससे बीजों के स्थान पर पिटिकाएं ही बालियों में बनती हैं।
- पुष्प गुच्छ का न निकलना: फूला या थार उफरा रोग से प्रभावित धान के पुष्प गुच्छ पर्णाच्छद से बाहर नही निकल पाते। यह रोग *डाइटाइलेंकस एंगसटस* (*Ditylenchus angustus*) नामक सूत्रकृमि से होता है।
- बंध्य बालियों का बनना (sterile earheads): *डाइटाइलेंकस एंगसटस* संक्रमित धान की कुछ ही बालियों के ऊपरी भाग में ही दाने बनते हैं अथवा पूरी बाली ही बिना दानों के होती है।
- पुष्पी भागों का असामान्य विकास: *डाइटाइलेंकस डिपसेकी, एफलेंकॉडिस बेसीआइ* आदि सूत्रकृमि पुष्पी भागों पर आक्रमण करके उनका सामान्य विकास रोक देते हैं जिससे पुष्प डालियां असामान्य व विकृत दिखाई देती हैं।
- फुन्सियाँ (*spikkle*): *डाइटाइलेंकस डिपसेकी* संक्रमित नारकीसस की पत्तियों पर छोटी-छोटी पीले रंग की फुन्सियाँ बन जाती हैं।
- पर्ण चित्तियाँ (leaf spots): *एफलेंकॉडिस रिटजामाबॉसी* (*Aphelenchoides ritzemabosi*) पत्तियों के अन्दर रंध्रों से वेधन करके मिजोफिल ऊतकों पर खाते व प्रजनन करते हैं। फलस्वरूप ऐसे ऊतक छोटे-छोटे भूरे धब्बों के रूप में दिखाई देते हैं जो बाद में आपस में मिलकर बड़े कोणीय चित्तियों के आकार के बन जाते हैं।
- म्लानि व मरना: *बरसेफलेंकस जाइलोफिलस* (*Bursaphelenchus xylophilus*) से संक्रमित चीड़ के पेड़ धीरे-धीरे मुरझाना व सूखना शुरु हो जाते हैं और शीघ्र ही पूरी तरह मुरझा कर मर जाते हैं।
- राल (resin) का निकलना बन्द होना: *बरसेफलेंकस जाइलोफिलस* चीड़ के पेड़ के अन्दर पहुंच कर तेजी से प्रजनन करते हैं तथा राल नलिकाओं को बन्द कर देते हैं जिसके कारण पेड़ों से राल का निकलना बन्द हो जाता है।
- पत्तियों का पीला पड़ना: *रेडिनेफलेंकस कोकोफिलस* (*Rhadinaphelenchus cocophilus*) संक्रमित नारियल की पत्तियां ऊपर से नीचे की ओर पीली पड़ने लगती हैं। यह पीलापन धीरे-धीरे अन्दर वाली पत्तियों में भी दिखाई देने लगता है। अन्त में ऐसी पत्तियां सूखकर गिर जाती हैं। *बरसेफलेंकस जाइलोफिलस* से प्रभावित चीड़ की नीडल्स (कंटक- needles) पीली-भूरी हो जाती हैं।
- तने में लाल रिंग (red ring) बनना: *रेडिनेफलेंकस कोकोफिलस* से संक्रमित नारियल के पेड़ों की सतह से लगभग 2.5 cm नीचे तनों में शुरु में छोटे-छोटे लाल धब्बे दिखाई देते हैं

जो कि बाद में बढ़कर और मिलकर लगभग 3 cm चौड़ी रिंग का रूप धारण कर लेते हैं। यह रिंग बाद में पूरे तने, पर्णवृंत (petiole) व जड़ों के अन्दर भी देखी जा सकती है।

सूत्रकृमियों का परजीविता के आधार पर वर्गीकरण

अधिकांश सूत्रकृमि जमीन के अन्दर, मिट्टी में, रहते हुए पौधों के भूमिगत भागों पर खाते हैं तथापि कुछ सूत्रकृमि पौधें के ऊपरी भागों, जैसे तना, पत्ती, फूल, फल आदि पर अपना जीवन ज्ञापन करते हैं। सूत्रकृमियों के रहने व खाने के स्वभाव के अनुसार उन्हें मुख्य दो भागों में बांटा जा सकता है-

1. पौधों के भूमिगत भागों के परजीवी सूत्रकृमि
2. पौधों के उपरिभूमिक भागों के परजीवी सूत्रकृमि

पौधों के भूमिगत भागों के परजीवी सूत्रकृमि

ऐसे सूत्रकृमि भूमिगत भागों, विशेषकर जड़ों को बाहर से या अन्दर घुसकर खाते हैं और वहीं अपना जीवन चक्र पूरा करते हैं (चित्र 7.1)। इसी आधार पर वे क्रमशः बाह्य व अन्तः परजीवी कहलाते हैं।

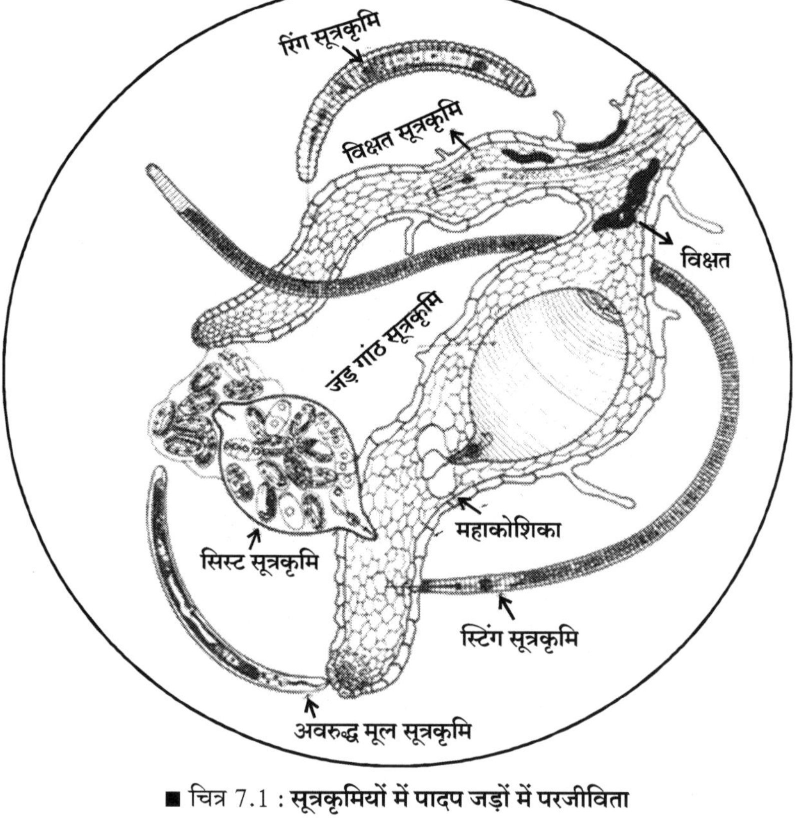

■ चित्र 7.1 : **सूत्रकृमियों में पादप जड़ों में परजीविता**

बाह्य परजीवी सूत्रकृमि: ऐसे अधिकतर सूत्रकृमि जड़ रोम, अधिचर्म व वल्कुट की कोशिकाओं पर खाते हैं। वे भोजन बार-बार, किन्तु थोड़े समय के लिए ग्रहण करते हैं। ऐसे सूत्रकृमि मूल परिवेश में घूमते रहते हैं तथा एक जगह पर अधिक देर तक नहीं खाते हैं। उदाहरण:

टाइलेंकोरिंकस (*Tylenchorhynchus*): स्तंभन सूत्रकृमि

ट्रिकोडोरस (*Trichodorus*): अवरुद्ध मूल सूत्रकृमि

कुछ बाह्य परजीवी सूत्रकृमियों के पास काफी लम्बा स्टाइलेट होता है जिसकी सहायता से वे वल्कुट की अन्दरुनी, परिरंभ व अंत:चर्म की कोशिकाओं पर भी खा सकते हैं। ऐसे सूत्रकृमि चलायमान होते हैं तथा एक स्थान पर अधिक देर तक नहीं खाते हैं। उदाहरण:

बेलोनोलेमस (*Belonolaimus*): दंश सूत्रकृमि

डोलीकोडोरस (*Dolichodorus*): ऑल सूत्रकृमि

जिफीनिमा (*Xiphinema*): भाला सूत्रकृमि

कुछ अन्य बाह्य परजीवी सूत्रकृमि जड़ों पर खाते हुए अपने स्थान से आसानी से नहीं हिलते। ऐसे ही कुछ सूत्रकृमि अपने खाने के लिए कोशिकाओं में विशेष परिवर्तन भी कर देते हैं। ऐसे सुस्त, स्थानबद्ध, अचल सूत्रकृमि (क्रिकोनिमेटिड) काफी स्थूल हो जाते हैं। इन्हें स्थानबद्ध बाह्य परजीवी सूत्रकृमि भी कहा जाता है। उदाहरण:

हेमीसाइकलोफोरा ऐरीनेरिया (*Hemicycliophors arenaria*): आच्छद सूत्रकृमि

काकोपोरस (*Cacopaurus*): स्थानबद्ध सूत्रकृमि

अंत: परजीवी सूत्रकृमि: ऐसे सूत्रकृमि जड़ों के अन्दर घुसकर अपना भोजन ग्रहण करते हैं। इनको दो भागों में बांटा जा सकता है- प्रवासी (migratory) अंत: परजीवी सूत्रकृमि व स्थानबद्ध (sessile) अंत: परजीवी सूत्रकृमि ।

प्रवासी अंत: परजीवी सूत्रकृमि: ऐसे सूत्रकृमि जड़ों व मिट्टी में स्वतन्त्र रूप से विचरण करते हैं। वे जड़ों में मुख्य रूप से वल्कुट कोशिकाओं को खाकर नष्ट कर देते हैं जिसके कारण जड़ों में बड़ी-बड़ी गुहिकाएं बन जाती हैं। वे अपने अंडे जड़ों व मिट्टी दोनों स्थानों पर दे सकते हैं। लगातार चलने के कारण वे सर्पाकार बने रहते हैं और फूलते नहीं। उदाहरण:

हर्शमेनियेला (*Hirschmanniella*): धान जड़ सूत्रकृमि

रेडोफोलस (*Radopholus*): बिलकारी सूत्रकृमि

प्रेटीलेंकस (*Pratylenchus*): जड़विक्षत सूत्रकृमि

स्थानबद्ध अंत: परजीवी सूत्रकृमि: ऐसे सूत्रकृमि जड़ों की कोशिकाओं में अपने खाने के लिए विशेष परिवर्तन कर देते हैं तथा सदा उन्ही परिवर्तित कोशिकाओं पर अचल रूप से खाते रहते हैं। फलस्वरूप उनका शरीर फूल कर मोटा हो जाता है। प्राय: सूत्रकृमियों के J2 डिंभक जड़ों के अन्दर खा कर मोटे होना शुरु हो जाते हैं। वे विकसित हो कर नर या मादा बन जाते हैं। केवल फूली हुई मादा ही उसी स्थान पर खाती रहती है। नर सूत्रकृमि का विकास कायांतरण (metamorphosis) से होता है और वे सर्पाकार होकर बाहर मिट्टी में आ जाते हैं। उदाहरण:

मेलॉइडोगाइन (*Meloidogyne*): जड़ गांठ सूत्रकृमि

हेटरोडेरा (*Heterodera*): सिस्ट सूत्रकृमि

कुछ अन्य स्थानबद्ध अंत: परजीवी सूत्रकृमि केवल अपनी गर्दन को ही जड़ों में घुसाते हैं व उनके शरीर का शेष भाग जड़ के बाहर रह कर फूल जाता है। ऐसे सूत्रकृमियों में केवल मादा जनित डिंभक/अपरिपक्व मादा ही जड़ों में घुसते हैं। नर का विकास मिट्टी में ही होता है। ऐसे सूत्रकृमियों को अर्द्ध स्थानबद्ध अंत: परजीवी सूत्रकृमि कहते हैं। उदाहरण:

रोटाइलेंकुलस रेनीफॉरमिस (*Rotylenchulus reniformis*): वृक्काकार सूत्रकृमि

टाइलेंकुलस सेमीपेनिट्रेंस (*Tylenchuluss semipenetrans*): सिट्रस सूत्रकृमि

पौधों के उपरिभूमिक भागों के परजीवी सूत्रकृमि

ऐसे सूत्रकृमि पौधों के ऊपरी भाग जैसे तना, पत्ती, फूल आदि पर रहने व विपरीत परिस्थितियों में अपने आप को ढालने में सक्षम होते है। ये सूत्रकृमि पौधें के ऊपरी भागों पर पानी की पतली परत के साथ पहुंचते हैं जहां से वे पौधें के अन्दर रंध्र से घुस कर अथवा वर्धन शिखा के साथ-साथ ऊपर तक पहुंचते रहते हैं। ऐसे सूत्रकृमि बाह्य व अंत: परजीवी, दोनों रूपों में खा सकते हैं। उपरिभूमिक भागों के परजीवी सूत्रकृमियों को तीन भागों में बांटा जा सकता है-

पिटिका बनाने वाले (gall-forming) सूत्रकृमि: ऐसे सूत्रकृमि पौधों के विभिन्न अंगो पर अपना घर (पिटिका) बना लेते हैं तथा वही पर बढ़ते व प्रजनन करते हैं। उदाहरण:

एंग्युआइना ट्रिटिसाई (*Anguina tritici*): बीज पिटिका सूत्रकृमि

एंग्युआइना बालसामोफिला (*Anguina balsamophila*): पर्ण पिटिका सूत्रकृमि

पिटिका न बनाने वाले (non gall-forming) सूत्रकृमि : ये सूत्रकृमि पिटिका नहीं बनाते। उदाहरण:

डाइटाइलेंकस डिपसेकी (*Ditylenchus dipsaci*): तना व कंद सूत्रकृमि

एफलेंकॉडिस रिटजामाबॉसी (*Aphelenchoides ritzemabosi*): पर्ण सूत्रकृमि

कीटों द्वारा संचारित सूत्रकृमि : ये सूत्रकृमि पेड़ों के ऊपरी भागों पर संक्रमण करते हैं तथा संचरण के लिए कीटों का उपयोग करते हैं। ये सूत्रकृमि कीटों के अन्दर वर्धन नहीं करते। उदाहरण:

बरसेफलेंकस जाइलोफिलस (*Bursaphelenchus xylophilus*): चीड़ का म्लानि सूत्रकृमि

रेडिनेफलेंकस कोकोफिलस (*Rhadinaphelenchus cocophilus*): रेड रिंग सूत्रकृमि

कुछ अन्य सूत्रकृमि पादप ऊतकों पर पिटिका बना कर तथा कीटों की रक्तगुहा, दोनों जगह, अशन व प्रजनन करते हैं, जैसे- *डेलाडेनस* (*Deladenus*)

सूत्रकृमियों व अन्य सूक्ष्मजीवों की रोगजनक पारस्परिक क्रियाएँ (Pathological interaction of nematodes with microorganisms)

पादप सूत्रकृमि मिट्टी व पौधों पर सदैव दूसरे सूक्ष्मजीवों की संगति में रहते हैं। अत: वे आपस में कई प्रकार की जटिल क्रियाओं में बंधे रहते हैं। मुख्यतया इनमें तीन प्रकार की पारस्परिक क्रियाऍं अपेक्षित हैं- 1. सूत्रकृमि सूक्ष्मजीवों को अपना भोजन बनाए, 2. सूत्रकृमि स्वयं सूक्ष्मजीवों का भोजन बन जाएं, 3. रोगजनक अन्य सूक्ष्मजीव व सूत्रकृमि जिनके परपोषी परिसर व आहार स्थान

एक ही हैं, एक दूसरे की सहायता करें। तीनों प्रकार की पारस्परिक क्रियाएं मोटे तौर पर सूत्रकृमि पारिस्थितिकी (Nematode Ecology) का हिस्सा है जो कि जैविक कारकों (Biotic factors) के सूत्रकृमियों पर प्रभाव के अर्न्तगत आते हैं। दूसरी प्रकार की पारस्परिक क्रिया (सूत्रकृमि स्वयं सूक्ष्मजीवों का भोजन बन जाएं) का वर्णन 'सूत्रकृमि प्रबंधन' अध्याय में किया गया है।

सूत्रकृमियों, सूक्ष्मजीवों और पौधों का आपस में त्रिकोणिय संबंध बनता है। अनेक परिस्थितियों में सूत्रकृमियों व सूक्ष्मजीवों के सामूहिक संक्रमण से उत्पन्न पौधों में लक्षण उनके द्वारा अकेले-अकेले पैदा किये जाने वाले लक्षणों से बिल्कुल भिन्न होते हैं। रोगजनक सूक्ष्मजीवों से मिलकर सूत्रकृमि निम्न प्रकार से पौधों पर असर डालते हैं-

- **घाव बना कर:** सूत्रकृमि खाते व वेधन करते हुए अपने स्टाइलेट से जड़ों में छेद बना देते हैं। ये छिद्र अन्य सूक्ष्मजीव जैसे जीवाणु, फंगस आदि को जड़ों में प्रवेश करने में सहायता करते हैं।
- **परपोषी प्रवर्तक:** *रेडोफोलस, प्रेटीलेंकस* आदि सूत्रकृमियों द्वारा बनाये गये जड़ों में घाव तथा ऊतकक्षयी कोशिकाएं मिट्टी में रह रहे रोगजनक व अन्य सूक्ष्मजीवों को अपनी ओर आकर्षित करते हैं। मृतभक्षी जीवाणु व फंगस वहां पहुंच कर जड़ों को गलाना शुरु कर देते हैं।
- सूत्रकृमि के खाने व अन्दर रहने से पौधों में काफी जैवरासायनिक व कार्यिकी परिवर्तन आ जाते हैं। परिवर्तित कार्यिकी कई प्रकार के रोगजनक सूक्ष्मजीवों को वहां पनपने में अधिक सहायक होती है। उदाहरणार्थ सूत्रकृमियों से संक्रमित पौधे सूक्ष्मजीवों के लिए अधिक पौष्टिक खाना बनाने लगते हैं जिससे पौधों की प्रतिरक्षा शक्ति कम हो जाती है। सूत्रकृमियों के कारण संक्रमित पौधों में रोगजनक सूक्ष्मजीवों के विरुद्ध बनने वाले प्रतिरोधी रसायनों में कमी आ जाती है जिसके फलस्वरूप वे सुगमता से पौधों में बढ़ने लगते हैं।
- **मूल परिवेश आपरिवर्तक (Rhizosphere modifier):** सूत्रकृमियों के संक्रमण से जड़ों के आस-पास के वातावरण में परिवर्तन आ जाते हैं। ऐसा प्रभावित जड़ों से निकलने वाले नि:श्राव की मात्रा तथा गुणवत्ता में आए परिवर्तनों के कारण होता है जो रोगजनक सूक्ष्मजीवों को अपनी ओर अधिक आकर्षित करने लगती हैं।
- **प्रतिरोध आपरिवर्तक (Resistance modifier):** फसलों की कई किस्मों में जीवाणु, फंगस आदि सूक्ष्मजीवों के विरुद्ध प्रतिरोधी शक्ति होती है जो पौधों में सूत्रकृमियों के संक्रमण से नष्ट हो सकती हैं। ऐसा जड़ों में सूत्रकृमियों द्वारा बनाए गए छिद्रों तथा जड़ों में आए जैवरासायनिक व कार्यिकी परिवर्तनों के कारण होता है।
- **रोगजनक सूक्ष्मजीवों के वाहक (Vector of pathogenic micro-organisms):** कई प्रकार के जीवाणु, फंगस आदि सूक्ष्मजीवी सूत्रकृमियों की क्यूटिकल की सतह पर चिपके रहते हैं जो उन्हें एक स्थान से दूसरे स्थान तक तथा पौधे के अन्दर एक भाग से दूसरे भाग तक पहुंचाते हैं। *क्लेवीबैक्टर ट्रिटिसाई* (*Clavibacter tritici*) आदि जीवाणु पौधों के उपरिभूमिक भागों पर सूत्रकृमियों के द्वारा ही पहुंचते हैं। कुछ सूत्रकृमि जैसे *जिफीनीमा, लोंजीडोरस, ट्रिकोडोरस* (*Trichodorus*) व *पेराट्रिकोडोरस* (*Paratrichodorus*) विषाणु संचारण में मुख्य भूमिका निभाते हैं। विषाणु कण सूत्रकृमियों के मुख पथ की अवकाशिका की क्यूटिकल पर अवशोषित रहते हैं और उनके देह बाह्य पाचन के समय वहां से छूट कर स्वस्थ पौधे की कोशिकाओं में पहुंच जाते हैं।

- **नाइट्रोजन स्थिरीकरण व अन्य उपयोगी तत्वों के अवशोषण में हस्तक्षेप:** सूत्रकृमि फलीदार पौधें की जड़ों पर नाइट्रोजन स्थिरीकरण जीवाणु, राइजोबैक्टीरिया, द्वारा बनाई जाने वाली ग्रन्थिकाओं (nodules) को भी दुष्प्रभावित करते हैं जिससे उनकी संख्या व आकार में कमी आ जाती है। कभी-कभी सूत्रकृमि ग्रन्थिकाओं को ही अपना भोजन बना लेते हैं जिसके कारण नाइट्रोजन स्थिरीकरण प्रभावित होता है।

कवकमूलीय फंगस कई वृक्षों की जड़ों के अन्दर या ऊपर अपना जाला बनाते हैं। ये फंगस मिट्टी में से आवश्यक तत्वों को अवशोषित कर वृक्षों को लाभांवित करते हैं। सूत्रकृमियों की उपस्थिति में फंगस पर प्रतिकूल प्रभाव पड़ता है क्योंकि कुछ सूत्रकृमि (*डाइटाइलेंकस* आदि) तो इन्हें ही अपना भोजन बना लेते हैं जबकि *प्रेटीलेंकस, रेडोफोलस, हिर्शमेनियेला* जैसे प्रवासी अंत:परजीवी सूत्रकृमि फंगस जाले को तोड़ देते हैं। फलस्वरूप वृक्षों को कवकमूलीय फंगस द्वारा पहुंचाये जाने वाले आवश्यक तत्व कम मात्रा में उपलब्ध हो पाते हैं। कुछ बाह्य परजीवी सूत्रकृमि जड़ मूलों व अधिचर्म की कोशिकाओं पर खातें हैं तथा बाह्यकवकमूलीय कवकों को जड़ों की सतह पर फैलने में बाधा डालते हैं। ऐसा संबंध प्राय: *टाइलेंकोरिंकस* (*Tylenchorhynchus*) तथा कवकमूल फंगस *स्कलेरोडरमा* (*Scleroderma*) के बीच मिलता है। सामान्यतया स्थूल अंत:परजीवी सूत्रकृमि *मेलॉइडोगाइन, हेटेरोडेरा* इत्यादि कवकमूल फंगस पर कोई प्रभाव नहीं डालते किन्तु कुछ विशेष परिस्थितियों में इन सूत्रकृमियों द्वारा बनाये गये सिनसिशम, महा तथा आध्री कोशिकाऐं कवकमूल फंगस के फैलने में बाधक हो जाती हैं।

सूत्रकृमियों की समिष्ट रोगों में भूमिका (Role of nematodes in disease complexes)

सूत्रकृमियों व अन्य सूक्ष्मजीवों की रोगजनक पारस्परिक क्रियाओं का अध्ययन मुख्यतया: स्थानबद्ध अंत: परजीवी सूत्रकृमि व फंगस, उपरिभूमिक भागों के परजीवी सूत्रकृमि व बैक्टीरिया, तथा सूत्रकृमि व वायरस के संबंध में किया गया है।

सूत्रकृमि -फंगस पारस्परिक क्रियाएं

सूत्रकृमि की किसी भी अन्य सूक्ष्मजीव से पारस्परिक क्रिया सर्वप्रथम अटिकसन (Atikson) ने सन् 1892 में देखी थी जब उसने पाया कि कपास में फंगस, *फ्युजेरियम आक्सीस्पोरम* f.sp. *वेसीनइन्फेकटम*, (*Fusarium oxysporum* f.sp. *vasininfectum*) की उग्रता जड़गांठ सूत्रकृमि की उपस्थिति में अधिक हो जाती है। सूत्रकृमि की उपस्थिति में फंगस रोग की उग्रता में वृद्धि के निम्न कारण हैं-

1. जड़ों में सूत्रकृमि के संक्रमण के कारण उनके नि:श्राव की मात्रा व गुणवत्ता में परिवर्तन आ जाता है। टमाटर में जड़.विगलन रोग सूत्रकृमि, *मेलॉइडोगाइन इनकॉग्निटा* व फंगस *राइजोक्टोनिया* के साहचर्य से पैदा होता है। इस रोग के पैदा होने के लिये जड़ गांठ सूत्रकृमि -संक्रमित जड़ों से निकलने वाले नि:श्राव तथा फंगस दोनों ही आवश्यक होते हैं। जड़ गांठ सूत्रकृमि संक्रमित जड़ों से निकलने वाले नि:श्राव में इलेक्ट्रोलाइट अधिक होते हैं जिससे रोगजनक फंगस के बीजाणु अंकुरित हो जाते हैं। ऐसा माना जाता है कि संक्रमण के पहले कुछ सप्ताहों में जड़सें के नि:श्राव में शर्करा की मात्रा अधिक होती है और बाद में अमीनो एसिड व प्रोटीन बढ़ जाते हैं। इन परिवर्तनों के कारण फंगस का जड़ों की ओर आकर्षण बढ़ जाता है और वह तेजी से पनपने लगता है।

2. जड़ गांठ सूत्रकृमि द्वारा जड़ों में बनाई गई गाठों तथा वृहद् कोशिकाओं में प्रचुर मात्रा में भोजन उपलब्ध होता है जो कि फंगस को वहॉ स्थापित करने में सहायक होता है। कपास, तम्बाकू व मटर में *मेलॉइडोगाइन* तथा *फ्युजेरियम* फंगस के पारस्परिक क्रियाओं के अध्ययन से ऐसा ही पाया गया है।
3. कुछ सूत्रकृमि जैसे *प्रेटीलेंकस* आदि जड़ों में विक्षति (lesion) बना देते हैं। ऐसी जड़ें फंगस के आक्रमण व पनपने के लिये अनुकूल हो जाती हैं जैसा कि *प्रेटीलेंकस* व *वरटीसीलियम* (*Verticillum*) के संर्दभ में पोदीने की फसल में देखा गया है।
4. कुछ सूत्रकृमि पौधों की फंगस प्रतिरोधी क्षमताा को नष्ट कर देते हैं। ऐसी जड़ों में सूत्रकृमियों द्वारा बनाये गये घाव, मूलपरिवेश अथवा पौधों की कार्यिकी में हुए परिवर्तनों के कारण होता है। उदाहरणार्थ तम्बाकू में *फाइटोफथोरा पैरासिटीका निकोटीएनी* (*Phyophthora parasitica* var. *nicotianae*) द्वारा होने वाले ब्लैक शेंक रोग (Black Shank disease) के लिये विकसित की गई प्रतिरोधी किस्में जड़ गाँठ सूत्रकृमि की उपस्थिति में सुग्राही हो जाती हैं।

सूत्रकृमि व जीवाणु (बैक्टीरिया) की पारस्परिक क्रियाएं

जीवाणु को जड़ों में प्रवेश करने के लिये प्राकृतिक अथवा कृत्रिम खुले क्षेत्रों की आवश्यकता होती है। सूत्रकृमि भोजन लेने के लिए अपने स्टालेट से जड़ की कोशिकाओं को छेद्रित कर देते हैं। ये छिद्र व *प्रेटीलेंकस* आदि सूत्रकृमियों द्वारा बनाये गये जड़ों में घाव और उनसे निकलने वाले रिसाव जीवाणु को जड़ों में प्रवेश करने में सहायक होते हैं। कारनेशन पौधें की जड़ों में कृत्रिम रूप से बनाये गये छिद्रों अथवा *मेलॉइडोगाइन /हेलीकोटाइलेंकस* (*Helicotylenchus*) सूत्रकृमियों की उपस्थिति में जीवाणु म्लान की उग्रता अधिक हो जाती है। इसी प्रकार तम्बाकू की कृत्रिम रूप से चोटिल और जड़ गांठ सूत्रकृमि संक्रमित जड़ों में जीवाणु, *राल्स्टोनिया सोलानेसीरम* (*Ralstonia solanacearum*) द्वारा होने वाले म्लानि रोग की सम्भावना अधिक हो जाती है (चित्र 7.2)। रसबेरी की जड़ों में शिखिर पिटिका (crown galls) तब ही बनते हैं जब वहां *मेलाइडोगाइन हेपेला* व *एग्रोबैक्टीरियम ट्यूमीफेसिएन्स* नामक जीवाणु दोनों ही हों। केवल सूत्रकृमि या जीवाणु से यह रोग पैदा नहीं हो सकता।

दलहनी फसलों की जड़ों पर नाइट्रोजन स्थिरीकरण जीवाणु, राइजोबैक्टीरिया, ग्रन्थिकाऐं (nodules) बनाते हैं जो कि पौधों को वातावरण से नाइट्रोजन लेने में सहायता करते हैं। *हेटेरोडेरा ग्लाइसीन* नामक सूत्रकृमि ऐसी ग्रन्थिकाओं पर प्रतिकूल प्रभाव डालता है जिससे उनकी संख्या व माप स्वस्थ पौधों की अपेक्षा $1/5^{th}$ ही रह जाते हैं। *मेलॉइडोगाइन* व *रोटाइलेंकुलस* की जातियां ग्रन्थिकाओं को भी संक्रमित करती हैं जिससे उनकी कार्यशीलता कम हो जाती है।

■ चित्र 7.2 : **सूत्रकृमि (*मेलॉइडोगाइन इनकॉग्निटा*) व जीवाणु (*रालस्टोनिया सोलानेसीरम*) की तम्बाकू में पारस्परिक क्रिया– A. केवल जीवाणु संरोपित पौधे, B. केवल सूत्रकृमि संरोपित पौधे, C. जीवाणु व सूत्रकृमि, दोनों से संरोपित पौधे**

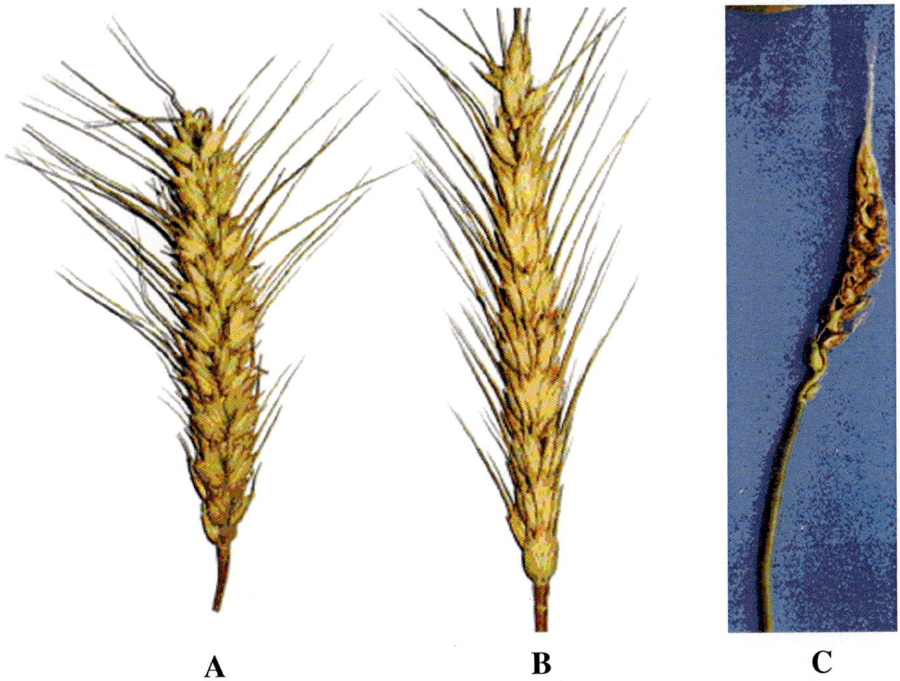

■ चित्र 7.3 : **सूत्रकृमि (*एंग्युआइना ट्रिटिसाई*) व जीवाणु (*क्लेवीबैक्टर ट्रिटिसाइ*) की पारस्परिक क्रिया A. केवल सूत्रकृमि से संक्रमित संक्रमित बाली (ममनी रोग), B. स्वस्थ बाली, C. सूत्रकृमि द्वारा वाहित जीवाणुओं से संक्रमित बाली (टुण्डू रोग)**

पुष्प विन्यास (inflorescence) तक पहुँचने वाले कुछ सूत्रकृमि जीवाणुओं के लिये वाहक (vector) का काम करते हैं। स्ट्राबैरी का फूलगोभी रोग सूत्रकृमि, *एफलेंकॉइडस रिजेमाबोसी/फरागेरी* (*Aphelenchoides ritzemabosi/A. fragariae*) एवम् जीवाणु-*रोडोकॉकस फैसिएन्स* (*Rhodococcus fascians= Clavibacter fascians*) के सामूहिक संक्रमण से होता है और सूत्रकृमि -जीवाणु जटिल संबंध का एक अद्भुत उदाहरण है। केवल सूत्रकृमि के संक्रमण से पौधों की पत्तियां छोटी रह जाती हैं अथवा उन पर कोई भी लक्षण पैदा नहीं होते। इसी प्रकार अकेले जीवाणुओं का भी पौधों पर कोई भी प्रभाव नहीं पड़ता। किन्तु सूत्रकृमि व जीवाणु दोनों की उपस्थिति में संक्रमित पौधों के फूल छोटे और विकृत हो जाते हैं। अधिक संक्रमण होने पर पौधों के शिखर पर लगातार कलिकाऐं बनती रहती हैं जिससे शिखर फूलगोभी जैसा दिखने लगता है। जीवाणु प्राकृतिक तौर से सूत्रकृमि की क्यूटिकल पर चिपके रहते हैं।

गेहूँ के टुण्डू या पीली बाली विगलन रोग में भी सूत्रकृमि, *ऐंग्विना ट्रिटिसाई*, जीवाणु वाहक का काम करता है। जीवाणु- *क्लेवीबैक्टर ट्रिटिसाई* (*Clavibacter tritici*), *एंग्युआइना ट्रिटिसाई* (*Anguina tritici*) के J2 डिंभक की क्यूटिकल पर चिपके रहते हैं तथा बालियों तक पहुँचने के लिए पूर्णतया उन पर निर्भर रहते हैं। अत: सूत्रकृमि के बिना यह बिमारी नहीं हो सकती। अकेले *एंग्युआइना ट्रिटिसाई* एक अन्य रोग ममनी या गेगला पैदा करते हैं जिसके लक्षण टुण्डू रोग से बिल्कुल भिन्न होते हैं (चित्र 7.3)।

सूत्रकृमि-जीवाणु जटिल संबंध का एक और उदाहरण आस्ट्रेलिया तथा दक्षिणी अफ्रीका में पाया जाने वाला वार्षिक राई घास विषाक्तता रोग (Annual Rye grass toxicity) है। इस रोग के जीवाणु *रेथीबैक्टर टोक्सीकस = क्लेवीबैक्टर टोक्सीकस* (*Rathayibacter toxicus = Clavibacter toxicus*) सूत्रकृमि *एंग्युआइना फुनेस्ट्रा/एग्रोसट्रिस* के J2 डिंभक की क्यूटिकल पर चिपके रहते हैं जो उन्हें घास- *लोलियम/पॉलीपोगॉन मोनोस्पलाएनसिस/लचनाएग्रोसट्रिस* (*Lolium, Polypogon monspelienssis, Lachnagrostris*) के पुष्प विन्यास तक पहुँचा देते हैं। वहां पहुँच कर जीवाणु तेजी से बढते हैं। जीवाणु संक्रमित बालियां विषाक्त हो जाती हैं जिनको खाने से पशुओं में लकुआ (paralysis/ nervous break down) हो जाता है।

सूत्रकृमि व विषाणु पारस्परिक क्रियाएं

पादप सूत्रकृमि व मृदा जनित विषाणु दोनों ही मिट्टी में रहते हैं। अत: काफी पहले से यह सम्भावना व्यक्त की जा रही थी कि सूत्रकृमि विषाणु रोगों को फैलाते हैं। सर्व प्रथम हेविट, रास्की व गोहीन (Hewitt, Raski & Goheen) ने सन् 1958 में प्रयोगों से यह सिद्ध कर दिया कि *जिफीनीमा इंडेकस* (*Xiphinema index*) नामक सूत्रकृमि अंगूरों में पंखनुमा पर्ण विषाणु (Grapevine Fan leaf Virus) का वाहक के रूप में संचारण करता है। इस आविष्कार के बाद अन्य वैज्ञानिकों ने भी इस विषय पर शोध कार्य करना प्रारम्भ कर दिया। अब तक चार वंशों के सूत्रकृमि -*जिफीनीमा, लोंजीडोरस, ट्रिकोडोरस* व *पेराट्रिकोडोरस* द्वारा विषाणु के संचरण का पता चला है। ये चारों वंश विश्व के सभी देशों में मिलते हैं और विविधभक्षी हैं। सूत्रकृमियों द्वारा संचरित विषाणु आर. एन. ए. (RNA) विषाणु हैं जो कि बीज, संक्रमित पौधों के द्रव्य और पराग कणों से भी संचरित होते हैं। ये विषाणु भी विविधभक्षी है तथा दो प्रकार के होते हैं-निपो (NEPO) व निटू (NETU) अथवा टोबरा (TOBRA) विषाणु। निपो-सूत्रकृमि संचारित बहुतलीय कण (NEPO-Nematode Transmitted Polyhedral particles) का आकार बहुतलीय तथा माप 25-30 nm होता है। इनका संचारण *जिफीनीमा* व *लोंजीडोरस* की जातियों द्वारा होता है। पंखनुमा पर्ण विषाणु (Grapevine Fan leaf Virus), टमाटर काला वलय विषाणु (Tomato Black Ring Virus) इस प्रकार के विषाणु के उदाहरण हैं। निटू अथवा टोबरा विषाणु (NETU or TOBRA-Nematode transmitted Tubular particles) *ट्रिकोडोरस* (*Trichodorus*) व *पेराट्रिकोडोरस* की जातियों द्वारा संचरित होते हैं। ये विषाणु नलिकाकार होते हैं। अभी तक तीन निटू विषाणुओं का पता चला है- तम्बाकू रैटल विषाणु (Tobacco Rattle Virus), मटर अगेता बभ्रुकरण विषाणु (Pea Early Browning Virus) तथा पैपर वलय चित्ती विषाणु (Pepper Ring Spot Virus)। नेटू विषाणु के कण दो प्रकार के होते हैं- लम्बे व छोटे। तम्बाकू रैटल विषाणु तथा पैपर वलय चित्ती विषाणु के लम्बे कण 210 nm तथा छोटे कण 105 nm के होते हैं। मटर अगेता बभ्रुकरण विषाणु के लम्बे व छोटे कणों का माप क्रमश: 185 तथा 75 nm होता है। केवल लम्बे कण संक्रामक हैं किन्तु संक्रमण के लिये छोटे कण आवश्यक होते हैं।

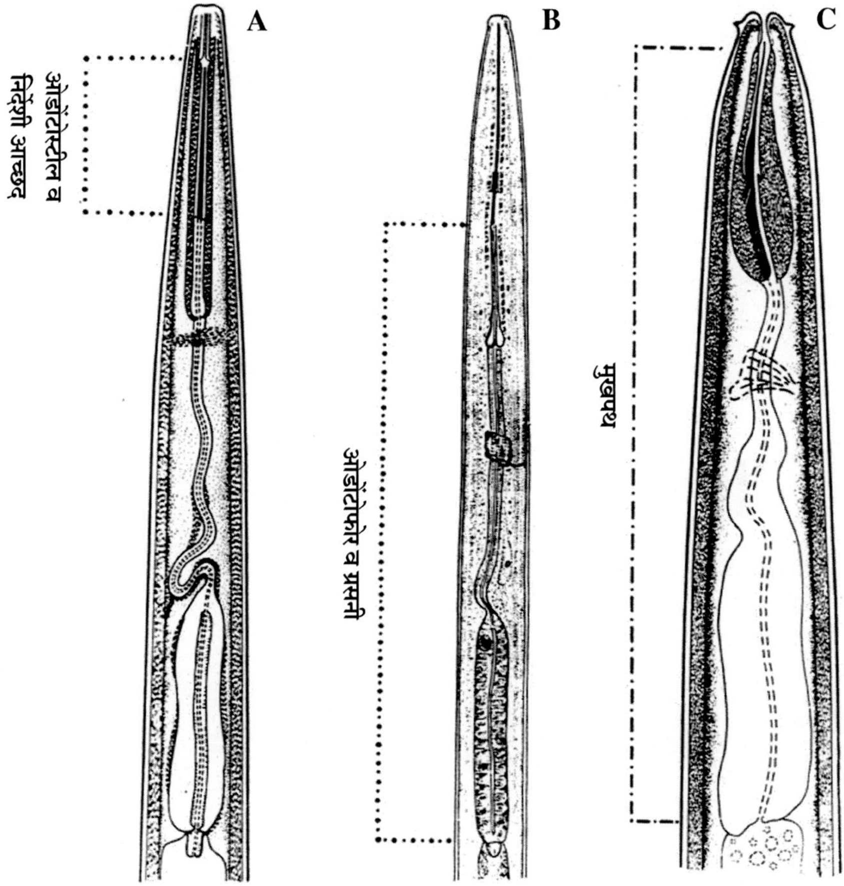

■ चित्र 7.4 : **सूत्रकृमियों में विषाणु धारण स्थल– A. *लोंजीडोरस*, B. *जफीनीमा*, C. *ट्रिकोडोरस /पेराट्रिकोडोरस***

सूत्रकृमि –विषाणु संचारण के विभिन्न चरण

1. अर्जन (Acquisition): सूत्रकृमि जब विषाणु ग्रस्त पौधे की जड़ों पर खाते हैं तो संक्रमित कोशिका द्रव्य के साथ विषाणु भी सूत्रकृमि की आहार नलिका में पहुँच जाते हैं। सूत्रकृमि की सभी अवस्थाओं के डिंभक (J1-J4), वयस्क नर व मादा विषाणुओं को अर्जित करने व उनका संचारण करने में सक्षम होते हैं।
2. धारण (Retention): विषाणु–संक्रमित कोशिका का द्रव्य जब मुखपथ से हो कर आंत्र में पहुँच रहा होता है तो उसमें उपस्थित विषाणु कण मुख पथ की अवकाशिका की क्यूटिकल पर चयनित रूप से अधिशोषित (adsorb) हो जाते हैं। अधिशोषण स्थल (site of retention) विभिन्न सूत्रकृमियों में अलग–अलग होते हैं (चित्र 7.4)। *जफीनीमा* में ओडोंटोफोर तथा ग्रसनी की अवकाशिका की क्यूटिकल पर, *लोंजीडोरस* में ओडोंटोस्टील व निर्देशी आच्छद (guiding sheath) पर, *ट्रिकोडोरस* व

पेराट्रिकोडोरस की सम्पूर्ण मुखपथ की अवकाशिका की क्यूटिकल पर अवशोषित होते हैं। विषाणु कई सप्ताह तक सूत्रकृमि के अन्दर जीवित रह सकते हैं किन्तु वहॉं पर उनका गुणन नही होता। विषाणु सूत्रकृमि की एक अवस्था से दूसरी अवस्था तक नही पहुँच पाते क्योंकि निर्मोचन प्रक्रिया में मुख पथ की पुरानी क्यूटिकल का त्याग कर दिया जाता है।

3. वियोजन (Dissociation): विषाणु ग्रस्त सूत्रकृमि जब किसी स्वस्थ जड़ की कोशिका पर आहार लेना प्रारम्भ करता है तो देह बाह्य पाचन (extra corporal digestion) में ग्रसनी ग्रंथियों का स्राव ग्रसनी के आधारी बल्ब से निकल कर तथा सम्पूर्ण मुख पथ से गुजरता हुआ पादप कोशिका में पहुंचता है। इस क्रिया में मुख पथ की अवकाशिका की क्यूटिकल पर अवशोषित विषाणु छूट कर स्राव में आ जाते हैं तथा उसी के साथ जड़ की कोशिका में पहुँच जाते हैं। वियोजन की प्रक्रिया बहुत ही धामी होती है तथा सभी विषाणु एक साथ वियोजित नहीं होते।
4. संरोपण (Inoculation): विषाणु ग्रसित सूत्रकृमि जब स्वस्थ पौधों की जड़ों पर खा रहे होते हैं तब लार के साथ विषाणु जड़ों की कोशिकाओं में पहुँच जाते हैं।

सूत्रकृमियों द्वारा विषाणु संचारण बहुत ही विशिष्ट होता है क्योंकि विशिष्ट सूत्रकृमि चुनिंदा विषाणु को ही संचारित कर सकते हैं तथा इसी प्रकार एक विषाणु चुनिंदा सूत्रकृमियों से ही संचरित हो सकता है। इस विशिष्टता के कई कारण हैं किन्तु प्रमुख कारण धारण विशिष्टता है जिसके अनुसार मुख पथ से आंत्र की ओर जाते हुए कोशिका द्रव्य में से चयनित विषाणु कण ही अवकाशिका की क्यूटिकल पर अवशोषित होते हैं। यह चयन अवकाशिका क्यूटिकल व विषाणु के प्रोटीन आवरण की रासायनिक संरचना की अनुकूलता पर निर्भर करता है। कुछ विषाणु सूत्रकृमियों में अवशोषित तो हो जाते हैं परन्तु वियोजित नहीं हो पाते जो कि संचारण विशिष्टता का एक और कारण है।

सूत्रकृमि–विषाणु संचरण का एक विषम पहलू यह भी है कि यद्यपि अधिकतर पादप सूत्रकृमि टाइलेंकिडा गण के हैं किन्तु वे विषाणु का संचरण नहीं कर सकते। टाइलेंकिड सूत्रकृमियों की इस अक्षमता के कई कारण सुझाए गए हैं जैसे कि–

- टाइलेंकिड सूत्रकृमियों के मुख पथ की अवकाशिका की क्यूटिकल की रासायनिक संरचना विषाणु संचारण करने वाले सूत्रकृमियों से भिन्न होती है।
- इन सूत्रकृमियों में पृष्ठग्रसनी ग्रन्थी स्टाइलेट के बहुत पास प्रोकॉरपस में खुलती है जिसके कारण विषाणु धारण करने का स्थान काफी सीमित रह जाता है।
- इन सूत्रकृमियों की लार विषाणओुं को निष्क्रिय कर देती है।

भारत में यद्यपि सूत्रकृमि व उनकें द्वारा संचरित होने वाले विषाणु दोनों ही मिलते हैं किन्तु अभी तक सूत्रकृमियों द्वारा संचारण का पता नहीं चला है।

■ तालिका 7.1 : **पादप सूत्रकृमियों के सम्भावित संबंधों का विश्लेषण**

संबंध

पारिस्थितिकी (Ecology)

सूत्रकृमियों का साहचर्य विकृत जड़ों के साथ मिलता है किन्तु अन्य सूक्ष्मजीवी भी रोग के कारण हो सकते हैं

पादप सूत्रकृमि | मुक्तजीवी सूत्रकृमि

जैविकी (Biology)

सूत्रकृमि
a) सूत्रकृमि की आकारिकी परजीविता के अनुकूल हैं
b) सूत्रकृमि जड़ों में घुस कर कॉलोनी बना लेते हैं
c) सूत्रकृमि जड़ों के अन्दर या ऊपर प्रजनन करते हैं

सूत्रकृमि ऊतकक्षयी भागों में मिलते हैं लेकिन स्वस्थ ऊतकों को प्रभावित नहीं करते

इटियोलोजी (Etiology)

उत्तेजक

? ऊतकक्षयी भागों में उपस्थित सूत्रकृमि मेटाबोलाइट उपोत्पाद स्रावित करते हैं जो कि परपोषी कोशिकाओं के लिए प्रत्यक्ष रूप से घातक होत हैं और/या स्वस्थ कोशिकाओं को अन्य सूक्ष्मजीवों के प्रति ग्रहणशील बना देते हैं और/ अथवा हानिकारक सूक्ष्मजीवों के पनपने में सहायक होते हैं ?

रोगवाहक

सूत्रकृमि अन्य सूक्ष्मजीवों को परपोषी पौधों में गंतव्य ऊतकों तक पहुँचा देते हैं किन्तु आगे रोग पैदा करने में कोई भूमिका नहीं निभाते

प्रेरक

परजीवी सूत्रकृमि स्वस्थ पौधे में संक्रामक स्थल बना देते हैं परन्तु स्वयं रोग पैदा करने में असमर्थ होते हैं

रोगजनक

सूत्रकृमि अकेले ही (बिना किसी अन्य सूक्ष्मजीवी की सहायता के) विकार पैदा कर सकते हैं

○○○

अध्याय 8

सूत्रकृमि प्रबंधन के सिद्धान्त व विधियां

सूत्रकृमियों द्वारा फसलों में होने वाली क्षति सूत्रकृमियों की समष्टि (population) पर निर्भर करती है। इसलिए सूत्रकृमि नियंत्रण या प्रबंधन से पहले उनकी समष्टि का पता लगाना आवश्यक होता है। सूत्रकृमियों से आर्थिक क्षति तभी होती है जब उनकी संख्या आर्थिक प्रभावे सीमा (Economic Threshold Level-ETL) से अधिक हो जाती है। अब ऐसे माडॅल बना लिए गये हैं जिनसे सूत्रकृमियों से होने वाले नुकसान को उनकी संख्या व विभिन्न परिस्थितियों में अनुमानित किया जा सकता है।

कुछ वर्ष पूर्व तक हमारा उद्देशय सूत्रकृमियों का पूर्ण उन्मूलन करना होता था किन्तु अब यह विदित हो गया है कि ऐसा करना सम्भव नहीं है। अत: अब उन उपायों पर ध्यान दिया जाता है जिससे सूत्रकृमियों की समष्टि ETL से कम रहे। इन उपायों को सूत्रकृमि प्रबंधन कहते हैं। इसमें एक उद्देशय यह भी है कि हमारी रासायनिक कीट नाशकों पर निर्भरता कम हो जिसमें अन्य उपाय जैसे शस्यरीति (cultural) नियंत्रण, जैव (biological) नियंत्रण, समाकलित (integrated) प्रबंधन, आदि विशेष भूमिका निभाते हैं।

शस्यरीति नियंत्रण

शस्यरीति उपाय आर्थिक रूप से अधिक लाभकारी होते हैं क्योंकि इनका बिना अतिरिक्त खर्च किये, शस्य प्रथाओं में, समन्वय किया जा सकता है। ये उपाय सूत्रकृमि नियंत्रण में काफी प्रभावशाली सिद्ध हुए हैं।

फसल चक्र (Crop rotation) अपनाना: कुछ सूत्रकृमियों का परपोषी परास बहुत सीमित होता है। ग्रसित खेतों में कुछ वर्षो तक अपरपोषी फसलें लेने से सूत्रकृमियों की समष्टि काफी कम हो जाती है। फसल चक्र अपनाते हुए इस तथ्य को सुनिश्चित करना होता है कि अपरपोषी फसल आर्थिक रूप से लाभदायक हो तथा वहां के वातावरण के अनुकूल हो। उदाहरणार्थ भारत में गेहूँ तथा जौ में मोल्या रोग *हेटरोडेरा एविनी* नामक सूत्रकृमि से होता है जिसका परपोषी परास इन्हीं फसलों तक सीमित है। मोल्या रोग ग्रस्त खेतों में एक या दो वर्षों तक रबी के मौसम की अन्य फसलें जैसे चना, सरसों, गाजर आदि लेने से सूत्रकृमियों की संख्या काफी कम हो जाती है। तत्पश्चात ऐसे खेतों में गेहूँ/ जौ की लाभदायक खेती की जा सकती है।

पड़ती छोड़ना (Fallowing): पादप सूत्रकृमि खाने व प्रजनन के लिये परपोषी फसल पर आश्रित होते हैं। रोग ग्रस्त खेतों को खाली छोड़ने से, परपोषी पादप न मिलने के कारण, सूत्रकृमियों

की समष्टि कम हो जाती है। कुछ परिस्थितियों में यह उपाय व्यवहारिक नहीं होता क्योंकि आजकल किसान सघन खेती करते हैं। तथापि कई परिस्थितियों में इसे एक विकल्प के रूप में प्रयोग किया जा सकता है।

अधिसिंचन (Flooding): रोग ग्रस्त खेतों में पानी खड़ा रखने से मिट्टी में आक्सीजन की कमी हो जाती है और वायुजीवी होने के कारण सूत्रकृमि श्वासावरोध से मर जाते हैं। इसके अतिरिक्त पानी की अधिकता में सूक्ष्मजीव कुछ विषैले पदार्थ जैसे फेटी एसिड, हाइड्रोजन डाइसल्फाइड व अमोनिया अधिक मात्रा में पैदा करने लगते हैं जिससे सूत्रकृमियों की संख्या मिट्टी में काफी कम हो जाती है। यद्यपि यह उपाय अधिकतर परिस्थितियों में व्यवहारिक नहीं होता किन्तु जड़ गांठ व स्तंभन सूत्रकृमि के नियंत्रण के लिये इसका प्रयोग किया गया है।

स्वस्थ बीज व पौध का उपयोग: स्वस्थ व प्रमाणित बीज एवम् पौध का प्रयोग करके सूत्रकृमियों का प्रकोप काफी कम किया जर सकता है। स्वस्थ बीज का प्रयोग करके इस देश के कई राज्यों व अनेक विकसित देशों से सूत्रकृमियों द्वारा होने वाले बीज-जनित रोगों, जैसे गेहूँ के ममनी व टुण्डु रोग, धान का सफेद शिखा रोग, का उन्मूलन कर दिया गया है। *प्रेटीलेंकस, रेडोफोलस सिमीलिस* व *ग्लोबोडेरा रोस्टोकाइएनसिस* देश के विभिन्न राज्यों में रोगग्रस्त कंद व प्रकंद से ही फैले हैं। स्वस्थ पौध का प्रयोग करके सिट्रस, जड़ गांठ व वृक्काकार सूत्रकृमियों को बागों, पोली हाउस व खेतों में पहुंचने से रोका जा सकता है।

संक्रमित पौधों व पादप अवशेषों को खेतों से हटाना व नष्ट करना: अगर कटाई के तुरन्त बाद खेतों में से संक्रमित पौधों की जड़ों व अन्य संक्रमित अवशेषों हटाकर नष्ट कर दिया जाए तो सूत्रकृमियों की संख्या काफी कम हो जाती हैं क्योंकि सूत्रकृमियों की कुछ जातियां विपरीत परिस्थितियों व परपोषी पादपों के अनुपस्थिति में इन्हीं अवशेषों में जिन्दा रहते हैं।

खरपतवार नियंत्रण: खेतों में सूत्रकृमि फसलों के साथ-साथ खर पतवारों पर भी पनपते हैं। खर पतवार सूत्रकृमियों को न केवल खाने व प्रजनन करने में सहायक होते हैं अपितु उन्हें विपरीत वातावरण में खेतों में बने रहने, उनके विस्तार, तथा आशय परपोषी पादपों के रूप में महत्वपूर्ण भूमिका निभाते हैं। अत: खेतों को खर पतवारों से मुक्त रखना चाहिए।

कार्बनिक खाद: खेतों में गोबर की खाद और काम्पोस्ट डालने से काफी लाभ होते हैं। कार्बनिक खाद के अपघटन से सूत्रकृमिनाशी रसायन पैदा होते हैं। ये रसायन सूत्रकृमियों के शत्रु परभक्षी व परजीवी फंगस इत्यादि को पनपने में सहायता करते हैं जिसके फलस्वरूप सूत्रकृमियों की समष्टि कम हो जाती है। कार्बनिक खाद से पौधों की सूत्रकृमियों से होने वाली क्षति को सहने की क्षमता भी काफी बढ़ जाती है।

अगेती बिजाई: हेटरोडेरा एविनी के J2 डिंभक सुप्तावस्था में सिस्ट के अन्दर रहते हैं और अनुकूल तापमान मिलने पर सक्रिय हो कर बाहर निकलने लगते हैं। अगर गेहूँ की बिजाई सामान्य समय से 1-2 सप्ताह पहले कर दी जाती है तो निकली हुई जड़ें सूत्रकृमियों के संक्रमण को आसानी से सहन कर लेती हैं।

पाश/विरोधी शस्य: क्रोटोलेरिया जैसे पादपों की जड़ों में जड़ गांठ सूत्रकृमि के J2 डिंभक वेधन तो कर जाते हैं किन्तु वहां पर प्रजनन करने में असमर्थ होते है। ऐसे पादपों को मुख्य फसल लगाने से पहले उखाड़ कर नष्ट कर देने से सूत्रकृमियों के द्वारा होने वाले नुकसान से बचा जा सकता है। यदा-कदा मुख्य फसल को ही संक्रमित खेतों में उगा लिया जाता है और कुछ दिनों बाद,

डिंभकों के वयस्क होने से पूर्व ही, फसल को प्रविष्ट किये हुए सूत्रकृमियों सहित नष्ट कर दिया जाता है। यह उपाय सदैव लाभकारी नहीं होता।

कुछ शस्य जैसे गैंदा, प्याज, लहसुन इत्यादि जड़ों से ऐसे रसायनों का नि:श्राव करते हैं जो सूत्रकृमिनाशी होते हैं। ऐसी फसलों को विरोधी (antagonistic) फसलें कहते हैं। ऐसी फसलों का प्रयोग सब्जी आधारित शस्य तंत्र में एक फसल की तरह उगा कर या फलदार पेड़ों के बीच-बीच में बो कर किया जा सकता है।

मृदा सौरियन (Soil solarization): यह उपाय उन क्षेत्रों में बहुत लाभदायक होता है जहां गर्मियों में तापमान 40-47 °C तक पहुँच जाता है। खेतों की मिट्टी को 15 दिनों के अन्तर पर 2-3 बार पलट कर छोड़ दिया जाता है जिससे सूत्रकृमि निर्जलीकरण से मर जाते हैं। यह विधि जड़ गांठ सूत्रकृमि और धान्य सिस्ट सूत्रकृमि को नियंत्रण करने में काफी सहायक सिद्ध हुई है।

इसके अतिरिक्त पौध बनाने के स्थान पर बिजाई करने से पहले पानी लगाकर पोलीथीन से ढक देते हैं। ऐसा करने से तापमान बढ़ने के साथ-साथ वाष्पीकरण से सूत्रकृमियों की मृत्यु हो जाती है। यह विधि पोली हाउस व पौध बनाने के स्थान में जड़ गांठ सूत्रकृमि के संक्रमण को नियंत्रित करने में काफी कारगर सिद्ध होती है।

भौतिक विधियां

ऊष्मा जल द्वारा: सूत्रकृमि 50-60 °C से अधिक तापमान पर मर जाते हैं। इसी तथ्य को ध्यान में रखकर ऊष्मा जल द्वारा सूत्रकृमियों को नियंत्रण करने की पद्धतियां विकसित की गयी हैं जो कि संक्रमित बीजों व रोपण सामग्री को सूत्रकृमि विहीन करने में काफी लाभकारक सिद्ध हुई हैं। सूत्रकृमि संक्रमित कंद, प्रकंद, बीज आदि को निश्चित समय के लिये विशेष तापमान (50-60 °C) पर सादे पानी में डुबो दिया जाता है ताकि उसके अन्दर रह रहे सूत्रकृमि मर जायें। तापमान व समय का समन्वय इस प्रकार किया जाता है कि सूत्रकृमि तो मर जायें किन्तु पौधों के अंकुरण होने पर कोई दुष्प्रभाव न पड़े। दक्षिणी भारत में *एफलेंकॉडिस बेसीआइ* (*Aphelenchoides besseyi*) से होने वाले सफेद सिरा रोग को नियंत्रण करने के लिये इस विधि का आम तौर पर प्रयोग किया जाता है। धान के संक्रमित बीजों को 12 घंटे के लिये सादे पानी में डुबो देते हैं जिससे कि उन में रह रहे सुप्तावस्था के सूत्रकृमि सक्रिय हो जायें। तत्पश्चात उन्हें 54-55 °C वाले गर्म पानी में 10-15 मिनट तक डुबोते हैं जिससे सूत्रकृमि मर जाते हैं।

बीजों की भौतिक सफाई: छानकर- *एंग्युआइना ट्रिटिसाई* के द्वारा बनायी गयी पिटिकाएं गेहूँ के बीज की अपेक्षा छोटी, हल्की व काले-भूरे रंग की होती हैं। उन्हें बीजों से छान कर या बीन कर आसानी से अलग किया जा सकता है।

प्लवन (flotation) द्वारा: एंग्युआइना ट्रिटिसाई की पिटिकाएं हलकी हाने के कारण सादे पानी या 5-10% नमक के घोल में ऊपर तैरने लगती हैं जहां से उन्हें छलनी की सहायता से अलग कर लिया जाता है।

अन्य भौतिक विधियों जैसे परासरण दाब (osmotic pressure) व पराश्रव्य ध्वनिकी (ultrasonic) का प्रयोग भी सूत्रकृमियों के नियंत्रण के लिऐ किया गया हैं पर ये उपाय आमतौर पर व्यावहारिक नहीं हैं।

रासायनिक विधियां

इनमें दवाईयों, जिन्हें सूत्रकृमिनाशी कहते हैं, का प्रयोग होता है। यद्यपि ये सूत्रकृमिनाशी बहुत प्रभावी होते हैं किन्तु इन्हें न्यूनतम मात्रा में प्रयोग करने के सुझाव देते हैं क्योंकि ये दवाईयां बहुत मंहगी होती हैं। इसके अतिरिक्त इनके प्रयोग से अवशिष्ट (residue), सूत्रकृमियों की पुनः समष्टि बढ़ने, मानव जीवन के संकट, वातावरण प्रदूषण आदि दूसरी समस्याओं का खतरा रहता है। इनका प्रयोग तभी करते हैं जब फसल बहुत मंहगी हो, सूत्रकृमियों का समष्टि घनत्व बहुत अधिक हो और सूत्रकृमियों का शीघ्र नियंत्रण आवश्यक हो। इन दवाईयों को कम मात्रा में और सुरक्षित रूप से करने के लिये कई पद्धतियां विकसित की गयी हैं जिनका विवरण इस अध्याय में बाद में किया जाएगा।

सूत्रकृमिनाशी दवाईयों की क्रिया विधि का अध्ययन कीटों व स्तनधारी जानवरों पर विस्तार से किया गया है और ऐसा विश्वास किया जाता है कि ये सूत्रकृमियों की कार्यिकी को भी इसी प्रकार प्रभावित करती हैं। सूत्रकृमिनाशी दवाईयों को दो भागों में बांटा जा सकता है– धूमक (fumigant) व अधूमक (non fumigant).

धूमक सूत्रकृमिनाशी

ये सूत्रकृमिनाशी बहुत वाष्पशील होते हैं जो मिट्टी में डालने पर गैस में परिवर्तित हो जाते हैं। निकली हुई जहरीली गैस मृदा के कणों के बीच में पहुंच कर सम्पर्क में आने वाले सूत्रकृमियों का विनाश कर देती है। पहले प्रयोग किये गये सूत्रकृमिनाशी हेलोजिनेटेड हाइड्रोकार्बन धूमक थे जैसे डीडी– डाइक्लोरोप्रोपेन डाइक्लोरोप्रोपीन का मिश्रण (DD- a mixture of dichloropropane and dichloropropene), ईडीबी– एथीलीन डाइब्रोमाइड (EDB- ethylene dibromide), एमबीआर– मिथाइल ब्रोमाइड (M Br- methyl bromide), क्लोरोपिकरिन– ट्राइक्लोरोनाइट्रोमीथेन (Chlropropicrin-trichloronitromethane), निमागोन– डीबीसीपी– डाइब्रोमोक्लोरोप्रोपेन (Nemagon- DBCP dibromochloropropane)। बाद में मिथाइल आइसोसाइनेट (Methyl isocynate) पैदा करने वाले धूमक सूत्रकृमिनाशी, जैसे मेथम सोडियम (metham sodium), डेजोमेट (dazomet), आदि का प्रयोग किया जाने लगा।

धूमक सूत्रकृमिनाशी दवाईयों की क्रिया विधि: हेलोजिनेटेड हाइड्रोकार्बन के एलकाइल ग्रुप सूत्रकृमियों के जीवनधारी एंजाइम तंत्र के न्युक्लेओफिलक भाग जैसे OH, SH या NH_2 से क्रिया करके जुड़ जाते हैं। इससे सूत्रकृमियों की प्रोटीन संश्लेषण व श्वसन क्रियाएं बुरी तरह प्रभावित होती हैं। प्रारम्भ में सूत्रकृमि बहुत गतिशील हो जाते हैं किन्तु बाद में शिथिल हो कर मर जाते हैं।

EZ-SH + R-Hal = EZ-SR + H-Hal

(EZ= remainder of enzyme structure, R-Hal= Alkylhalide)

मिथाइल आइसोसाइनेट पैदा करने वाले सूत्रकृमिनाशी सूत्रकृमियों के जीवनधारी एंजाइम तंत्र के थाओल (thiol) ग्रुप (न्युक्लेओफिलक केंद्र) से क्रिया करते हैं जिसके फलस्वरूप श्वास प्रणाली में ऑक्सीजन का प्रयोग नहीं हो पाता और सूत्रकृमि की मृत्यु हो जाती है।

$$\underset{\text{Alkyl isothiocynate}}{R{-}N{=}C{=}S} + \underset{\text{Enzyme}}{EZ\text{-}SH} \longrightarrow \underset{\text{Alkyl isothiocynate enzyme complex}}{RNH{-}C(=S){-}SEZ}$$

धूमक सूत्रकृमिनाशी दवाईयों के अवगुण

- ये दवाईयां पादप आविषाणु (phytotoxic) होती हैं, अत: इनका प्रयोग बिजाई से 3-5 सप्ताह पहले करना होता है। इन दवाईयों को लगाने लिये खेत को विशेष ढंग से तैयार करना पड़ता है क्योंकि मिट्टी का प्रकार, नमी, तापमान, गहराई इत्यादि दवाईयों के असर को प्रभावित करते हैं।
- इन दवाईयों का प्रयोग करने लिये विशेष उपकरणों की आवश्कता होती है तथा पोलीथीन से मिट्टी को ढकना जरुरी होता है ताकि गैस बाहर न निकल पाए।
- कुछ दवाईयां, जैसे DBCP मनुष्य में कैंसर पैदा कर सकती हैं।
- फलों में DBCP के ब्रोमीन के अवशिष्ट रह जाते हैं।
- पानी व वायु प्रदूषण की समस्या करते हैं।

अधूमक सूत्रकृमिनाशी

इनको रासायनिक ग्रुप के अनुसार कार्बामेट व आर्गेनोफॉस्फेट में बांटा गया है। कुछ आम प्रयोग होने वाले अधूमक सूत्रकृमिनाशी तालिका 8.1 में दिये गये हैं।

■ तालिका 8.1 : **आम प्रयोग होने वाले कुछ अधूमक सूत्रकृमिनाशी**

आर्गेनोफॉस्फेट		**कार्बामेट**	
सामान्य नाम	**व्यापारिक नाम**	**सामान्य नाम**	**व्यापारिक नाम**
एथोप्रोफॉस (Ethoprophos)	मोकेप (Mocap)	एल्डीकार्ब (Aldicarb)	टेमिक (Temik)
फेसलफोथियान (Fesulfothion)	डेसामिट (Dasmit)	कार्बोफ्यूरान (Carbofuran)	फ्यूराडान (Furadan)
फिनामिफॉस (Phenamiphos)	निमाकर (Nemacur)	ओक्सामिल (Oxamyl)	वाइडेट (Vydate)
फोरेट (Phorate)	थीमेट (Thimet)		
थाओनाजिन (Thionazin)	निमाफॉस (Nemaphos)		

अधूमक सूत्रकृमिनाशी दवाईयों की क्रिया विधि: अधूमक सूत्रकृमिनाशियों को एसीटाइलकोलीनएसट्रेज संदमक (AChE- acetylcholinesterse inhibitor) भी कहा जाता है क्योंकि ये इस एंजाइम से मिलकर (आर्गेनोफॉस्फेट द्वारा फोस्फोराइलेशन तथा कार्बामेट द्वारा कार्बोमाइलेशन- phosphorylation by organophosphates and carbamylation by carbamates) उसे निष्क्रिय कर देते हैं। युग्मअनुबंधीय विदर (synapse) पर आवेग संचरण के लिये तंत्रिप्रेषी (neurotransmitter) के रूप में एसीटाइलकोलीन (acetylcholine) पैदा होता है जो आवेग संचरण के बाद एंजाइम AChE की सहायता से एसिटिक एसिड (acetic acid) व कोलीन (choline) में विघटित हो जाता है। अगले आवेग के प्रेषण के लिये एसीटाइलकोलीन का विघटन आवश्यक होता है।

$$(CH_3)_3NCH_2CH_2OCOCH_3 \underset{+\,HOH}{\overset{AChE}{\rightleftharpoons}} (CH_3)_3NCH_2CH_2OH + CH_3COOH$$

एसीटाइलकोलीन **कोलीन** **एसिटिक एसिड**

AChE की प्रक्रिया के दो मुख्य स्थान होते हैं– 1. धनात्मक या ट्राइमिथाइल अमोनियम (trimethyl ammonium) स्थान व 2. एस्ट्रेटिक (esteratic) स्थान जहां पर अमिनो एसिड प्राथमिक ग्रुप एलकोहोलिक सेरीन (serine) होता है। आर्गेनोफॉस्फेट AChE के एस्ट्रेटिक ग्रूप के साथ जुड़ जाते हैं (चरण 1) जो इस तरह बदल कर फोस्फोराइलेटेड एंजाइम हो जाता है (चरण 2)। यह बदला हुआ फोस्फोराइलेटेड एंजाइम बहुत ही धीमी गति से पुनः स्वतन्त्र AChE परिवर्तित होता है (चरण 3)। तीसरे चरण के बहुत धीमा होने के कारण सूत्रकृमि ठीक नहीं हो पाते और मर जाते हैं।

$$(RO)_2P(=O)\text{—}X + ECH_2OH \rightleftharpoons (RO)_2P(=O)\text{—}XECH_2OH$$ **चरण 1**

आर्गेनोफॉस्फेट **मध्यवर्ती यौगिक**

$$(RO)_2P(=O)\text{—}XECH_2OH \xrightarrow{-XE} (RO)_2P(=O)\text{—}OCH_2E$$ **चरण 2**

फोस्फोराइलेटेड एंजाइम

$$(RO)_2P(=O)\text{—}X + OCH_2E \xrightarrow{+HOH} (RO)_2P(=O)\text{—}X + ECH_2OH$$ **चरण 3**

कार्बामेट सूत्रकृमिनाशी भी एंजाइम AChE के प्राथमिक हाइड्रोऑक्सी ग्रुप से मिलकर उसका कार्बोमाइलेशन कर देते हैं जिससे यह एंजाइम निष्क्रिय हो जाता है।

$$AchE + C(RO)(CH_3NH){=}O \longrightarrow AchE\text{—}RO\text{—}C(=O)\text{—}NHCH_3$$ **चरण 1**

कार्बामेट

$$AchE\text{—}RO\text{—}C(=O)\text{—}NHCH_3 \longrightarrow AchE\text{—}C(=O)\text{—}NHCH_3 + RO^-$$ **चरण 2**

कार्बामिटेड एंजाइम

$$AchE\text{—}C(=O)\text{—}NHCH_3 \longrightarrow AchE + CO_2 + CH_2NH_2$$ **चरण 3**

इस प्रकार अधूमक सूत्रकृमिनाशी के कारण एसीटाइलकोलीन युग्मअनुबंधीय विदर पर बना रहता है जिसके के फलस्वरूप सूत्रकृमियों की पेशियों का कार्य करना बन्द हो जाता है जिससे सूत्रकृमि की मृत्यु हो जाती है।

अधूमक सूत्रकृमिनाशी के लाभ

- ये सूत्रकृमि के अतिरिक्त कीटनाशी भी होते हैं अत: पीड़क कीटों को भी नष्ट कर देते हैं।
- इनको लगाना आसान होता है तथा विशिष्ट उपकरणों की जरुरत नहीं होती।
- ये धूमक सूत्रकृमिनाशी की अपेक्षा कम पादप आविषाणु होते हैं।
- इन्हें खड़ी फसल पर भी लगाया जा सकता है।
- सूत्रकृमि नियंत्रण के लिये इनकी थोड़ी मात्रा ही पर्याप्त होती है
- इन्हें बिजाई के समय भी लगाया जा सकता है जिससे अतिरिक्त खर्च नहीं होता व प्रतीक्षा अवधि की आवश्कता नहीं होती।

सूत्रकृमिनाशी की मात्रा कम करने के उपाय

अधिकतर सूत्रकृमिनाशी काफी महंगे होते है और उन्हें पूरे खेत में लगाना बहुत महंगा पड़ता है। निम्नलिखित उपायों से उनकी मात्रा कम की जा सकती है जिससे उनका प्रयोग आर्थिक रूप से लाभकारी हो जाता है।

- नग्न जड़ नमन (bare root dip) उपचार: रोपी जाने वाली पौध को सूत्रकृमिनाशी जैसे ओक्सामिल, थाओनाजिन में रोपने से पूर्व निश्चित समय के लिये डुबो दिया जाता है। यह उपचार रोपित की जाने वाली सब्जियों को 6–8 सप्ताह तक जड़ गांठ सूत्रकृमि के संक्रमण से बचा लेता है।
- बीज उपचार: भिण्डी, कपास, तरबूज आदि बड़े बीजों वाली फसलों के बीजों के ऊपर सूत्रकृमिनाशी का लेप लगाने से या उनमें डुबो कर बोने से सूत्रकृमियों से संक्रमण से बचा जा सकता है।
- सीमित स्थान पर लगाकर: दूर–दूर बोये जाने वाले पादपों के मूल तंत्र तक सूत्रकृमिनाशी का उपचार सीमित करके उनकी मात्रा को कम किया जा सकता है।
- पौध क्यारी उपचार: टमाटर, बैंगन, धान आदि पादपों की पौध क्यारियों में कार्बोफ्यूरान 2 kg a.i/ha (7g/m^2) की दर से लगाना सूत्रकृमियों का प्रकोप कम करने में लाभकारी सिद्ध होता है।

पादप प्रतिरोध

पादप प्रतिरोध बिमारियों व पीड़क से फसलों को बचाने का सर्वोत्तम उपाय है। यह उपाय असरदार, आर्थिक रूप से लाभदायक तथा वातावरण के लिये सुरक्षित है जिसके द्वारा हम सूत्रकृमियों से होने वाली क्षति को काफी कम कर सकते हैं। कुछ विशेष परस्थितियों में फसलों को सूत्रकृमियों से बचाने का यही एक मात्र उपाय है। सूत्रकृमि प्रतिरोधी पादप किस्म तैयार करने में काफी वर्ष लग जाते हैं जिसके अन्दर सही सूत्रकृमि की जाति व जीवप्ररूप/प्रजाति की पहचान करना अतिआवश्यक होता है।

सूत्रकृमि प्रतिरोधी किस्म विकसित करने के मुख्य चरण

- विशिष्ट सूत्रकृमि के प्रति फसल में प्रतिरोध निर्धारण करने की पद्धति विकसित करना
- पादपों के जनन द्रव्य एकत्रित करना व उनमें से प्रतिरोधी जनन द्रव्य को छांटना
- प्रतिरोधी क्षमता के वंशानुक्रम का पता लगाना
- पादपों में प्रतिरोध क्षमता व शस्य व्यापारिक गुण साथ–साथ नहीं हो सकते हैं। अत: जनन द्रव्य के प्रतिरोध गुण को प्रजनन करके (स्वयं प्रसंकरण/ प्रतीप प्रसंकरण) करके कृष्यजाति (cultivar) में डालना
- विकसित की गयी किस्म का खेतों में गहन अध्ययन करना

इतनी लम्बी प्रक्रिया होने के बाद भी इस उपाय में यह दोष रह जाता है कि सूत्रकृमि नई प्रजाति या जीवप्ररूप बना लेते हैं जिन पर विकसित की हुई किस्म की प्रतिरोधी क्षमता का असर नहीं पड़ता।

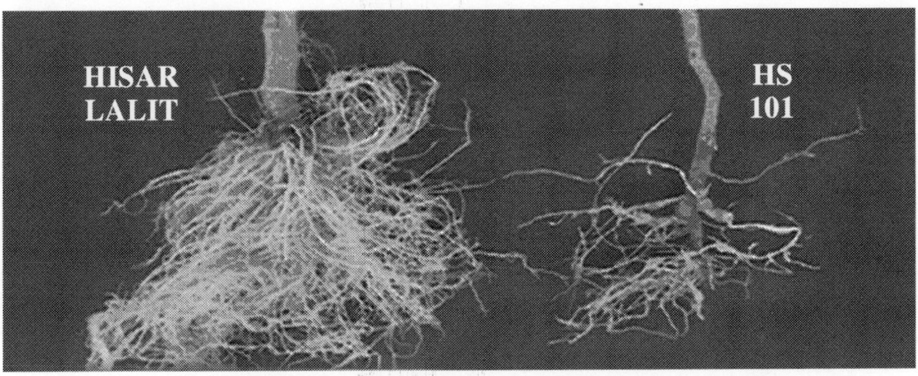

चित्र 8.1 : **टमाटर की सुग्राही व प्रतिरोधी किस्मों में जड़ गांठ सूत्रकृमि के कारण बनी गांठें**

भारत में भी प्रतिरोधी किस्में विकसित की गई हैं जिनमें से कुछ तालिका 8.2 में दी गई हैं।

■ तालिका 8.2 : **फसलों की सूत्रकृमि प्रतिरोधी किस्में**

फसल	**प्रतिरोधी किस्म**	**सूत्रकृमि**
गेहूँ	राज MR 1	*हेटरोडेरा एविनी*
जौ	सी 164, राज किरन, BH 75	*हेटरोडेरा एविनी*
सिट्रस	ट्राइफोलिएट ओरंज	*टाइलेंकुलस सेमीपेनिट्रेंस*
कॉफी	रोबस्टा	*प्रेटीलेंकस कॉफी*
टमाटर	PNR 7, HS 7 हिसार ललित (चित्र 8.1)	*मेलॉइडोगाइन* जातियां
आलू	कुफरी स्वर्णा	*ग्लोबोडेरा रोस्टोकाइएनसिस, जी. पेलिडा*

जैव नियंत्रण

पादप सूत्रकृमि मिट्टी में सदैव अन्य जीवों व सूक्ष्मजीवों के साथ प्राकृतिक रूप से मिलते हैं जिनमें से कुछ उनके भक्षी, परजीवी या रोगजनक होते हैं (चित्र 8.2)। कुछ अन्य सूक्ष्मजीव सूत्रकृमियों की कार्यिकी को बाधित कर उन्हें स्वाभाविक रूप से पनपने नहीं देते। जैव नियंत्रण में हम ऐसे उपाय करते हैं जिससे ऐसे सूक्ष्मजीवों/ जन्तुओं की बढ़ोतरी हो जो सूत्रकृमियों को अपना भोजन बना कर अथवा कार्यिकी में व्यवधान पैदा कर के उनकी समष्टि को आर्थिक प्रभाव सीमा से कम रखे। वस्तुत: सूत्रकृमियों का जैव नियंत्रण बहुत ही कठिन हैं किन्तु पिछले कुछ वर्षों में गहन प्रयासों के पश्चात वैज्ञानिक कुछ ऐसे फंगस जैसे *पेसीलोमाइसिस लिलेसिनस* (*Paecilomyces lilacinus*) और *पोकोनिया क्लेमाइडोस्पोरिया* (*Pochonia chlamydosporia*) व जीवाणु *पेस्चूरिया पेनीट्रेन्स* (*Pasteuria penetrans*) आदि को पहचान पाये हैं जो सूत्रकृमियों के जैव नियंत्रण में काफी सहायक सिद्ध हुए हैं (चित्र 8.3)। इनके कुछ उत्पाद अब बाजार में भी उपलब्ध हैं।

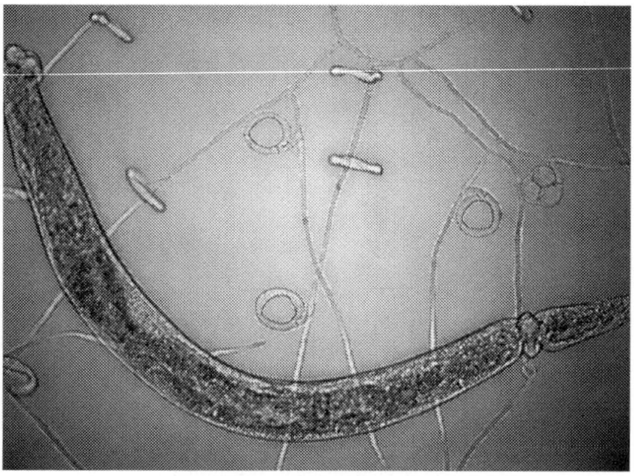

चित्र 8.2 : **सूत्रकृमि को जकड़े हुए परभक्षी फंगस**

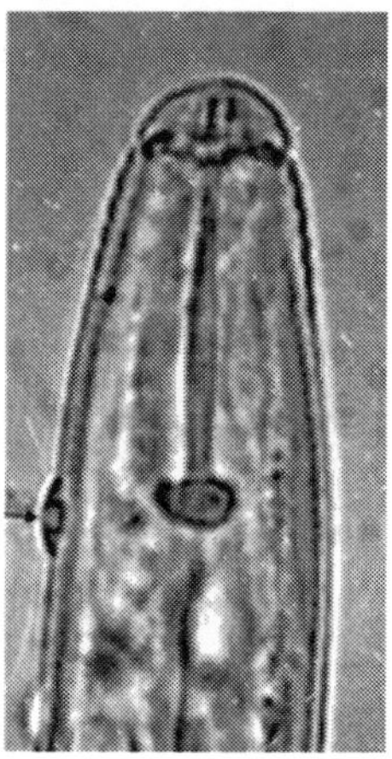

चित्र 8.3 : ***हेटरोडेरा* के J2 डिंभक पर चिपके हुए *पेस्चूरिया पेनीट्रेन्स* के बीजाणु**

पिछले कुछ वर्षों में वैज्ञानिकों ने मिट्टी में रहने वाले ऐसे जीवाणु को खोज निकाला है जो अन्य जीवों को सुगमता से पनपने नहीं देते। इन्हीं जीवाणुओं में पादप विकास बढ़ोतरी करने वाले जीवाणु (PGPB- Plant growth promoting bacteria) भी हैं। ये जीवाणु जड़ों की सतह व परिवेश में पूरी तरह फैल जाते हैं। कुछ PGPB तो जड़ों के अन्दर भी प्रवेश कर वहां भी फैलने की क्षमता रखते हैं। PGPB मुख्य रूप से निम्न प्रकार से पौधों को लाभ पहुंचाते हैं:

1. PGPB अन्य सूक्ष्मजीवों के साथ स्थान व निकेत के लिये प्रतिस्पर्धा करके उन्हे बढ़ने नहीं देते।
2. PGPB मूल परिवेश में संदमक ऐलिलो रसायन (alleochemical) पैदा करते हैं जिनका अन्य सूक्ष्मजीवों के विकास व प्रजनन पर प्रतिकूल प्रभाव पड़ता है।
3. PGPB पौधों में अन्य जीवों व अजैव कारकों के प्रति प्रेरित प्रणालीगत प्रतिरोध (induced systemic resistance) पैदा कर देते हैं जिससे पौधों की सहनशीलता बढ़ जाती है। सूत्रकृमियों के नियंत्रण के लिये *सिडोमोनस फ्लोरेसेंस* (*Pseudomonas fluroescens*), *पी. पुटीडा* (*P. putida*), *एजोटोबैक्टर क्रुकुरम* (*Azotobacter chroococuum*), *ग्लुकोनोबैक्टर डाइजोट्रोफिकस* (*Glucoacetobaacter diazotrophicus*) काफी लाभकारी सिद्ध हुए हैं।

आरबसकुलर कवकमूलीय फंगस (AMF- arbuscular mycorhhizal fungi), विशेषकर, *ग्लोमस मोसी* (*Glomus mossae*) व *जी. फेसीकुलेटम* (*G. fasciculatum*) जड़ गांठ व सिस्ट जैसे सूत्रकृमियों को नियंत्रित कर लेते है। AMF सूत्रकृमियों के जड़ों में वेधन, परिवर्द्धन व प्रजनन करने पर दुष्प्रभावित करते हैं।

AMF सूत्रकृमियों को निम्न प्रकार प्रभावित करते हैं:

- स्थान के लिये प्रतिस्पर्धा
- जड़ों के अन्दर जैव रासायनिक परिवर्तन लाकर
- सूत्रकृमियों की मादा व सिस्ट को संक्रमित करके

कई अन्य प्रकार के जीव व सूक्ष्मजीव जैसे फंगस, जीवाणु, विषाणु, माइट (mite), कोलम्बोला (collumbella), एन्कीट्रेडस (enchytreids), टारजीग्रेडस (targigrades), प्रोटोजोआ व परभक्षी सूत्रकृमि, इत्यादि भी मिट्टी में सूत्रकृमियों की समष्टि कम करते रहते हैं।

नियमक उपाय

आदि काल से मनुष्य अज्ञानतावश पादप रोगजनक व पीड़क जीवों को विश्व के विभिन्न भागो में फैलाने में सहायता करता रहा है। इस तथ्य का पता चलने के बाद यह आवश्यक हो गया कि ऐसे कानूनी प्रावधान किये जाएं जिनसे हानिकारक जीवों के प्रसार को रोका जा सके। इन्हीं प्रावधानों को नियमक नियंत्रण उपाय भी कहते हैं। पादप संगरोध (quarantine), निरीक्षण, प्रमाणीकरण तथा संक्रमित पादपों का उन्मूलन, नियमक नियंत्रण के हिस्से हैं। नियमक नियंत्रण के प्रावधानों का उद्देश्य पीड़क जीवों को नये क्षेत्रों में पंहुचने से रोकना तथा पहले से ही किसी क्षेत्र में विद्यमान पीड़कजीवों का आगे प्रसार रोकना होता है। प्रत्येक देश की अपनी प्राथमिकतायें होती हैं और वह उसी को ध्यान में रख कर नियम बनाता है। इन प्रावधानों को दो मुख्य भागों में बांट सकते हैं:

1. बाह्य अथवा अन्तरराष्ट्रीय संगरोध– इसके प्रावधानों के अन्तर्गत उन नाशकजीवों व रोगजनक सूक्ष्मजीवों को देश में प्रवेश करने से रोकना होता है जो वहां पहले उपस्थित न हों। ऐसे ही संगरोध के अन्तर्गत आयायित पादप पदार्थों को, जिनमें हॉप या तना व कंद सूत्रकृमि मौजूद थे, भारत पहुंचने पर अस्वीकार कर के नष्ट कर दिये गये थे।

2. आंतरिक या घरेलू संगरोध– इस के अन्तर्गत ऐसे नाशकजीवों व रोगजनक सूक्ष्मजीवों को जो पहले से किसी देश में उपस्थित हों, देश के अन्य भागों में फैलने से रोकना होता है। भारत में इस संगरोध का आलू के सुनहरी सिस्ट सूत्रकृमि के संदर्भ में विशेष उदाहरण है जो पहले उस देश में नहीं थे। तमिलनाडु के नीलगिरी क्षेत्र में आयरलैंड से आयायित आलू के बीजों को बोया गया था। इन बीजों तथा उनके साथ लगी हुई मिट्टी के साथ *ग्लोबोडेरा रोस्टोकाइएनसिस* व *जी. पेलीडा* की सिस्ट भी थी जिससे ये सूत्रकृमि उस क्षेत्र में फैल गये। सन् 1961 में इन सूत्रकृमियों का वहां पता चलने के बाद आंतरिक संगरोध अधिनियम लगा दिया गया। इस अधिनियम के अन्तर्गत किसी प्रभावित अधिसूचित खेत का कोई भी कब्जेदार या मालिक वहां पर खड़ी फसल को काट नहीं सकता और उपज का कोई भी भाग बीज उद्देश्यों के लिये स्वीकृत नहीं किया जा सकता। उपज को नीलगिरी विपण्न सहकारी समिति (Nilgiri Marketing Co-operative Society) के अतिरिक्त किसी को नहीं बेचा जा सकता। सूत्रकृमि ग्रस्त/बाधित भूमि को तीन फसल लेने तक संस्तुतियों के अनुसार सूत्रकृमिनाशियों से उपचारित करना चाहिए। तीन फसल लेने के पश्चात आलुओं को उगाने से पूर्व खेतों की मिट्टी के नमूनों का निरीक्षण करा कर खेतों को सूत्रकृमियों से मुक्त घोषित कराना चाहिए। इस संगरोध के लागू हाने के कारण ये सूत्रकृमि इसी क्षेत्र में सीमित हो कर रह गया है। इसके विपरीत बिलकारी सूत्रकृमि, *रेडोफोलस सीमिलिस*, आयायित केलों के संक्रमित प्रकंद/सकर (sucker) के साथ भारत के केरल राज्य में पंहुचा था। वहां से अब तमिलनाडु, कर्नाटक, आन्ध्र प्रदेश, गोवा, महाराष्ट्र, गुजरात, मध्य प्रदेश, आसाम, त्रिपुरा आदि राज्यों में फैल चुका है। ऐसा इस सूत्रकृमि के विरुद्ध आंतरिक संगरोध न होने के कारण ही सम्भव हो सका है।

यद्यपि पादप संगरोध तथा पादप स्वास्थ्य संबधी उपाय पिछले लगभग एक शतक से लागू थे लेकिन उनका विश्व स्तर पर पुनः विश्लेषण सन् 2001 में किया गया। पीड़क जोखिम विश्लेषण (PRA- Pest Risk Analysis) एक ऐसी प्रक्रिया विकसित की गयी जिसमें वैज्ञानिक व आर्थिक तथ्यों पर निश्चित किया जाता है कि–

- क्या विशिष्ट सूत्रकृमि नाशक है?
- क्या इसका नियमन करना चाहिए?
- इसकी रोकथाम के लिये पादप स्वास्थ्य संबंधित उपाय कहां तक कारगर हैं ?

अन्तरराष्ट्रीय पादप बचाव सम्मेलन (IPPC- International Plant Protection Convention), विश्व व्यापार संगठन (WTO- World Trade Organization) का स्वास्थ्य व पादप स्वास्थ्य पर सहमति तथा जैविक विविधता सम्मेलन (Biodiversity convention) इसी

पीड़क जोखिम विश्लेषण (PRA) पर आधरित हैं। सम्पूर्ण विश्व में अब PRA विश्लेषण की प्रक्रिया तथा IPPC द्वारा निर्धारित मानक अपनाये जाते हैं। PRA के फलस्वरूप बाहरी नाशक जीव की पहचान तथा आकस्मिक आयात होने पर अपनाये जाने वाले उपाय सम्मलित हैं। जोखिम विश्लेषण में दो सम्भावनाओं का अनुमान लगाया जाता है–

1. नाशकजीव के नये क्षेत्र में पहुंचने व स्थापित होने की सम्भावना व,
2. स्थापित होने के दुष्परिणाम। इन दोनों सम्भावनाओं का विश्लेषण इसलिये आवश्यक होता है क्योंकि बाहरी जीव नये क्षेत्र में तभी पनप सकता है जब वहां पर उसके लिये–
    1. परपोषी पादप उपलब्ध हों,
    2. वातावरण अनुकूल हो,
    3. जीव उर्ग हो तथा
    4. निर्यातक देश ऐसे क्या उपाय करे जिससे आयात करने वाले देश द्वारा बनाई गई कानूनी शर्तें पूरी हो सके।

भारत में पादपों व रोपण सामग्री का आयात सरकार द्वारा बनाये गये नियमन (Regulations of Import in India) 2003 और बाद में किये गये संशोधनों के अन्तर्गत ही किया जा सकता है। इस आर्डर के अनुसूची IV, V, VI में उन देश व पौधों व रोपण सामग्री का उल्लेख है जिनसे नाशकजीवों (सूत्रकृमि सहित) निषेध या प्रतिबन्धित है (केवल अधिकृत संस्थानों द्वारा अतिरिक्त घोषणाओं व विशिष्ट परिस्थितियों में) (तलिका 8.3)। आदेश की अनुसूची VI में कई के नाम हैं जिन पौधों व रोपण सामग्री को निर्यातक देश द्वारा की गयी अतिरिक्त घोषणाओं व विशिष्ट परिस्थितियों के आधार पर ही आयात किया जा सकता है।

समाकलित/ समन्वित/ एकीकृत प्रबंधन

समाकलित/ समन्वित/ एकीकृत प्रबंधन पर्यावरण और पीड़कों की समष्टि का ध्यान रखते हुए प्रयुक्त किये जाने वाला प्रबंधन है जिसमें सभी उपयुक्त तकनीकों और विधियों को यथा संभव सुसंगत ढंग से उपयोग करके पीड़कों की संख्या को आर्थिक प्रभावे सीमा से नीचे रखते हैं। सूत्रकृमियों नियंत्रण की अधिकतर विधियां अकेले में किसी सीमा तक ही काम करती हैं, परन्तु जब दो या अधिक विधियों को परिपूरक ढंग से प्रयोग किया जाता है तो सूत्रकृमियों को नियंत्रित करने के अधिक अवसर प्राप्त होते हैं। इस प्रबंधन में दो या अधिक नियंत्रण विधियों का समन्वय कीमत कम करने व पर्यावरण को सुरक्षित रखने की दृष्टि से किया जाता है। आजकल इसका एक महत्वपूर्ण उद्देश्य नाशकमारों (pesticides) पर निर्भरता कम करना और उन्हें न्यूनतम मात्रा में लगाना भी है।

सूत्रकृमि समन्वित प्रबंधन के ये लक्ष्य हैं–

1. संगत नियंत्रण प्रविधियों का संयुक्त रूप से प्रयोग
2. प्राकृतिक वातावरणीय प्रतिरोध को अधिकतम मात्रा में बढ़ाना
3. सूत्रकृमिनाशी का प्रयोग अतिआवश्यक होने पर ही उनका न्यूनतम मात्रा में प्रयोग करना

■ तालिका 8.3 : **पादप/ रोपण सामग्री व उन देशों की सूची जहां से आयात पर सूत्रकृमियों के कारण प्रतिबंध/निषेध है**

SCHEDULE-IV: पादप/ रोपण सामग्री व उन देशों की सूची जहां से आयात पर निषेध है

पादप जाति/ किस्म	पादप/ रोपण सामग्री की श्रेणी	देश	निषेध के कारण
नारियल (*कोकोस न्यूसीफेरा*- *Cocos nucifera*) व *कोकोइडी* (*Cocoideae*) की अन्य जातियां	बीज/ पौध/ बीजाणु/ टिशू संवर्धन आदि	अनेक लेटिन अमरीकी देश, श्रीलंका	*रेडिनएफलेंकस कोकोफिलस* (*Rhadinaphelenchus cocophilus*) की व्यापकता के कारण
चीड़- *पाइनस* (*Pinus* spp.) व अन्य कोनीफेरस पादप	छाल सहित लकड़ी, लकडी के लट्ठे, छिलके व बुरादा	कनाडा, अमेरिका, चीन, जापान, होंगकांग, तेवान	*बरसेफलेंकस जाइलोफिलस* (*Bursaphelenchus xylophilus*) की व्यापकता के कारण

SCHEDULE-V: प्रतिबन्धित पादप व रोपण सामग्री की सूची जिनका आयात केवल अधिकृत संस्थानों की सिफारिश व निर्यातक देश द्वारा की गयी अतिरिक्त घोषणाओं व विशिष्ट परिस्थितियों के आधार पर सम्भव है

पादप जाति/ किस्म	पादप/ रोपण सामग्री की श्रेणी	निर्यातक देश द्वारा की गयी अतिरिक्त घोषणाएं
सिट्रस जातियां (नींबू, सन्तरा, चकोतरा, कागजी नींबू, नारंगी व अन्य रुटेसी कुल के पादप)	कलम, कोंपल, पौध	*रेडोफोलस सिट्रोफिलस* (*Radopholus citrophilus*) से मुक्त
चीड़- पाइनस (*Pinus* spp.) व अन्य कोनीफेरस पादप	बीज, पौध	*बरसेफलेंकस जाइलोफिलस* (*Bursaphelenchus xylophilus*) से मुक्त
मूंगफली (*एराकिस*- *Arachis* spp.)	बीज, तने के कटिंग, पौध	*Aphelenchoides arachidis* से मुक्त
आलू (*सोलानम टुबरोसम*- *Solanum tuberosum*) व *सोलानेसी* (*Solanaceae*) कुल के बल्ब बनाने वाले पादप	बल्ब व अन्य रोपण सामग्री	(a) *डाइटाइलेंकस अंगसटस* (*Ditylenchus angustus*) (b) *डी. डिपसेकी* (*D. dipsaci*) (c) *ग्लोबोडेरा रोस्टोकाइएनसिस* (*Globodera rostochiensis*) (d) *जी. पेलीडा* (*G. pallida*) से मुक्त
तम्बाकू	बोने के लिए बीज	*हेटरोडेरा टेबेकम* (*Heterodera tabacum*) से मुक्त

○○○

अध्याय 9 प्रमुख पादप सूत्रकृमि वंश– निदान, जीवन चक्र व परपोषी–परजीवी संबंध

1. *एंग्युआइना (Anguina)*

वर्गीकृत स्थान (Systematic position)

फाइलम (Phylum)	:	नेमाटोडा (Nematoda)
वर्ग (Class)	:	सेसरनेंसिया (Secernentea)
गण (Order)	:	टाइलेंकिडा (Tylenchida)
उपगण (Suborder)	:	टाइलेंकिना (Tylenchina)
इंफ्रागण (Infraorder)	:	एंग्युआइनेटा (Anguinata)
अधिकुल (Superfamily)	:	एंग्युआइनोइडिया (Anguinoidea)
कुल (Family)	:	एंग्युआइनिडी (Anguinidae)
वंश (Genus)	:	*एंग्युआइना (Anguina)*

निदान (चित्र 9.1 A-D)

मादा: मोटी, 2.64-4.36 mm लम्बी, सर्पिल आकार की। स्टाइलेट महीन, 8-10 μm लम्बा, स्टाइलेट नोब छोटी। आधारी ग्रसनी बल्ब संभजित। एकअग्रअंडाशयी, अंडाशय एक या दो बार घूमा हुआ, अंडाणु रेकिस के चारों ओर, शुक्रग्राहिका जनन नलिका की सीध में, शुक्राणु बड़े व उनमें काफी साइटोप्लाजम, क्रस्टाफोर्मेरिया की कोशिकाएं अनेक पंक्तियों में, प्रत्येक पंक्ति में 14 से अधिक कोशिकाएं । पुच्छ लम्बी, शंक्वाकार।

नर: मादा से छोटे, सीधे, 2.04-2.4 mm लम्बे। पुच्छ पक्षक लेप्टोडेरान। कंटिकाएं चौड़ी।

जैविकी

इस वंश के सूत्रकृमि ग्रेमिनी (Gramineae) व कम्पोजिटी (Compositeae) कुल के पादपों के उपरभूमिक भागों (तना, पत्ती, पुष्प गुच्छ इत्यादि) पर गाल/पिटिकाएं बनाते हैं। अनुकूल वातावरण मिलने पर डिंभक पिटिकाओं में से निकल कर वर्धन शिखा पर एकत्रित होकर अथवा पानी की परत में चल कर अपने गंतव्य स्थान पर पहुंच जाते हैं और वहां पिटिका बना लेते हैं। वयस्क नर व मादा वहीं विकसित होते व प्रजनन करते हैं। सूत्रकृमि पिटिकाओं में कई महीनों तक

सुप्त अवस्था में रह सकते हैं। इस वंश की एक जाति, *एंग्युआइना ट्रिटिसाई* (*Anguina tritici*) के जीवन चक्र का विस्तृत विवरण अगले अध्याय में किया गया है।

परपोषी–परजीवी संबंध

अधिकांश जातियां उपरभूमिक भागों पर पिटिकाएं बनाती हैं (चित्र 9.2), किन्तु ए. *रेडिसिकोला* (*A. radicicola*) गेहूँ व जौ की जड़ों पर गांठें बनाता है। सूत्रकृमि वर्धन शिखा पर बाह्य परजीवी के रूप में खाते हैं। पिटिकाओं की आंतरिक सतह की कोशिकाएं अतिवृद्धित (hypertrophied) हो जाती हैं।

2. डाइटाइलेंकस (*Ditylenchus*)

वर्गीकृत स्थान

फाइलम	:	नेमाटोडा (Nematoda)
वर्ग	:	सेसरनेंसिया (Secernentea)
गण	:	टाइलेंकिडा (Tylenchida)
उपगण	:	टाइलेंकिना (Tylenchina)
इंफ्रागण	:	एंग्युआइनेटा (Anguinata)
अधिकुल	:	एंग्युआइनोइडिया (Anguinoidea)
कुल	:	एंग्युआइनिडी (Anguinidae)
वंश	:	*डाइटाइलेंकस (Ditylenchus)*

निदान (चित्र 9.3)

मादा व नर दोनों कृमिरूप। मादा: 0.8-1.4 mm लम्बी. क्यूटिकल पर पतली धारियां। स्टाइलेट महीन व छोटा, स्टाइलेट नोब छोटी। आधारी ग्रसनी बल्ब संभजित। एकअग्र अंडाशयी, क्रस्टाफोर्मेरिया की कोशिकाएं 4 पंक्तियों में, प्रत्येक पंक्ति में 4 कोशिकाएं, शुक्रग्राहिका जनन नलिका की सीध में, शुक्राणु बड़े व उनमें काफी साइटोप्लाज्म। पुच्छ लम्बी, शंक्वाकार व मुड़ी हुई।

नर: पुच्छ पक्षक लेप्टोडेरान।

जैविकी

इस वंश की अधिकतर जातियां फंगस भक्षी हैं जो कवकजाल के साइटोप्लाजम पर अशन करती हैं परन्तु कुछ जातियां पौधों के उपरभूमिक भागों व बल्बों के ऊतकों पर भी खाती हैं. प्रतिकूल परिस्थितियों में सूत्रकृमि पास-पास आकर गुच्छा (निमा वूल) बना लेते हैं और अनेक वर्षों तक जीवित रह सकते हैं।

परपोषी–परजीवी संबंध

फंगसभक्षी सूत्रकृमि कवक जाल से बहुत धीरे-धीरे साइटोप्लाजम चूसते हैं। उपरभूमिक पादप भागों पर अशन करने वाले सूत्रकृमि प्राय: बाह्य परजीवी के रूप में खाते हैं परन्तु कुछ पादपों के अन्दर वेधन करके फुन्सियां बना देते हैं। डी. *डिपसेकी (D. dipsaci)* मौलिक रूप से अंत:

परजीवी है जो नारकीसस (Narcissus), प्याज आदि के कंदों के अन्दर संक्रमित पत्तियों से वेधन करते हैं और वहां पर्ण शल्कों पर पनपने लगते हैं। परन्तु ये सूत्रकृमि अन्य पर्ण शल्कों तक नहीं पहुंच पाते, संक्रमित मध्य पटलिका (middle lamella) गल कर लाल-भूरे रंग की हो जाती है जो कि अनुप्रस्थ काट में लाल गोल रिंग सी दिखाई देती है (चित्र 9.4)। एक अन्य जाति, *डी. डेसट्रक्टर (D. destructor)* आलू के अन्दर आंखों/ लेंटिकल (lenticles) से प्रवेश करके अशन करता है।

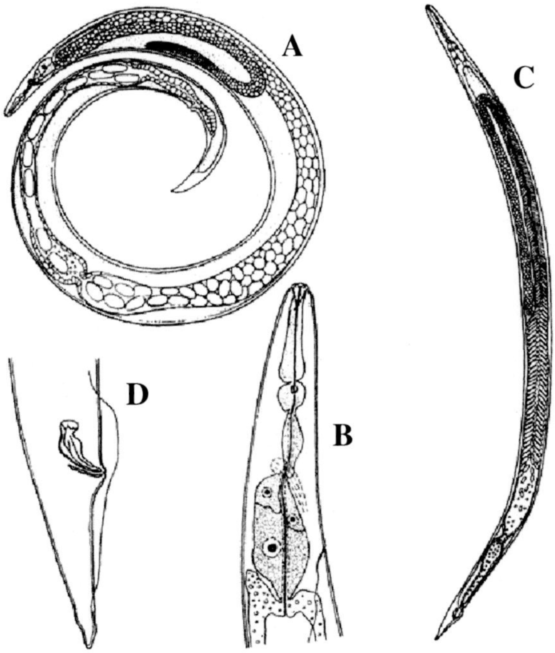

■ चित्र 9.1 : ***एंग्युआइना ट्रिटिसाई*– A. मादा, B. मादा का अग्रिम भाग, C. नर, D. नर का पुच्छ भाग**

■ चित्र 9.2 : **पत्तियों पर *एंग्युआइना फाइलोबिया (Anguina phyllobia)* द्वारा बनायी गयी पिटिकाएं**

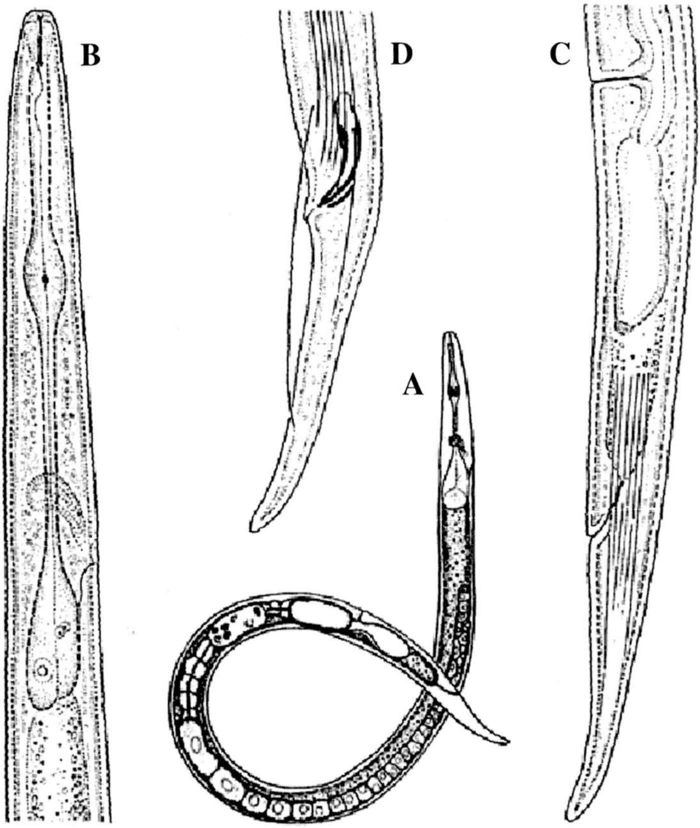

■ चित्र 9.3 : *डाइटाइलेंकस* जाति– **A. मादा, B. मादा का अग्रिम भाग, C. मादा का पुच्छ भाग, D. नर का पुच्छ भाग**

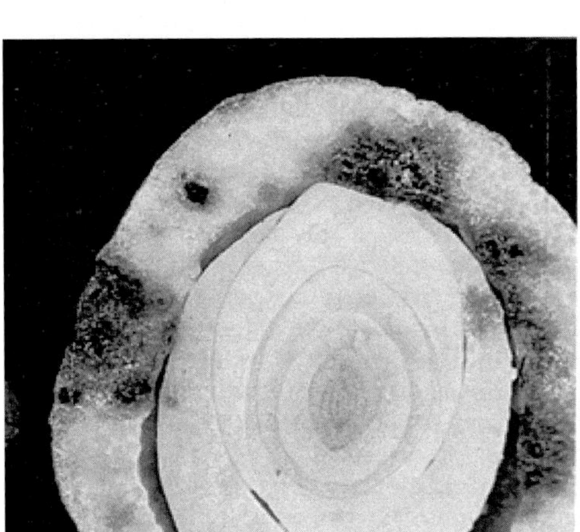

■ चित्र 9.4 : ***डाइटाइलेंकस डिपसेकी*** **संक्रमित आइरिस बल्ब का अनुप्रस्थ काट**

3. *टाइलेंकोरिंकस (Tylenchorhynchus)/ मरलीनियस (Merlinius)*

वर्गीकृत स्थान

फाइलम	:	नेमाटोडा (Nematoda)
वर्ग	:	सेसरनेंसिया (Secernentea)
गण	:	टाइलेंकिडा (Tylenchida)
उपगण	:	होप्लोलेमिना (Hoplolaimina)
अधिकुल	:	डोलिकोडोरोइडिया (Dolichodoroidea)
कुल	:	टिलोटाइलेंकिडी (Telotylenchidae)
वंश	:	*टाइलेंकोरिंकस (Tylenchorhynchus)*
		मरलीनियस (Merlinius)

निदान (चित्र 9.5 A-E)

टाइलेंकोरिंकस: मादा: लगभग 1 mm लम्बी, साधी अथवा थोड़ी मुड़ी हुई। पार्श्व रेखाएं 1.5। ओष्ठ क्षेत्र संभजित या अभजित। शिरस्य दृढ़ीकृत ढांचा व स्टाइलेट विकसित। ग्रसनी टाइलेंकिड, ग्रसनी ग्रंथियां आधारी बल्ब में। उभयअंडाशयी। पुच्छ बेलनाकार।

नर: मादा जैसे। पुच्छ पक्षक पेलोडेरान।

मरलीनियस टाइलेंकोरिंकस जैसा किन्तु पार्श्व रेखाएं 6।

जैविकी

ये सूत्रकृमि जड़ों के बाह्य परजीवी हैं जो पूरा जीवन चक्र मिट्टी में पूरा करते हैं।

परपोषी-परजीवी संबंध

सूत्रकृमि समय-समय पर जड़ों की अधिचर्म व वल्कुट कोशिकाओं के साइटोप्लाजम को चूसते हैं परन्तु इस को अशन स्थल नहीं बनाते।

4. *हेलीकोटाइलेंकस (Helicotylenchus)*

वर्गीकृत स्थान

फाइलम	:	नेमाटोडा (Nematoda)
वर्ग	:	सेसरनेंसिया (Secernentea)
गण	:	टाइलेंकिडा (Tylenchida)
उपगण	:	होप्लोलेमिना (Hoplolaimina)
अधिकुल	:	होप्लोलेमोइडिया (Hoplolaimoidea)
कुल	:	होप्लोलेमिडी (Hoplolaimidae)
उपकुल	:	रोटाइलेंकिोइडिनी (Rotylenchoidinae)
वंश	:	*हेलीकोटाइलेंकस (Helicotylenchus)*

निदान (चित्र 9.6 A-D)।

मादा: सर्पिल (spiral), कृमिरूप। ओष्ठ क्षेत्र ऊंचा (ऊंचाई चौड़ाई से दूनी या अधिक)। शिरस्य दृढ़ीकृत ढांचा व स्टाइलेट मजबूत। पृष्ठ ग्रसनीय ग्रंथि का छिद्र स्टाइलेट नोब से आधे स्टाइलेट लम्बाई से अधिक दूरी पर। ग्रसनी ग्रंथियां आंत्र को अधर ओर से ढकती हुई। मादा जनन तंत्र उभयअंडाशयी। पश्चक छिद्राकार। पुच्छ छोटी, गोल या अंगुल्याकार ($c' < 2.0$)।

नर: पुच्छ पक्षक पेलोडेरान।

जैविकी

इस सूत्रकृमियों की अधिकांश जातियां जड़ों की बाह्य परजीवी हैं जो पूरा जीवन चक्र मिट्टी में पूरा करते हैं किन्तु कुछ जातियां जैसे *एच. मल्टीसिंकटस* (*H. multicinctus*) जड़ों में अंत: परजीवी के रूप में रहती हैं और जड़ों की वल्कुट कोशिकाओं की ऊपरी 4–5 पंक्तियों में 8–26 अंडे देती है।

परपोषी–परजीवी संबंध

बाह्य परजीवी जातियां समय–समय पर जड़ों की अधिचर्म व वल्कुट कोशिकाओं के साइटोप्लाजम को चूसते हैं परन्तु अशन स्थल नहीं बनाते। अंत: परजीवी, *एच. मल्टीसिंकटस*, के ओष्ठ क्षेत्र के आस–पास की वल्कुट कोशिकाओं की भित्तियां छिद्रित हो जाती है, उनका साइटोप्लाजम सिकुड़ जाता है व केन्द्रक बड़ा हो जाता है (चित्र 9.7)।

5. *होप्लोलेमस (Hoplolaimus)*

वर्गीकृत स्थान

फाइलम	:	नेमाटोडा (Nematoda)
वर्ग	:	सेसरनेंसिया (Secernentea)
गण	:	टाइलेंकिडा (Tylenchida)
उपगण	:	होप्लोलेमिना (Hoplolaimina)
अधिकुल	:	होप्लोलेमोइडिया (Hoplolaimoidea)
कुल	:	होप्लोलेमिडी (Hoplolaimidae)
उपकुल	:	होप्लोलेमिनी (Rotylenchoidinae)
वंश	:	*होप्लोलेमस (Hoplolaimus)*

निदान (चित्र 9.8 A-C)

होप्लोलेमस: नर व मादा, दोनों कृमिरूप, 1 mm से लम्बे। मादा: ओष्ठ क्षेत्र ऊंचा (ऊंचाई चौड़ाई से दूनी या अधिक), संभजित। स्टाइलेट मजबूत, नोब टयूलिप आकार की, ग्रसनी ग्रंथियां आंत्र को पृष्ठ ओर से ढकती हुई। मादा जनन तंत्र उभयअंडाशयी। पश्चक स्पुष्ट, प्रढोल के रूप में, एक भग से आगे व दूसरा भग व मलद्वार के बीच। पुच्छ छोटी, गोल ($c' < 2.0$)।

नर : पुच्छ पक्षक पेलोडेरान।

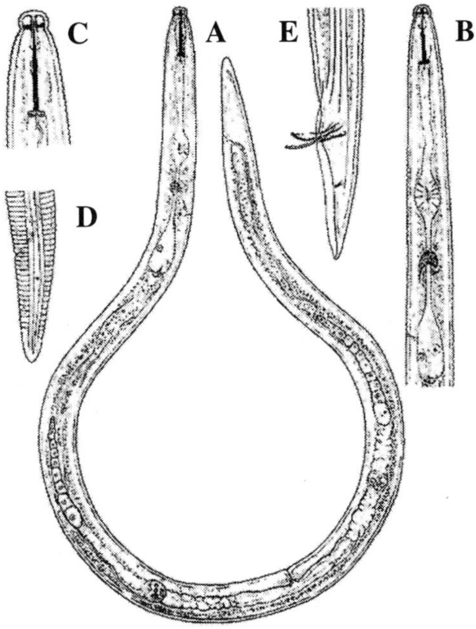

■ चित्र 9.5 : **_टाइलेंकोरिंकस_ जाति– A. मादा, B. मादा का अग्रिम भाग, C. शिरस्य भाग, D. मादा का पुच्छ भाग, E. नर का पुच्छ भाग**

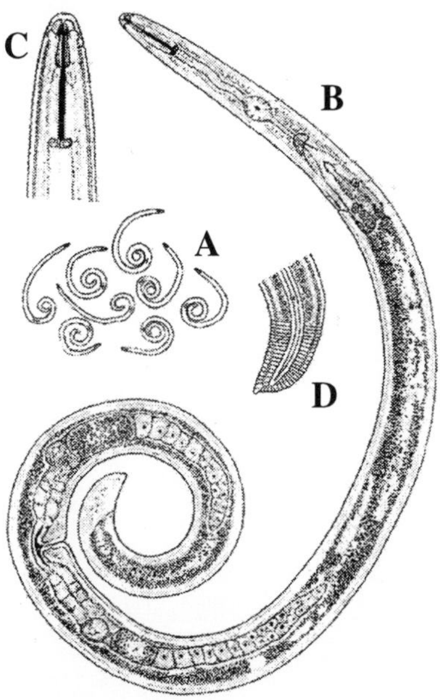

■ चित्र 9.6 : **_हेलीकोटाइलेंकस_ जाति– A. घुंडीकार मादाएं, B. मादा, C. मादा का अग्रिम भाग, D. मादा का पुच्छ भाग**

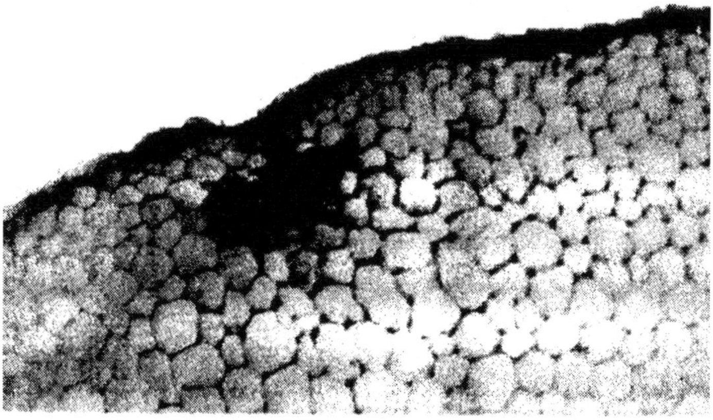

■ **चित्र 9.7 : *हेलीकोटाइलेंकस मल्टीसींक्टी* के कारण हुए ऊतकविकृतिक परिवर्तन दर्शाता केले की जड़ का अनुप्रस्थ काट**

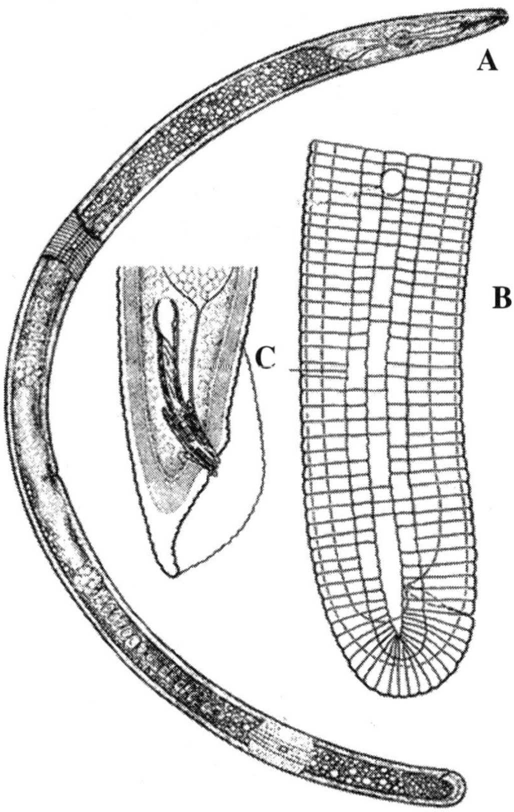

■ चित्र 9.8 : ***होप्लोलेमस*** जाति– **A. मादा, B. मादा का पुच्छ भाग, C. नर का पुच्छ भाग**

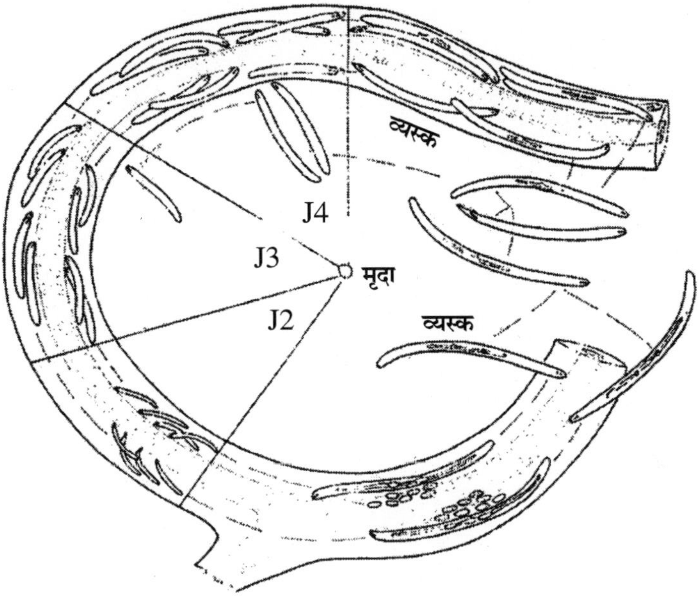

■ चित्र 9.9 : ***स्कुटेलोनिमा ग्रांदे* का जीवन चक्र**

जैविकी

इस वंश की अधिकांश जातियां बहुभक्षी हैं व मौलिक रूप से बाह्य परजीवी हैं। वे अपना पूरा जीवन चक्र मूल परिसर में पूरा करती हैं किन्तु कुछ जातियां जैसे *एच. इंडीकस* (*H. indicus*), *एच. गेलिएटस* (*H. galeatus*), आदि जड़ों के अन्दर भी वेधन कर जाती हैं।

परपोषी-परजीवी संबंध

बाह्य परजीवी के रूप में ये सूत्रकृमि जड़ों की अधिचर्म व वल्कुट कोशिकाओं के साइटोप्लाजम को चूस कर अन्य कोशिकाओं पर खाने लगते हैं। *एच. इंडीकस* के जड़ों के अन्दर संक्रमण से वल्कुट में बड़ी-बड़ी गुहाएं बन जाती हैं। *एच. गेलिएटस* कपास की जड़ों के अन्दर घुसकर वल्कुट व संवहनी, विशेषकर वल्कल, ऊतकों पर खाता है

6. *स्कुटेलोनिमा* (*Scutellonema*)

वर्गीकृत स्थान व निदान

होप्लोलेमस जैसा। स्टाइलेट नोब गोल। दोनों प्रढोल पुच्छ पर, आमने-सामने।

जैविकी व परपोषी-परजीवी संबंध

इस वंश की अधिकांश जातियों का परपोषी परास सीमित हैं और वे मौलिक रूप से बाह्य परजीवी हैं। अंत: परजीवी जाति, *एस. कावेनेसी* (*S.cavenessi*) के वयस्क मिट्टी में रहते हैं और मादा वहीं अंडे देती है। स्फुटन के बाद J2 डिंभक जड़ों में प्रवेश कर जाते हैं। आगे परिवर्धन वहीं अथवा मिट्टी में होता है। *एस. ग्रांदे* (*S. grande*) की वीर्यसेचित मादा जड़ों में वेधन करके समूह

में अंडनिक्षेपण करती है। डिंभकों का विकास जड़ों अथवा मिट्टी में होता है (चित्र 9.9)। *एस. ब्रेडिस* (*S. bradys*) जिमीकंद की सतह पर अशन करता है। यह सूत्रकृमि भंडारित प्रकंदों में भी प्रजनन करता रहता है।

7. *प्रेटीलेंकस* (*Pratylenchus*)

वर्गीकृत स्थान

फाइलम	:	नेमाटोडा (Nematoda)
वर्ग	:	सेसरनेंसिया (Secernentea)
गण	:	टाइलेंकिडा (Tylenchida)
उपगण	:	होप्लोलेमिना (Hoplolaimina)
अधिकुल	:	होप्लोलेमोइडिया (Hoplolaimoidea)
कुल	:	प्रेटीलेंकिडी (Pratylenchidae)
उपकुल	:	प्रेटीलेंकिनी (Pratylenchinae)
वंश	:	*प्रेटीलेंकस (Pratylenchus)*

निदान (चित्र 9.10 A-D)

नर व मादा, दोनों कृमिरूप। 0.5-1.3 mm लम्बे। मादा. ओष्ठ क्षेत्र नीचा, ऊपरी सतह सपाट। शिरस्य दृढ़ीकृत ढांचा मजबूत। स्टाइलेट छोटा (15-20 μm) लेकिन मजबूत। ग्रसनी ग्रंथियो आंत्र को अधर ओर से ओवरलेप करती हुई। मादा जनन तंत्र एकअग्र अंडाशयी। क्रस्टाफोर्मेरिया त्रिस्तंभिकीय। पुच्छ लम्बी, बेलनाकार/ शंक्वाकार (c'> 2.0)।

नर : अग्रिम भाग मादा जैसा। पुच्छ पक्षक पेलोडेरान।

जैविकी

अधिकांश जातियां बहुभक्षी हैं जो अनेक प्रकार के पादपों पर खा व प्रजनन कर सकती हैं और कुछ फसलों को आर्थिक क्षति पहुंचाती हैं। इन सूत्रकृमियों का प्रसार सम्पूर्ण विश्व में है किन्तु कुछ जातियां शीतोष्ण क्षेत्र के देशों में व अन्य उष्णकटबंधीय और उपोष्ण क्षेत्र के देशों में अधिक महत्वपूर्ण हैं।

इस सूत्रकृमि की जातियां प्रवासी अंत: परजीवी होती हैं जो जड़ों के अन्दर (चित्र 9.11, 9.12) व बाहर मिट्टी में रह सकती हैं। सूत्रकृमि जड़ों के अन्दर वल्कुट की कोशिकाओं के अन्दर से व दो कोशिकाओं के बीच में से निकल सकते हैं। सूत्रकृमि की कोई भी डिंभक अवस्था और वयस्क जड़ में वेधन कर सकती है। अधिकांश जातियों में नर बहुत कम अथवा बिल्कुल नहीं होते और प्रजनन अनिषेक जनद होता है। विभिन्न जातियों की जीवन चक्र की अवधि वातावरण और परपोषी फसल पर निर्भर करती है। उदाहरणार्थ: *पी. पेनीट्रेंस* (*P. penetrans*) का जीवन चक्र तम्बाकू पर 21 °C पर चार से पांच सप्ताहों में पूरा होता है जबकि *पी. मिनिस* (*P.minys*) को तम्बाकू पर ही 38 °C पर भी इतना ही समय एक जीवन चक्र पूरा करने में लगता है।

परपोषी–परजीवी संबंध

सूत्रकृमि संक्रमण से जड़ों पर शुरु में छोटे–छोटे घाव बन जाते हैं जो बाद में आपस में मिलकर और बड़े होकर जड़ों के चारों ओर फैल जाते हैं। अंत में पूरा जड़ तंत्र ही बहुत छोटा रह जाता है। जड़ों के अतिरिक्त मिट्टी में लगने वाले पौधो के अन्य भाग जैसे मूंगफली की फलियां, कंद, प्रकंद इत्यादि भी इन सूत्रकृमियों से संक्रमित होते हैं और उनमें घाव धब्बों के रूप में दिखाई देते हैं।

इन सूत्रकृमियों से होना वाला नुकसान वल्कुट ऊतकों तक सीमित रहता है जहां पर कोशिकाओं के टूटने से बड़ी–बड़ी गुहाएं (cavities) बन जाती हैं। माउंटेन व पेट्रीक ने 1950 के दशक में इस सूत्रकृमि पर काफी आविष्कार किये जिससे सूत्रकृमि द्वारा होने वाली बीमारी के विभिन्न कारणों व अवस्थाओं का पता चल पाया। उन्होनें पाया कि इस सूत्रकृमि की एक जाति, *पी. पेनीट्रेंस*, बीटा ग्लुकोसिडेज (β-glucosidase) एन्जाइम की सहायता से आड़ू की जड़ों में उपस्थित कारबोहाइड्रेट- एमाइगडलीन (amygdalin) का शकरा, बेन्जलडिहाइड (benzaldehyde) और हाइड्रोजन साइनाइड (HCN- Hydrogen cyanide) में विघटन कर देता है। बेन्जलडिहाइड व हाइड्रोजन साइनाइड कोशिकाओं के लिए विषैले हाते हैं। इन रसायनों से वल्कुट की कोशिकाएं मर जाती हैं और जड़ों में घाव बन जाते हैं। ऐसी स्थिति आने पर सूत्रकृमि आगे बढ़ कर दूसरी कोशिकाओं पर खाना शुरु कर देते हैं और इस प्रकार विषैले रसायनों के दुष्प्रभाव से बच जाते हैं।

8. *हर्शमेनियेला* (*Hirschmanniella*)

वर्गीकृत स्थान

फाइलम	:	नेमाटोडा (Nematoda)
वर्ग	:	सेसरनेंसिया (Secernentea)
गण	:	टाइलेंकिडा (Tylenchida)
उपगण	:	होप्लोलेमिना (Hoplolaimina)
अधिकुल	:	होप्लोलेमोइडिया (Hoplolaimoidea)
कुल	:	प्रेटीलेंकिडी (Pratylenchidae)
उपकुल	:	हर्शमेनियेलिनी (Hirschmanniellinae)
वंश	:	*हर्शमेनियेला (Hirschmanniella)*

निदान (चित्र 9.13 A-D)

नर व मादा, दोनों कृमिरूप, 1 mm से अधिक लम्बे। मादा: ओष्ठ क्षेत्र नीचा, ऊपरी सतह सपाट। शिरस्य दृढ़ीकृत ढांचा मजबूत। ओष्ठ क्षेत्र नीचा, ऊपरी सतह समतल। स्टाइलेट 20-30 µm लम्बा व मजबूत। ग्रसनी ग्रंथियां आंत्र को अधर ओर ओवरलेप करती हुई। मादा जनन तंत्र उभयअंडाशयी। पुच्छ लम्बी, बेलनाकार (c'> 2.0), सिरे पर म्युक्रो/ तीक्ष्णाग्र (mucro)।

नर : अग्रिम भाग मादा जैसा। पुच्छ पक्षक लेप्टोडेरान, पुच्छ को का 2/3 भाग ढकता हुआ।

जैविकी

हर्शमेनियेला की जातियां जड़ों पर प्रवासी अंत: परजीवी की तरह रहती हैं और प्रत्येक

अवस्था के डिंभक व वयस्क जड़ों के अन्दर जीवन ज्ञापन करने में समर्थ होते हैं (चित्र 9.14)। ये सूत्रकृमि मुख्य जड़ में मूल सिरे के थोड़ा पीछे वेधन करते हैं और वल्कुट में स्थित एरिनकाइमा (arenchyma) में घूमते रहते हैं। लगभग एक मास में इनका जीवन चक्र पूरा हो जाता है। मादा अधिकतर अंडे एरिनकाइमा व वल्कुट में देती है। सभी अवस्थाओं के डिंभक व वयस्क जड़ों से निकल कर मिट्टी में आकर पुनः नई जड़ों में वेधन कर सकते हैं। अतः मिट्टी व जड़ों, दोनों स्थानों पर ये सूत्रकृमि मिलते हैं। धान की एक फसल में इस सूत्रकृमि की दो से चार पीढ़ियां पनप जाती हैं। जड़ों में सूत्रकृमियों की अधिकतम समष्टि पुष्पगुच्छ बनने के समय मिलती है।

परपोषी–परजीवी संबंध

जड़ों की अधिचर्म की काशिकाएं सूत्रकृमियों के घुसने से टूट जाती हैं (चित्र 9.15) और उनमें घाव बन जाते हैं। वल्कुट ऊतकों में सूत्रकृमि के चलने व खाने से कोशिकाओं की भित्तियां टूट जाती हैं और वल्कुट में घाव व गुहाएं (cavities) बन जाती हैं।

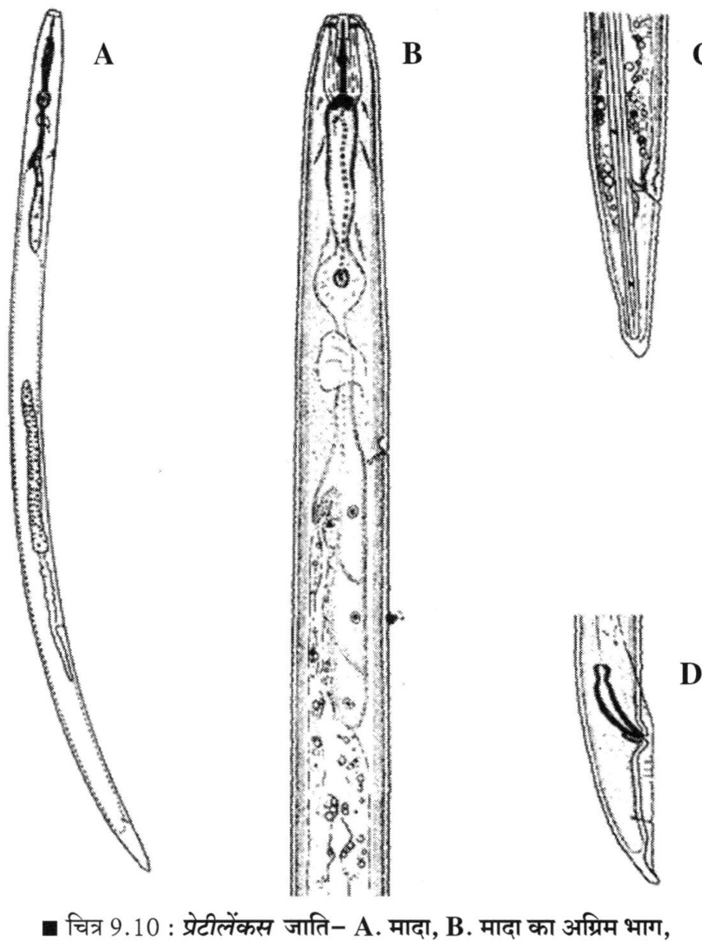

■ चित्र 9.10 : ***प्रेटीलेंकस* जाति– A. मादा, B. मादा का अग्रिम भाग, C. मादा का पुच्छ भाग, D. नर का पुच्छ भाग**

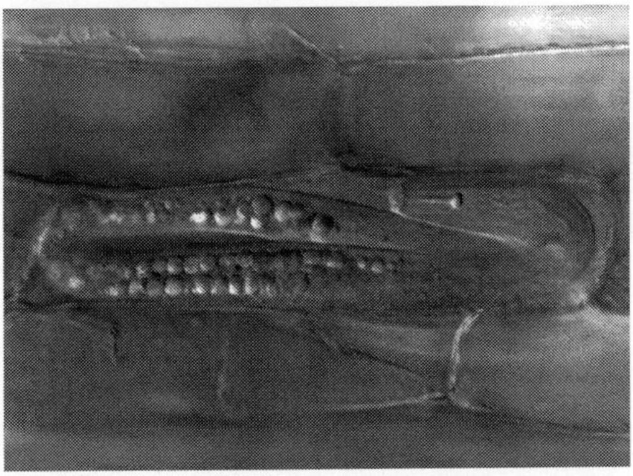

■ चित्र 9.11 : ***प्रेटीलेंकस*** **वल्कुट कोशिका के अन्दर**

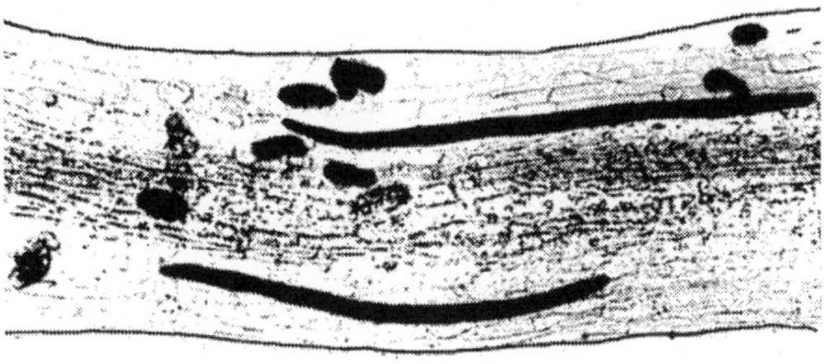

■ चित्र 9.12 : **जड़ वल्कुट में** ***प्रेटीलेंकस*** **जाति के वयस्क व अंडे**

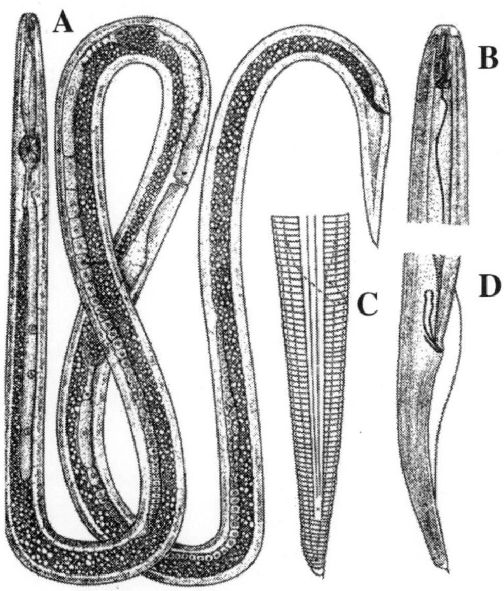

■ चित्र 9.13 : ***हर्शमेनियेला*** **जाति– A. मादा, B. मादा का अग्रिम भाग, C. मादा का पुच्छ भाग, D. नर का पुच्छ भाग**

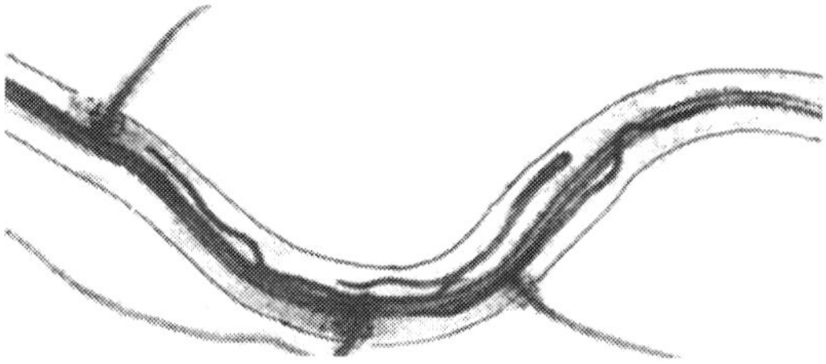

■ चित्र 9.14 : **धान के जड़ वल्कुट में *हर्शमेनियेला***

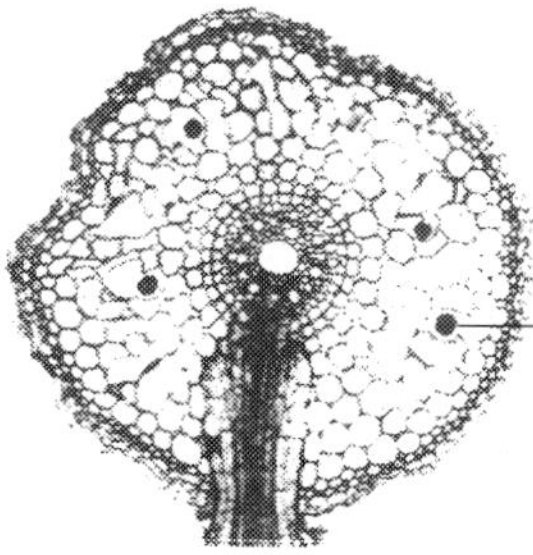

■ चित्र 9.15 : ***हर्शमेनियेला ओराइजी* के कारण हुए ऊतकविकृतिक परिवर्तन दर्शाता धान की जड़ का अनुप्रस्थ काट**

9. रेडोफोलस (*Radopholus*)

वर्गीकृत स्थान

फाइलम	:	नेमाटोडा (Nematoda)
वर्ग	:	सेसरनेंसिया (Secernentea)
गण	:	टाइलेंकिडा (Tylenchida)
उपगण	:	होप्लोलेमिना (Hoplolaimina)
अधिकुल	:	होप्लोलेमोइडिया (Hoplolaimoidea)
कुल	:	प्रेटीलेंकिडी (Pratylenchidae)
उपकुल	:	रेडोफोलिनी (Radopholinae)
वंश	:	*रेडोफोलस (Radopholus)*

निदान (चित्र 9.16 A-D)

नर व मादा, दोनों कृमिरूप परन्तु अग्रिम भाग में लैंगिक द्विरूपता। मादा : 0.5-0.8 mm लम्बी। ओष्ठ क्षेत्र नीचा, ऊपरी सतह समतल। स्टाइलेट मजबूत। ग्रसनी ग्रंथियां आंत्र को पृष्ठ ओर से ओवरलेप करती हुई। मादा जनन तंत्र उभयअंडाशयी। भग मध्य में। पुच्छ लम्बी, बेलनाकार ($c' > 2.0$), सिरा गोल।

नरः स्टाइलेट व ग्रसनी अपह्रासित (degenerated); स्टाइलेट पतला, नोब छोटी। पुच्छ पक्षक लेप्टोडेरान, पुच्छ का 2/3 भाग ढकता हुआ।

जैविकी

ये सूत्रकृमि प्रवासी अंत: परजीवी होते हैं जो जड़ों व मिट्टी, दोनों जगह, जीवन व्यतीत करते हैं। इस सूत्रकृमि के सभी अवस्थाओं के डिबंक व मादा जड़ में प्रवेश कर सकते हैं और वल्कुट कोशिकाओं के बीच में से चलते हैं। नर सूत्रकृमि जड़ों से बाहर मिट्टी में रहते हैं और अविकसित स्टाइलेट व ग्रसनी होने के कारण जड़ों का वेधन करने में असमर्थ होते हैं। मादा सूत्रकृमि जड़ों के वल्कुट ऊतकों में अंडे देती है जिनमें से डिंभक स्फुटन कर के वहीं विकसित हो सकते हैं। एक जीवन चक्र चार से पांच सप्ताहों में 25-20 °C पर जड़ों में ही पूरा होता है। प्रजनन लैंगिक अथवा अनिषिक्त (parthenogenetic) हो सकता है।

परपोषी-परजीवी संबंध

प्रारम्भ में सूत्रकृमि पतली, मुलायम जड़ों पर आक्रमण करके उनमें घुस जाते हैं और वहीं पर खाते व विकसित होते रहते हैं। बाद में वे नये बनते हुए प्रकंदों/ राइजोम में प्रवेश कर जाते हैं और वहां प्रजनन करके संख्या में काफी बढ़ जाते हैं। सूत्रकृमि किसी भी अवस्था में जड़/ प्रकंद/ राइजोम में से निकल कर मिट्टी में आ सकते हैं तथा पुन: उन्हीं या अन्य जड़/ प्रकंद/ राइजोम में वेधन कर सकते हैं। ये सूत्रकृमि बिना परपोषी पादप के कई महीनों तक जीवित रह सकते हैं। सूत्रकृमि के खाने व चलने के कारण वल्कुट में सड़न शुरु हो जाती है और बड़ी-बड़ी गुहाएं बन जाती हैं जो बिल-जैसी दिखाई देती हैं। अंडे प्राय: इन्हीं गुहाओं में मिलते हैं जबकि डिंभक व वयस्क नयी स्वस्थ जड़ों में प्रवेश कर जाते हैं। संक्रमण के तीन से चार सप्ताहों के अन्दर गुहाएं टूट जाती हैं जिससे जड़ों की सतह पर दरारें पड़ जाती हैं।

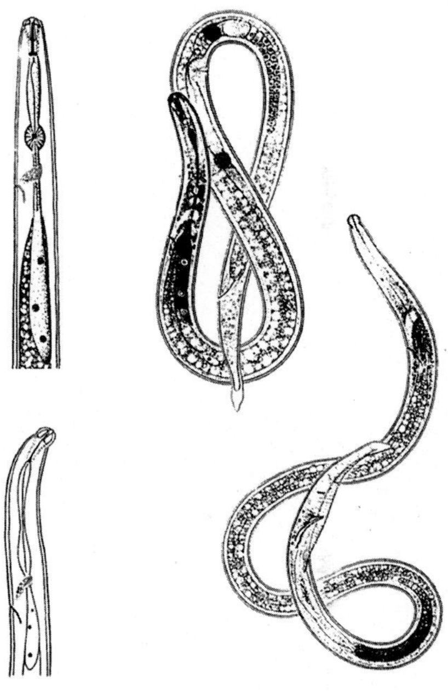

■ चित्र 9.16 : **रेडोफोलस सिमिलिस– A. मादा, B. मादा का अग्रिम भाग, C. नर, D. नर का अग्रिम भाग**

10. *रोटाइलेंकुलस* (*Rotylenchulus*)

वर्गीकृत स्थान

फाइलम	:	नेमाटोडा (Nematoda)
वर्ग	:	सेसरनेंसिया (Secernentea)
गण	:	टाइलेंकिडा (Tylenchida)
उपगण	:	होप्लोलेमिना (Hoplolaimina)
अधिकुल	:	होप्लोलेमोइडिया (Hoplolaimoidea)

कुल	:	रोटाइलेंकुलिडी (Rotylenchulidae)
उपकुल	:	रोटाइलेंकुलिनी (Rotylenchulinae)
वंश	:	*रोटाइलेंकुलस (Rotylenchulus)*

निदान (चित्र 9.17 A-E)

परिपक्व मादा: फूली हुई, वृक्काकार, लम्बाई 0.5 mm तक। पृष्ठ ग्रसनीय ग्रंथि का छिद्र स्टाइलेट नोब से एक स्टाइलेट लम्बाई से अधिक दूरी पर। अंडाशय दो, घुमावदार। अंडे श्लेषी आधात्री (gelatinous matrix) में।

अपरिपक्व मादा: 'c' आकार की, कृमिरूप। ओष्ठ क्षेत्र शंक्वाकार, शिरस्य दृढ़ीकृत ढांचा व स्टाइलेट मजबूत। पृष्ठ ग्रसनीय ग्रंथि का छिद्र स्टाइलेट नोब से एक स्टाइलेट लम्बाई से अधिक दूरी पर। ग्रसनी ग्रंथियां आंत्र को ओवरलेप करती हुई। उभयअंडाशयी। भग मध्य से पिछले भाग में। पुच्छ शंक्वाकार (c'> 2.0), सिरा गोल।

नर: स्टाइलेट व ग्रसनी अपेक्षाकृत कम विकसित। पुच्छ पक्षक अल्पविकसित (rudimentary)।

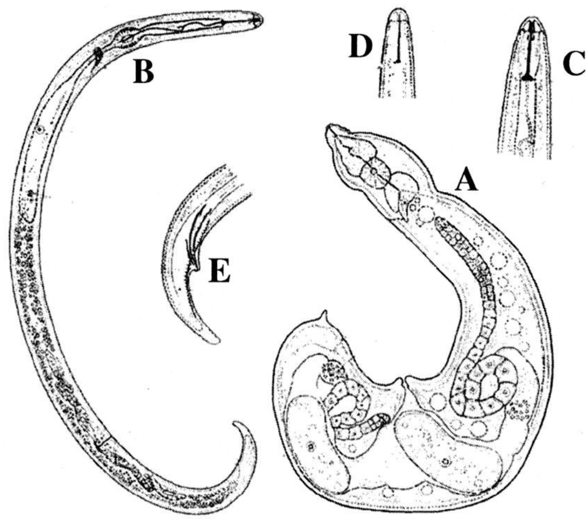

■ **चित्र 9.17 : *रोटाइलेंकुलस रेनीफॉरमिस*– A. परिपक्व मादा, B. अपरिपक्व मादा, C. मादा का अग्रिम भाग D. नर का अग्रिम भाग, E. नर का पुच्छ भाग**

जैविकी

इस सूत्रकृमियों की मादाएं स्थानबद्ध अर्द्ध अंत:परजीवी होते हैं जिनके शरीर का अग्र भाग जड़ों के अन्दर व शेष भाग बाहर मिट्टी में रहता है (चित्र 9.18)। मादाएं अंडे श्लेषी आधात्री (gelatinous matrix) में देती है जो मादा के साथ चिपका रहता है (चित्र 9.19)। एक मादा 40-89 अंडे देती है लेकिन यह संख्या परपोषी पादप पर निर्भर करती है। अंडों में से J2 डिंभक स्फुटन करके मिट्टी में आ जाते हैं और वहीं वर्धन करके नर और अवयस्क मादा बन जाते हैं। इनके वर्धन में विशेषता यह है कि J3 और J4 डिंभक खाने में असक्षम होते हैं क्योंकि वे पूर्व अवस्था के

डिंभकों की क्यूटिकल का त्याग नहीं करते जिसके कारण उनकी देह ऐसी क्यूटिकल से ढकी रहती है। इस प्रकार के निर्मोचन को अध्यारोपित निर्मोचन (superimposed moulting) कहते हैं। वयस्क (नर व अपरिपक्व मादा) भी प्रारम्भ में J2, J3 और J4 डिंभकों की क्यूटिकल से ढके रहते हैं। नर सूत्रकृमि मिट्टी में ही रहते हैं। अपरिपक्व मादा इस सूत्रकृमि की संक्रामक अवस्था होती है जो जड़ों में वेधन करती है। ऐसी मादाओं में प्रजनन अंग पूरी तरह विकसित नहीं होते। वेधन करके मादा शिरस्य भाग को पादप जड़ के रंभीय (stelar) ऊतकों तक ले जाती है और वहां खाना शुरु कर देती है। एक सप्ताह में उसके प्रजनन अंग पूर्णतया: विकसित हो जाते हैं और जड़ के बाहर वाला भाग फूल कर गुर्दाकार हो जाता है। योनि ग्रंथियां (vaginal glands) सक्रिय होकर श्लेषी आधात्री स्रावित करती है। प्रजनन अधिकतर समष्टिों में लैंगिक होता है किन्तु कुछ समष्टि अनिषेक जनन भी करती हैं। एक जीवन चक्र 25-30 °C पर लगभग 25 दिनों में पूरा हो जाता है। यह सूत्रकृमि एक फसल पर कई पीढ़ियां पूरी कर लेते हैं।

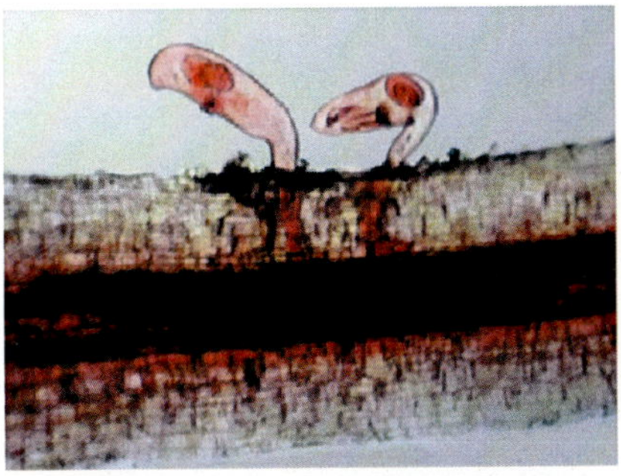

■ चित्र 9.18 : **जड़ पर अशन करती हुई *रोटाइलेंकुलस रेनीफॉरमिस* की परिपक्व मादाएं**

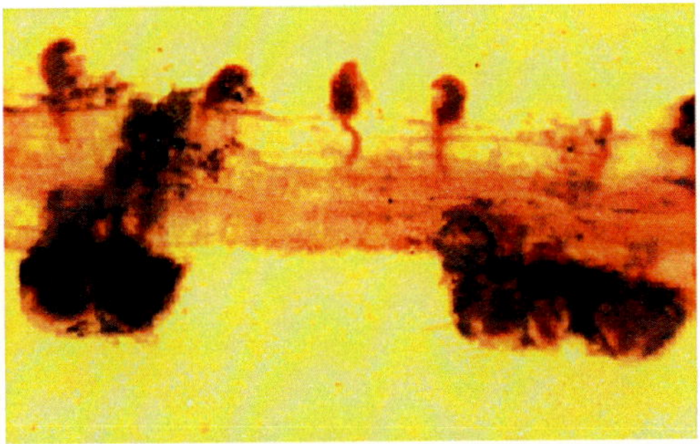

■ चित्र 9.19 : **जड़ पर अशन करती हुई *रोटाइलेंकुलस रेनीफॉरमिस* की अंड संहति संग परिपक्व मादाएं**

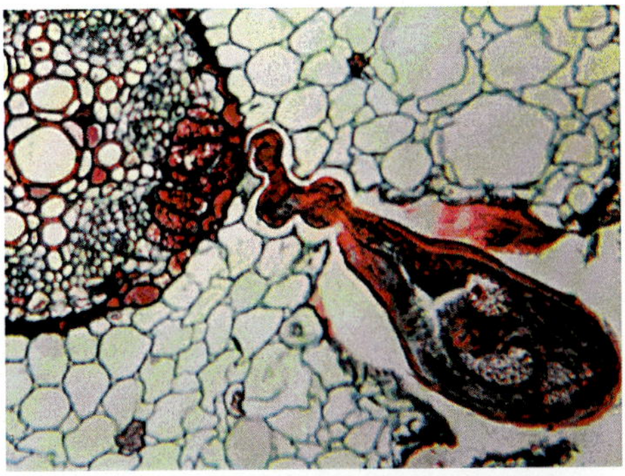

■ चित्र 9.20 : ***रोटाइलेंकुलस रेनीफॉरमिस* के कारण हुए ऊतकविकृतिक परिवर्तन दर्शाता जड़ का अनुप्रस्थ काट**

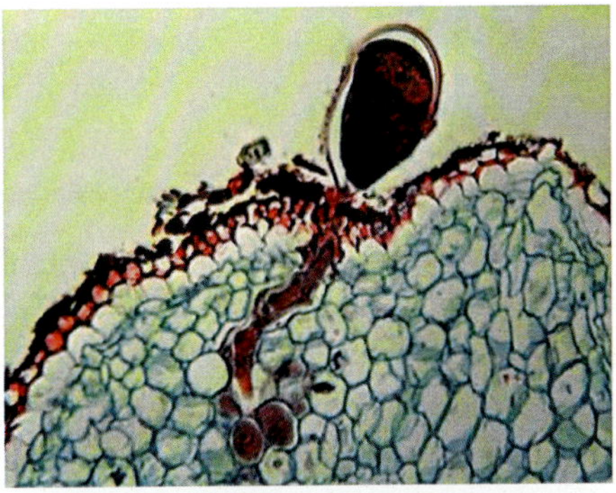

■ चित्र 9.32 : **सिट्रस सूत्रकृमि की स्थिति तथा उसके द्वारा बनाई गई धात्री कोशिकाओं को दर्शाता सिट्रस जड़ का अनुप्रस्थ काट**

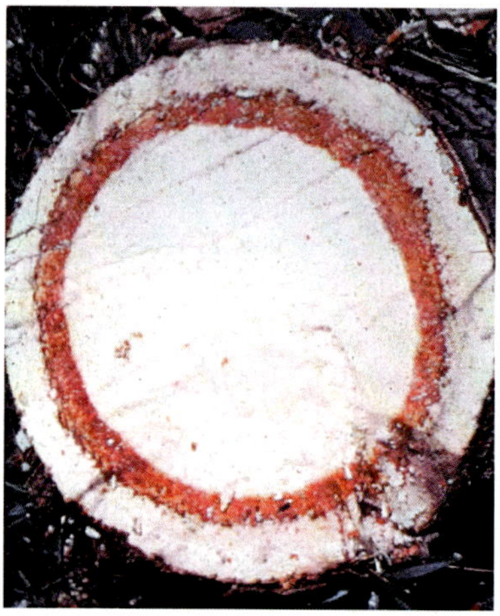

■ चित्र 9.39 : ***रेडिनेफलेंकस कोकोफिलस*** **संक्रमित नारियल के तने का लाल रिंग दर्शाता अनुप्रस्थ काट**

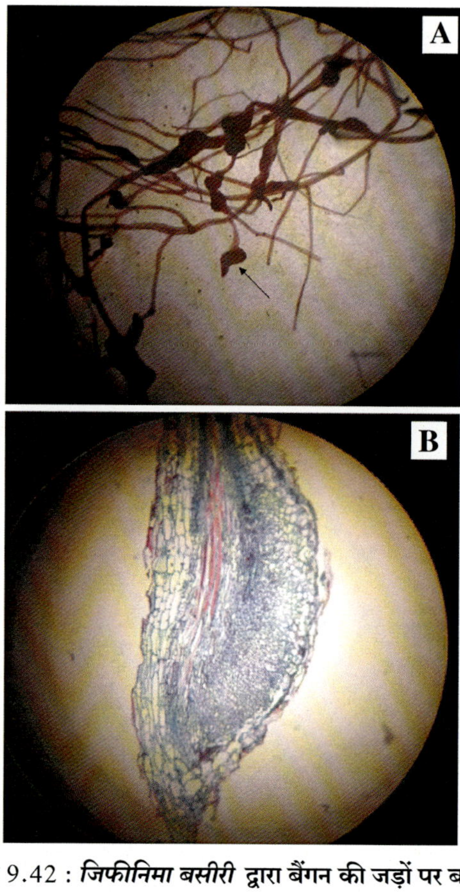

■ चित्र 9.42 : ***जिफीनिमा बसीरी*** **द्वारा बैंगन की जड़ों पर बनी गांठें**

परपोषी-परजीवी संबंध

स्थानबद्ध अर्द्ध अंत:परजीवी होने के कारण ये सूत्रकृमि खाने के लिए निश्चित स्थान कर चुनाव करके वहां अशन स्थल बना लेते हैं। यह अशन स्थल प्राय: परिरंभीय कोशिकाओं द्वारा बनाया जाता है। ऐसी कोशिकाएं बड़ी हो जाती हैं जिनकी भित्तियां बाद में आंशिक रूप से टूट जाती हैं। फलस्वरूप ऐसी कोशिकाओं का प्रोटोप्लाजम आपस में मिल जाता है जिससे बहुकेन्द्रीय सिनसीशियम/ प्रोसिनसाइट (Prosyncyte) बन जाता है (चित्र 9.20)। सिनसीशियम के आस-पास की कोशिकाओं का साइटोप्लाजम गाढ़ा हो जाता है किन्तु उनका न तो आकार बड़ा होता है और न ही केन्द्रक विभाजित होता है। कुछ पादपों में परिरंभ के अतिरिक्त अंत:चर्म और वल्कल (phloem) की कोशिकाएं भी सिनसीशियम बनाने में भाग लेती हैं।

11. *मेलॉइडोगाइन* (*Meloidogyne*)

वर्गीकृत स्थान

फाइलम	:	नेमाटोडा (Nematoda)
वर्ग	:	सेसरनेंसिया (Secernentea)
गण	:	टाइलेंकिडा (Tylenchida)
उपगण	:	होप्लोलेमिना (Hoplolaimina)
अधिकुल	:	होप्लोलेमोइडिया (Hoplolaimoidea)
कुल	:	मेलॉइडोगाइनिडी (Meloidogynidae)
उपकुल	:	मेलॉइडोगाइनिनी (Meloidogyninae)
वंश	:	*मेलॉइडोगाइन (Meloidogyne)*

निदान (चित्र 9.21)

लैंगिक द्विरूपता। मादा: मुलायम, फूली हुई, बैंगन जैसी, अग्रिम सिरा लम्बा। मादा: क्यूटिकल पर एनयूल। स्टाइलेट व स्टाइलेट नोब पूर्ण विकसित। ग्रसनी में मध्य बल्ब अतिविकसित, तनुयोजी छोटा। उत्सर्जी-स्रावी छिद्र मध्य ग्रसनी बल्ब से अग्र भाग में। जनन तंत्र द्विअग्रअंडाशयी। पुच्छ अनुपस्थित। भग व गुदा द्वार सिरे पर। मादा द्वारा अंडे श्लेषी आधात्री में। मूलाधार (perineum) पर एनयूल विशिष्ट मूलाधार चित्राम (perineal pattern) बनाते हुए।

नर: कृमिरूप, 1.5-2.0 mm लम्बे। क्यूटिकल पर एनयूल। ग्रसनी ग्रंथियां आंत्र को ओवरलेप करती हुई। देह का पश्च भाग घूमा हुआ। पुच्छ पक्षक अनुपस्थित।

J2 डिंभक: कृमिरूप। 280-500 μm लम्बे। शिरस्य दृढ़ीकृत ढांचा कमजोर। स्टाइलेट बारीक, 15 μm से कम लम्बा। ग्रसनी ग्रंथियां आंत्र को अधर ओर से ओवरलेप करती हुई। पुच्छ लम्बी, बेलनाकार, बिना पारदर्शी क्षेत्र के।

J3 व *J4* डिंभक: देह फूली हुई, J2 डिंभक की क्यूटिकल के अन्दर। स्टाइलेट अनुपस्थित। पश्च भाग स्पाइकेट।

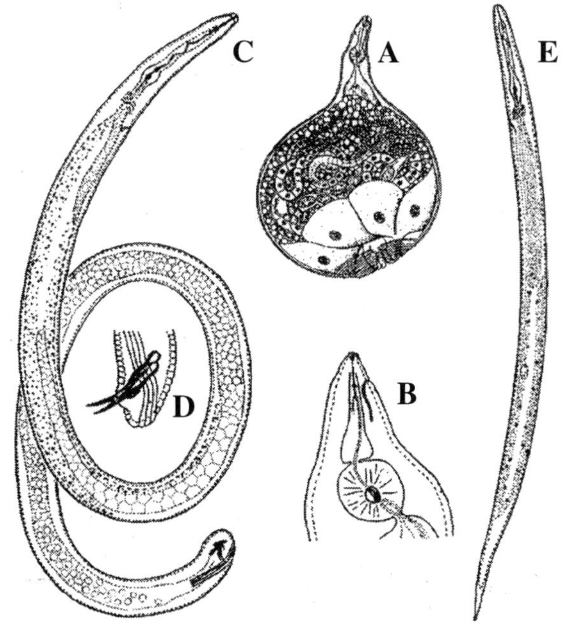

■ **चित्र 9.21 :** ***मेलॉइडोगाइन*** **जाति– A. मादा, B. मादा का अग्रिम भाग, C. नर, D. नर का पुच्छ भाग, E. J2 डिंभक**

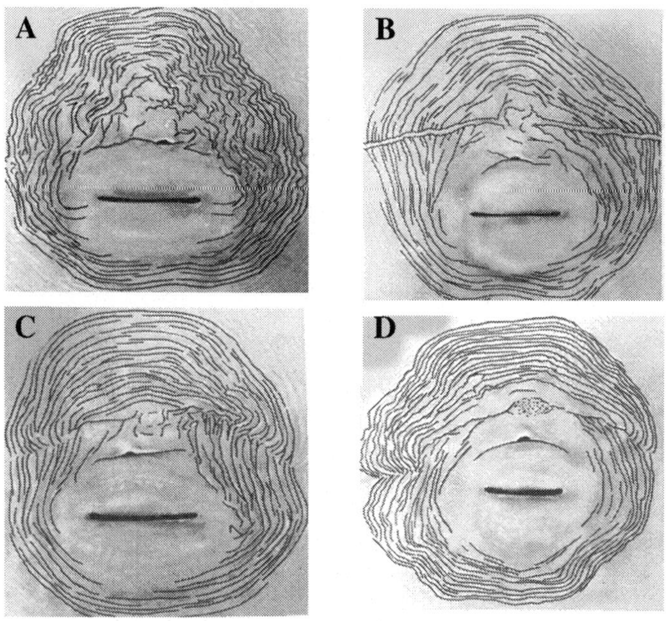

■ चित्र 9.22 : **प्रमुख *मेलॉइडोगाइन* जातियों के चित्राम– A. *एम. इनकोगनिटा*, B. *एम. जैवेनिका*, C. *एम. एरीनेरिया* , D. *एम. हेपला***

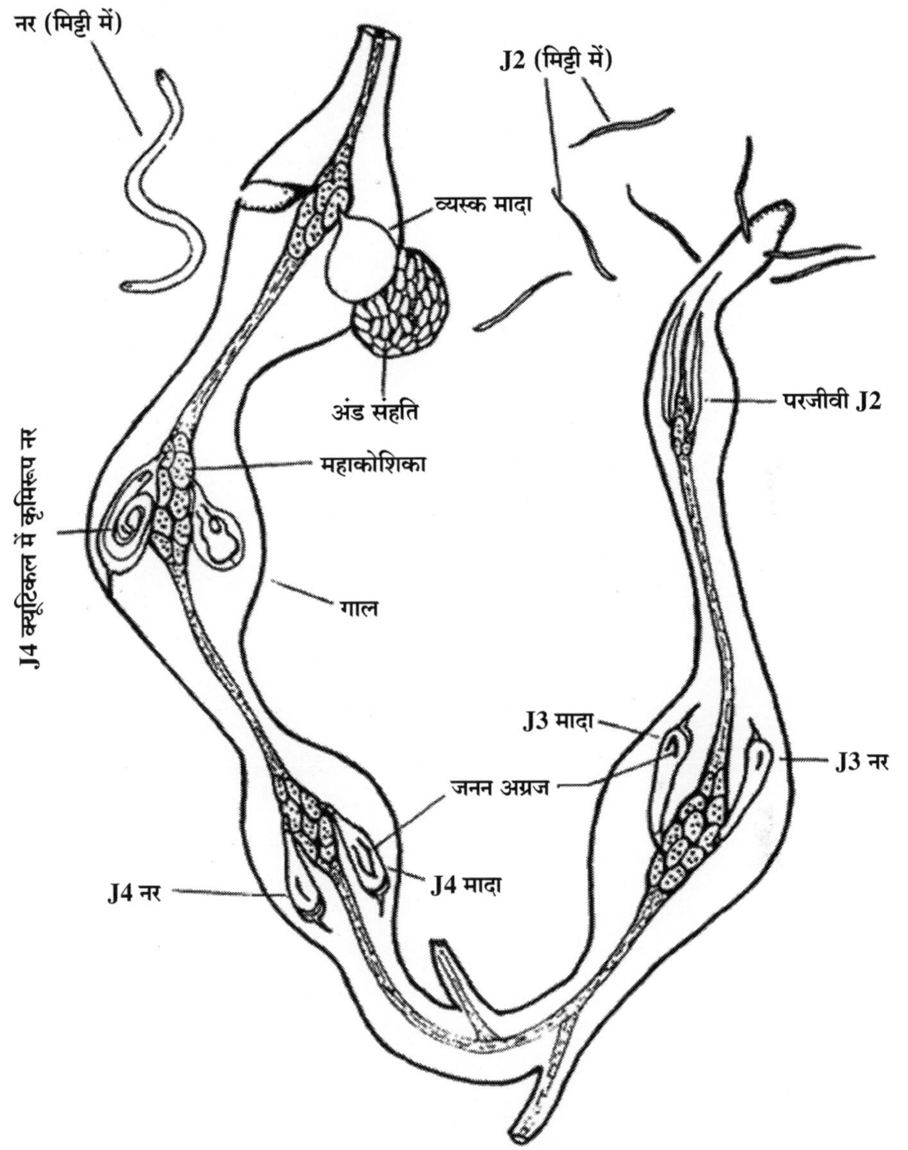

■ चित्र 9.23 : ***मेलॉइडोगाइन*** **का जीवन चक्र**

इस वंश की जातियों को पहचानने में मूलाधार चित्राम बहुत सहायक होते हैं। विश्व स्तर आर्थिक रूप से महत्वपूर्ण चारों जातियों को इसी आधार पर अलग किया जा सकता है (तालिका 9.1; चित्र 9.22)।

■ तलिका 9.1 : **सर्वाधिक मिलने वाली मेलॉइडोगाइन जातियों के मूलाधार चित्राम (perineal patterns) में अन्तर**

एम. एरीनेरिया (*M. arenaria*)	*एम. हेपला* (*M. hapla*)	*एम. इनकोगनिटा* (*M. incognita*)	*एम. जैवेनिका* (*M. javanica*)
पार्श्व रेखाएं अनुपस्थित	पार्श्व रेखाएं अनुपस्थित	पार्श्व रेखाएं अनुपस्थित	पार्श्व रेखाएं उपस्थित
पृष्ठ व अधर धारियां द्विशाखी (forked), पाश्व क्षेत्र में कोण बना कर मिलती हुई, पृष्ठ धारियां थोड़ी टेढ़ी व ढलान बनाती हुई।	पृष्ठ आर्च अधिकतर सपाट	पृष्ठ आर्च ऊंची	पृष्ठ आर्च गोल
पुच्छ सिरे के पास उद्‌बिंदु (punctuations) अनुपस्थित	पुच्छ सिरे के पास उद्‌बिंदु उपस्थित	पुच्छ सिरे के पास उद्‌बिंदु अनुपस्थित	पुच्छ सिरे के पास उद्‌बिंदु अनुपस्थित

जैविकी (चित्र 9.23)

मेलॉइडोगाइन वंश में लगभग 80 से अधिक जातियां हैं जिनमें से चार- *एम. इनकोगनिटा* (*M. incognita*), *एम. जैवेनिका* (*M. javanica*), *एम. एरीनेरिया* (*M. arenaria*) व *एम. हेपला* (*M. hapla*) आर्थिक रूप से विश्व स्तर पर काफी महत्वपूर्ण हैं। इनमें से पहली तीन जातियां लगभग हर क्षेत्र में मिलती हैं परन्तु *एम. हेपला* विश्व के शीतोष्ण, और उष्णकटबधीय व उपोष्ण के ऊंचाई वाले ठंडे क्षेत्रों तक सीमित है। *मेलॉइडोगाइन* वंश की जातियों का परपोषी परास बहुत बड़ा है जिसमें 200 से भी अधिक पादप जातियां (खेती योग्य व अन्य) आती हैं। यह सूत्रकृमि लगभग सभी फसलों में आर्थिक क्षति पहुंचाते हैं।

इस सूत्रकृमि की मादा पूर्णतया जड़ों के अन्दर रहती है लेकिन अपने अंडों को जड़ों के बाहर श्लेषी आधात्री में देती है। यह श्लेषी आधात्री मादा की मलाशय ग्रंथियों से स्रवित होती है और जड़ों की सतह पर चिपकी रहती है। प्रत्येक मादा 200 से 400 अंडे 10 से 20 दिनों के अन्दर देती है। भ्रूणोद्‌भव 7 से 10 दिनों के अन्दर पूरा हो जाता है तथा पहला निर्मोक अंडे के अन्दर ही होता है। J2 डिंभक उचित वातावरण पाकर स्फुटन करके अंडों से बाहर आ जाते हैं और परपोषी पौधे की जड़ों को ढूंढते हैं। इन J2 डिंभकों को पूर्व परजीवी डिंभक भी कहते हैं। प्राय: J2 डिंभकों को स्फुटन के लिये जड़ों से निकलने वाले नि:श्राव की आवश्यकता नहीं होती। असाधारण वातवरण, जैसे बहुत कम तापमान पर, J2 डिंभक सुप्तावस्था में रह सकते हैं। J2 डिंभक जड़ों से निकलने वाले नि:श्राव की सहायता से उनकी ओर आकर्षित होते हैं। J2 डिंभक जड़ों में विभज्योतक क्षेत्र के पास वेधन करके, वल्कुट कोशिकाओं के बीच में से होते हुए अंत:चर्म तक पहुंच जाते हैं तथा अपने शरीर को संवहनी बंडल के समान्तर कर लेते हैं। J2 डिंभक अब परजीवी डिंभक बन जाते हैं और अपना अशन स्थान बना कर खाना शुरु कर देते हैं। इनके शरीर में फुलावट शुरु हो जाती हे जो कि गुदा के ऊपरी भाग तक ही सीमित रहती है। J2 डिंभक की पुच्छ में कोई भी फुलावट नहीं होती

जिसके फलस्वरूप उनकी देह का पश्च भाग स्पाइक जैसी दिखता है। जननांगों का विकास अब शुरु हो जाता है। जनन अग्रज (genital primordium) नर में 'I' व मादा में 'V' के आकार का बन जाता है। जड़ गांठ सूत्रकृमि के जीवन चक्र में J2 परजीवी डिंभक की अवधि काफी लम्बी होती है। 10 से 15 दिनों के बाद दूसरा निर्मोक हाता है। J3 व J4 डिंभकों में स्टाइलेट व ग्रसनी अविकसित होते हैं और ये डिंभक खाने में असमर्थ होते हैं। J3 व J4 डिंभक निर्मोचन क्रिया में पुरानी क्यूटिकल का त्याग नहीं करते जिस के कारण इनका शरीर J2 व J3 की क्यूटिकल से ढका रहता है जो पीछे स्पाइक जैसी होती है। चौथे निर्मोक में मादा में स्टाइलेट, ग्रसनी व जननांग पूरी तरह विकसित हो जाते हैं और वह निर्मोचन के बाद J2, J3 व J4 क्यूटिकल से बाहर आ जाती है। मलाशय ग्रन्थियां अब सक्रिय हो जाती हैं तथा भग के चारों ओर श्लेषी आधात्री स्रावित करती है जिसमें मादा अंडे देती है। नर सूत्रकृमि का विकास J3 अवस्था के बाद मादा के विकास से बिल्कुल भिन्न होता है। J4 डिंभक J2 व J3 की क्यूटिकल के अन्दर ही सर्पाकार हो जाते हैं जिनमें स्टाइलेट पूर्ण विकसित नहीं होता। कुछ समय बाद इनमें चौथा निर्मोक होता है और वे J2, J3 व J4 की क्यूटिकल से निकल कर जड़ों से बाहर मिट्टी में आ जाते हैं। इनमें स्टाइलेट व ग्रसनी पूरे विकसित होते हैं।

अधिकतर जड़ गांठ सूत्रकृमि की जातियों में प्रजनन, जिनमें प्रमुख जातियां- *एम. इनकोगनिटा, एम.जैवेनिका* और *एम. एरीनेरिया* भी हैं, अविकल्पी समसूत्री अनिषेकजनन (obligatory mitotic parthenogenesis) द्वारा होता है जिसमें नर सूत्रकृमि की कोई भूमिका नहीं होती। कुछ जड़ गांठ सूत्रकृमियों में प्रजनन लैंगिक या विकल्पी अर्धसूत्री अनिषेकजनन (facultative meiotic parthenogenesis) द्वारा होता है।

परपोषी-परजीवी संबंध (चित्र 9.24)

J2 डिंभक जड़ों में वल्कुट की कोशिकाओं की मध्य पट्लिका को तोड़ते हुए अपने अग्र भाग को संवहनी बंडल के पास स्थापित कर देते हैं और खाना शुरु कर देते हैं। इनकी लार के साथ ग्रसनी के एंजाइम प्रभावित कोशिकाओं में पहुंच जाते हैं। इन एंजाइम के प्रभाव से परिरंभ, अंत: चर्म, जाइलम व फ्लोएम की कोशिकाएं बड़ी हो जाती हैं। इन बढ़ी हुई कोशिकाओं के केन्द्रक कई बार विभाजित हो जाते हैं लेकिन उनका प्रोटोप्लाजम विभाजित नहीं होता जिसके फलस्वरूप हर कोशिका बड़ी व बहुकेन्द्री हो जाती है जिसे सीनोसाइट (coenocyte) कहते हैं। ऐसी 8-10 कोशिकाएं मिलकर एक समूह बना लेती हैं जिसे महा कोशिका (giant cell) का नाम दिया गया है। जड़ों द्वारा अवशोषित पानी, खनिज व अन्य पोषक तत्व इन्हीं महा काशिका में इकट्ठे होते रहते हैं और पौधों के ऊपरी भागों तक नहीं पहुंच पाते।

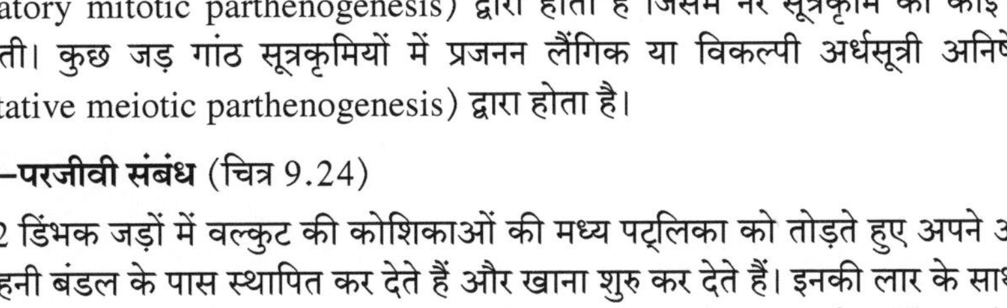

■ चित्र 9.24 : ***मेलॉइडोगाइन* के कारण हुए ऊतकविकृतिक परिवर्तन: A. अनुप्रस्थ काट, B. अनुदैर्घ्य काट (a= महाकोशिका, b= सूत्रकृमि)**

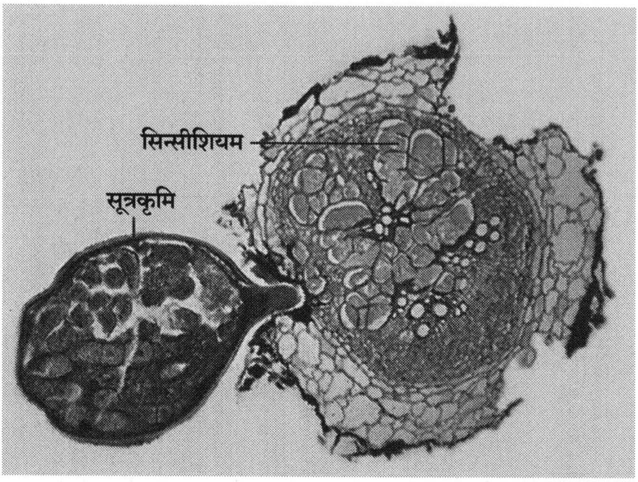

■ चित्र 9.27 : **हेटरोडेरा के कारण हुए ऊतकविकृतिक परिवर्तन दर्शाता जड़ का अनुप्रस्थ काट**

इन परिवर्तनों के साथ-साथ वल्कुट में भी बदलाव आने शुरु हो जाते हैं। देहबाह्य पाचन के समय बढ़ते और खाते हुए डिंभक की लार के साथ ग्रसनी में उत्पन्न एंजाइम भी पादप कोशिकाओं में पहुंच जाते हैं। ये एंजाइम प्रोटीन का विघटन करके एमिनो एसिड में बदल देते हैं जिनमें ट्रिपटोफान (tryptophan) प्रमुख है। यह एमिनो एसिड इंडोल एसिटिक एसिड (Indol acetic acid- IAA) का अग्रगामी है जिससे उसकी मात्रा जड़ों में काफी बढ़ जाती है। बढ़े हुए IAA के कारण जड़ों में हारमोंस का संतुलन बिगड़ जाता है। फलस्वरूप वल्कुट की कोशिकाएं बड़ी होकर तेजी से विभाजित होने लगती हैं (अतिवर्द्धन व अतिवृद्धि- hyperplasia & hypertrophy)। जड़ों के संक्रमित भाग चौड़ाई में फैल कर मोटे हो जाते हैं जो कि गांठों के रूप में दिखाई देते हैं।

12. *हेटरोडेरा* (*Heterodera*) व *ग्लोबोडेरा* (*Globodera*)

वर्गीकृत स्थान

फाइलम	:	नेमाटोडा (Nematoda)
वर्ग	:	सेसरनेंसिया (Secernentea)
गण	:	टाइलेंकिडा (Tylenchida)
उपगण	:	होप्लोलेमिना (Hoplolaimina)
अधिकुल	:	होप्लोलेमोइडिया (Hoplolaimoidea)
कुल	:	हेटरोडेरिडी (Heteroderidae)
उपकुल	:	हेटरोडेरिनी (Heteroderinae)
वंश	:	*हेटरोडेरा* (*Heterodera*)
		ग्लोबोडेरा (*Globodera*)

निदान (चित्र 9.25 A-F)

हेटरोडेरा

लैंगिक द्विरूपता। मादा व सिस्ट- नींबू के आकार की, छोटी गर्दन व पश्च सिरे पर भग शंकु (Vulval cone) के साथ। स्टाइलेट व स्टाइलेट नोब पूर्ण विकसित। ग्रसनी में मध्य बल्ब अतिविकसित। उत्सर्जी-स्रावी छिद्र मध्य ग्रसनी बल्ब से पीछे। जनन तंत्र द्विअग्रअंडाशयी। भग सिरे पर, गुद द्वार भग के पृष्ठ ओर, थोड़ा ऊपर। मादा क्यूटिकल बाद में कठोर काले-भूरे रंग की सिस्ट में परिवर्तित। द्विगवाक्षी (bifenestrate) अथवा उभयगवाक्षी (ambifenestrate); अधोसेतु (underbridge) व बुल्ली (bullae) उपस्थित या अनुपस्थित। अंडे सिस्ट के अन्दर संचित, कुछ जातियों में श्लेषी आधात्री में भी।

नर: कृमिरूप, 1.0-2.0 mm लम्बे। क्यूटिकल पर एनयूल। ग्रसनी ग्रंथियां आंत्र को ओवरलेप करती हुई। देह का पश्च भाग घूमा हुआ। पुच्छ पक्षक अनुपस्थित।

J2 डिंभक: कृमिरूप। 400-500 μm लम्बे। शिरस्य दृढ़ीकृत ढांचा मजबूत। स्टाइलेट दृढ़, 15 μm से अधिक लम्बा। ग्रसनी ग्रंथियां आंत्र को अधर ओर से ओवरलेप करती हुई। पुच्छ लम्बी, शंक्वाकार, पारदर्शी क्षेत्र के साथ।

J3 व J4 डिंभक: देह फूली हुई, J2 डिंभक की क्यूटिकल के बाहर। स्टाइलेट उपस्थित। पश्च भाग शंक्वाकार/ गोल।

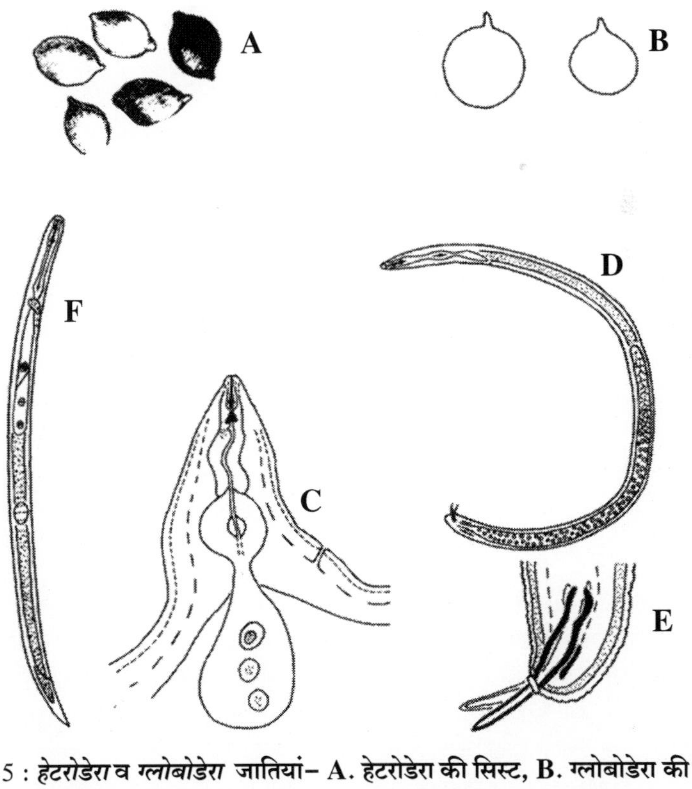

■ चित्र 9.25 : ***हेटरोडेरा* व *ग्लोबोडेरा* जातियां- A. हेटरोडेरा की सिस्ट, B. ग्लोबोडेरा की सिस्ट, C. मादा का अग्रिम भाग, D. नर, E. नर का पुच्छ भाग, F. J2 डिंभक**

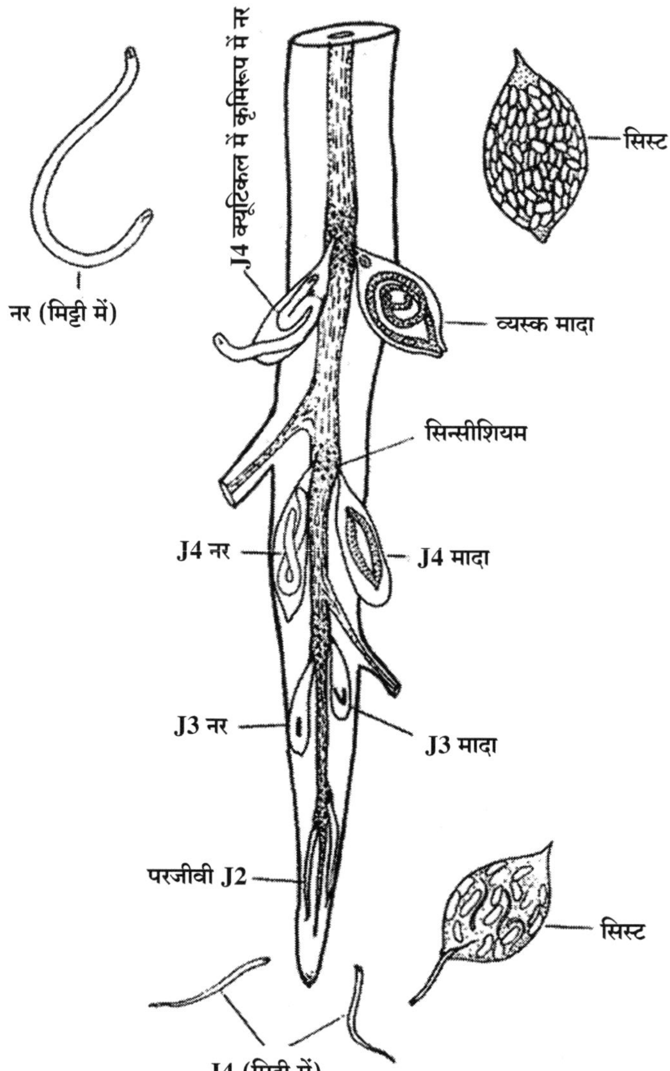

■ **चित्र 9.26 : *हेटरोडेरा* का जीवन चक्र**

ग्लोबोडेरा

लैंगिक द्विरूपता। मादा व सिस्ट- गोल, बिना भग शंकु के। स्टाइलेट व स्टाइलेट नोब पूर्ण विकसित। ग्रसनी में मध्य बल्ब अतिविकसित। उत्सर्जी-स्रावी छिद्र मध्य ग्रसनी बल्ब से पीछे। जनन तंत्र द्विअग्रअंडाशयी। भग सिरे पर, गुद द्वार भग के पृष्ठ ओर, थोड़ा ऊपर। मादा बाद में कठोर सुनहरी, काले-भूरे रंग की सिस्ट में परिवर्तित। परिगवाक्षी (circumfenestrate); अधोसेतु (underbridge) व बुल्ली प्राय: अनुपस्थित। गुद गवाक्षी (anal fenestra) अनुपस्थित।

नर, J2, J3 व J4 डिंभक *हेटरोडेरा* जैसे।

जैविकी (चित्र 9.26)

लगभग सभी सिस्ट सूत्रकृमियों का जीवन चक्र एक सा ही होता है। मादाएं स्थूल अंत: परजीवी होती हैं जिनकी क्यूटिकल मरणोपरान्त कठोर पीले, काले-भूरे रंग की सिस्ट में परिवर्तित हो जाती है। सिस्ट के अन्दर 150-400 अंडे व J2 डिंभक कई वर्षों तक जीवित रह सकते हैं। अधिकतर जातियों में सिस्ट से J2 डिंभकों का स्फुटन फसलों के बोने के समय के वातावरण, विशेषकर तापमान व नमी, से मेल खाता है। परन्तु कुछ जातियों, जैसे *ग्लोबोडेरा रोस्टोकाइएनसिस* में, यह प्रक्रिया जड़ों से निकलने वाले नि:श्राव पर निर्भर करती है। J2 डिंभक सिस्ट से निकल कर परपोषी पौधे की जड़ों को ढूंढ कर उनमें घुस जाते हैं। J2 डिंभक वल्कुट में से होते हुए अपने अग्र भाग को संवहनी बंडल के पास स्थापित कर देते हैं और एंजाइम स्रावित करके खाने के लिए अशन स्थल बना लेते हैं। खाने के साथ-साथ J2 डिंभक मोटे होने लगते हैं और तीन निर्मोचन के बाद वयस्क नर या मादा बन जाते हैं। प्रत्येक निर्मोक पर डिंभक अपनी पुरानी क्यूटिकल त्याग देते हैं और नया स्टाइलेट बनाते हैं। J3 और J4 डिंभक इसी कारण फ्लासक-नुमा होते हैं और उनमें पूर्ण विकसित स्टाइलेट व ग्रसनी होते हैं। वयस्क मादाओं की बढ़ोतरी से जड़ों की अधिचर्म फट जाती है और श्वेत रंग की छोटी-छोटी गोल मादाएँ (यूरिया के दानों के आकार की) जड़ों पर लगी हुई दिखाई देती हैं। वयस्क नर सर्पाकार होते हैं तथा जड़ों से बाहर आकर मैथुन के लिए मादाओं को ढूढ़ते हैं। अधिकतर जातियों में प्रजनन लैंगिक होता है किन्तु कुछ जातियों में अनिषेक जनन भी होता है। प्रत्येक मादा 150 से 400 अंडे देती है जो सामान्यतया मादा के शरीर के अन्दर ही रहते हैं किन्तु कुछ जातियों की मादा योनि ग्रंथियों से श्लेषी आधात्री स्रावित करती हैं और उसमें भी अंडे देती है। फसलों के पकने के समय मादाओं की क्यूटिकल कठोर हो कर पीले से काले-भूरे रंग की हो जाती है और सिस्ट बन कर मिट्टी में गिर जाती है। सिस्ट सूत्रकृमि की एक फसल के मौसम में एक या अधिक पीढ़ियां बनती हैं।

परपोषी -परजीवी संबंध

J2 डिंभक सिस्ट सूत्रकृमि की संक्रामक अवस्था होती है जो जड़ों में वेधन करके संवहनी बंडल के पास अशन स्थल बनाते हैं (चित्र 9.27)। सूत्रकृमि अशन स्थल अंत:चर्म, परिरंध व संवहनी बंडल के ऊतकों को परिवर्तित कर के बनाते हैं। इस प्रक्रिया में कोशिकाओं की भित्ति आंशिक रूप से टूट जाती है और उनका जीव द्रव्य आपस में मिल जाता है। फलस्वरूप कई आंशिक रूप से टूटी हुई भित्ति वाली कोशिकाओं का समूह बन जाता है जिनके अन्दर अनेक केन्द्रक होते हैं। यह समूह, जिसे संकोशिका या सिन्सीशियम (syncytium) कहते हैं, बाहर से एक ही मोटी कोशिका भित्ति से ढका रहता है। ऐसे सिनसीशियम जड़ गांठ सूत्रकृमि द्वारा बनाये गए महाकोशिका/वृहत कोशिका (giant cell) से इसलिए भिन्न होता है क्योंकि इसमें केन्द्रक का विभाजन नहीं होता (जड़ गांठ सूत्रकृमि द्वारा बनाये गए अशन स्थल में कोशिकाओं की भित्ति टूटती नहीं है, कोशिकाएँ बड़ी और बहुकेन्द्रक हो जाती हैं)। सिस्ट सूत्रकृमि द्वारा बनाये गए अशन स्थल के कारण संवहनी नलिकायें टूट जाती हैं जिससे जड़ों द्वारा पानी व पोषण तत्वों का अवशोषण प्रभावित होता है।

13. *क्रिकोनिमोइड* (*Criconemoides*)

वर्गीकृत स्थान

फाइलम	:	नेमाटोडा (Nematoda)
वर्ग	:	सेसरनेंसिया (Secernentea)
गण	:	टाइलेंकिडा (Tylenchida)
उपगण	:	क्रिकोनिमेटिना (Criconematina)
अधिकुल	:	क्रिकोनिमेटोइडिया (*Criconematoidea*)
कुल	:	क्रिकोनिमेटिडी (*Criconematidae*)
वंश	:	*क्रिकोनिमोइड* (*Criconemoides*)

निदान (चित्र 9.28)

मादाः कृमिरूप अथवा सॉसेज आकृति वाले। क्यूटिकल पर एनयूल चौड़े (गोल अथवा पश्चमुखी)। स्टाइलेट विशाल, शंकुक भाग शाफ्ट की अपेक्षा बहुत लम्बा, नोब ऐंकर रूप वाली। ग्रसनी क्रिकोनिमेटिड, तनुयोजी व आधारी बल्ब बहुत छोटे। एकअग्र अंडाशयी, गर्भाशय पश्च कोश अनुपस्थित।

नरः मुखपथ अपह्रासित। पुच्छ छोटी, पुच्छ पक्षक नीचा। वर्धन कायांतरण (metamorphosis) से।

डिंभकः मादा जैसे

जैविकी व परपोषी–परजीवी संबंध

ये सूत्रकृमि स्थानबद्ध बाह्य परजीवी होते हैं व अपने लम्बे स्टाइलेट की सहायता से जड़ों के भीतरी ऊतकों पर अशन करने में समर्थ होते हैं। सूत्रकृमियों के कारण जड़ों में छोटे-छोटे घाव बन जाते हैं।

14. *हेमीसाइकलोफोरा* (*Hemicycliophora*)

वर्गीकृत स्थान

फाइलम	:	नेमाटोडा (Nematoda)
वर्ग	:	सेसरनेंसिया (Secernentea)
गण	:	टाइलेंकिडा (Tylenchida)
उपगण	:	क्रिकोनिमेटिना (Criconematina)
अधिकुल	:	हेमीसाइकिलोफोरोइडिया (Hemicycliophoroidea)
कुल	:	हेमीसाइकिलोफोरिडी (Hemicycliophoridae)
वंश	:	*हेमीसाइकलोफोरा* (*Hemicycliophora*)

निदान (चित्र 9.29)

मादा: लम्बे, कृमिरूप। एनयूल चौड़े। अतिरिक्त क्यूटिकूलीय आच्छद उपस्थित। स्टाइलेट विशाल, शंकुक भाग शाफ्ट की अपेक्षा बहुत लम्बा, नोब गोल अथवा पीछे की ओर निर्दिष्ट। ग्रसनी क्रिकोनिमेटिड, तनुयोजी व आधारी बल्ब बहुत छोटे। एकअग्र अंडाशयी, गर्भाशय पश्च कोश अनुपस्थित।

नर: मुखपथ अपह्रासित। पुच्छ लम्बी, पुच्छ पक्षक ऊंचा। वर्धन प्रत्यक्ष।

डिंभक: मादा जैसे।

जैविकी व परपोषी–परजीवी संबंध

ये सूत्रकृमि स्थानबद्ध बाह्य परजीवी होते हैं व अपने लम्बे स्टाइलेट की सहायता से जड़ों के भीतरी ऊतकों पर अशन करने में समर्थ होते हैं। अधिकांश जातियां खाने के लिए विशिष्ट अशन स्थल नहीं बनाती व अलग-अलग अंडे देती है किन्तु *एच. एरीनेरिया* (*H. arenaria*) सिट्रस की पार्श्व जड़ों के अग्रज की कोशिकाओं पर अशन करता है जिसके कारण जड़ों की बढ़ोतरी रुक जाती है। कोशिकाओं के अतिवर्धन के कारण अंतस्थ गांठें बन जाती हैं जहां से सूत्रकृमि लगातार भोजन लेता रहता है। इस सूत्रकृमि में अनिषेक जनन होता है। एक मादा औसतन 62 अंडे देती है जो जड़ों पर श्लेषी आधात्री से चिपके रहते हैं। एक जीवन चक्र 18–25 दिनों में पूरा होता है। *एच. न्युडेटा* (*H. nudata*) भी सिट्रस की जड़ों पर अंतस्थ गांठें बनाती है।

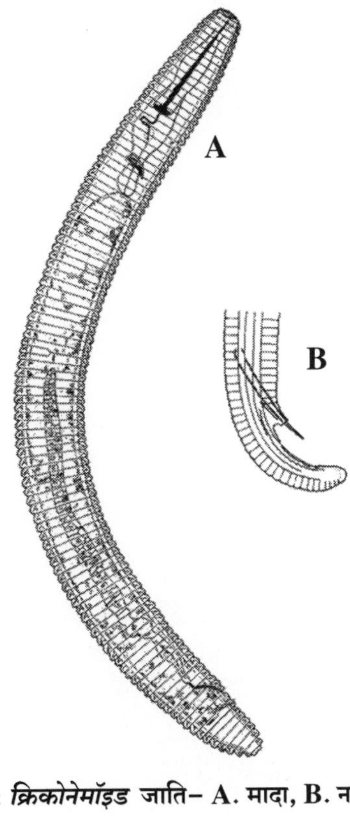

■ चित्र 9.28 : ***क्रिकोनेमॉइड* जाति– A. मादा, B. नर का पुच्छ भाग**

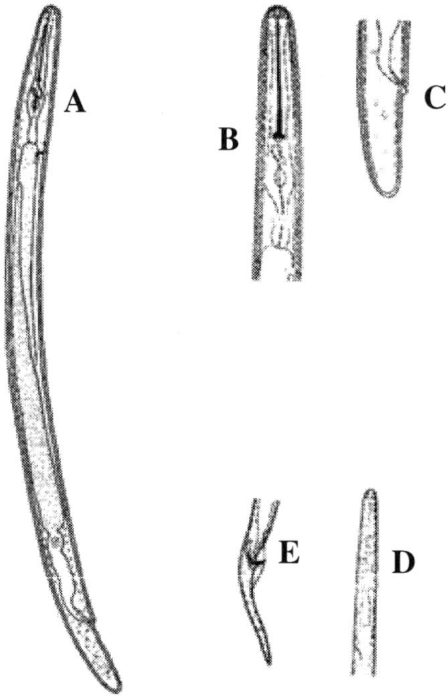

■ चित्र 9.29 : ***हेमीसाइक्लोफोरा* जाति– A. मादा, B. मादा का अग्रिम भाग, C. मादा का पुच्छ भाग, D. नर का अग्रिम भाग, E. नर का पुच्छ भाग**

15. *पेराटाइलेंकस* (*Paratylenchus*)

फाइलम	:	नेमाटोडा (Nematoda)
वर्ग	:	सेसरनेंसिया (Secernentea)
गण	:	टाइलेंकिडा (Tylenchida)
उपगण	:	क्रिकोनिमेटिना (Criconematina)
अधिकुल	:	टाइलेंकुलोइडिया (Tylenchuloidea)
कुल	:	पेराटाइलेंकिडी (Paratylenchidae)
वंश	:	पेराटाइलेंकस *(Paratylenchus)*

निदान (चित्र 9.30)

मादाः छोटे, 0.5 mm तक लम्बी। देह कृमिरूप अथवा फूली हुई। क्यूटिकल पर महीन एनयूल। स्टाइलेट सामान्यतया 20 μm से लम्बा, शंकुक भाग शाफ्ट की अपेक्षा बहुत लम्बा। ग्रसनी क्रिकोनिमेटिड, तनुयोजी बहुत लम्बा, आधरी बल्ब बड़ा। एकअग्र अंडाशयी, गर्भाशय पश्च कोश अनुपस्थित।

नरः बहुत मुड़े हुए। मुखपथ अपह्रासित। पुच्छ छोटी। पुच्छ पक्षक अनुपस्थित।

जैविकी व परपोषी–परजीवी संबंध

इन सूत्रकृमियों में लैंगिक या अनिषेक प्रजनन होता है। मादा अंडे मिट्टी में देती है जिनमें से J2 डिंभक स्फुटन करते हैं। *पी. प्रोजेक्टस (P.projectus)* J2 डिंभक प्रतिकूल परिस्थितियों में अंडों के अन्दर सुप्तावस्था में रहते हैं। कई जातियों के J3 व J4 डिंभकों में स्टाइलेट अविकसित अथवा अल्पविकसित होता है।

ये सूत्रकृमि स्थानबद्ध बाह्य परजीवी होते हैं व अपने लम्बे स्टाइलेट की सहायता से मूलरोम व अधिचर्म कोशिकाओं पर अशन करते हैं किन्तु विशिष्ट अशन स्थल नहीं बनाते। कुछ जातियां, जैसे *पी. हेमीकॉडा (P. hemicauda), पी. नवादस (P.nawadus), पी. नियोएम्बलीसेफेलस (P. neoamblycephalus)* जड़ों के अन्दर भी मिलती हैं।

16. *टाइलेंकुलस (Tylenchulus)*

वर्गीकृत स्थान

फाइलम	:	नेमाटोडा (Nematoda)
वर्ग	:	सेसरनेंसिया (Secernentea)
गण	:	टाइलेंकिडा (Tylenchida)
उपगण	:	क्रिकोनिमेटिना (Criconematina)
अधिकुल	:	टाइलेंकुलोइडिया (Tylenchuloidea)
कुल	:	टाइलेंकुलिडी (Tylenchulidae)
वंश	:	*टाइलेंकुलस (Tylenchulus)*

निदान (चित्र 9.31)

लैंगिक द्विरूपता। मादा- ग्रीवा से शरीर का पिछला भाग अनियमित रूप से फूला हुआ। स्टाइलेट छोटा व मजबूत। ग्रसनी क्रिकोनिमेटिड, तनुयोजी लम्बा। उत्सर्जी–स्रावी कोशिका अत्यधिक विकसित, उत्सर्जी–स्रावी छिद्र भग से ठीक आगे। एकअंडाशयी, अंडाशय लम्बा व घुमावदार। भग शरीर के मध्य में, श्लेषी आधात्री (gelatinous matrix) उत्सर्जी–स्रावी कोशिका द्वारा स्रवित, पुच्छ छोटी व बेलनाकार।

नर: पतला और कृमिरूप। स्टाइलेट बहुत कमजोर। ग्रसनी अविकसित। उत्सर्जी–स्रावी छिद्र लगभग शरीर के मध्य में, उत्सर्जी–स्रावी वाहिनी अग्र दिशा की ओर मुड़ी हुई। पुच्छ लम्बी, पतली व बेलनाकार। कंटिकायें अल्प चापाकार। प्रपुटी अनुपस्थित।

J2 डिंभक: पतला और कृमिरूप। स्टाइलेट छोटा और मजबूत। ग्रसनी पूर्ण विकसित। तनुयोजी लम्बा। उत्सर्जी–स्रावी छिद्र लगभग शरीर के मध्य में, उत्सर्जी–स्रावी वाहिनी अग्र दिशा की ओर मुड़ी हुई। पुच्छ लम्बी, पतली व बेलनाकार।

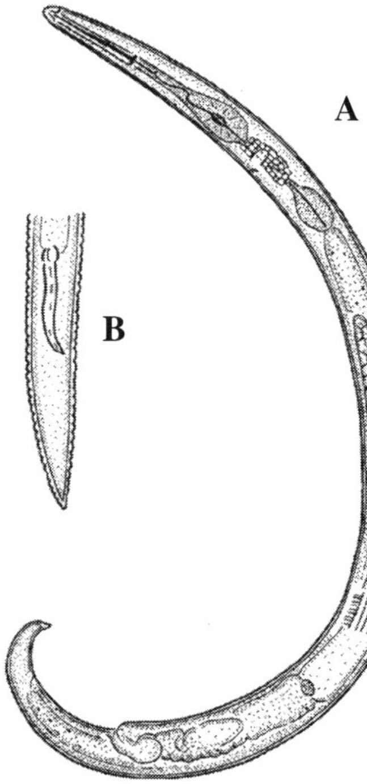

■ चित्र 9.30 : *पेराटाइलेंकस* जाति– **A. मादा, B. नर का पुच्छ भाग**

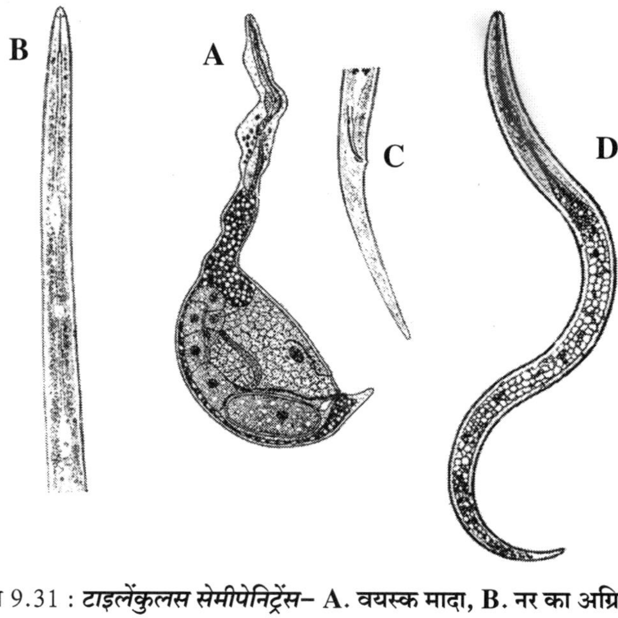

■ चित्र 9.31 : *टाइलेंकुलस सेमीपेनिट्रेंस*– **A. वयस्क मादा, B. नर का अग्रिम भाग, C. नर का पुच्छ भाग, D. J2 डिंभक**

जैविकी

यह एक अर्द्ध अंत: परजीवी सूत्रकृमि है जिसकी मादा का अग्रिम आधा भाग जड़ों के अन्दर तथा शेष भाग बाहर मिट्टी में रहता है। मादा अपने अंडे श्लेषी आधात्री में देती है जो उत्सर्जी स्रावी तंत्र द्वारा स्रवित होता है। मादा तथा नर बनने वाले डिंभकों का वर्धन भिन्न-भिन्न होता है। मादा बनने वाले J2 डिंभक जड़ों के अन्दर घुस जाते हैं लेकिन उनका पिछला भाग बाहर ही रहता है। दूसरा तीसरा व चौथा निर्मोक जड़ों में ही होता है तथा मादा का पिछला भाग फूलना शुरू हो जाता है। कुछ समय पश्चात मादा श्लेषी आधात्री स्रावित करती है तथा उनमें अंडे देना प्रारम्भ कर देती है. औसतन एक मादा अपने जीवन काल में 40-60 अंडे देती है। नर सूत्रकृमि का वर्धन मिट्टी में ही होता है। यह वर्धन अध्यारोपित (superimposed) निर्मोचन द्वारा होता है जिसमें J3 और J4 डिंभक अपनी पुरानी क्यूटिकल को धारण किये रहते हैं।

परपोषी-परजीवी संबंध

मादा सूत्रकृमि अपने सिर को वल्कुट के काफी अन्दर तक ले जा कर वहाँ खाने के लिये विशेष स्थान, आहार स्थल, बना लेती है। इस स्थान के बीच में गुहिका (cavity) होती है जिसमें मादा अपना सिर जमाये रहती है। इस गुहिका के चारों ओर की वल्कुट कोशिकाएं अतिवृद्धिक हो जाती हैं तथा उनकी भित्तियां मोटी हो जाती हैं इन कोशिकाओं के केन्द्रक व केन्द्रिक बड़े हो जाते हैं लेकिन विभाजित नहीं होते। ऐसी कोशिकाओं का साइटोप्लाजम गाढ़ा हो जाता है तथा उनमें रसधानी (vacuole) नहीं होते। ऐसी परिवर्तित कोशिकाओं (चित्र 9.32) को धात्री कोशिकाएं (nurse cells) कहते हैं।

17. डेलाडेनस (*Deladenus*)

वर्गीकृत स्थान

फाइलम	:	नेमाटोडा (Nematoda)
वर्ग	:	सेसरनेंसिया (Secernentea)
गण	:	टाइलेंकिडा (Tylenchida)
उपगण	:	हेक्साटाइलिना (Hexatylina)
अधिकुल	:	स्फेरोलेरिओइडिया (Sphaerularioidea)
कुल	:	*नियोटाइलेंकिडी (Neotylenchidae)*

निदान (चित्र 9.33)

फंगस भक्षी मादा: कृमि रूप, थोड़ी फूली हुई। स्टाइलेट छोटा, महीन; नोब छोटी। ग्रसनी नियोटाइलेंकिड, मध्य बल्ब बिना कपाटीय उपकरण के। जनन तंत्र एकअग्र-अंडाशयी, गर्भाशय-पश्चकोश अनुपस्थित। पुच्छ शंक्वाकार अथवा बेलनाकार।

फंगस भक्षी नर: फंगस भक्षी मादा जैसे लेकिन अपेक्षाकृत पतले। शुक्राणु बड़े, गोल, साइटोप्लाजम सहित। पुच्छ पक्षक पेलोडेरान। संक्रामक मादा को गर्भित करने वाले नर में शुक्राणु छोटे, बिन्दु-आकार के।

वीर्यसेचित (inseminated) संक्रामक मादा: पतली। स्टाइलेट लम्बा, नोब उपस्थित/अनुपस्थित। ग्रसनी ग्रंथियां अतिविकसित। जनन नलिका में कुछ ही अंडाशय कोशिकाएं, शेष नलिका छोटे, बिन्दु आकार के शुक्राणु से भरी हुई। पुच्छ शंक्वाकार या बेलनाकार।

कीट परजीवी मादा: फूली हुई। अंडों का स्फुटन देह के अन्दर ही।

जैविकी व परपोषी–परजीवी संबंध

इस वंश के सूत्रकृमि मृदा, पादप तने व शाखाओं आदि पर पनप रहे फंगस पर अशन व प्रजनन करते हैं। कुछ जातियों में कीट परजीवी पीढ़ी भी होती है जिसके लिए भिन्न प्रकार की मादा व नर उत्पन्न होते हैं। नर फंगसभक्षी नरों जैसे ही होते हैं किन्तु उनमें सूक्ष्म, बिन्दु आकार के शुक्राणु पैदा होते हैं। ऐसी मादाओं में स्टाइलेट व ग्रसनी अतिविासित होती हैं। वीर्यसेचित मादाएं कीट डिंभकों में भेदन करती है और उनके वयस्क बनने पर रक्त गुहा में प्रजनन करती है। सूत्रकृमि कीट अंडों के साथ बाहर वातावरण में आ जाते हैं।

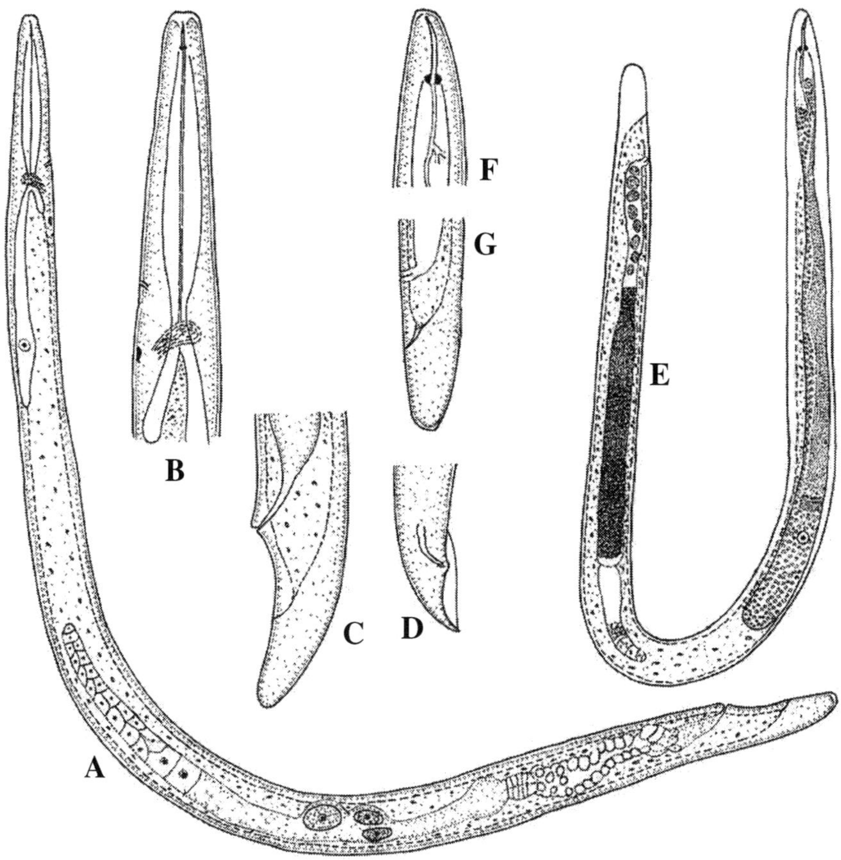

■ चित्र 9.33 : *डेलाडेसस*– **A-C. फंगस भक्षी मादा: A. मादा, B. अग्रिम भाग, C. पुच्छ भाग, D. नर का पुच्छ भाग, E-G. वीर्यसेचित संक्रामक मादा: E. मादा, F. अग्रिम भाग, G. पुच्छ भाग**

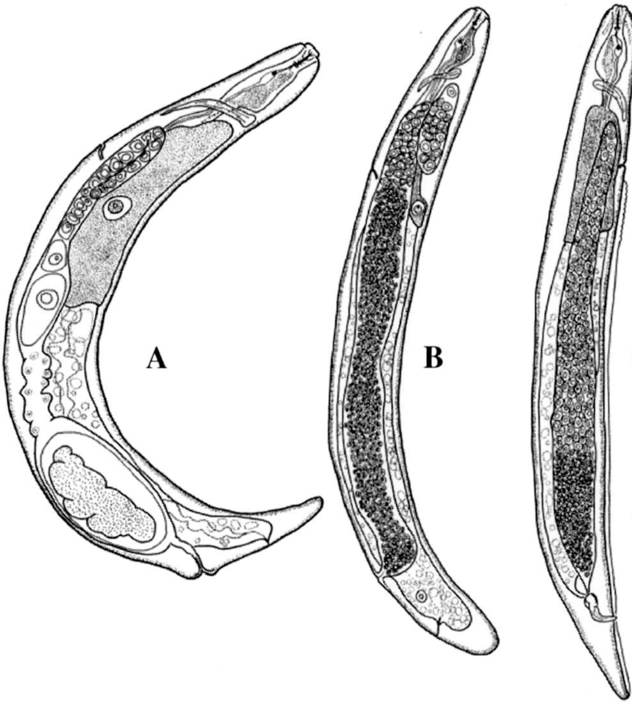

■ चित्र 9.34 : ***फरगूसोबिया***– **A. पादप भक्षी मादा, B. वीर्यसेचित संक्रामक मादा, C. नर**

18. *फरगूसोबिया* (*Fergusobia*)

वर्गीकृत स्थान

फाइलम	:	नेमाटोडा (Nematoda)
वर्ग	:	सेसरनेंसिया (Secernentea)
गण	:	टाइलेंकिडा (Tylenchida)
उपगण	:	हेक्साटाइलिना (Hexatylina)
अधिकुल	:	स्फेरोलेरिओइडिया (Sphaerularioidea)
कुल	:	*नियोटाइलेंकिडी (Neotylenchidae)*

निदान (चित्र 9.34)

दो प्रकार के जीवन चक्र- कीट परजीवी व पादप परजीवी। *पादप परजीवी मादा:* पृष्ठ ओर मुड़ी हुई। स्टाइलेट 5-15 μm लम्बा। ग्रसनी नियोटाइलेंकिड, पृष्ठ ग्रंथि अतिविकसित, एकअग्र अंडाशयी, गर्भाशय पश्चकोश अनुपस्थित। योनि आगे की ओर मुड़ी हुई। पुच्छ छोटी गोल अथवा शंक्वाकार। *संक्रामक मादा:* पादप पिटिका में, पादप परजीवी मादा जैसी लेकिन थोड़ी अधिक लम्बी व पतली। गर्भाशय बड़ा, फूला हुआ, शुक्राणु से भरपूर। नर: पादप मादा जैसा लेकिन अधर की ओर मुड़ा हुआ। शुक्राणु छोटे, हजारों की संख्या में। प्रनिदेशक अनुपस्थित। कंटिकाएं पुष्ठ,

चापाकार। पुच्छ पक्षक लेप्टोडेरान या पेलोडेरान। कीट परजीवी मादा: फूली व पृष्ठ ओर मुड़ी हुई। मुखपथ व आंत्र अपह्रासित। जनन नलिका अतिविकसित।

जैविकी व परपोषी–परजीवी संबंध

इस सूत्रकृमि का *फरगूसोनिना (Fergusonina)* नामक मक्खी के साथ पारस्परिक आश्रय का सिद्धान्त (अन्योन्याश्रयवाद- mutualism) है। सूत्रकृमि प्रारम्भ में मक्खी डिंभकों के लिये वृक्षों की पत्तियों, पर्णवृंत, पुष्प कलिकाओं व स्ट्गिमा पर गाल बनाते हैं जिसमें वे बढ़ते व खाते हैं। मक्खी सूत्रकृमि के प्रसार में सहायता करती है। कीट के अंडनिक्षेपण के साथ पादप गाल में पहुंच हुए सूत्रकृमि डिंभक अनिषेकजनन मादा में विकसित होते हैं। अनिषेकजनन मादा की संतति में नर व मादा होते हैं। वीर्यसेचित मादा कीट डिंभक में वेधन करती है और वयस्क कीट की रक्तगुहा में अंडे देती है।

19. *एफलेंकॉडिस (Aphelenchoides)*

वर्गीकृत स्थान

फाइलम	:	नेमाटोडा (Nematoda)
वर्ग	:	सेसरनेंसिया (Secernentea)
गण	:	एफलेंकिडा (Aphelenchida)
उपगण	:	एफलेंकिना (Aphelenchina)
अधिकुल	:	एफलेंकॉइडोइडिया (Aphelenchoidoidea)
कुल	:	एफलेंकॉइडोइडिडी (Aphelenchoidoidae)
वंश	:	*एफलेंकॉडिस (Aphelenchoides)*

निदान (चित्र 9.35)

मादा व नर, दोनों, कृमिरूप। मादा: लगभग 0.6 mm लम्बी, स्टाइलेट छोटा, नोब छोटी। आधारी ग्रंथिय बल्ब आंत्र को पृष्ठ ओर से ओवरलेप करता हुआ। । एकअग्रअंडाशयी, भग देह के पश्च भाग की ओर। मादा पुच्छ शंक्वाकार, सिरा म्युक्रो सहित।

नर: कंटिकाएं गुलाब के कांटे के आकार की। पुच्छ पक्षक व प्रनिदेशक अनुपस्थित।

जैविकी व परपोषी–परजीवी संबंध

इस वंश की अधिकतर जातियां फंगस पर पनपती है किन्तु कुछ पौधों के उपरभूमिक भागों- पत्तियां, पुष्प, पुष्प विन्यास आदि पर भी खाने और प्रजनन करने में सक्षम होती हैं। सूत्रकृमि इन भागों पर वर्धन शिखा या पानी की सतह से पहुंचते हैं। अधिकांश जातियां का एक जीवन चक्र लगभग एक सप्ताह में पूरा हो जाता है।

20. *सिस्टोंकस (Schistonchus)*

वर्गीकृत स्थान : एफलेंकॉडिस जैसा।

निदान (चित्र 9.36)

मादा: कृमिरूप, फूली हुई, लगभग सीधी से 'c' आकार की। स्टाइलेट 15-30 μm लम्बा, शंकुक भाग बहुत पतला, सुई जैसा। ग्रसनी एफलेंकोइडस प्रकार की, ग्रन्थियां बड़ी होकर आंत्र को ओवरलेप करती हुई। उत्सर्जी-स्रावी छिद्र स्टाइलेट के पास से लेकर मध्य ग्रसनी बल्ब के पश्च तक। जनन तंत्र एकअग्र-अंडाशयी। पुच्छ शंक्वाकार/ बेलनाकार; म्युक्रो उपस्थित या अनुपस्थित।

नर: 'c' आकार के, पश्च भाग मुड़ा हुआ। कंटिकाएं गुलाब के कांटे जैसे; पुच्छ पक्षक अनुपस्थित। शुक्राणु सूक्ष्म, बड़े गोल अथवा कशाभी (flagellate)।

कीटरागी संक्रामक मादा: पतली, लगभग सीधी,जनन नलिका में कुछ अंडाशयी कोशिकाएं, शेष भाग शुक्राणु से भरा हुआ।

जैविकी व परपोषी-परजीवी संबंध

इस वंश के सूत्रकृमि केवल फाइकस (Ficus) के फलों में मिलते हैं और संचरण के लिए एगाओनिडी (Agaonidae) कुल की फिग वास्प (fig wasp) पर निर्भर रहते हैं। सूत्रकृमि साइकानियम (फाइकस का फल) की भित्ति व पुष्पों पर अशन करते हैं। संक्रमण के लिए अधिकतर जातियों में विशेष प्रकार की मादाएं पैदा होती हैं जो मैथुन करके मादा वास्प के बाह्य अंगों पर चिपक अथवा रक्तगुहा में वेधन कर जाती हैं। अंडनिक्षेपण के लिए जब वास्प (बर्र) दूसरे साइकोनियम में प्रवेश करती है तो सूत्रकृमि वास्प से अलग होकर प्रजनन शुरु कर देते हैं।

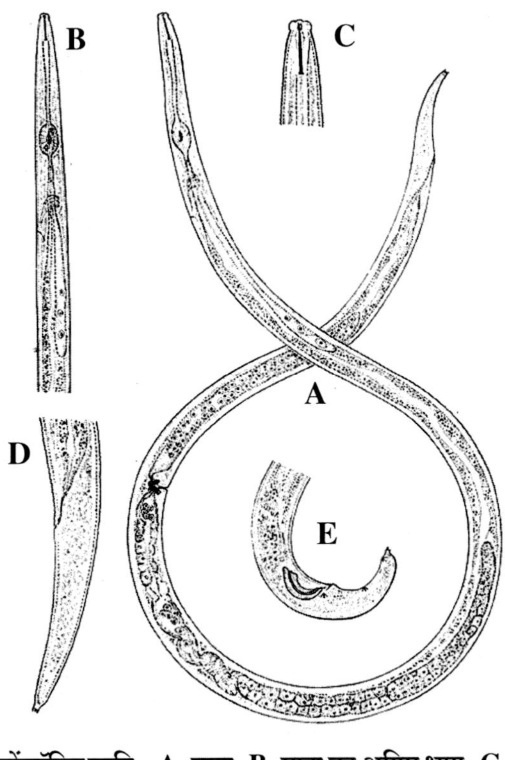

■ चित्र 9.35 : *एफलेंकॉडिस* जाति- **A. मादा, B. मादा का अग्रिम भाग, C. मादा का शिरस्य भाग, D. मादा का पुच्छ भाग, E. नर का पुच्छ भाग**

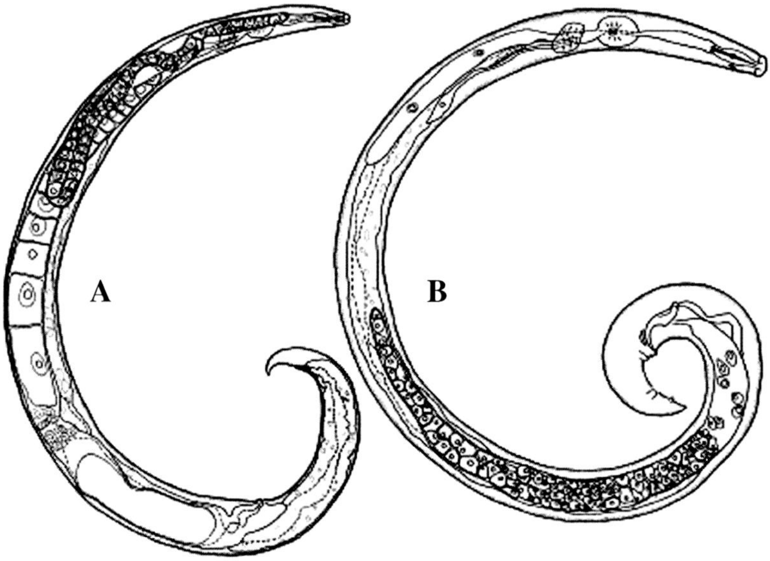

■ चित्र 9.36 : *सिस्टोंकस* – **A. मादा, B. नर**

21. *बरसेफलेंकस (Bursaphelenchus)/ रेडिनेफलेंकस (Rhadinaphelenchus)*

वर्गीकृत स्थान

फाइलम	:	नेमाटोडा (Nematoda)
वर्ग	:	सेसरनेंसिया (Secernentea)
गण	:	एफलेंकिडा (Aphelenchida)
उपगण	:	एफलेंकिना (Aphelenchina)
अधिकुल	:	एफलेंकॉइडोइडिया (Aphelenchoidoidea)
कुल	:	पेरासिटेफलेंकिडी (Parasitaphelenchidae)
वंश	:	*बरसेफलेंकस (Bursaphelenchus)*
		रेडिनेफलेंकस (Rhadinaphelenchus)

बरसेफलेंकस :

निदान (चित्र 9.37)

मादा: कृमिरूप, पतले सूत्रकृमि ($a<40$)। स्टाइलेट नोब के साथ। ग्रसनी एफलेंकोइडस प्रकार की। अग्रिम भग ओष्ठ भग को ढकता हुआ। पुच्छ बेलनाकार; सिरा गोल, नोकीला, म्युक्रो उपस्थित/ अनुपस्थित।

नर: मादा जैसे। कंटिकाएं गुलाब के कांटे जैसे, पुच्छ पक्षक पुच्छ के सिरे पर फ्लेप के रूप में।

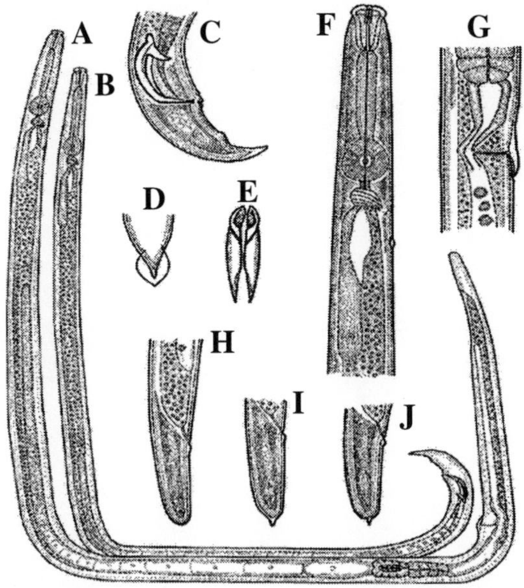

■ चित्र 9.37 : ***बरसेफलेंकस*– A, F, G-J. मादा, A. मादा, F. अग्रिम भाग, G. भग भाग, H-J. पुच्छ, B-E. नर: B. नर, C. पुच्छ भाग, D. पुच्छ सिरा, E. कंटिकाएं**

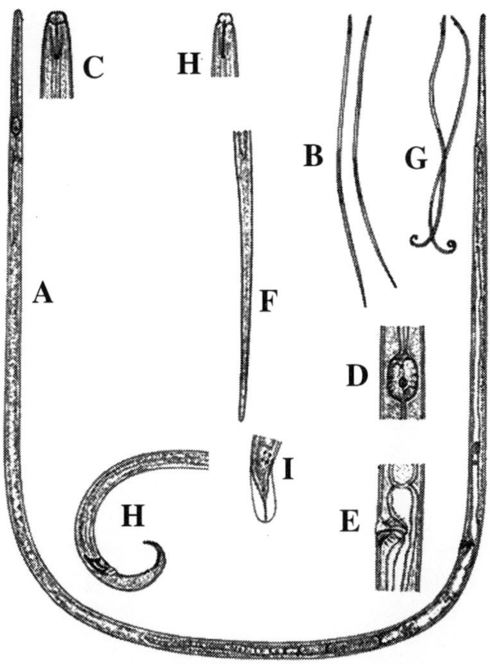

■ चित्र 9.38 : ***रंडिनेफलेंकस*– A-F. मादा, A-B. मादा, C. अग्रिम भाग, D. मध्य ग्रसनी बल्ब E. भग भाग, F. पुच्छ, G-I नर: G. नर, H. अग्रिम भाग, I. पुच्छ सिरा**

जैविकी व परपोषी–परजीवी संबंध

इस वंश की अधिकांश जातियां फंगसभक्षी हैं व जीवन चक्र 7–10 दिनों में पूरा कर लेती हैं। *बी. जाइलोफिस* नामक जाति चीड़ के ऊतकों पर अशन करने में भी सक्षम होती है जहां पर वह डायर डिंभक के रूप में कीट, *मोनोकेमस आलटरनेटस (Monochamuns alternatus)* की सहायता से पहुंचती है।

रेडिनेफलेंकस:

निदान (चित्र 9.38)

मादाः कृमिरूप, बहुत पतले सूत्रकृमि (a=60-179)। शिरस्थ दृढ़ीकृत ढ़ांचा मजबूत। स्टाइलेट नोब के साथ। ग्रसनी एफलेंकोइडस प्रकार की। योनि 'S' आकार की। पुच्छ लम्बी, पतली, बेलनाकार; सिरा गोल, बिना म्युक्रों के।

नरः मादा जैसे। कंटिकाएं गुलाब के कांटे जैसे, पुच्छ पक्षक पुच्छ के सिरे पर फ्लेप के रूप में।

जैविकी व परपोषी–परजीवी संबंध

इस वंश में एक ही जाति, *आर. कोकोफिलस (R. cocophilus)* है जो नारियल व अन्य पाम के वृक्षों के ऊतकों पर खाती है। इस सूत्रकृमि का संचरण, *रिनकोफोरस पामेरम (Rhynchophors palmarum)* नामक वीवल द्वारा होता है। प्रारम्भ में तने में सतह से लगभग 2-6 cm नीचे ऊतकों में लाल रंग के 1 mm व्यास के धब्बे दिखाई देते हैं जो बाद में आपस में मिलकर लगभग 3 cm चौड़ी रिंग बना लेते हैं। ऐसी रिंग पूरे तने, जड़ों व पर्णवृंत में देखी जा सकती है (चित्र 9.39)।

22. *जिफीनिमा (Xiphinema)* व *लोंजीडोरस (Longidorus)*

वर्गीकृत स्थान

फाइलम	:	नेमाटोडा (Nematoda)
वर्ग	:	एडिनोफोरिया (Adenophorea)
गण	:	डोरीलेमिडा (Dorylaimida)
उपगण	:	डोरीलेमिना (Dorylaimina)
अधिकुल	:	लोंजीडोरोइडिया (Longidoridea)
कुल	:	जिफीनिमेटिडी (Xiphinematidae)/
		लोंजीडोरोइडी (Longidoridae)
वंश	:	*जिफीनिमा (Xiphinema)*
		लोंजीडोरस (Longidorus)

निदान (चित्र 9.40)

जिफीनिमा :

मादाः लम्बे सूत्रकृमि (L=1.5-12mm), कृमिरूप। स्टाइलेट 60-200 µm लम्बा, इंजेक्शन की सुई जैसा, ओडोन्टोस्टील व ओडोन्टोफोर भागों का बना हुआ। ओडोन्टोफोर के पश्च सिर पर

फ्लेंजेज। ओडोन्टोस्टील व ओडोन्टोफोर के जोड़ के पास ओडोन्टोस्टील को घेरे हुई दो निर्देशक रिंग (guiding ring)। ग्रसिनी दो भाग बेलनाकार, अग्रिम भाग पतला व घुमावदार। मादा जनन तंत्र एकअग्र अंडाशयी/ एकपश्च अंडाशयी अथवा उभयअंडाशयी। पुच्छ विविध प्रकार की- छोटी गोल से लेकर लम्बी तंतुरूप।

नर: द्विवृषणी। मध्य-अधरीय संपूरक उपस्थित। पुच्छ पक्षक अनुपस्थित।

लोंजीडोरस (चित्र 9.41) *जिफीनिमा* जैसा होता है किन्तु उसके ओडोन्टोफोर में फ्लेंजेज नहीं होते व निर्देशक रिंग एक, ओष्ठ क्षेत्र के पास होती है।

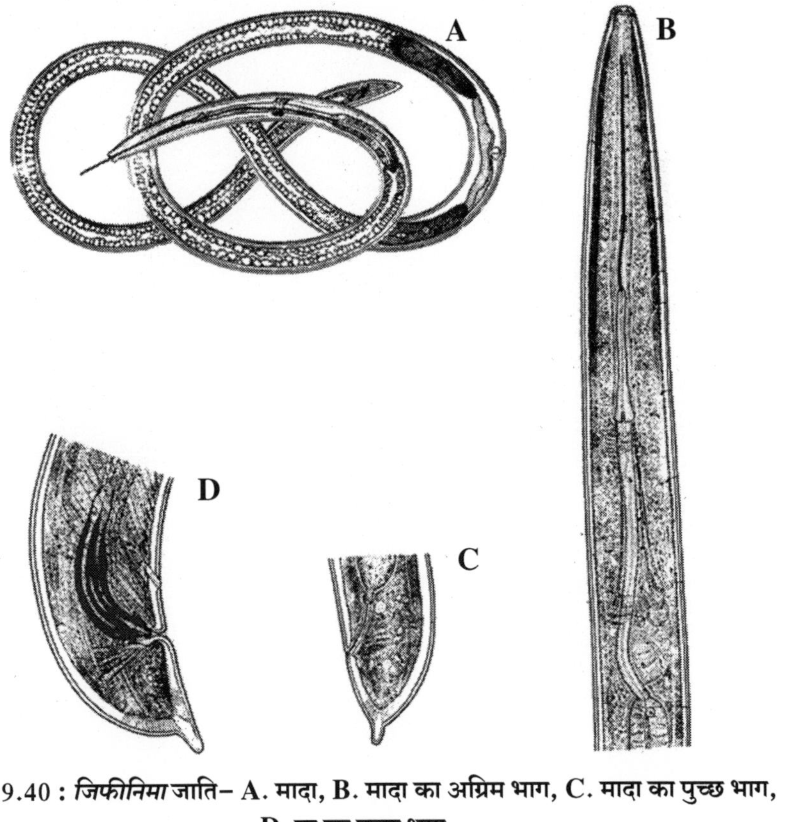

■ चित्र 9.40 : *जिफीनिमा* जाति- A. मादा, B. मादा का अग्रिम भाग, C. मादा का पुच्छ भाग, D. नर का पुच्छ भाग

जैविकी

ये सूत्रकृमि जड़ों के बाह्य परजीवी होते हैं व अपना सारा जीवन मृदा में व्यतीत करते हैं। इनमें प्रजनन लैंगिक अथवा अनिषेक होता है। अधिकतर जातियां वर्ष में एक (*एक्स. इंसीगनि- X. insigne, एल. मेक्रोसोमा- L. macrosoma*) या दो बार (*एक्स. बसीरी- X. basiri*) प्रजनन करती हैं। J1 डिंभक स्फुटन करके अंडों से बाहर आते हैं (टाइलेंकिड सूत्रकृमियों में प्रथम निर्मोक अंडे के अन्दर होता है व J2 डिंभक स्फुटन करके बाहर निकलते हैं)। डिंभकों में दो स्टाइलेट होते हैं- क्रियाशील (functional) व प्रतिस्थापन (replacement)। डिंभक क्रियाशील स्टाइलेट की

सहायता से खाते हैं। प्रतिस्थापन स्टाइलेट ग्रसनी की दीवार में पड़ा रहता है और निर्मोचन के बाद अगली अवस्था के डिंभक का क्रियाशील स्टाइलेट बन जाता है। चार निर्मोकों के बाद वयस्क मादा/ नर बनते हैं। डिंभक अवस्थाओं की अवधि व जीवन चक्र का समय विभिन्न जातियों में अलग-अलग होता है। कुछ जातियां जैसे *एल. मेक्रोसोमा, एक्स. विटयुजुऐंजी (X. vuittenezi)* आदि में सूत्रकृमि कई वर्षों तक डिंभक अवस्था में रहते हैं व जीवन चक्र पूरा होने में छः वर्ष लग जाते हैं। अन्य जातियां, जैसे *एक्स. इंडेक्स (X. index)* में भ्रूणोद्भव 6-8 दिनों में पूरा होता है व एक जीवन चक्र 24-30 दिन का होता है। इस वंश के सूत्रकृमि परपोषी पादपों की अनुपस्थिति में कई महीनों तक जीवित रह सकते हैं।

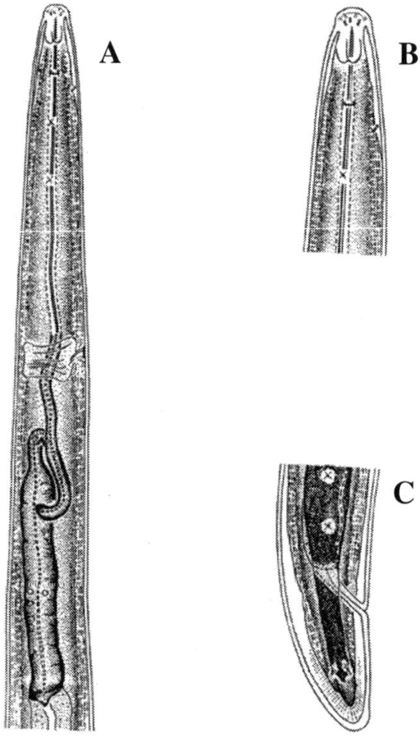

■ चित्र 9.41 : ***लोंजीडोरस* जाति– A. मादा का अग्रिम भाग, B. मादा का शिरस्थ भाग, C. मादा का पुच्छ भाग**

परपोषी-परजीवी संबंध

इन सूत्रकृमियों में स्टाइलेट काफी लम्बा होता है जिसकी सहायता से वे जड़ों के काफी अन्दर की कोशिकाओं पर अशन कर सकते हैं। इन सूत्रकृमियों का परपोषी परास बहुत बड़ा होता है किन्तु *जिफीनिमा* वंश के सूत्रकृमि विशेषकर बहुवर्षीय और *लोंजीडोरस* वंश के मौसमी पादपों को पसन्द करते हैं। *जिफीनिमा* वंश की अधिकांश जातियां जड़ के किसी भी भाग पर अशन कर सकती हैं किन्तु कुछ जातियां, जैसे *एक्स. बसीरी, एक्स. डाइवरसीकोडेटम (X. diversicaudatum)* मूलाग्र के पास खाना पसन्द करते हैं। *लोंजीडोरस* वंश के सूत्रकृमि मूलाग्र के पास ही अशन करते हैं।

जिफीनिमा वंश की कुछ जातियां जड़ों पर अंतस्थ गांठें (terminal galls) बनाती हैं (चित्र 9.42) जो प्राय: एक ओर मुड़ी (curly tip) होती हैं। ऐसा वल्कुट की एक ओर की कोशिकाओं के लगातार विभाजन (अतिवर्धन) व अतिवृद्धि (hypertrophy) के कारण होता है। इन गांठों में प्राय: ऊतकक्षयी कोशिकाएं होती हैं जो चारों ओर से आपरिवर्तित कोशिकाओं से घिरी रहती हैं। सूत्रकृमि की लार से दो प्रकार के उद्दीपन उत्पन्न होते हैं- एक प्रकार के उद्दीपन के कारण सूत्रकृमि द्वारा अशन की हुई कोशिकाएं ऊतकक्षयी/ अतिसंवेदनशील हो जाती हैं। दूसरे प्रकार के उद्दीपन ऊतकक्षयी/ अतिसंवेदनशील के साथ लगती काशिकाओं को 2-3 सप्ताहों के लिए आपरिवर्तित कर देती हैं जो बाद में ऊतकक्षयी हो जाती हैं। सूत्रकृमियों द्वारा मूलाग्र से पिछले भाग पर खाने से कोशिकाओं की भित्तियों में सुबेरीन (suberin) व फेलोडर्म (phelloderm) जमा हो जाता है जिससे जड़ों में कोर्क (cork) बन जाता है।

लोंजीडोरस वंश के सूत्रकृमि मेरिस्टेमेटिक / विभज्योतकी क्षेत्र या उसके पीछे लंबान अथवा विभेदीकरण क्षेत्र की कोशिकाओं पर अशन करते हैं। मेरिस्टेमेटिक क्षेत्र की कोशिकाओं पर खाने से मेरिस्टेम की मृत्यु हो जाती है, जड़ों का बढ़ाव रुक जाता है व संवहनी बंडल सिरे तक पहुंच जाते हैं। लंबान / विभेदीकरण क्षेत्र पर खाने से जड़ों की वृद्धि रुक जाती है। इन सूत्रकृमियों के अशन से सदैव अंतस्थ गांठें बनती हैं जो 10-12 दिनों में स्वत: समाप्त हो जाती हैं।

23. *ट्रिकोडोरस (Trichodorus)*/ *पेराट्रिकोडोरस (Paratrichodorus)*

वर्गीकृत स्थान

फाइलम	:	नेमाटोडा (Nematoda)
वर्ग	:	एडिनोफोरिया (Adenophorea)
गण	:	ट्रिपलोंकिडा (Triplonchida)
उपगण	:	डिफथेरोफोरिना (Diphtherophorina)
अधिकुल	:	ट्रिकोडोरोइडिया (Trichodoroidea)
कुल	:	ट्रिकोडोरिडी (Trichodoridae)
वंश	:	*ट्रिकोडोरस (Trichodorus)*
		पेराट्रिकोडोरस (Paratrichodorus)

निदान (चित्र 9.43)

मादा: 0.8-1.5 mm लम्बी, सिगार के आकार की। ओंकियोस्टाइलेट का ऊपरी सिरा ठोस। ग्रसिनी का अग्रिम भाग पतला, बेलनाकार, आधारी बल्ब नाशपती के आकार का। उभयअंडाशयी। अंडाशय मुड़ी हुई। मलद्वार पुच्छ के सिरे के पास।

नर: एकवृषणी। पुच्छ पक्षक उपस्थित (*ट्रिकोडोरस*) या अनुपस्थित (*ट्रिकोडोरस*)।

जीवन चक्र

ये सूत्रकृमि लैंगिक अथवा अनिषेक प्रजनन करते हैं। एक जीवन चक्र *पी. माइनर (P. minor)* में 30 °C पर 16-17 दिनों में व *पी. वाइरुलीफेरस (P. viruliferous)* में 15-20 °C

पर 45 दिनों में पूरा होता है। एक वर्ष में अनेक पीढ़ियां बन जाती हैं। स्फुटन करके J1 डिंभक बाहर आते हें जो चार निर्मोक के बाद मादा/नर बन जाते हैं। डिंभकों में एक ही स्टाइलेट होता है।

इन सूत्रकृमियों में स्टाइलेट छोटा व आगे से ठोस होता है जिससे वे केवल मूल रोमों व अधिचर्म की कोशिकाओं पर ही अशन कर सकते हैं। अशन करने के लिए वे लगातार स्टाइलेट मार कर कोशिका को छिद्रित कर देते हें व उसके साइटोप्लाजम को कोशिका के ऊपर बनी अशन नलिका (feeding tube) के माध्यम से चूस लेते हैं। साइटोप्लाजम चूसने के बाद सूत्रकृमि वहां से हट कर अन्य कोशिका पर खाना शुरु कर देते हैं। ये सूत्रकृमि मूलाग्र के पास अशन करते हैं। सूत्रकृमि की लार में उपस्थित रसायन विसरित होकर मेरिस्टेम व लंबान क्षेत्र की कोशिकाओं को नष्ट कर देते हैं जिससे जड़ का बढ़ाव रुक जाता है तथा सूत्रकृमि वहां से हटकर दूसरे स्थान पर पहुंच जाते हैं। इन सूत्रकृमियों के कारण मूलतंत्र अवरुद्ध/ ठूंठाकार (stubby) हो जाता है। ऐसा शाखा मूलिकाओं (root lets) का थोड़ा बड़ा होते ही सूत्रकृमि आक्रमण के कारण उनकी वृद्धि रुकने के कारण होता है। ऐसे ठूंठों से निकलने वाली पार्श्व जड़ों का बढ़ाव भी सूत्रकृमि आक्रमण के कारण शीघ्र रुक जाता है व पूरा जड़तंत्र ठूंठित हो जाता है।

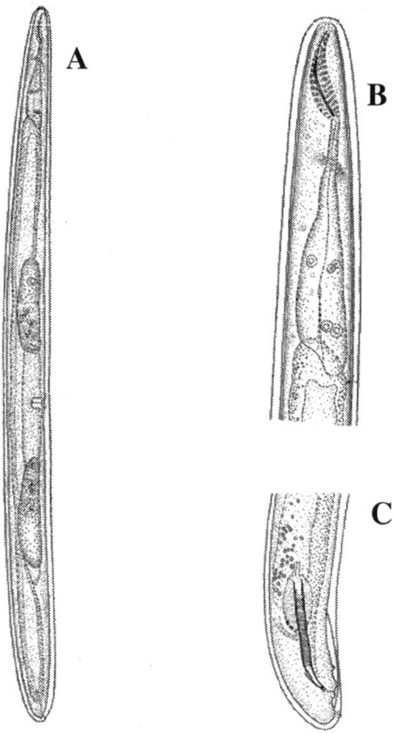

■ **चित्र 9.43 : *ट्रिकोडोरस* जाति– A. मादा, B. मादा का अग्रिम भाग, C. नर का पुच्छ भाग**

○○○

अध्याय 10 गेहूँ व जौ के प्रमुख हानिकारक सूत्रकृमि

भारत विश्व गेहूँ के प्रमुख उत्पादक व उपयोग करने वाले देशों में से एक है। सन् 1970 व 1980 में हरित क्रांति के पश्चात इस देश में गेहूँ के उत्पादन में भारी वृद्धि दिखाई दी। गेहूँ की खेती करने वाले प्रमुख क्षेत्र मैदानों में स्थित है जैसे उत्तर प्रदेश, पंजाब और हरियाणा जहां पर देश में उत्पादित कुल गेहूँ का लगभग 70% पैदा होता है। यद्यपि गेहूँ के लिए अच्छी निकासी युक्त दोमट व चिकनी मिट्टी उपयुक्त मानी जाती है और गंगा क्षेत्र के उर्वर मैदान इसकी पैदावार के लिए अधिक अनुकूल हैं तथापि प्रायद्वीपीय क्षेत्र की रेतीली दोमट व काली मिट्टी में भी गेहूँ की अच्छी फसल उगाई जाती है। उत्तरी भारत में गेहूँ व जौ की फसलों की अक्टूबर से दिसंबर तक बुवाई और मार्च से मई के महीनों में कटाई की जाती है। इन फसलों को बढ़ने के लिए ठंडे व पकने के लिए गर्म वातावरण की आवश्यकता होती है। जौ की फसल सूखे की परिस्थिति को सहने में अधिक सक्षम होती है और इसकी खेती के लिए रेतीली व रेतीली दोमट मिट्टी अधिक अच्छी होती है। इसका अधिकांश उत्पादन राजस्थान, उत्तर प्रदेश, पंजाब, हरियाणा, पश्चिमी बंगाल, जम्मू कश्मीर, बिहार व हिमाचल प्रदेश राज्यों में होता है।

सूत्रकृमियों की अनेक जातियां इन फसलों की जड़ों पर अशन करती हैं जिसके कारण इनका का उत्पादन प्रभावित होता है। इनमें से एक जाति, *हेटरोडेरा ऐविनी (Heterodera aveane)* दोनों फसलों में मोल्या नामक रोग उत्पन्न करती है। एक अन्य जाति, *एंग्युआइना ट्रिटिसाई (Anguina tritici)*, गेहूँ की बालियों में बीजों के स्थान पर गाल/पिटिकाएं (galls) बनाती है। इन व कुछ अन्य प्रमुख सूत्रकृमियों का विस्तृत वर्णन इस अध्याय में किया गया है।

1. *हेटरोडेरा ऐविनी* (*Heterodera aveane*)

सर्वप्रथम यह सूत्रकृमि कुन (Kuhn) को सन् 1874 में जर्मनी में मिला था जिसने इसको *हेटरोडेरा शेक्टाई* ही समझा। कालांतर में इसे *हेटरोडेरा शेक्टाई var. ऐविनी*, *हेटरोडेरा शेक्टाई मेजर* व *हेटरोडेरा मेजर* के नाम से जाना गया। वोलेनवेबर (Wollenweber) ने सन् 1924 में इसका वर्तमान नाम *हेटरोडेरा ऐविनी* दिया। भारत में सर्वप्रथम 1958 में यह राजस्थान के नीम का थाना (जिला सीकर) से गेहूँ व जौ की जड़ों पर देखा गया था।

हेटरोडेरा वंश की यह जाति की सिस्ट काले–गहरे भूरे रंग की, द्विगवाक्षी (bifenestrate) होती है जिसके अन्दर अनेक बुल्ले होते हैं किन्तु अधोसेतु (underbridge) नहीं होता। मादा सारे अंडे सिस्ट के अन्दर ही देती है।

वितरण व परपोषी फसलें

यह सूत्रकृमि यूरोप के कई देशों, आस्ट्रेलिया, रूस, इजराइल, खाड़ी के देशों, पाकिस्तान, भारत आदि कई देशों में फैला हुआ है। भारत में यह सूत्रकृमि राजस्थान व हरियाणा के रेतीले क्षेत्रों में अधिक मिलता है। इनके अतिरिक्त यह देश के अन्य गेहूँ पैदा करने वाले राज्यों जैसे उत्तर प्रदेश, दिल्ली, हिमाचल प्रदेश, जम्मू व काशमीर, मध्य प्रदेश व पंजाब में भी पाया जाता है।

भारत में गेहूँ और जौ की फसलें ही इस सूत्रकृमि से संक्रमित होती हैं जबकि यूरोप में इन फसलों के अलावा जई भी प्रभावित होती है। कुछ ग्रेमिनी कुल के खर पतवार भी इस सूत्रकृमि के परपोषी पादप हैं।

गेहूँ और जौ में इस सूत्रकृमि द्वारा होने वाली बिमारी को मोल्या रोग के नाम से भारत में जाना जाता है।

जीवन चक्र

जमीन के अन्दर सिस्ट में सुप्त अवस्था में रहने वाले J2 डिंभक अक्टूबर के अन्तिम सप्ताह/ नवम्बर के पहले पखवाड़े में अनुकूल तापमान (18-24 °C) व नमी मिलने पर सक्रिय हो जाते हैं व स्फुटन करके सिस्ट से बाहर आ जाते हैं। यही समय गेहूँ और जौ की बिजाई के लिए भी उपयुक्त होता है। J2 डिंभक अंकुरित हुए पौधों की जड़ों में वेधन कर जाते हैं तथा जीवन चक्र प्रारम्भ करते हैं। लगभग दो महीनों (जनवरी के अंत तक) में ये डिंभक वयस्क बन जाते हैं। सर्पाकार नर जड़ों से निकल कर मिट्टी में आ जाते हैं जबकि गोलाकार मादाएँ जड़ों के साथ सफेद दानों के रूप में चिपकी रहती है। मैथुन के बाद मादाएँ अंडे देना शुरु करती हैं। J2 डिंभक स्फुटन कर के या अंडों में ही मादा के शरीर के अंदर रहते हैं। फरवरी के अंत तक मादाओं की क्यूटिकल मोटी होना शुरु हो जाती है, उसका रंग भूरा और बाद में गाढ़ा भूरा-काला हो जाता है (सिस्ट अवस्था) तथा वे जड़ों से छूट कर मिट्टी में गिर जाती हैं। इस प्रकार यह सूत्रकृमि वर्ष में एक ही जीवन चक्र पूरा कर पाता है। प्रत्येक सिस्ट में 150-400 अंडे व J2 डिंभक हाते हैं किन्तु प्रथम वर्ष में उन में से लगभग आधे ही सक्रिय हो पाते हैं।

लक्षण

इस रोग के लक्षण बिजाई के एक महीने के बाद दिखना आरम्भ हो जाते हैं। प्रारम्भ में यह रोग खेत के कुछ ही हिस्सों में दिखाई देता है (चित्र 10.1A)। प्रभावित पौधे छोटे रह जाते हैं, उनमें फुटाव नहीं होता और पत्तियां पीली पड़ जाती हैं। पानी लगाने व खाद देने से भी ऐसे पौधों में बढ़ाव नहीं हो पाता। ऐसे पौधों पर छोटी-छोटी और बहुत कम बालें लगती है। जनवरी-फरवरी के महीनों में जड़ों पर चिपकी हुई सफेद रंग की मादाएँ देखी जा सकती हैं (चित्र 10.2)। सुग्राही फसलों को प्रति वर्ष लेने से यह रोग कुछ ही वर्षों में सारे खेत में फैल जाता हैं।

प्रभावित पौधों को आसानी से जमीन से उखाड़ा जा सकता है क्योंकि ऐसे पौधों का मूल तंत्र छोटा रह कर झाड़ी नुमा हो जाता है (चित्र 10.1B) जिसमें क्राउन जड़ों का अभाव रहता है।

आर्थिक क्षति

इस सूत्रकृमि से हाने वाली क्षति सूत्रकृमि की संख्या पर निर्भर करती है। 6 अंडे/ग्राम मिट्टी पर 45-48 प्रतिशत नुकसान अनुमानित किया गया है। अधिक प्रकोप होने पर नुकसान इतना अधिक हो जाता है कि किसान बीच में फसल उखाड़ देते हैं (बहा देते हैं)। इस रोग से राजस्थान में प्रति वर्ष

8.22-8.8 प्रतिशत नुकसान होता है जो कि 1978 में गेहूँ व जौ में क्रमश: चार व तीन करोड़ रुपए के बराबर था।

■ चित्र 10.1 : **गेहूँ में मोल्या रोग के लक्षण– A. उपरभूमिक, B. जड़ों पर**

■ **चित्र 10.2 : गेहूँ की जड़ों पर चिपकी हुई *हेटरोडेरा एविनी* की श्वेत मादाएं**

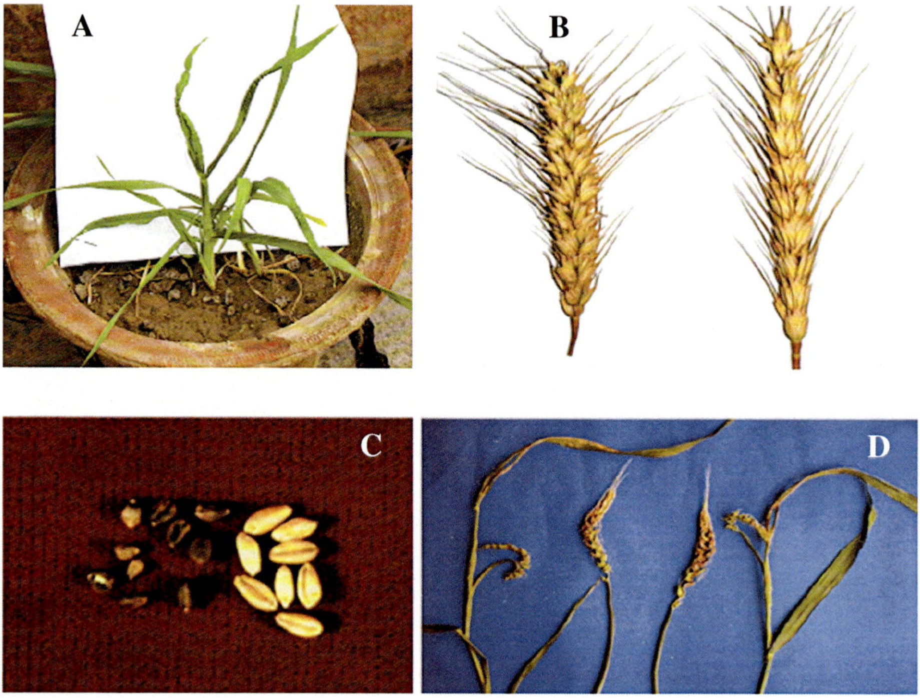

■ चित्र 10.4 : ***एंग्युआइना ट्रिटिसाई* के कारण गेहूँ में होने वाले ममनी रोग के लक्षण– A. आधारी फुलावट, B. स्वस्थ बाली (दाएं), संक्रमित बाली (बाएं), C. ममनी (बाएं), बीज (दाएं), D. *एंग्युआइना ट्रिटिसाई* व *रेथीबैक्टर ट्रिटिसाई* के कारण गेहूँ में होने वाले टुण्डु रोग के लक्षण**

प्रबंधन

कर्षण (cultural): यह रोग केवल गेहूँ व जौ पर ही लगता है इसलिए 2 से 3 वर्षों तक फसल चक्र अपना कर इस रोग से काफी सीमा तक छुटकारा पाया जा सकता है। फसल चक्र में रबी में बोई जाने वाली अन्य फसलें जैसे- सरसों, चना, मैथी, गाजर आदि को गेहूँ और जौ के स्थान पर बोया जा सकता है।

- मई–जून के महीनों में जब तापमान 40-45 °C तक पहुंच जाता है तो 10 से 15 दिनों के अन्तर पर गहरी जुताई करने से सिस्ट के अन्दर पड़े हुए अंडे व J2 डिंभक मर जाते हैं।
- गेहूँ व जौ की बिजाई 15 दिन पूर्व (अगेती) करने से भी लाभ होता है क्योंकि J2 डिंभकों के सक्रिय होने से पहले ही फसल एक से डेढ़ महीने की हो चुकी होती है।

रासायनिक विधियां: जिन खेतों में सूत्रकृमि का बहुत अधिक प्रकोप होता है उनमें कार्बोफ्यूरान दवाई का 1-2 kg a.i./ha (33 किलो प्रति हेक्टेयर) की दर से प्रयोग करने से 150–200% अधिक पैदावार हो सकती है। इस दवा को बिजाई के समय ही डालना चाहिए।

प्रतिरोधी किस्में: जौ की राजकिरन, C-164, RD-2035, RD 2052 किस्में इस सूत्रकृमि को विकसित नहीं होने देती। अत: इन्हें ग्रसित खेतों में बोया जा सकता है। राजस्थान कृषि विश्वविद्यालय द्वारा विकसित की गई गेहूँ की प्रतिरोधी किस्म Raj MR-1 प्रभावित खेतों में सुग्राही किस्मों की अपेक्षा अधिक पैदावार देती है तथा सूत्रकृमियों की समष्टि को काफी कम कर देती है।

2. बीज पिटिका सूत्रकृमि–*एंग्युआइना ट्रिटिसाई*

एंग्युआइना ट्रिटिसाई (*Anguina tritici*) का वंशगत नाम, *एंग्युआइना*, लेटिन भाषा के शब्द *एंग्युआइनोज* (*Anguinos*) = सर्पाकार से लिया गया है और जातिगत नाम *ट्रिटिसाई* इसकी परपोषी पादप *ट्रटिकम एसटीवम* (*Triticum aestivum*) पर आधरित है।

ए. *ट्रिटिसाई* सर्वप्रथम पहचाने जाने वाला पादप सूत्रकृमि है जिसका आविष्कार नीधम (Needham) ने सन् 1743 में किया था। स्टाइनबक (Steinbuch) ने सन् 1799 में इसे *विबिरियो ट्रटिसाई (Vibrio tritici)* नाम दिया जिसे फिलिपजेव (Filipjev) ने सन् 1936 में बदल कर वर्तमान नाम *एंग्युआइना ट्रिटिसाई* कर दिया।

भारत में यह सूत्रकृमि सर्वप्रथम मिलन (Milne) को सन् 1919 में पंजाब प्रान्त से मिला था।

प्रसार व परपोषी फसलें

कुछ वर्ष पूर्व तक यह सूत्रकृमि अमेरिका, यूरोप, रुस, एशिया, आस्ट्रेलिया, न्यूजीलेंड आदि गेहूँ उत्पादन करने वाले देशों में मिलता था किन्तु अब भारत, मध्य–पूर्व एशिया, पूर्वी यूरोप के कुछ अल्पविकसित और विकासशील देशों तक सीमित हो कर रह गया है। भारत के गेहूँ उत्पादन करने वाले राज्यों, पंजाब, हरियाण, दिल्ली, उत्तर प्रदेश, बिहार, मध्य प्रदेश, हिमाचल प्रदेश, राजस्थान में यह सूत्रकृमि मिलता है। सन् 1997–1999 में इस सूत्रकृमि ने बिहार और मध्य प्रदेश में महामारी का रूप ले लिया था जहां कई किसानों ने फैली हुई भ्रान्तियों के कारण खेतों में खड़ी हुई फसल को जला दिया था। भारत के पंजाब, हरियाणा और दिल्ली जैसे विकसित राज्यों से अब यह सूत्रकृमि लगभग लुप्त हो गया है जैसा कि विकसित देशों में भी हुआ है।

यह सूत्रकृमि केवल गेहूँ की फसल को संक्रमित करता है परन्तु कभी-कभी जौ व ट्रटिकेल पर भी मिलता है।

जीवन चक्र (चित्र 10.3)

ये सूत्रकृमि बीज पिटिका/गाल (seed gall) बनाते हैं जो कि लगभग गेहूँ के दाने के बराबर होते हैं। सूत्रकृमियों का जीवन चक्र इन्ही पिटिकाओं को गेहूँ के बीजों के साथ बोने से प्रारम्भ होता है। एक पिटिका के अन्दर 4000-12000 J2 डिंभक सुप्तावस्था में होते हैं। मिट्टी में नमी मिलने पर वे सक्रिय हो जाते हैं तथा मुलायम हो गई पिटिका की भित्ति को भेद कर मिट्टी में आ जाते हैं। लगभग इसी समय गेहूँ के बीज अंकुरित होते हैं और सूत्रकृमि के J2 डिंभक इन पौधों के वर्धन शिखा (growing point) पर पहुंच जाते हैं। वर्धन शिखा पर्ण आच्छदों (leaf sheath) से ढका होता है और डिंभक यहां पर बाह्य परजीवी के रूप में खाते हैं। पौधों के बढ़ाव के साथ-साथ वर्धन शिखा भी चिपके हुए J2 डिंभकों सहित ऊपर की ओर बढ़ता रहता है। 60-65 दिनों बाद जब वर्धन शिखा से पुष्प अग्रज (floral primordium) बनते हैं तब J2 डिंभक उनके अन्दर प्रवेश कर जाते हैं और अंत: परजीवी हो जाते हैं। पुष्प अग्रजों में तीन निर्मोचन करके J2 डिंभक वयस्क नर/मादा में विकसित हो जाते हैं। ऐसे संक्रमित पुष्प अग्रज फरवरी-मार्च के महीनों में बालियों के अन्दर हरे रंग के गोल दानों (पिटिका/ गाल) के रूप में दिखते हैं। लैंगिक प्रजनन के बाद मादा सूत्रकृमि सैंकड़ों अंडे इन्हीं हरी पिटिकाओं में देती है। प्रथम निर्मोचन अंडों के अन्दर ही होता है और उनमें से J2 डिंभक स्फुटन करते हैं। कुछ दिनों के बाद J2 डिंभक सुप्तावस्था में चले जाते हैं। अप्रैल तक हरी पिटिकाओं का रंग बदल कर भूरा-काला हो जाता है। कटाई के बाद पिटिकाएं गेहूँ के दानों के साथ उपज में मिली रहती हैं। पिटिकाओं में सुप्तावस्था में पड़े हुए J2 डिंभक कई वर्षों तक जीवित रह सकते हैं।

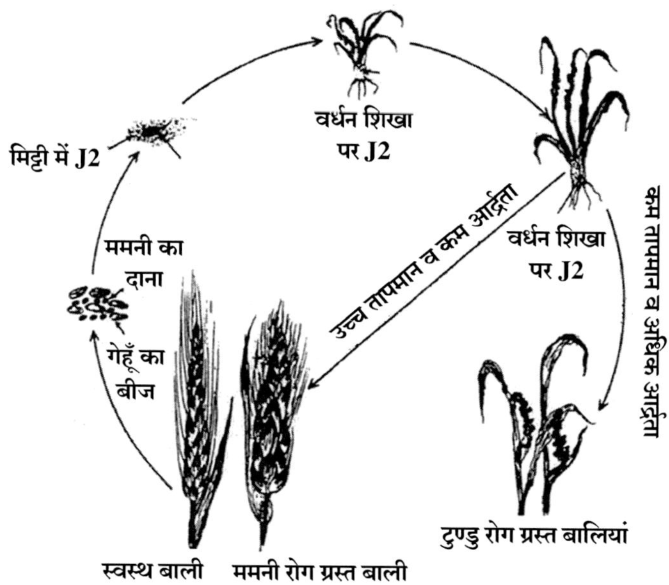

■ चित्र 10.3 : ***एंग्युआइना ट्रिटिसाई*** **का गेहूँ पर जीवन चक्र**

परपोषी – परजीवी संबंध

अकेले से यह सूत्रकृमि गेहूँ में ममनी/ सेहूँ / गेगला रोग पैदा करता है जिसे इयर कोकल (ear cockle) रोग भी कहते हैं। बिमारी के लक्षण गेहूँ के अंकुरित होने के 20-25 दिनों के बाद ही देखे जा सकते हैं जब J2 डिंभक वर्धन शिखा पर होते हैं। संक्रमित पौधे छोटे रह जाते हैं, उनमें दौजियां (tiller) अधिक निकलती हैं तथा भूशायी बढ़ाव होता है। संक्रमित पौधों के तने आधार पर फूले होते हैं और उनकी पत्तियां संकुचित होकर ऐंठ जाती हैं (चित्र 10.4 A)। बड़े होने पर संक्रमित पौधों की बालियां स्वस्थ पौधें की अपेक्षा छोटी व मोटी दिखती हैं (चित्र 10.4 B)। इन बालियों में बीज के स्थान पर काले-भूरे रंग की ममनी/ पिटिकाएं बनती हैं। पिटिकाएं बीजों की अपेक्षाकृत छोटी होती हैं। पिटिकाओं का आकार गोलाकार, अंडाकार या अनियमित होता है (चित्र 10.4 C)।

यह सूत्रकृमि *रेथीबैक्टर ट्रिटिसाई (कोरनीबैक्टर ट्रिटिसाई/ कलेवीबैक्टर ट्रिटिसाई Rathybacter tritici = Cornybacter tritici = Clavibacter tritici*) के साथ मिलकर एक और रोग फैलाता है जिसे टुण्डु/ बाली का पीला सड़न अथवा गलन/ तनन / येलो इयर रोट (tundu/ yellow ear rot) कहते हैं। जीवाणुओं के बीजाणु (spores) प्राकृतिक रूप से J2 डिंभक की क्यूटिकल पर चिपके होते हैं। प्रारम्भिक (वनस्पतिक) अवस्था में इस रोग के लक्षणों को ममनी रोग के लक्षणों (तने की आधारी फुलावट, पत्तियों का संकुचित व टेढा-मेढा होना, भूशायी वर्धन आदि) से अलग नहीं किया जा सकता। यदि बालियां बनने के समय वातावरण में आर्द्रता अधिक (Rh= 90-100%) व तापमान कम हो तो जीवाणु बहुत तेजी से पनपने लगते हैं जिसके कारण पीले रंग का गोंद जैसा चिपचिपा पदार्थ, जीवाणु रिसाव (bacterial ooze) बालियों व पत्तियों पर फैल जाता है (चित्र 10.4 D)। रोग ग्रस्त डंठल मर भी सकते हैं। कभी-कभी बालियां पर्ण आच्छद से बाहर ही नहीं निकल पातीं और डंठल विकृत हो जाते हैं। संक्रमित बालियों में न तो बीज बनते हैं और न ही सूत्रकृमि की पिटिकाएं।

आर्थिक क्षति

बीजो में 2.5, 6.5 और 8.5% पिटिकाएं होने पर क्रमश: 30, 40 और 69% नुकसान होता है। सन् 1981 में केवल हिसार जिले (हरियाणा) में ममनी व टुण्डु की बिमारियां 2.5-6.2 और 2.3-8.2% खेतों में पायी गयी थी। पैदावार में कमी के अतिरिक्त पिटिकाओं का गेहूँ की गुणवत्ता में भी असर पड़ता है। गेहूँ में पिटिकाओं की संख्या 5% से अधिक (वजन के आधार पर) होने पर चपाती के स्वाद, रंग, गंध आदि पर विपरीत प्रभाव पड़ता है। राजस्थान प्रांत में 5-10% तक इन रोगों से हानि होती है।

प्रबंधन

ममनी व टुण्डु रोग केवल गेहूँ के साथ सूत्रकृमि की पिटिकाएं बोने से ही होते हैं अत: केवल उन्ही क्षेत्रों में मिलते हैं जहां किसान अपना बनाया हुआ पुराना बीज ही प्रयोग करते हैं। अनेक विकसित देशों व भारत के पंजाब, हरियाणा, दिल्ली राज्यों से इन रोगों का लगभग उन्मूलन हो चुका है। ऐसा वहां के किसानों द्वारा नयी किस्मों के बीजों के प्रयोग व बीज बदलने (seed replacement) की पद्धति अपनाने से सम्भव हो सका है। इन रोगों से बचने के लिए किसानों को

निम्न सुझाव दिए जाते हैं-

- गेहूँ का बीज बदलते रहें। अगर किसी खेत में ये बिमारियां दिखाई दें तो उस खेत की पैदावार का बीज के रूप में प्रयोग कदापि न करें।
- अगर किन्हीं कारणों से ऐसे ही खेतों का बीज प्रयोग करना अति आवश्यक हो तो ममनी/पिटिकाओं को बीजों से निम्न विधियों से अलग करके बोयें-
    - ममनी के दाने बीज की अपेक्षा छोटे होते हैं, अत: उन्हें आसानी से 3-मेश की छलनी से अलग किया जा सकता है।
    - पंखे की तेज हवा के सामने उड़ाने से लगभग 90% पिटिकाएं दूर कर सकते हैं। हलकी होने के कारण पिटिकाएं दूर गिरती हैं।
    - ममनी-ग्रस्त बीजों को सादे पानी में एक टब में डालकर अच्छी प्रकार हिलाएं। हलकी व छोटी होने के कारण ममनी ऊपर तैरने लगती हैं जिन्हें छलनी की सहायता से अलग किया जा सकता है। इस विधि से लगभग 98% ममनी अलग की जा सकती हैं। पूर्ण रूप से ममनी मुक्त करने के लिए सादे पानी के स्थान पर 5-20% नमक के घोल का प्रयोग करें। ममनी को हटाने के बाद बीजों को 2-3 बार सादे पानी से धोकर छाया में सुखा कर ही बोएं ताकि बीजों के अंकुरण पर कोई दुष्प्रभाव न पड़े। अलग की हुई पिटिकाओं को जलाकर या दबाकर नष्ट कर दें।

3. ***मरलीनियस ब्रेवीडेंस* (*Merlinius brevidens*)**

यह विविधभक्षी सूत्रकृमि पूरे भारत में फैला हुआ है व बाह्य परजीवी के रूप में जड़ों की अधिचर्म कोशिकाओं पर अशन करता है। अमेरिका व स्पेन में इस सूत्रकृमि के कारण गेंहूँ व जौ के पौधे बौने रह जाते हैं।

❍❍❍

अध्याय **11**

धान के प्रमुख हानिकारक सूत्रकृमि

भारत विश्व के सर्वाधिक चावल पैदा करने वालों देशों में से एक है जहां दक्षिणी व पूर्वी क्षेत्र के लोगों का यह मुख्य भोजन है। धान की खेती के लिए गर्म व अधिक आर्द्रता वाली जलवायु की आवश्यकता होती है। देश में इसे 8 °C - 25 °C तक, समुद्र तल से 2500 m ऊंचाई व 100 cm से अधिक प्रति वर्ष बारिश वाले क्षेत्रों नें बोया जा सकता है। निचली भूमि पर उगाए जाने वाला धान का उत्पादन वर्षा पर निर्भर करता है और मुख्यतया नदी के मैदानी क्षेत्रों, डेल्टा व समुद्र के तटीय क्षेत्रों मे होता है। पंजाब, हरियाणा व अन्य राज्यों जहां पर सिंचाई की सुविधा उपलब्ध है, अप लेंड धान का उत्पादन होता है। उत्तरी भारत में धान की एक ही फसल खरीफ के मौसम में ली जाती है जबकि दक्षिणी व पूर्वी राज्यों में इसकी 2–3 फसलें, पूरे वर्ष ली जाती हैं।

भूमिक व उपरभूमिक दोनों प्रकार के परजीवी सूत्रकृमि धान के उत्पादन पर दुष्प्रभाव डालते हैं जिनमें से कुछ का वर्णन नीचे किया गया है।

1. श्वेत सिरा सूत्रकृमि – *एफलेंकॉडिस बेसीआई* (White Tip Nematode - *Aphelenchoides besseyi*)

दस्तूर (Dastur) ने सर्वप्रथम इस सूत्रकृमि को *एफलेंकॉडिस* के नाम से सन् 1934 में भारत के मध्य प्रदेश राज्य (तत्कालीन केन्द्रीय सूबा) में धान के खेतों में पाया था। उस वर्ष इस सूत्रकृमि से होने वाले रोग– धान का श्वेत सिरा रोग, महामारी के रूप में फैला हुआ था। बाद में सन् 1940 में इस रोग को जापान में भी देखा गया और सूत्रकृमि का नाम *एफलेंकॉडिस ओराइजी* (*A. oryzae*) रखा गया। एलन (Allen) ने सन् 1952 में इस सूत्रकृमि को वर्तमान नाम *ए. बेसीआई* दिया।

वितरण व परपोषी फसलें

यह सूत्रकृमि भारत, जापान, मध्य–पूर्व एशिया, अमेरिका, मध्य व पश्चिमी अफ्रीका के अनेक देशों व आस्ट्रेलिया में मिलता है। भारत में यह सूत्रकृमि अब पूर्वी व दक्षिणी राज्यों, जहां वातावरण में लम्बे समय तक अधिक आर्द्रता बनी रहती है, तक सीमित है।

धान इस सूत्रकृमि की मुख्य परपोषी फसल है किन्तु यह अनेक जातियों के खरपतवार व पुष्पीय पौधों जैसे रजनी गन्धा– *पॉलीएन्थस ट्युबरोसा* (tuberose- *Polyanthes tuberosa*) पर भी अपना जीवन चक्र पूरा कर सकता है।

जीवन चक्र

इस सूत्रकृमि के 5-6 अवयस्क नर व मादा सुप्तावस्था में बीज के अन्दर ग्लूम (glume) और दाने के बीच के स्थान में पड़े रहते हैं। जब धान को बीज के रूप में बोया जाता है तो सूत्रकृमि नमी पाकर सक्रिय हो जाते हैं और मिट्टी में आ जाते हैं। कुछ ही दिनों में वे जमीन से बाहर निकले पौधों के भ्रूणीय सिरे (growing point) पर पहुंच जाते हैं और बाह्य परजीवी के रूप में खाना आरम्भ कर देते हैं। पौधों के बढ़ाव के साथ-साथ वे ऊपर पहुंचते रहते हैं। मादाएं पर्ण आच्छद व पर्णअक्ष (leaf axil) में अंडे देना प्रारम्भ कर देती हैं जिससे सूत्रकृमियों की संख्या तेजी से बढ़ने लगती है। इनका जीवन चक्र बहुत छोटा होता है जो 23 °C पर आठ दिनों में और 21 °C पर दस दिनों में पूरा हो जाता है। फलस्वरूप, एक ही मौसम में सूत्रकृमियों की कई पीढ़ियां बन जाती हैं। वातावरण में अधिक आर्द्रता इस सूत्रकृमि के विकास के लिए आवश्यक है। पुष्प गुच्छ (panicle) बनने के समय सूत्रकृमि वहां पहुंच कर उनके आवरण में प्रवेश कर जाते हैं और ग्लूम व विकसित हो रहे दानों के बीच का स्थान ग्रहण कर लेते हैं। फसल पकने पर सूत्रकृमि सुप्तावस्था में चले जाते हैं और इस अवस्था में वे दो से भी अधिक सालों तक जीवित रह सकते हैं।

लक्षण

यह सूत्रकृमि धान में श्वेत/ सफेद सिरा रोग फैलाता है जो कि बीज-जनित है। संक्रमित बीज अंकुरित ही नहीं होते अथवा उनसे निकलने वाले पौधे छोटे रह जाते हैं। इस रोग की मुख्य पहचान पत्तियों के 2-5 cm तक के कोनों का सफेद या हलका पीला होना होता है। यह लक्षण प्रत्यारोपण योग्य पौध में भी स्पष्ट दिखाई देता है। ध्वज पत्ती (flag leaf) छोटी और मुड़ी रहती है (चित्र 11.1)। संक्रमित पौधों के पुष्प्प गुच्छ छोटे रह जाते हैं जिनमें बहुत कम बालियां होती हैं तथा छोटे व विकृत चावल बनते हैं। कभी-कभी द्वितीयक (secondary) पुष्प्प गुच्छ नीचे वाली गांठों (nodes) से निकल आते हैं लेकिन उनमें बीज नहीं बनते। चावलों में वसा की मात्रा कम हो जाती है। जापान में इस सूत्रकृमि के कारण 17-54% तक पैदावार में गिरावट देखी गई है।

प्रबंधन

संक्रमित बीजों को गर्म पानी से उपचारित करके इस रोग से मुक्ति मिल सकती है। टब में सादा पानी ले कर बीजों को पहले 10-12 घंटों तक भिगो देते हैं ताकि उनके अन्दर सुप्तावस्था में पड़े हुए सूत्रकृमि सक्रिय हो जाएं। तदुपरान्त बीजों को निकाल कर अन्य सादे पानी वाले टब में डाल देते हैं और उसमें उबलता हुआ पानी उड़ेल देते हैं। उबलते हुए पानी की मात्रा टब में पहले से पड़े हुए पानी की मात्रा से दुगुनी होती है। इस प्रकार पानी का तापमान 10-12 मिनट तक 50-55 °C बना रहता है जिससे सूत्रकृमि मर जाते हैं। बीजों को पानी से निकाल कर और छाया में सुखाकर ही प्रयोग करते हैं। यह पद्धति इस सूत्रकृमि को नियंत्रण करने के लिए तमिलनाडु राज्य में काफी लोकप्रिय हुई है।

धान के श्वेत सिरा रोग से बचने के अन्य उपाय ये हैं-

- प्रमाणित बीजों का प्रयोग करके इस रोग से बच सकते हैं।
- खेतों में बचे हुए पौधों के अवशेषों को नष्ट कर देने से इस बीमारी के प्रकोप में कमी आती है।
- संक्रमित बीजों का कार्बोफ्यूरान (Carbofuran), फेसलफोथियान (Fesulfothion) या एल्डीकार्ब (Aldicarb) 1% (w/w) बीजोपचारण करना भी लाभदायक सिद्ध होता है।

■ चित्र 11.1 : ***एफलेंकॉडिस बेसीआई*** **के कारण धान में होने वाले श्वेत सिरा रोग के लक्षण**

■ चित्र11.2 : **धान में *डाइटाइलेंकस अंगसटस* के कारण होने वाले उफरा रोग के लक्षण– फूला उफरा**

■ चित्र11.3 : **धान में *डाइटाइलेंकस अंगसटस* के कारण होने वाले उफरा रोग के लक्षण– पका उफरा**

■ चित्र 11.5 : ***मेलॉइडोगाइन ग्रेमीनिकोला*** **के कारण धान की जड़ों पर बनी गांठें**

■ चित्र 11.6 : ***मेलॉइडोगाइन ग्रेमीनिकोला*** **से संक्रमित धान की फसल**

2. *डाइटाइलेंकस अंगसटस* (*Ditylenchus angustus*)

सन् 1913 में उफतार रहमान नामक व्यक्ति ने धान के कुछ अस्वस्थ पौधों को नकसाली, ढाका व टिपेरा जिलों (बांग्ला देश- पूर्व बंगाल) में देखा जिनकी बालियां पुष्पगुच्छ में से बाहर नहीं आ रहीं थीं। वह ऐसे पौधों को वैज्ञानिक बटलर के पास ले कर आया जिसने बीमारी का नाम उसी व्यक्ति के नाम पर उफरा (उफतार + रहमान) रख दिया। स्थानीय लोग इसे डाकपोरा नामक रोग से जानते हैं।

प्रसार व परपोषी पादप

यह सूत्रकृमि केवल *ओराइजा* (*Oryza*) वंश की जातियों पर पनपते हैं तथा केवल धान ही इसकी परपोषी फसल है। यह सूत्रकृमि बहुत अच्छा तैराक है और गहरे पानी में उगाए जाने वाले धान पर ही इसका प्रकोप मिलता है। यह सूत्रकृमि एशिया के अनेक धान उत्पादन करने वाले देशों –

भारत, बांग्लादेश, फिलीपाइन, थाईलेंड, मलेशिया, म्यांमार, मिस्र व मादागासकर में मिलता है। पहले यह भारत के आसाम, पश्चिमी बंगाल, ओडिसा व उत्तर प्रदेश राज्यों में प्राय: मिल जाता था लेकिन अब यह आसाम के लखीमपुर जिले तक ही सीमित है।

जीवन चक्र

ये सूत्रकृमि केवल धान की फसल व *ओराइजा* वंश के पौधों पर खा व प्रजनन कर सकते हैं। विपरीत परिस्थितियों व सूखे के मौसम में ये सूत्रकृमि सुप्तावस्था में मिट्टी या पादप अवशेषों में पड़े रहते हैं और पानी मिलने पर सक्रिय हो जाते हैं। धान की बिजाई के समय वे सक्रिय होकर अंकुरित हुए पौधों पर चढ़ कर वर्धन शिखा (growing point) पर पहुंच जाते हैं। ये सूत्रकृमि तने, पत्तियों, डंठल, पुष्प विन्यास व वर्धन शिखा को घेरे हुए पर्ण आच्छद पर बाह्य परजीवी के रूप में खाना व प्रजनन करना प्रारम्भ कर देते हैं। एक जीवन चक्र लगभग 24 दिनों में पूरा होता है और इस प्रकार धान के मौसम में 3-4 पीढ़ियां बन जाती हैं। पुष्प गुच्छ निकलने की अवस्था में सूत्रकृमि काफी संख्या में गुच्छों के भीतर की खाली जगह और विकसित हो रही बालियों के अग्रज (earhead primordium) या बालियों में होते हैं और वहां पर खाते व प्रजनन करते हैं। J4 डिंभक व वयस्क सूत्रकृमि फसल के पकने के समय पास-पास आकर गुच्छा बना लेते हैं जिसे कृमि ऊन (nema wool) कहते हैं। इसी रूप में सूत्रकृमि मिट्टी व पादप भागों में सुप्तावस्था में रह कर अगली फसल की प्रतीक्षा करते हैं।

लक्षण

इस रोग के लक्षण फसल बोने के 2-3 महीनों के बाद दिखना प्रारम्भ होते हैं जो ऊपरी पत्तियों के हरिमाहीन होने अथवा उन पर बनी पीली धारियों के रूप में दिखाई देते हैं। ऐसी पत्त्यिां सिरों से टेढी-मेढी भी हो जाती हैं। पौधों की प्रजनन अवस्था आने पर सूत्रकृमि बालियों के अग्रज और नई बनी बालियों पर खाते हैं जिसके कारण बालियां पुष्प गुच्छ से बाहर नहीं निकल पाती और उनके अन्दर दाने नहीं बनते। इन लक्षणों व बालियों के पुष्प गुच्छ से बाहर आने के आधार यह रोग दो प्रकार का होता है-

1. फूला उफरा (Swollen ufra): इस प्रकार के उफरा में बालियां पुष्प गुच्छ से बाहर बिल्कुल नहीं निकल पाती जिसके फलस्वरूप पुष्प गुच्छ फूला हुआ दिखाई देता है (चित्र 11.2)। बालियों में दानों की संख्या लगभग शून्य होती है।
2. पका/ खुला उफरा (Ripe ufra): अगर संक्रमित पुष्प गुच्छ में से बालियां बाहर आ जाती हैं तो रोग को पका/ खुला उफरा कहते हैं। ऐसी बालियां विकृत होती हैं जिनमें बहुधा बीज नहीं बनते (चित्र 11.3)। कभी-कभी ऊपर वाली बालियों में कुछ दाने बन जाते हैं। यह बीमारी ठहरे हुए पानी में अधिक होती है।

क्षति

बीमारी वाले खेतों में 30-100% तक आर्थिक नुकसान आंका गया है।

प्रबंधन

- गहरे पानी में उगाए जाने वाले धान पर होने के कारण इस रोग पर नियंत्रण बहुत कठिन है। फसल कटाने के बाद शेष भागों को जला कर या नष्ट करने से अगली फसल में होने वाली क्षति को कम किया जा सकता है।

- गर्मियों के महीने में गहरी जुताई करना सूत्रकृमियों के प्रकोप कम करने में काफी सहायक होता है।
- जूट से फसल चक्र अपनाना काफी हितकर होता हे क्योंकि यह सूत्रकृमि केवल धान की फसल पर ही पनपता है।
- थाओनाजिन (Thionazin) 100 ppm का फसल पर छिड़काव करना और बिजाई से पहले मिट्टी में कार्बोफ्यूरान (carbofuran) लगाना भी हितकारी होते हैं।

3. धान का जड़ सूत्रकृमि – *हर्शमेनियेला* जातियां (Rice root nematode - *Hisrschmanniella* spp)

हर्शमेनियेला वंश की जातियां पूरे विश्व में फैली हुई हैं जिनमें से *एच. ओराइजी* धान उत्पादन करने वाले लगभग सभी देशों में विद्यमान है। भारत में भी यह जाति धान पैदा करने वाले लगभग सभी राज्यों में पायी जाती है। धान के अतिरिक्त ग्रमिनी (Gramineae) और साइप्रेसी (Cypreceae) कुल की अनेक घासें इस सूत्रकृमि के परपोषी पादप हैं। अन्य जातियों में *एच. स्पीनीकोडेटा* (*H. spinicaudata*) अफ्रीका के कई देशों में तथा *एच. इमामूरी (H. imamuri)* जापान में आर्थिक रूप से अधिक क्षति पहुंचाती है। भारत में *एच. ओराइजी* के अतिरिक्त *एच. ग्रेसीलिस (H. gracilis)* व *एच. म्युक्रोनेटा (H. mucronata)* भी धान की जड़ों में अक्सर मिलती हैं।

जीवन चक्र

हर्शमेनियेला की जातियां जड़ों प्रवासी अंत: परजीवी की तरह रहती हैं और प्रत्येक अवस्था के डिंभक व वयस्क जड़ों के अन्दर जीवन ज्ञापन करने में समर्थ होते हैं। लगभग एक मास में इनका जीवन चक्र पूरा हो जाता है। मादा अधिकतर अंडे एरिनकाइमा व वल्कुट में देती है (चित्र 11.4)। सभी अवस्थाओं के डिंभक व वयस्क जड़ों से निकल कर मिट्टी में आकर पुन: नई जड़ों में वेधन कर सकते हैं। धान की एक फसल में इस सूत्रकृमि की दो से चार पीढ़ियां पनप जाती हैं। जड़ों में सूत्रकृमियों की अधिकतम समष्टि पुष्पगुच्छ बनने के समय मिलती है। उत्तर भारत में जहां शिशिर ऋतु में तापमान काफी कम हो जाता है और सूत्रकृमि–ग्रसित खेतों में रबी की फसलें जैसे गेहूँ, चना, सरसों आदि उगायी जाती हैं, वयस्क व डिंभक सूत्रकृमि धान के जमीन बचे हुए ठूंठों में प्रसुप्त (dormant) अवस्था में पड़े रहते हैं और तापमान अनुकूल होने पर सक्रिय हो जाते हैं। देश के दक्षिणी व पूर्वी क्षेत्रों में ये सूत्रकृमि लगातार प्रजनन करते रहते हैं जिससे उनकी संख्या लगातार बढ़ती रहती है।

लक्षण

पौधों के ऊपरी भागों पर उत्पन्न लक्षणों के आधार पर इस सूत्रकृमि के संक्रमण का पता लगाना मुश्किल होता है क्योंकि पौधों का छोटा रह जाना व पीला पड़ना, कम फुटाव होना, कम सिट्टे बनना व पैदावार में कमी आ जाना, जैसे लक्षण पौधों में पोषक पर्दाथों की कमी के कारण भी पैदा होते हैं। जड़ों पर शुरु में छोटे–छोटे घाव बनते हैं जो फैल कर आपस में मिल जाते हैं। फसल के अन्त में सारा जड़ तंत्र छोटा रह जाता हैं तथा जड़ें गहरे भूरे रंग की हो जाती हैं।

क्षति

इन सूत्रकृमि द्वारा होने वाले नुकसान को मिट्टी में पोषक पदार्थ डालकर पूरा किया जा सकता है। उपजाऊ भूमि जिसमें खाद प्रयुक्त मात्रा में डाली होती है, सूत्रकृमियों की काफी संख्या होने पर भी फसल पर प्रतिकूल प्रभाव दिखाई नहीं देता। परन्तु ऐसे खेतों में जिनमें पोषक पदार्थों की कमी होती है, सूत्रकृमियों का प्रकोप अधिक होता है। उपजाऊ व कम उपजाऊ भूमि में क्रमश: 19 व 31% औसतन उपज में कमी इस सूत्रकृमि के कारण होती है। देश के ऐसे क्षेत्रों में जहां वर्ष भर धान की खेती हाती है व जमीन भी कम उपजाऊ है, इस सूत्रकृमि से अधिक नुकसान होता है।

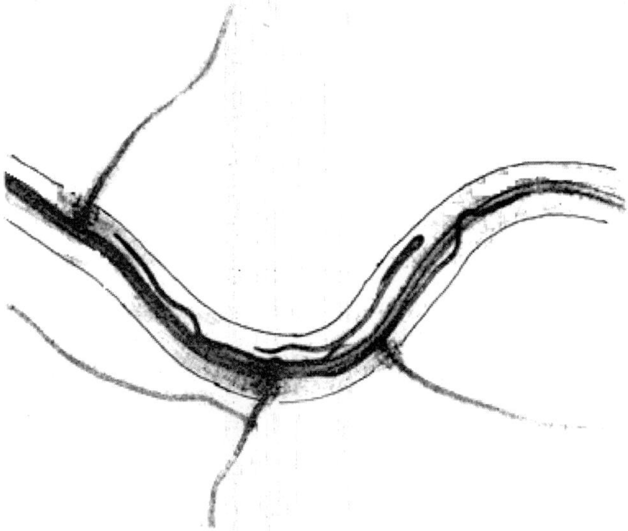

■ चित्र 11.4 : **धान के जड़ वल्कुट में *हर्शमेनियेला***

प्रबंधन

- मई के महीने में खेतों को खाली छोड़ने व उनमें गहरी जुताई करने से धान के ठूंठों में रह रहे सूत्रकृमि मर जाते हैं।
- जूट, मूंगफली, आलू आदि का फसल चक्र अपनाने से सूत्रकृमियों की समष्टि कम हो जाती है।
- खेतों में खरीफ व रबी फसल के खर पतवार इस सूत्रकृमि के लिए आशय (reservoir) परपोषी का काम करते हैं। अत: खर-पतवारों को नष्ट करने से खेतों में सूत्रकृमियों की संख्या कम हो जाती है।
- खेतों में पर्याप्त मात्रा में खाद डालने से पौधों में सूत्रकृमियों द्वारा होने वाले नुकसान को सहने की क्षमता आ जाती है। खेतों में हरी खाद (green manuring) डालने से सूत्रकृमियों की समष्टि कम हो जाती है व पौधों का बढ़ाव भी अधिक होता है।
- पनीरी बनाने वाली जमीन में बिजाई से ठीक पहले कार्बोफ्यूरान दवाई का 1-2 kg a.i./ha (33 किलो प्रति हेक्टेयर) की दर से प्रयोग करने से सूत्रकृमियों के संक्रमण को रोका जा सकता है।

4. धान का जड़ गांठ सूत्रकृमि – *मेलॉइडोगाइन ग्रेमीनिकोला* (Rice root knot nematode - *Meloidogyne graminicola*)

यह सूत्रकृमि दक्षिणी-पूर्वी एशिया के म्यांमार, बांग्ला देश, लाउस, थाइलेंड, वियतनाम, चीन व भारत, फिलीपाइंस व अमेरिका में फैला हुआ है। भरत में सूत्रकृमि धान पैदा करने वाले लगभग सभी राज्यों में उपस्थित है किन्तु रेतीली भूमि में सूत्रकृमि संक्रमण के स्पष्ट लक्षण दिखाई देते हैं। धान के अतिरिक्त साइप्रेसी (Cypreceae) कुल के अनेक खर-पतवार इस सूत्रकृमि के परपोषी पादप हैं।

इस सूत्रकृमि की मादा का चित्राम *एम. इनकोगनिटा (M. incognita)* व *एम. एरीनेरिया (M. arenaria)* से बहुत मिलता है। इस सूत्रकृमि के J2 पुच्छ का सिरा गदाकार (clavate) होता है जिसकी सहायता से इसे प्राय: मिलने वाली *मेलॉइडोगाइन* जातियों से आसानी से अलग पहचाना जा सकता है।

लक्षण

देश के दक्षिणी व पूर्वी राज्यों में जहां साल में धान की दो फसलें ली जाती हैं, रोग के लक्षण अधिक स्पष्ट दिखाई देते हैं। उत्तरी भारत में लक्षण नर्सरी में आसानी से दिख जाते हैं। पीले, छोटे व कम बढ़ाव वाले संक्रमित पौधे के समूह खेतों में कहीं-कहीं टुकड़ों में दिखते हैं (चित्र 11.6)। संक्रमित पौधों में दौजियां और पुष्प गुच्छ भी कम बनते हैं। दोपहर के समय पत्तियां सिकुड़ जाती हैं। संक्रमण की विश्वसनीय पहचान जड़ों पर बनी गांठें देख कर होती है। अधिकांश गांठें जड़ों के किनारों पर बनती हैं। संक्रमित जड़ें सफेद व चमकीली होती हैं जिनके सिरे मुड़ कर हुक-नुमा हो जाते हैं (चित्र 11.5)। ऐसा वल्कुट के एक ओर की ही कोशिकाओं के बढ़ने व विभाजित होने के कारण होता है।

जीवन चक्र

इस सूत्रकृमि में प्रजनन लैंगिक अथवा अनिषेचक होता है। जीवन चक्र बहुत छोटा (15-28) दिनों का होता है और एक फसल में अनेक पीढ़ियां बन जाती हैं। मादा अधिकांश अंडे श्लेषी आधात्री में जड़ों के अन्दर ही देती है। स्फुटन के बाद J2 मिट्टी में आ जाते हैं अथवा उसी जड़ में परिवर्धन करते हैं।

क्षति

इस सूत्रकृमि से परिहार्य क्षति 16-32% आंकी गई है।

प्रबंधन

- पनीरी बनाने वाली जमीन को गर्मी के मौसम में 3-4 सप्ताहों के लिए पालीथीन से ढकने से सूत्रकृमियों की समष्टि कम हो जाती है।
- बिजाई से ठीक पहले पनीरी बनाने वाली जमीन में कार्बोफ्यूरान दवाई का 1-2 kg a.i./ha (33 किलो प्रति हेक्टेयर) की दर से प्रयोग करने से सूत्रकृमियों के संक्रमण को कम किया जा सकता है।
- संक्रमित खेतों में जूट, सरसों या चने का फसल चक्र अपनाना चाहिए।

5. अन्य सूत्रकृमि (Other nematodes)

A. *हेटरोडेरा ओराइज़ीकोला* (*Heterodera oryzicola*)

यह सूत्रकृमि केरल व गोवा राज्यों में धान व केले की फसलों को संक्रमित करता है। इसे सर्वप्रथम सन् 1978 में भारत में पाया गया था। संक्रमित धान के पौधे छोटे रह जाते हैं और उनमें फुटाव कम होता है। कई पौधे तो पौध अवस्था में ही मर जाते हैं। केरल राज्य में इस सूत्रकृमि से 7–29% अपलेंड (upland) धान में नुकसान होता है। जिन खेतों में धान की खेती सीधे बीज बो कर की जाती हैं उनमें प्रत्यारोपित खेतों की अपेक्षा अधिक क्षति होती है।

B. *होप्लोलेमस इंडिकस* (*Hoplolaimus indicus*)

यह भारत में पाये जाने वाला सामान्य सूत्रकृमि है जो विभिन्न पादपों की जड़ों के परिवेश में मिलता है। पूर्वी भारत में धान के खेतों में इसकी व्यापकता अधिक है।

सन् 1962–63 में पश्चिमी बंगाल के बहरामपुर जिले में धान की उपज में आयी अत्यधिक कमी व बिहार प्रान्त में फैला सूखा पत्ती रोग का कारण इसी सूत्रकृमि को माना जाता है। संक्रमित पौधों की पत्तियां पीली पड़ कर गिर जाती हैं। जड़ों के वल्कुट में सूत्रकृमि से नष्ट हुए ऊतकों के कारण बड़ी–बड़ी गुहाएं बन जाती हैं। सूत्रकृमि संक्रमण के कारण 'पदम' किस्म की उपज में 25.5% कमी आंकी गयी है।

डायाजिनॉन (Diazinon) 250 ppm व डाइमेथोएट (dimethoate) 500 ppm से मिट्टी को तर कर देना (drenching) प्रभावकारी सिद्ध हुआ है। खड़ी फसल में फेसलफोथियान (Fesulfothion) या निमाफॉस (Nemaphos) @ 0.5 kg a.i./ha मृदा में लगाने से भी लाभ होता है।

C. *प्रेटीलेंकस इन्डीकस* (*Pratylenchus indicus*)

पी. इन्डीकस (*P. indicus*) के कारण ओडिशा राज्य में 33% कमी बालियों में व 55% कमी धान की पैदावार में देखी गई है। प्रबंधन के लिए–

- तिल, सरसों, मूंग, उड़द आदि अपरपोषी फसलों को ग्रसित खेतों में उगाना चाहिए।
- धान की प्रतिरोधी किस्में TNAU-6464, CR-115-5029-210C को ग्रसित खेतों में ले सकते हैं।
- फेसलफोथियान (Fesulfothion)/ ओक्सामिल (Oxamyl) अथवा कार्बोफ्यूरान (carbofuran) का 1 kg a.i/ ha की दर से प्रयोग करने से सूत्रकृमियों की संख्या कम हो जाती है और पैदावार में बढ़ोतरी हो जाती है।

D. *क्रिकोनेमॉइस ओनोएंसिस* (*Criconemoides onoensis*)

यह सूत्रकृमि भारत के तमिलनाडु व पश्चिमी बंगाल राज्यों, अमेरिका, गिनी, आइवरी कोस्ट, पश्चिमी अफ्रीका व आस्ट्रेलिया में मिलता है। यह सूत्रकृमि मुख्यतया: धान का परजीवी है व अमेरिका में आर्थिक रूप से महत्वपूर्ण है। संक्रमित पौधे बौने रह जाते हैं व हरिमाहीन हो जाते हैं। जड़ों पर छोटी–छोटी गांठें भी बन जाती हैं।

अध्याय 12

दलहनी फसलों के हानिकारक सूत्रकृमि

दालें शाकाहारी मनुष्यों के लिए प्राटीन का मुख्य स्रोत्र है। इनमें आवश्यक ऐमिनो एसिड व विटामिन प्रचुर मात्रा में होते हैं। *राइजोबियम (Rhizobium)* जीवाणुओं की सहायता से वातावरण में उपलब्ध नाइट्रोजन का स्थिरीकरण करके वे स्थायी (sustaianable) कृषि में विशेष भूमिका निभाते हैं। इन फसलों की अधिकतर खेती वर्षा पर निर्भर क्षेत्रों में की जाती है। भारत विश्व का सर्वाधिक दालें उत्पादन करने वाला देश है जहां अनेक प्रकार की दालों जैसे मूंग (*विगना रेडियेटा- Vigna radiata*), उड़द (*विगना मंगू- Vigna mungo*), अरहर (*केजेनस कजान- Cajanus cajan*), चना (*साइसर एरीटिनम- Cicer arietinum*), मसूर (*लेंस कुलीनेरिस- Lens culinaris*), मटर (*पाइसम सताइवम- Pisum sativum*), सोयाबीन (*ग्लाइसिन मेक्स- Glycine max*), राजमा (*फेसिओलस वलगेरिस- Phaseolus vulgaris*) आदि की खेती होती है।

दलहनी फसलों के उत्पादन को अनेक प्रकार के पीड़क व रोग दुष्प्रभावित करते हैं जिनमें पादप सूत्रकृमि भी हैं। सूत्रकृमियों में जड़ गांठ सूत्रकृमि-*मेलॉइडोगाइन* (Root knot nematode-*Meloidogyne*), सिस्ट सूत्रकृमि- *हेटरोडेरा (Heterodera)*, विक्षत सूत्रकृमि-*प्रेटीलेंकस* (lesion nematode- *Pratylenchus*), वृक्काकार सूत्रकृमि-*रोटाइलेंकुलस* (Reniform nematode- *Rotylenchulus*) वंशों के सूत्रकृमि मुख्य हैं। इनके कारण रेतीली व कम पोषक तत्वों वाली मृदा में अधिक क्षति होती है।

1. जड़ गांठ सूत्रकृमि- *मेलॉइडोगाइन* (Root knot nematode- *Meloidogyne*)

भारत में मुख्यतया *एम. इनकोगनिटा (M. incognita)* और *एम. जैवेनिका (M. javanica)* जातियां सभी दलहनी फसलों को अनेक राज्यों में संक्रमित करती हैं। ये दोनों जातियां बहुभक्षीय हैं व अनेक जातियों के पौधें को संक्रमित करती हैं।

जीवन चक्र

खरीफ में ये सूत्रकृमि अपना जीवन चक्र 25-35 दिनों में पूरा कर लेते हैं किन्तु रबी की फसलों जैसे, चने आदि पर उनका परिवर्धन धीमा हो जाता है और एक जीवन चक्र पूरा होने में दो महीनों से अधिक का समय लग जाता है।

लक्षण

ये सूत्रकृमि पौधों के उपरभूमिक भागों पर कोई विशिष्ट लक्षण पैदा नहीं करते। पौधों की बढ़वार कम होना, पत्तियों का हरिमाहीन होना आदि लक्षण, मृदा में पोषक तत्वों से कमी होने वाले लक्षणों से भ्रमित करते हैं। अधिक संक्रमण होने पर बीजों का अंकुरण कम होता है व अंकुरित हुए पौधे मर जाते हैं।

ये सूत्रकृमि जड़ों पर गांठें बनाते हैं जो इस सूत्रकृमि के संक्रमण के विशिष्ट लक्षण हैं। इन फसलों की जड़ों पर गांठें छोटी या बड़ी बनती हैं। ये गांठें *राइजोबेक्टीरिया* से बनने वाली ग्रंथियों (नोड्यूल– nodules) से आसानी से अलग पहचानी जा सकती हैं (चित्र 12.1) क्योंकि– 1. जड़ गांठ सूत्रकृमि से बनने वाली गांठें जड़ का ही भाग होती हैं जो कि जड़ों के चारों ओर से फैलने से बनती है जबकि नोड्यूल जड़ के एक ओर ही लगे होते हैं, 2. नोड्यूल को आसानी से जड़ों से अलग किया जा सकता है किन्तु जड़ गांठ को नहीं।

क्षति

इन सूत्रकृमियों से दलहनी फसलों में होने वाली क्षति उनकी समष्टि, मृदा के प्रकार और उसमें उपस्थित पोषक तत्वों की मात्रा पर निर्भर करती है। अधिक क्षति रेतीली व कम पोषक तत्वों वाली भूमि में होती है। जड़ गांठ सूत्रकृमि के संक्रमण से राइजोबेक्टीरिया द्वारा होने वाली नाइट्रोजन स्थिरीकरण क्षमता कम हो जाती है। नोड्यूल भी कम और छोटे बनते हैं।

अन्य सूक्ष्मजीवों जैसे *फ्युजेरियम ऑक्सीस्पोरम (Fusarium oxysporum), एफ. सोलानी (F. solani), एफ. उडम (F. udum), राइजोक्टोनिया बटाटीकोला (Rhizoctonia bataticola)* के साहचर्य में सूत्रकृमि म्लानि व अन्य रोगों की उग्रता बढ़ा देते हैं अथवा पौधों की प्रतिरोधी क्षमता खत्म कर देते हैं। विभिन्न फसलों में ग्रसित खेतों इन सूत्रकृमि के कारण 7–60% तक क्षति आंकी गयी है।

प्रबंधन

- बीजों पर कार्बोसल्फान (carbosulfan) 25 DS @3% a.i. (w/w) का लेप लगा कर बोएं।
- बिजाई से एक सप्ताह पूर्व खेत का नीम/ अरंड केक @1t/ha से कार्बनिक संशोधन करने से सूत्रकृमियों की संख्या में कमी आ जाती है। संशोधित खेतों में कार्बोसल्फान उपचारित बीज बोने से सूत्रकृमियों की समष्टि कम हो जाती है व उत्पादन में वृद्धि होती है।

2. दलहन सिस्ट सूत्रकृमि– *हेटरोडेरा केजेनी*
(Pigeon pea cyst nematode- *Heterodera cajani*)

यह सूत्रकृमि खरीफ की दलहन वाली फसलें जैसे अरहर, मूंग, ग्वार, लोबिया, आदि को संक्रमित करता है। दलहनों के अतिरिक्त तिल भी इस सूत्रकृमि की परपोषी फसल है। सोयाबीन फसल इस से संक्रमित नहीं होती। यह सूत्रकृमि भारत के अनेक राज्यों में पाया जाता है। विश्व के कुछ अन्य देशों जैसे अमेरिका, पाकिस्तान, मिस्र में भी यह सूत्रकृमि मिलता है।

आरम्भ में इस सूत्रकृमि को *हेटरोडेरा ट्राइफोलाई (Heterodera trifolii)* के नाम से पहचाना गया था लेकिन बाद में, कोशी व अन्य ने आकृतिक विभिन्नता के आधार इसे अलग नाम,

हेटरोडेरा केजेनी, दिया। इस सूत्रकृमि की सिस्ट भूरे-गाढ़े भूरे रंग की उभयगवाक्षी (ambifnestrate) होती है जिसमें अधोसेतु (underbridge) दंडाकार व अनेक लम्बे-लम्बे बुल्ले होते हैं। J2 में चार पार्श्व रेखाएं व 18-22 μm लम्बा स्टाइलेट होता है।

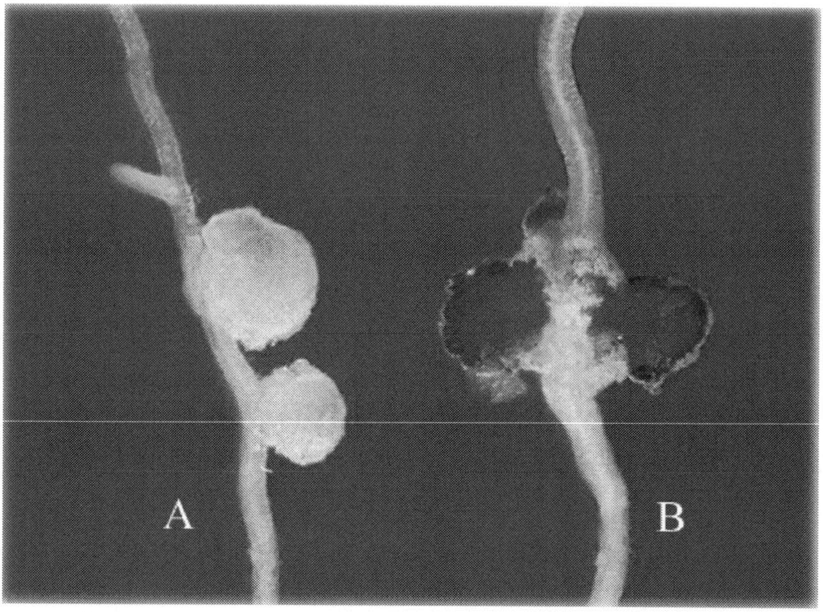

■ चित्र 12.1 : **जड़ों पर A. *राइजोबेक्टीरिया* द्वारा बनायी हुई ग्रन्थियां (नोड्यूल), B. *मेलॉइडोगाइन* द्वारा बनायी हुई गांठें**

■ चित्र 12.2 : **अरहर की जड़ पर चिपकी हुई *हेटरोडेरा केजेनी***

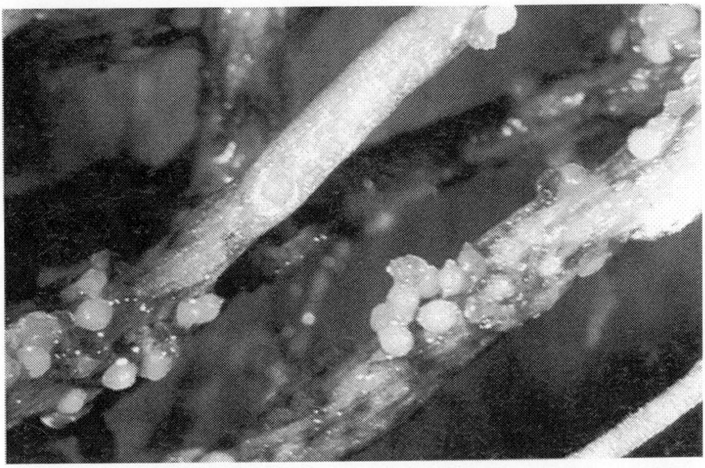

■ चित्र 12.3 : **सोयाबीन की जड़ों पर चिपकी हुई *हेटरोडेरा ग्लाईसीन* की सिस्ट**

जीवन चक्र

इस सूत्रकृमि में प्रजनन लैंगिक होता है। इस सूत्रकृमि की एक और विशेषता यह भी है कि मादा अपने अंडे श्लेषी आधात्री में भी देती है जिसका माप मादा के माप का तिगुना भी हो सकता है (चित्र 12.2) । इस सूत्रकृमि का जीवन चक्र लगभग 30 दिनों में पूरा होता है तथा एक मौसम में 7 से 8 पीढ़ियां पूरी हो जाती हैं।

इस सूत्रकृमि की अभी तक तीन प्रजातियों का पता चला है जिन्हें अरहर, ग्वार व सन पर प्रजनन क्षमता के आधार पर अलग-अलग किया जा सकता है।

लक्षण

ये सूत्रकृमि पौधों के उपरभूमिक भागों पर कोई विशिष्ट लक्षण पैदा नहीं करते। संक्रमित पौधों की बढ़वार कम होती है और वे मृदा में पोषक तत्वों से कमी होने वाले लक्षण दिखलाते हैं। फसल पीली व बोनी दिखती है। जड़ों पर चिपकी हुई, छोटे-छोटे मोती जैसी सफेद मादाएं व भूरे रंग की सिस्ट दिखाई देती हैं।

प्रबंधन

- ग्रसित खेतों में गेहूँ, मक्की, धान आदि अपरपोषी फसलें बोने से दलहन सिस्ट सूत्रकृमि की समष्टि काफी कम हो जाती है।
- बीजों पर कार्बोसल्फान (carbosulfan) @3% a.i. (w/w) का लेप लगा कर अथवा मोनोक्रोटोफॉस (monocrotophos) के 0.1% घोल में छः घंटे भिगो कर बोएं।
- बीजों को *सिडोमोनस फ्लोरेसेंस (Pseudomonas fluorescens)* तथा *ट्रिकोडरमा विरिडे (Trichoderma viride)*, दोनों को @ 5+5g/kg बीज से उपचारित करके बोना लाभदायक होता है।
- अरहर के साथ ज्वार को बोने (दो पंक्तियां अरहर और एक पंक्ति ज्वार) से सूत्रकृमि संक्रमण कम हो जाता है।

3. वृक्काकार सूत्रकृमि– *रोटाइलेंकुलस रेनीफॉरमिस*
(Reniform nematode- *Rotylenchulus reniformis*)

यह सूत्रकृमि लगभग सभी राज्यों में विद्यमान है व दलहनी फसलों सहित अनेक प्रकार के पादपों को संक्रमित करता है।

जीवन चक्र

यह सूत्रकृमि अपना जीवन चक्र 25–35 दिनों में पूरा कर लेता है किन्तु रबी के मौसम जीवन चक्र पूरा होने में अधिक समय लग जाता है।

लक्षण

इस सूत्रकृमि के कारण पौधें के उपरभूमिक भागों विशिष्ट लक्षण पैदा नहीं होते। छोटे व हरिमाहीन प्रभावित पौधों के समूह कहीं–कहीं खेतों में दिखाई देते हैं। ऐसे लक्षण चने, मूंग, उड़द की छोटी अवस्था की फसल में स्पष्ट दिखाई देते हैं किन्तु बाद में लुप्त हो जाते हैं। मटर की फसल जल्दी पकना शुरु हो जाती है। जड़ तंत्र पूरा विकसित नहीं हो पाता और मटमैला (dirty root disease) दिखाई देता है। ऐसा मादा सूत्रकृमि द्वारा स्रवित श्लेषी आधात्री के साथ चिपकी हुई मिट्टी के कारण होता है।

क्षति

संक्रमित खेतों में इस सूत्रकृमि के कारण मूंग में 23%, अरहर में 11% व चने में 11% परिहार्य (avoidable) क्षति आंकी गयी है।

प्रबंधन

जैसा ऊपर जड़ गांठ सूत्रकृमि के लिए वर्णन किया गया है।

4. विक्षत सूत्रकृमि– *प्रेटीलेंकस थोर्नी*
(Lesion nematode– *Pratylenchus thornei*)

यह बहुभक्षीय सूत्रकृमि अनेक प्रकार के पादपों को विश्व भर में संक्रमित करता हे और चने की फसल को, विशेषकर मध्य प्रदेश व पूर्वी उत्तर प्रदेश में, आर्थिक क्षति पहुंचाता है।

जीवन चक्र

यह प्रवासी सूत्रकृमि है जिसके प्रत्येक अवस्था के डिंभक/मादा मिट्टी एवं जड़ों में मिलते हैं। प्रजनन अनिषेक जनद होता है। मादा वल्कुट कोशिकाओं पर खाती और वहीं अंडे देती है। एक जीवन चक्र पूरा होने में 25–30 दिन लग जाते हैं।

लक्षण

संक्रमित पौधे कमजोर, छोटे व हरिमाहीन हो जाते हैं। अधिक संक्रमण होने पर पौधे मुरझा जाते हैं। जड़ों पर गहरे भूरे व काले रंग के छोटे–छोटे धाव बन जाते हैं जो बाद में आपस में मिलकर ऊतकक्षयी हो जाते हैं। सूत्रकृमि की समष्टि 4 सूत्रकृमि/cc मिट्टी से अधिक होने पर बीज अंकुरित नहीं हो पाते।

क्षति

चने की फसल में सूत्रकृमि की समष्टि 1 सूत्रकृमि/cc मिट्टी होने पर 22–38% परिहार्य क्षति होती है।

प्रबंधन

- बीजों पर कार्बोसल्फान (carbosulfan) 25 DS @3% a.i. (w/w) का लेप लगा कर बोएं।
- बिजाई से दस दिन पूर्व खेत का नीम/ अरंड केक @1t/ha से कार्बनिक संशोधन करने से सूत्रकृमियों की संख्या में कमी आ जाती है। संशोधित खेतों में कर्बोसल्फान उपचारित बीज बोने से सूत्रकृमियों की समष्टि कम हो जाती है व उत्पादन में वृद्धि होती है।
- बीजों को *सिडोमोनस फ्लोरेसेंस (Pseudomonas fluorescens)* तथा *ट्रिकोडरमा विरिडे (Trichoderma viride)*, दोनों को @ 5+5g/kg बीज से उपचारित करके बोना लाभदायक होता है।

5. *हेटरोडेरा ग्लाईसीन (Heterodera glycines)*

यह सोयाबीन फसल का महत्वपूर्ण सूत्रकृमि है जिसे सबसे पहले जापान में पाया गया था और अब अमेरिका के कई राज्यों में मिलता है। भारत के मध्य प्रदेश राज्य में भी इस सूत्रकृमि के होने के अपुष्ट समाचार हैं। संक्रमित पौधे छोटे रह जाते हैं, उनकी पत्तियां पीली पड़ जाती हैं व पैदावार काफी कम हो जाती है। सोयाबीन में इस सूत्रकृमि से होने वाली बिमारी का नाम पीला बोना रोग (Yellow dwarf disease) दिया गया है।

यह सूत्रकृमि *हेटरोडेरा केजेनी* से जीवन चक्र व आकृति (चित्र 12.3) में काफी मिलता जुलता है।

❍❍❍

अध्याय 13

नकदी फसलों- कपास, चाय, कॉफी, काली मिर्च व तम्बाकू के प्रमुख हानिकारक सूत्रकृमि

1. कपास

कपड़ा व वस्त्र उद्योग रुई के लिए कपास उत्पादन पर निर्भर है। कपास के बीजों का प्रयोग वनस्पति उद्योग में घी व तेल बनाने, और बिनोले के रूप में दुधारु पशुओं को खिलाने के लिए होता है। इस फसल की खेती विश्व के गर्म जलवायु वाले क्षेत्रों में की जाती है। भारत में इसका उत्पादन उत्तरी भारत में खरीफ के मौसम में, और तमिलनाडु में रबी व खरीफ, दोनों मौसमों, में होता है। पठार क्षेत्र में उसकी बिजाई अक्टूबर तक और कटाई जनवरी व मई के महीनों में की जाती है। भारत में कपास की चारों खेती योग्य जातियां- *गोसिपियम हिरसूटम* (अमेरिकन कॉटन-नरमा: *Gossypium hirsutum*), *जी. बारबाडेंस (G. barbadense)*, *जी. आरबोरियम* (देसी कॉटन- *G. arboreum*) और *जी. हरबेसियम (G. herbaceum)* बोयी जाती हैं। कपास के उत्पादन में कई प्रकार के पीड़क व रोग बाधा पहुंचाते हैं जिनमें सूत्रकृमि भी शामिल हैं। कुछ प्रमुख हानिकारक सूत्रकृमियों का विवरण इस प्रकार है-

1. जड़ गांठ सूत्रकृमि- *मेलॉइडोगाइन* (Root knot nematode- *Meloidogyne*)

जड़ गांठ सूत्रकृमि की कपास पर विश्व के अनेक देशों जैसे अमेरिका, रुस, मध्य अफ्रीका, चीन, तेवान, माल्वी, सीरिया और भारत में समस्या है। *एम. इनकोगनिटा* की कुछ ही प्रजातियां ही कपास को आर्थिक क्षति पहुंचाती हैं। भारतवर्ष में इसकी व्यापकता पंजाब, हरियाणा, गुजरात व तमिलनाडु राज्यों में अधिक है।

जीवन चक्र

यह सूत्रकृमि अपना जीवन चक्र 32-38 दिनों में पूरा कर लेता है जिससे एक फसल में अनेक पीढ़ियां बन जाती है।

लक्षण

संक्रमित पौधे छोटे व बौने रह जाते हैं और पीले पड़ जाते हैं। उनकी पत्तियां तेज धूप में मुरझा जाती हैं। छोटी अवस्था के पौधे कभी-कभी मर भी जाते हैं। संक्रमण की मुख्य पहचान जड़ों पर गांठें बनना होता है जिससे जड़ें अपेक्षाकृत छोटी बनती हैं।

क्षति

विश्व स्तर पर इस सूत्रकृमि के कारण 10.7% हानि होती है।

इस सूत्रकृमि के साहचर्य में अन्य रोग जनक सूक्ष्मजीव फसल को अधिक हानि पहुंचाते हैं। जड़ गांठ सूत्रकृमि संक्रमित कपास के पौधे *पिथियम डेबरिनम (Pythium debaryanum)* द्वारा होने वाली प्री डेम्पिंग ऑफ बीमारी के अधिक सुग्राही हो जाते हैं। सूत्रकृमि की उपस्थिति में *फ्युजेरियम ऑक्सीस्पोरम* f. sp. *वेसीइन्फेकटम* की उग्रता व व्यापकता भी बढ़ जाती है।

प्रबंधन

बीजों को बायोटीका (*ग्लुकोनएसिटोबैक्टर डायजोट्रोफिकस* स्ट्रेन 35-49 - *Gluconacetobacter diazotrophicus* st. 35-49) से @ 50ml/5 kg बीज से उपचारित करके बोएं। उपचारित करने के बाद बीजों को छाया में सुखा लें।

2. वृक्काकार सूत्रकृमि- *रोटाइलेंकुलस रेनीफॉरमिस* (Reniform nematode- *Rotylenchulus reniformis*)

जीवन चक्र

सूत्रकृमि अपना जीवन चक्र 17-23 दिनों में पूरा कर लेता है जिससे एक फसल में अनेक पीढ़ियां बन जाती है। मादा देसी कपास पर 23 और नरमा पर 57 अंडे देती है।

लक्षण

संक्रमित पौधे कोई विशिष्ट लक्षण नहीं दिखलाते। पौधों का छोटा रह जाना, मुरझा जाना, पत्तियों का हरिमाहीन हो जाना, कम बॉल का लगना, आदि सामान्य लक्षण हैं जो अन्य कारणों से भी हो सकते हैं। संभरक जड़ें सूत्रकृमि संक्रमण से नष्ट हो जाती हैं तथा अन्य जड़ें सड़ना शुरु हो जाती हैं।

क्षति

यह सूत्रकृमि की अमेरिका के लुईसीआना (Louisiana) राज्य में कपास पर काफी समस्या है जहां पैदावार में 40-60% कमी हो जाती है। भारत के तमिलनाडु राज्य में 10-15% नुकसान कपास में अनुमानित किया गया है।

आर. रेनीफॉरमिस कपास में *फ्युजेरियम* व *वरटीसीलियम* (*Verticillium*) फंगस से होने वाली म्लानि (wilt) बीमारी में मुख्य भूमिका निभाते हैं। कपास की सुग्राही किस्म, हाफ-हाफ, में अकेले फंगस से 10% पौधों में यह बीमारी आती है लेकिन *आर. रेनीफॉरमिस* की उपस्थिति में 81% पौधे इस रोग से प्रभावित होते हैं।

प्रबंधन

मई-जून के महीनों में 10-15 दिन के अन्तर पर गहरी जुताई करने से सूत्रकृमियों की संख्या कम हो जाती है।

- प्याज, लहसुन, शलगम आदि अपरपोषी फसलों को 2-3 साल तक ग्रसित खेतों में बोना चाहिए।

- तमिलनाडु में लाल मिर्च (*केपसीकम एनम- Capsicum annum*) से फसल चक्र अपनाना काफी लाभदायक सिद्ध हुआ है।

3. लांस सूत्रकृमि- *होप्लोलेमस* (Lance nematode- *Hoplolaimus*)

एच. कोलम्बस (H. columbus)

यह अमेरिका के जोरजिया व उत्तरी केरोलायना राज्यों में सोयाबीन व कपास का महत्वपूर्ण सूत्रकृमि है जो पादपों की जड़ों में बाह्य व अंत: परजीवी के रूप में रहता है।

एच. गेलीएटस (H. galeatus)

यह सूत्रकृमि अमेरिका में काफी फैला हुआ है और मौलिक रूप से वल्कुट व संवहनी, विशेषकर वल्कल ऊतकों में अंत: परजीवी के रूप में रहता है तथा फसल को भारी नुकसान पहुंचाता है।

एच. जेन्होर्सटी (H. seinhorsti)

यह सूत्रकृमि तमिलनाडु व आन्ध्र प्रदेश में यह कपास के लिए बहुत हानिकारक है। इस सूत्रकृमि के कारण कपास में *एफ. आक्सीस्पोरियम (F. oxysporum)* व *वरटीसीलियम डाहली (Verticillum dahliae)* से होने वाले म्लानि रोग के लक्षण पहले प्रकट हो जाते हें व उसकी व्यापकता भी अधिक हो जाती है।

2. कॉफी

1. जड़ गांठ सूत्रकृमि *मेलॉइडोगाइन एक्सिगुया* (Root knot nematode *Meloidogyne exigua*)

यह सूत्रकृमि कॉफी पैदा करने वाले अनेक दक्षिणी व केन्द्रीय अमेरिका के देशों में मिलता है। भारत में यह सूत्रकृमि दक्षिणी राज्यों में पाया जाता है। सूत्रकृमि केवल अरेबिका कॉफी, *काफिया अरेबिका (Coffea arabica)* को संक्रमित करता है (*सी. कानेफोरा- C. canephora*, रोबस्टा को नहीं)। सूत्रकृमि के कारण विशिष्ट प्रकार की छोटी-छोटी व गोल गांठें जड़ों पर बनती हैं। अधिकांश अंड संहिताएं जड़ों के अन्दर वल्कुट ऊतकों में बनती हैं। वल्कुट कोशिकाओं के टूटने से अन्य सूक्ष्मजीव जड़ों को संक्रमित कर देते हैं।

कुछ अन्य देशों में *एम. इनकोगनिटा (M. incognita)* जड़ों को संक्रमित करता है।

2. विक्षत सूत्रकृमि- *प्रेटीलेंकस कॉफी* (Lesion nematode- *Pratylenchus coffeae*)

पी. कॉफी की कर्नाटक में कॉफी के बागानों में गम्भीर समस्या है। फान बेरकम व शैषाद्री (von Berkum & Seshadri) ने अनुमान लगाया कि इस सूत्रकृमि से कर्नाटक राज्य में कॉफी में 20 करोड़ रुपए का नुकसान होता है। सूत्रकृमि प्रबंधन के लिए निम्नलिखित उपाय सुझाए गये हैं-

- पनीरी को ऐसी जगह उगाना चाहिए जहां ये सूत्रकृमि न हों। ऐसा स्थान कॉफी स्टेट (estate) से दूर होना चाहिए तथा वहां पर खर पतवारों को बढ़ने नहीं देना चाहिए। पुराने कॉफी बागानों की मिट्टी का प्रयोग नहीं करना चाहिए।
- बागानों में से बीमार पौधों को जड़ से उखाड़ कर नष्ट कर देना चाहिए।

- पुराने व नए बागानों को कम से कम एक मौसम के लिए गहरा जोत कर उसकी मिट्टी को पलट देने से सूत्रकृमियों की संख्या कम हो जाती है।
- नये पौधों में फिनामिफॉस (Phenamiphos) का एक साल तक हर तीसरे महीने 3g प्रति पौधे की दर से डालना चाहिए।
- प्रतिरोधी किस्म रोबस्टा- *कॉफिया केनेफोरा* (Robusta – *Coffea canephora*) को *सी. अरेबिका (C. arabica)* के स्थान पर संक्रमित बागानों में लगाना चाहिए। रोबस्टा किस्म के मूल कांड (root stock) के ऊपर को *सी. अरेबिका* की कलम को भी लगाया जा सकता है (चित्र 13.1)।

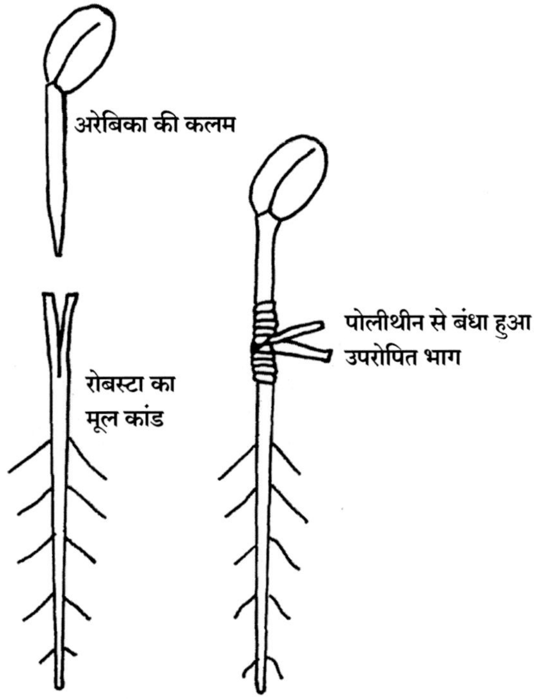

■ चित्र 13.1 : **कॉफी पर *प्रेटीलेंकस कॉफी* को नियंत्रण के लिए ग्राटिंग तकनीक**

3. काली मिर्च

बिलकारी सूत्रकृमि- *रेडोफोलस सिमिलिस* (Burrowing nematode- *Radopholus similis*)

इंडोनेशिया के बांगका आइलेंड (Bangka island) में सन् 1930–50 में काली मिर्च में फैली बीमारी पैपर पीत (Pepper yellows) से लगभग दो करोड़ पौधे मर गए थे। सन् 1953 में यह पता चल पाया कि यह बीमारी *रेडोफोलस सिमिलिस* के संक्रमण के कारण है। इस रोग के शुरु में नीचे के कुछ पत्तियां पीली पड़ जाती हैं किन्तु धीरे-धीरे बेलों की सारी पत्तियां पीली होकर गिर जाती हैं। बेलों का बढ़ाव रुक जाता है, उनमें फलों के गुच्छे नहीं बनते जिससे उत्पादन काफी कम

हो जाता है और अन्त में बेलें मर जाती हैं। मूल तंत्र में पार्श्व जड़ें नहीं बनती और मुख्य जड़ में काफी विक्षत दिखाई देते हैं।

सूत्रकृमि नाशक दवाइयां जैसे फेसलफोथियान (Fesulfothion) @ 4-8 kg a.i./ha पनीरी के समय डालने से इस सूत्रकृमियों के प्रकोप से बचने के लिए काफी उपयोगी पाया गया है।

4. चाय

विक्षत सूत्रकृमि– *प्रेटीलेंकस लूसी* (Lesion nematode- *Pratylenchus loosi*)

यह सूत्रकृमि विश्व के अनेक देशों में मिलता है किन्तु आर्थिक क्षति श्री लंका, जापान, चीन व भारत की दार्जलिंग घाटी में करता है।

सूत्रकृमि अपना एक जीवन चक्र 45–48 दिनों में पूरा कर लेते हैं। परपोषी पादप की अनुपस्थिति में सूत्रकृमि तीन वर्ष से अधिक तक जीवित रह सकता है। सूत्रकृमि का प्रसार मुख्यतया रोपण पादप सामग्री, मानव गतिविधियों व पानी से होता है।

लक्षण

संक्रमित पौधे कमजोर व पतले रह जाते हैं जिन पर बहुत कम हरिमाहीन पत्तियां रह जाती हैं (चित्र 13.2)। ऐसे पौधों के समूह बागों में कहीं–कहीं टुकड़ों में दिखाई देते हैं। पौधों का जड़ तंत्र विकसित नहीं हो पाता और उन पर सूत्रकृमियों द्वारा बनाए हुए विक्षत स्पष्ट दिखाई देते हैं। अधिक संक्रमण होने पर पौधों की मृदा से पोषक तत्व लेने की क्षमता कम हो जाती है जिसके फलस्वरूप समय से पहले ही पौधों पर फूल व फल बन कर गिर जाते हैं।

परिपक्व संक्रमित पौधे छोटे रह जाते हैं जिन पत्तियां कम निकलती हैं व कटाई–छटाई के बाद पौधे बहुत धीरे बढ़ते हैं।

■ चित्र 13.2 : **_प्रेटीलेंकस लूसी_ के कारण चाय के पौधे में उपरभूमिक लक्षण (बांया– स्वस्थ, दाहिना– संक्रमित)**

प्रबंधन

अम्लीय मिट्टी में ढेले जल्दी बन जाते हैं जिसके कारण सूत्रकृमियों से क्षतिग्रस्त जड़ें ठीक नहीं हो पाती। ढेले तोड़ने से मृदा में वातन अच्छा हो जाता है जो जड़ों के शीघ्र ठीक होने में सहायक होता है।

- चाय की बची हुई पत्तियों, नारियल का छिलका, नीम केक आदि से मृदा का कार्बनिक संशोधन करने से पौधों की सूत्रकृमि के प्रति सहनशीलता बढ़ जाती है।
- नर्सरी में नीम केक 5g व कार्बोफ्यूरान 3G या फोरेट 10S @1.5g प्रति पौधा लगाना लाभदायक होता है।

5. तम्बाकू

तम्बाकू का उत्पादन लगभग 120 देशों में होता है। भारत विश्व का तीसरा सबसे अधिक उत्पादन करने वाला और सर्वाधिक निर्यात करने वाले देशों में से एक है। आंध्र प्रदेश, कर्नाटक, ओडिशा व महाराष्ट्र में एफ सी वी (FCV- Flu Cured Virginia) तम्बाकू की, गुजरात, कर्नाटक, उत्तर प्रदेश में बीड़ी तम्बाकू की, और तमिलनाडु, बिहार, उत्तर प्रदेश, गुजरात व पश्चिमी बंगाल में खाने वाले तम्बाकू की मुख्य रूप से खेती होती है।

सभी प्रकार के तम्बाकू की नर्सरी व खेतों में अनेक प्रकार के सूत्रकृमि नुकसान पहुंचाते हैं जिनमें से जड़ गांठ सूत्रकृमि व वृक्काकार सूत्रकृमि प्रमुख हैं।

जड़ गांठ सूत्रकृमि– *मेलॉइडोगाइन* (Root knot nematode- *Meloidogyne*)

जड़ गांठ सूत्रकृमि की *एम. इनकोगनिटा (M. incognita), एम. जैवेनिका (M. javanica), एम. एरीनेरिया (M. arenaria)* व *एम. थमेसी (M. thamesi)* जातियां तम्बाकू को नर्सरी व खेतों में संक्रमित करती हैं। कर्नाटक राज्य के रेतीले व वर्षा निर्भर क्षेत्रों में ये सभी जातियां FCV तम्बाकू को हानि पहुंचाती हैं। *एम. जैवेनिका* आंध्र प्रदेश के सिंचाई वाले क्षेत्रों में उगाए हुए तम्बाकू को संक्रमित करता है। संक्रमित पौध का प्रयोग इस सूत्रकृमि की अधिक व्यापकता का मुख्य कारण है।

जीवन चक्र

एक जीवन चक्र पूरा होने की अवधि सूत्रकृमि की जाति व क्षेत्र की जलवायु पर निर्भर करती है। सामान्यतया एक जीवन चक्र तीन से चार सप्ताह में पूरा हो जाता है।

लक्षण

संक्रमित पौधे पीले पड़ कर मुरझा जाते हैं व उनमें कुछ ही छोटी–छोटी पत्तियां लगती हैं (चित्र 13.3)। अधिक संक्रमित पौधे तेज गर्मी व सूखे मौसम में मर भी जाते हैं। संक्रमित पौधे खेत में कुछ ही अलग–अलग हिस्सों में दिखाई देते हैं। संक्रमित पनीरी हरिमाहीन हो जाती है। संक्रमित पौधों में पोटेशियम की कमी के लक्षण (पत्तियों का किनारों से जलना) स्पष्ट दिखाई देते हैं।

संक्रमित पौधों की जड़ों पर सूत्रकृमियों द्वारा बनायी गयी गांठें संक्रमण की निश्चित पहचान है जो मुख्यतया पतली जड़ों पर बनी होती हैं। अंड संहिताएं जड़ों के बाहर बनती हैं जिन्हें आसानी से देखा जा सकता है।

■ चित्र 13.3 : **जड़ गांठ सूत्रकृमि के कारण तम्बाकू में उपरभूमिक लक्षण– A. स्वस्थ, B. संक्रमित**

क्षति

विश्व स्तर पर जड़ गांठ सूत्रकृमि के कारण तम्बाकू में 14.7% क्षति आंकी गयी है जबकि भारत में इससे कहीं अधिक (23–60) नुकसान होने की आशंका व्यक्त की जाती है। उत्पादन के अतिरिक्त सूत्रकृमि तम्बाकू की गुणवत्ता, विशेषकर निकोटीन की मात्रा, कम कर देते हैं जिसके कारण उसका मूल्य कम हो जाता है।

जड़ गांठ सूत्रकृमि की उपस्थिति में ब्लैक शेंक (black shank) व फ्युजेरियम म्लानि रोगों की व्यापकता अधिक हो जाती है।

प्रबंधन

नर्सरी में फिनामिफॉस (Phenamiphos) या सेबुफॉस (Sebuphos) @ 4 kg a.i./ ha लगाना काफी प्रभावकारी सिद्ध हुआ हैं।

- खेतों में फेसलफोथियान (Fesulfothion) @ 4 kg a.i./ ha लगाएं।
- ज्वार, बाजरा, अरंड से फसल चक्र अपनाएं।
- संक्रमित खेतों में प्रतिरोधी/ सहनशील किस्में – बीड़ी तम्बाकू की GT 5, ABI-10 या तम्बाकू की भाव्य (Bhavya) उगाएं।

2. वृक्काकार सूत्रकृमि- *रोटाइलेंकुलस रेनीफॉरमिस* (Reniform nematode-*Rotylenchulus reniformis*)

यद्यपि यह सूत्रकृमि पूरे भारत में अनेक फसलों को संक्रमित करता है किन्तु तम्बाकू में इसका अधिक संक्रमण कर्नाटक व गुजरात के आनंद जिले में मिलता है।

जीवन चक्र: सूत्रकृमि अपना एक जीवन चक्र 30-32°C पर 27−32 दिनों में पूरा कर लेता है। एक मादा औसतन 82 अण्डे अंड संहिता में देती है।

लक्षण

पत्तियां किनारों से पीली पड़कर (rim firing) ऊतकक्षयी हो जाती हैं। जड़ें भूरी होकर गल सकती हैं। जड़ों के ऊपर, वल्कुट में हल्के-पीले से काले रंग के घाव दिखते हैं।

क्षति

इस सूत्रकृमि के कारण गुजरात में 22% परिहार्य क्षति आंकी गयी है।

प्रबंधन

संक्रमित खेतों में प्रतिरोधी/ सहनशील किस्में GT -4, आनंद 145 या आनंद-4 लें।

❍❍❍

अध्याय **14**

सिट्रस व अन्य फल-फसलों के प्रमुख हानिकारक सूत्रकृमि

1. सिट्रस

सिट्रस वंश (कुल रूटेसी- Rutaceae) की अनेक जातियों व व उनके संकरों (नींबू, संतरा, चकोतरा, नारंगी, मोसम्बी, किन्नू, आदि) की खेती विश्व के लगभग 140 देशों में की जाती है। इनका 70% उत्पादन उत्तरी गोलार्द्ध, विशेषकर मेडीट्रेरियन समुद्र के पास के क्षेत्रों व अमेरिका में होता है यद्यपि ब्राजील इनका सर्वाधिक उत्पादन करने वाला देश है। भारत के सभी क्षेत्रों में इनकी खेती होती है लेकिन विदर्भ क्षेत्र के नागपुरी संतरे, आसाम व ब्रह्मपुत्र घाटी के नारंगी/चकोतरा व पंजाब व हरियाणा के किन्नू अधिक प्रसिद्ध हैं। सिट्रस मुख्यतया उष्णबंधीय व उपोष्ण क्षेत्र का फल है किन्तु कुछ जातियां जैसे दार्जलिंग नारंगी, ठंडी जलवायु वाले क्षेत्रों के लिए अनुकूलित है।

सिट्रस के जड़ परिसर में अनेक प्रकार के सूत्रकृमि मिलते हैं जिनमें से कुछ महत्वपूर्ण हानिकारक सूत्रकृमियों का वर्णन इस अध्याय में किया गया है।

1. सिट्रस सूत्रकृमि- *टाइलेंकुलस सेमीपेनिट्रेंस* (Citrus Nematode- *Tylenchulus semipenetrans*)

वितरण व परपोषी फसलें

यह सूत्रकृमि विश्व के सभी सिट्रस उत्पादन करने वाले देशों में मिलता है। भारत में भी सभी सिट्रस उत्पादन करने वाले राज्यों में इसे देखा जा सकता है।

सिट्रस वंश की लगभग सारी जातियां व रूटेसी कुल की अन्य 11 जातियां इस सूत्रकृमि के परपोषी पौधों का काम करती हैं। इनके अतिरिक्त अंगूर, लुकाट, टुन, मोतिया व अङूस आदि भी इस सूत्रकृमि से संक्रमित होते हैं।

जीवन चक्र

यह एक अर्द्ध अंत: परजीवी सूत्रकृमि है जिसकी मादा का अग्रिम आधा भाग जड़ों के अन्दर तथा शेष भाग बाहर मिट्टी में रहता है। मादा अपने अंडे श्लेषी आधात्री (Gelatinous matrix) में देती है जो कि उत्सर्जी स्रावी तंत्र द्वारा स्रवित होता है। 12 से 14 दिनों में अंडों में से 24 °C पर J2 डिंभक बाहर मिट्टी में आ जाते हैं। मादा तथा नर बनने वाले डिंभकों का वर्धन भिन्न-भिन्न होता है। मादा बनने वाले J2 डिंभक जड़ों के अन्दर घुस जाते हैं लेकिन उनका पिछला भाग बाहर ही रहता है। दूसरा तीसरा व चौथा निर्मोक जड़ों में ही होता है तथा मादा का पिछला भाग फूलना शुरू हो

जाता है (चित्र 14.1 A)। कुछ समय पश्चात मादा श्लेषी आधात्री (Gelatinous matrix) स्रावित करती है तथा उनमें अंडे देना प्रारम्भ कर देती है (चित्र 14.1 B)। औसतन एक मादा अपने जीवन काल में 40–60 अंडे देती है। नर सूत्रकृमि का वर्धन मिट्टी में ही होता है। यह वर्धन अध्यारोपित (superimposed) निर्मोचन द्वारा होता है जिसमें J3 और J4 डिंभक अपनी पुरानी क्यूटिकल को धारण किये रहते हैं। नर सूत्रकृमि में स्टाइलेट व ग्रसनी पूर्ण रूप से विकसित नहीं होते हैं। इन सूत्रकृमियों में प्रजनन लैंगिक होता है। एक जीवन चक्र 6 से 8 सप्ताह में पूरा हो जाता है। स्फुटन के बाद अधिकतर J2 आस–पास की जड़ों में ही घुसते हैं जिससे कि जड़ों पर सूत्रकृमियों की कालोनियां (colonies) बन जाती हैं (चित्र 14.1 C)।

उत्तरी भारत में इस सूत्रकृमि की अधिकतम संख्या अप्रैल व अक्टूबर के महीनों में मिलती है। अधिकतम सूत्रकृमि तने से 30-50 cm की दूरी पर तथा 30 cm गहराई तक मिट्टी में मिलते हैं। रेतीली मिट्टी इन सूत्रकृमियों के प्रजनन के लिये उपयुक्त नहीं होती।

टाइलेंकुलस सेमीपेनिट्रेंस में अभी तक चार जीवप्ररूप (biotype) मिले हैं जिन्हें उनकी जैतून व ट्राइफोलिएट ओरेंज पर प्रजनन क्षमता के आधार पर अलग किया जा सकता है।

परपोषी–परजीवी संबध

टाइलेंकुलस सेमीपेनिट्रेंस सिट्रस वंश पौधों में सिट्रस मंद अपक्षय (citrus slow decline) व शीर्षारंभीक्षय (die back) रोग पैदा करता है। शुरू के कुछ वर्षों में पौधे ठीक–ठाक दिखाई देते हैं किन्तु इस समय सूत्रकृमियों की संख्या में तेजी से वृद्धि होती है जो रोगजनक स्तर तक पहुंच जाती है। 7–8 वर्ष पुराने वृक्षों में रोग के लक्षण स्पष्ट रूप से दिखाई देने लगते हैं जैसे–पत्तियों का पीला पड़कर गिर जाना, कच्चे फलों का टूट जाना, फलों की संख्या व आकार में कमी आना, इत्यादि। ऐसे वृक्षों की डालियां नीचे की ओर सूखना शुरू हो जाती हैं.(चित्र 14.2)। संभरक जड़ों पर इस सूत्रकृमि के विशिष्ट लक्षण देखे जा सकते हैं। अनेक मादा सूत्रकृमि पास–पास में श्लेषी आधात्री स्रावित करती हैं जिसके ऊपर मिट्टी के कण चिपक जाते हैं। ये मिट्टी के कण पानी में आसानी से नहीं उतरते जिसके कारण ऐसी जड़ें स्वस्थ जड़ों की अपेक्षा अधिक मटमैली व गहरे भूरे रंग की दिखाई देती हैं (चित्र 14.3)। ऐसी जड़ों का वल्कुट आसानी से उतर जाता है।

मादा सूत्रकृमि अपने सिर को वल्कुट के काफी अन्दर तक ले जा कर अशन स्थल बना लेती है। इस स्थान के बीच में गुहिका (cavity) होती है जिसमें मादा अपना सिर जमाये रहती है। इस गुहिका के चारो ओर की वल्कुट कोशिकाऐं अतिवृद्धिक हो जाती हैं तथा उनकी भित्तियां मोटी हो जाती हैं। उनका साइटोप्लाजम गाढ़ा हो जाता है। ऐसी परिवर्तित कोशिकाओं (चित्र 9.31) को धात्री कोशिकाएं (nurse cells) कहते हैं।

क्षति

विश्व स्तर पर इस सूत्रकृमि द्वारा होने वाला नुकसान 8.0–12.2% सिट्रस में अनुमानित किया गया है।

इस सूत्रकृमि की उपस्थिति में रोगजनक फंगस, *फ्यूजेरियम सोलानी* व *फ्यूजेरियम आक्सीस्पोरम* (*Fusarium solani* and *F. oxysporum*) का प्रकोप बढ़ जाता है जिसके कारण जड़ें सड़ जाती हैं तथा पौधों की उम्र कम हो जाती है।

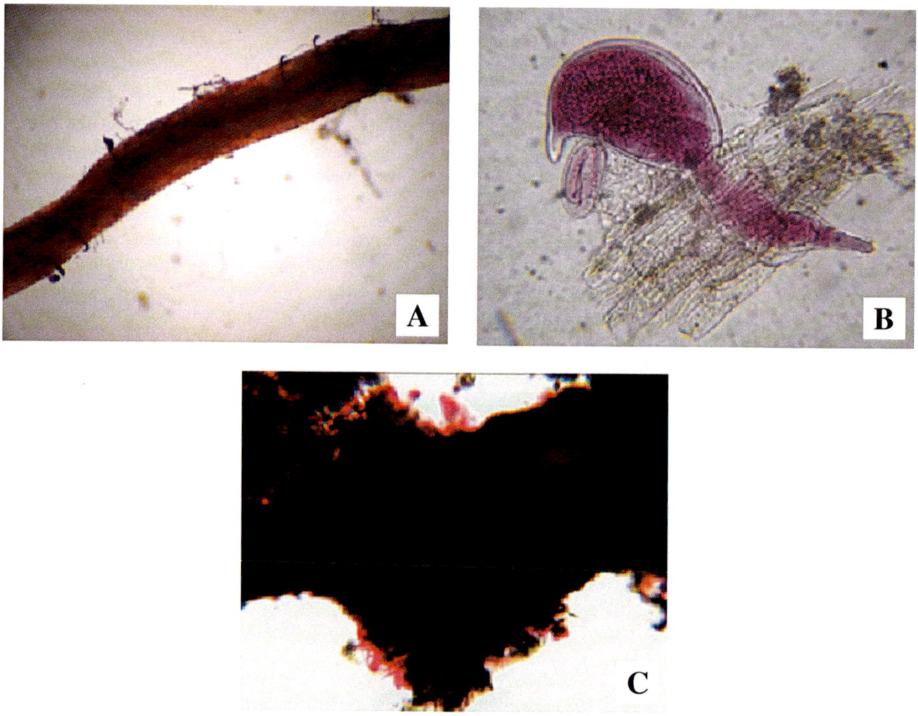

■ चित्र 14.1 : **A.** नींबू की जड़ पर बनी हुई *टाइलेंकुलस सेमीपेनिट्रेंस* की कालोनी, **B.** अंडपूर्ण मादा, **C.** जड़ पर लगी हुई विभिन्न अवस्थाओं की मादाएं

■ चित्र 14.2 : **शीर्षारंभीय रोग के लक्षण दर्शाता नींबू का पेड़**

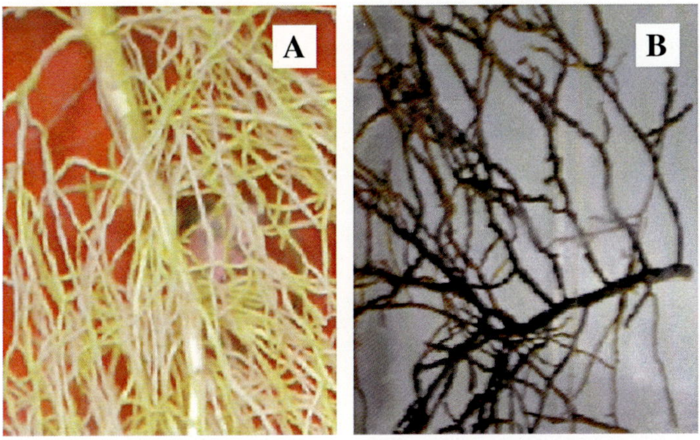

■ चित्र 14.3 : **सिट्रस की जड़ें: A. स्वस्थ, B. सिट्रस सूत्रकृमि से संक्रमित**

■ चित्र 14.4 : **सिट्रस पर *मेलॉइडोगाइन इंडिका* के उपरभूमिक लक्षण: A. स्वस्थ पेड़, B. संक्रमित पेड़**

सौजन्य : बी. ए. पटेल

■ चित्र 14.5 : **सिट्रस की *मेलॉइडोगाइन इंडिका* संक्रमित जड़ें**

प्रबंधन

- पनीरी को सिट्रस के बागों से दूर, सिट्रस सूत्रकृमि रहित स्थान पर तैयार करें।
- फूल आने से पहले पेड़ों के द्रोणी क्षेत्र (basin area) में कार्बोफ्यूरान दवाई 4 kg a.i./ha की दर से मिट्टी में मिलायें व थोड़ा पानी दे दें।
- कार्बोफ्यूरान दवाई की लागत कम करने के लिए दवाई की आधी मात्रा (2 kg a.i./ha) के साथ साथ नीम की खली 1 Kg. प्रति पेड़ की दर से लगा सकते हैं। इनका प्रयोग पहले बताये हुए ढंग से ही किया जाता है।
- पेड़ों के बीच की जमीन पर प्याज, लहसुन या गेंदा लगाने से सूत्रकृमियों की संख्या कम हो जाती है तथा किसानों को अतिरिक्त आय भी होती है।
- कुछ कृन्तक (clone) व ट्राइफोलियेट ऑरेंज, *पोनसिरस ट्राइफोलियेटा* (trifoliate orange, *Pocirus trifoliate*) के संकर इस सूत्रकृमि के प्रतिरोधक हैं। इनका मूल तंत्र (root stock) के रूप में प्रयोग किया जा सकता है।

2. *रेडोफोलस सिट्रोफिलस (Radopholus citrophilus)*

इस सूत्रकृमि को पहले *रेडोफोलस सिमिलिस* की सिट्रस प्रजाति के रूप में जाना जाता था लेकिन विस्तृत अध्ययन से यह अब स्पष्ट हो गया है कि यह उससे भिन्न जाति है जिसे *आर. सिट्रोफिलस* नाम दिया गया है। यह सूत्रकृमि अमेरिका के फ्लोरिडा प्रान्त तक सीमित है जहां पर यह सिट्रस व्याप्तिशील अपक्षय/ विस्तारी ह्रास नामक बीमारी चतकोरा व सन्तरे में फैलाता है। यह सूत्रकृमि अपने आप से औसतन 1.6 प्रति वर्ष की दर से बढ़ता है। इस बीमारी के कारण पेड़ तेजी से सूखने लगते हैं। यह सूत्रकृमि जमीन में 0.3–1.8 मीटर गहराई तक मिलते हैं किन्तु वे चार मीटर नीचे तक भी पहुंच सकते हैं। इस क्षेत्र की रोपण सामग्री के आयात पर अनेक देशों में प्रतिबन्ध लगा हुआ है।

3. सिट्रस जड़ गांठ सूत्रकृमि– *मेलॉइडोगाइन इंडिका* (Citrus Root-Knot Nematode-*Meloidogyne indica*)

इस सूत्रकृमि का वर्णन व्हाइटहेड (Whitehead) ने सन् 1968 में भारत से किया था। इसे समान्यतया मिलने वाली जड़ गांठ सूत्रकृमि की जातियों से आसानी से अलग पहचाना जा सकता है क्योंकि इसके चित्राम में धारियां बहुत महीन होती हैं जो भग व गुदा के चारों ओर अनेक वृत्त बनाती हैं। ये धारियां मूलाधार क्षेत्र में भी होती हैं। J2 डिंभक की पुच्छ अपेक्षाकृत काफी छोटी होती है जिसका सिरा चौड़ा व गोल होता है।

भारत में इसे गुजरात प्रान्त के बनासकांठा, महेसाना बौर आनंद जिलों में पाया जाता है। आस्ट्रेलिया, तेवान व चीन में भी यह सूत्रकृमि सिट्रस जाति के वृक्षों की जड़ों को संक्रमित करता है। कपास, लोबिया और लौकी भी इसकी परपोषी फसलें हैं।

सूत्रकृमि संक्रमण (चित्र 14.4) से पौधे छोटे रह जाते हें व उनकी पत्तियां हरिमाहीन हो जाती हैं। संक्रमित पेड़ों की डालियां सूखने लगती हैं जिसके के कारण फसल खराब हो जाती है। सूत्रकृमि की उपस्थिति में गमोसिस (gummosis) व केन्कर बीमारियों से प्रभावित वृक्ष जल्दी सूख जाते हैं। जड़ों पर गांठें व अंड संहिताएं स्पष्ट दिखई देती हैं (चित्र 14.5)।

प्रबंधन

स्वस्थ पौध का प्रयोग करें।

- मिट्टी में कार्बोफ्यूरान (Carbofuran) और नीम केक @ 2.5 kg/ पेड़ लगााने से सूत्रकृमि समष्टि बहुत कम हो जाती है।
- गोबर की खाद, मुर्गी की खाद व सरसों का केक को ग्रसित खेत में @ 2.5 kg/ पेड़ डालना भी सूत्रकृमि समष्टि कम करने में सहायक होता है।

4. *हेमीसाइकलोफोरा एरीनेरिया (Hemicycliophora arenaria)*

हेमीसाइकलोफोरा एरीनेरिया अमेरिका के केलीफोर्निया रेगिस्तान में विविध प्रकार के पादपों पर मिलता है और सिट्रस पर आर्थिक क्षति पहुंचाता है। यह सूत्रकृमि पार्श्व जड़ों के अग्रज की कोशिकाओं पर अशन करता है जिसके कारण जड़ों की बढ़ोतरी रुक जाती है। कोशिकाओं के अतिवर्धन के कारण अंतस्थ गांठें बन जाती हैं जहां से सूत्रकृमि लगातार भोजन लेता रहता है। इस सूत्रकृमि में अनिषेक जनन होता है। एक मादा औसतन 62 अंडे देती है जो जड़ों पर श्लेषी आधात्री से चिपके रहते हैं। एक जीवन चक्र 18–25 दिनों में पूरा होता है।

एच. न्युडेटा (H. nudata) आस्ट्रेलिया में सिट्रस की जड़ों पर अंतस्थ गांठें बनाता है।

5. *प्रेटीलेंकस कॉफी (Pratylenchus coffeae)*

प्रेटीलेंकस वंश के सूत्रकृमि की अनेक जातियां सिट्रस के मूल परिसर में मिलती हैं जिनमें से *पी. कॉफी* सबसे अधिक महत्वपूर्ण है जो सिट्रस क्लेम्प (clamp) नामक रोग पैदा करती है। यह एक प्रवासी सूत्रकृमि है जिसकी सभी अवस्थाएं जड़ एवं मृदा में मिलती हैं। सूत्रकृमि वल्कुट कोशिकाओं को नष्ट कर देता है जो बाद में ऊतकक्षयी हो जाती हैं।

2. अंगूर, अमरुद व अनार

विभिन्न प्रकार के सूत्रकृमि अंगूर, अमरुद व अनार, आदि फल फसलों को संक्रमित करते हैं जिनमें से जड़ गांठ सूत्रकृमि प्रमुख है। भारत में इस सूत्रकृमि के कारण संक्रमित बागों में 11–30% फलों की पैदावार कम होती है। पौधों में विशिष्ट उपरभूमिक लक्षणों के अभाव के कारण ये सूत्रकृमि बहुधा नजरअंदाज हो जाते हैं। पत्तियों का पीला पड़ना, पौधों का छोटा रह जाना आदि लक्षण मृदा में पोषक तत्वों की कमी के कारण उत्पन्न होने वाले लक्षणों से भ्रमित करते हैं। जड़ों पर बनी हुई गांठें इस सूत्रकृमि के संक्रमण की सही पहचान है। ये गांठें शुरु में छोटी–छोटी होती हैं जो बाद में मिलकर बड़ी हो जाती हैं। अधिक संक्रमण होने पर प्रत्यारोपित पौध बढ़ नहीं पाती।

भारत में *एम. इनकोगनिटा (M. incognita)* व *एम. जैवेनिका (M. javanica)* जातियां इन फलों को संक्रमित करती हैं। अमरुद की जड़ों को *एम. एरीनेरिया (M. arenaria)* भी संक्रमित करके गांठें बनाता है। सूत्रकृमि एक जीवन चक्र तीन से चार सप्ताह में पूरा कर लेता है।

प्रबंधन

अंगूर में

- मिट्टी में कार्बोफ्यूरान (Carbofuran) @ 7g/m^2 फूल बनने के समय लगाएं और पेड़ों के बीच में लहसुन उगाएं।

- मिट्टी में कार्बोफ्यूरान (Carbofuran) @ 13g/m^2 फूल बनने के पहले लगाएं।
- मिट्टी में *सिडोमोनस फ्लोरेसेंस (Pseudomonas fluorescens)* @ 20g/m^2 या ट्रिकोडरमा विरिडे (Trichoderma viride) @ 20g/m^2 लगाना लाभकारी रहता है।

अनार में

- नर्सरी बनाने या मुख्य खेत में प्रत्यारोपण से पहले जमीन की गर्मी में गहरी जुताई करके मिट्टी को पलट दें।
- पेड़ों के बीच में सन, गैंदा, सरसों, प्याज या लहसुन उगाएं।
- मिट्टी में *पेसिलोमाइसिस लिलेसिनस (Paecilomyces lilacinus)/ सिडोमोनस फ्लोरेसेंस (Pseudomonas fluorescens)* @ 20g/m^2 / *ट्रिकोडरमा विरिडे (Trichoderma viride)* @ 20g/m^2 प्रत्यारोपण व फूल निकलने से पहले मिलाएं।

अमरुद में

- स्वस्थ पौध का प्रयोग करें।

❍❍❍

अध्याय **15**

सब्जियों के प्रमुख हानिकारक सूत्रकृमि

सब्जियां भारतीय खाने का अभिन्न अंग हैं। सब्जियों का खाने, सलाद, मिठाई, दवाई आदि के रूप में प्रयोग होता है। कुछ सब्जियां, जैसे टमाटर, बैंगन, मिर्च आदि के बीज बहुत छोटे होते हैं और उनकी पौध तैयार करके खेतों में प्रत्यारोपित करते हैं। अन्य सब्जियों जैसे भिंडी, लौकी, करेला, खीरा (कुल *कुक्रबिटेसी- Cucurbetaceae*) के बीज बड़े होते हैं व उन्हें सीधे खेतों में बोया जाता है। सब्जियां विश्व के सभी क्षेत्रों में, जहां सिंचाई के साधन उपलब्ध हैं, बोयी व खायी जाती हैं।

पादप सूत्रकृमियों की अनेक जातियां सब्जियों के मूल परिसर में मिलती हैं जिनमें से कुछ विश्व स्तर पर आर्थिक रूप से महत्वपूर्ण हैं। उनमें से प्रमुख हैं- जड़ गांठ सूत्रकृमि-*मेलॉइडोगाइन* (Root knot nematode -*Meloidogyne*) और वृक्काकार सूत्रकृमि- *रोटाइलेंकुलस रेनीफॉरमिस* (Reniform nematode- *Rotylenchulus reniformis*)। *मेलॉइडोगाइन* वंश की चारों आम तौर से मिलने वाली जातियां- *एम. इनकोगनिटा (M. incognita)*, *एम. जैवेनिका (M. javanica)*, *एम. एरीनेरिया (M. arenaria)* व *एम. हेपला (M. hapla)* विश्व में मिलती हैं जिनमें से *एम. हेपला* शीतोष्ण क्षेत्रों तक सीमित है। कुछ अन्य हानिकारक सूत्रकृमि जैसे *डाइटाइलेंकस डिपसेकी (Ditylenchus dipsaci)* कुछ ही देशों में मिलते हैं।

1. जड़ गांठ सूत्रकृमि- *मेलॉइडोगाइन* (Root knot nematode- *Meloidogyne*)

भारतवर्ष में *एम. इनकोगनिटा*, *एम. जैवेनिका*, *एम. एरीनेरिया* व *एम. हेपला* सब्जियों को संक्रमित करती हैं जिनमें से *एम. इनकोगनिटा* और *एम. जैवेनिका* आम हैं। *एम. हेपला* कुछ ठंडे व ऊंचाई वाले क्षेत्रों जैसे हिमाचल प्रदेश, जम्मू कश्मीर राज्यों तक सीमित है। इन सूत्रकृमियों का परपोषी परास बहुत बड़ा है और वे लगभग सभी प्रकार की सब्जियों पर अशन व प्रजनन करते हैं किन्तु कुछ सब्जियों जैसे प्याज, लहसुन, फूल गोभी आदि पर अधिकांश समष्टियां प्रजनन नहीं कर सकती। केन्द्रीय व प्रदेश सरकारें पिछले कुछ वर्षों से पॉली हाउस खेती को अनुदान देकर बहुत प्रोत्साहित कर रही है। पॉली हाउस का वातावरण (नमी, तापमान, लगातार सुग्राही फसलों की उपलब्धता) इन सूत्रकृमियों के लिए बहुत अनुकूल होता है जिसके कारण अनेक पॉली हाउस में सूत्रकृमियों की गम्भीर समस्या उत्पन्न हो रही है।

जीवन चक्र

खरीफ के मौसम में सूत्रकृमि 25-35 दिनों में एक जीवन चक्र पूरा कर लेते हैं।

लक्षण

सूत्रकृमियों के कारण उपरभूमिक पादप भागों पर विशिष्ट लक्षण पैदा नहीं होते। संक्रमित पौधे छोटे रह जाते हैं व उनकी पत्तियां पीली पड़ कर सूख जाती हैं। ऐसे पौधों पर बहुत कम व छोटे फल लगते हैं। सूत्रकृमियों की समष्टि अधिक होने पर नये अंकुरित हुए पौधे मर भी जाते हैं किन्तु बड़े हो चुके पौधों में ऐसा नहीं होता।

संक्रमण की निश्चित पहचान जड़ों पर बनी गांठों से होता है। विभिन्न प्रकार की सब्जियों की जड़ों पर अलग-अलग प्रकार की गांठें बनती हैं-

- टमाटर, बैंगन, भिन्डी आदि में बड़ी-बड़ी गांठें बनती हैं (चित्र 15.1 C) किन्तु मिर्च में ये प्राय: छोटी रह जाती हैं।
- कुकरबिटों (कोहड़ा) जैसे खीरा, लौकी (चित्र 15.1 B), कद्दू में बहुत बड़ी गांठें बनती हैं। बहुधा पूरी जड़ ही फूली हुई दिखाई देती है। ऐसी जड़ों में अंड संहति (egg mass) अन्दर ही बनते हैं।
- मूली, गाजर आदि सब्जियों में संभरक जड़ों पर छोटी-छोटी गांठें बनती हैं। कुछ गांठें मुख्य जड़ों पर भी बनती हैं। ये सब्जियां कई बार बहुमुखी हो जाती हैं (चित्र 15.1 A) ।

क्षति

ग्रसित खेतों में इन सूत्रकृमियों के कारण टमाटर, बैंगन व भिंडी में 14-50% उपज में कमी देखी गयी है। क्षति सूत्रकृमियों की संख्या व मृदा के प्रकार व उसमें उपस्थित पोषक तत्वों पर निर्भर करती है।

सूत्रकृमि अनेक प्रकार के सूक्ष्मजीवों जैसे *फ्युजेरियम ऑक्सीस्पोरम* f. sp. *लाइकोपरसिकी* (*Fusarium oxysporum* f. sp. *lycopersici*), *वरटीसीलियम (Verticillium)*, *राइजोक्टोनिया (Rhizoctonia)* की उग्रता बढ़ा देते हैं।

प्रबंधन

- मई-जून के महीनों में जब तापमान 40-45 °C तक पहुंच जाता है तो 10 से 15 दिनों के अन्तर पर गहरी जुताई करने से मिट्टी में रह रहे J2 डिंभक मर जाते हैं।
- दो से तीन वर्षों तक ग्रसित खेतों में अपरपोषी फसलें जैसे सरसों, लहसन, प्याज, गेहूँ आदि उगाएं।
- टमाटर की प्रतिरोधी किस्में हिसार ललित, पंजाब NR 7 या SL 120 उगाएं।
- स्वस्थ पौध का प्रयोग करें।
- नर्सरी को जड़ गांठ सूत्रकृमि मुक्त भूमि में बनाएं।
- प्रत्यारोपित फसलों की नर्सरी बनाने वाली जमीन में कार्बोफ्यूरान दवाई का 0.3g a.i./m^2 लगाएं व प्रत्यारोपण से पहले पौध की जड़ों को कार्बोसल्फान (carbosulfan) @ 500 ppm के घोल में एक घंटे तक डुबोएं।

- खेतों में सीधे बीजने वाली सब्जियों के बीजों पर कार्बोसल्फान (carbosulfan) 25 DS @3% a.i. (w/w) का लेप लगा कर गहरी जोती हुई भूमि में बोएं।

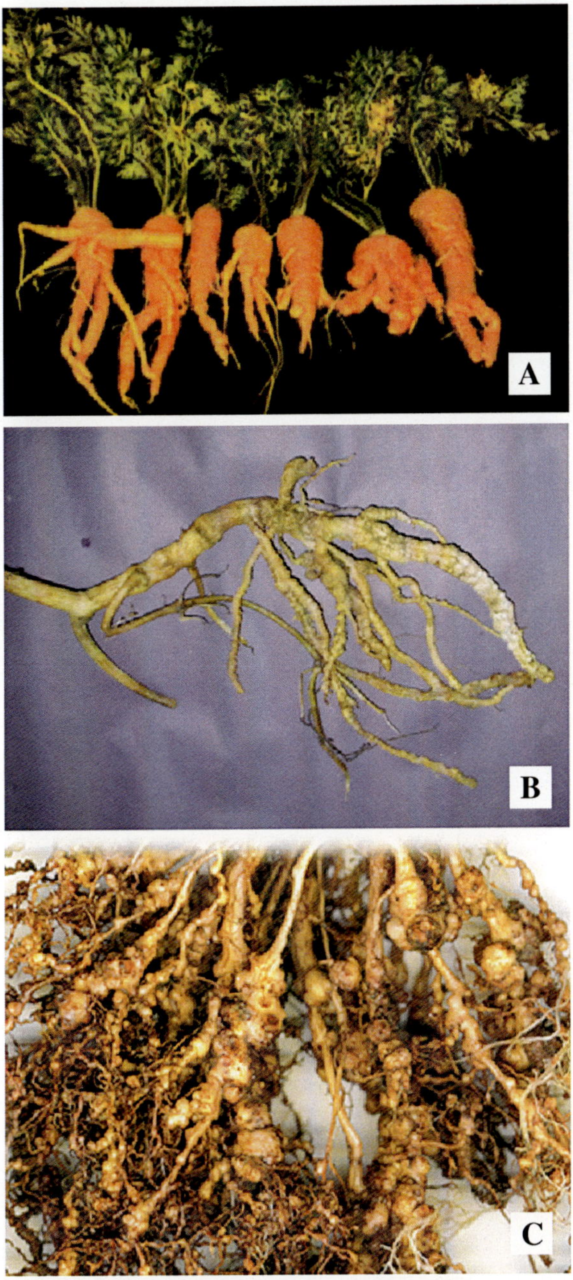

■ चित्र 15.1 : *मेलॉइडोगाइन* जातियों द्वारा विभिन्न सब्जियों की जड़ों पर बनी हुई गांठें – **A.** गाजर, **B.** लौकी, **C.** टमाटर

■ चित्र 15.2 : ***डाइटाइलेंकस डिपसेकी*** **के कारण प्याज होने वाले रोग के लक्षण– (बांया– स्वस्थ)**

2. वृक्काकार सूत्रकृमि– *रोटाइलेंकुलस रेनीफॉरमिस* (Reniform nematode- *Rotylenchulus reniformis*)

यह सूत्रकृमि प्राय: सभी सब्जी उगाने वाले राज्यों में मिलता है। इसका परपोषी परास बहुत बड़ा है व अनेक प्रकार की सब्जियां व फलदार फसलें इसके परपोषी पादप हैं। यह सूत्रकृमि जड़ों पर गांठ नहीं बनाता जिसके कारण जड़ गांठ सूत्रकृमि की उपस्थिति में प्राय: उपेक्षित रहता है।

जीवन चक्र

यह सूत्रकृमि जीवन चक्र भिंडी व बैंगन पर क्रमश: 24–29 व 20–25 दिनों में पूरा होता है। सूत्रकृमि परपोषी पादप की अनुपस्थिति में नमी वाली मिट्टी में सात महीनों तक तथा सूखी मिट्टी में छ: महीनों तक जिन्दा रह सकते हैं।

लक्षण

संक्रमित पौधे बढवार कम होने से छोटे रह जाते हैं, उनकी पत्तियां किनारों व सिरों से सूख कर गिर जाती हैं। संभरक जड़ें मुड़ जाती हैं व मादा द्वारा स्रावित श्लेषी आधात्री के कारण मटमैली दिखती हैं।

क्षति

यह सूत्रकृमि टमाटर, बैंगन व भिंडी पर अधिक नुकसान पहुंचाता है। सूत्रकृमि की उपस्थिति में *फ्यूजेरियम* व *वरटीसीलियम* आदि अवसरवादी फंगस सक्रिय होकर म्लानि रोग पैदा कर देते हैं।

प्रबंधन

- गर्मियों में नर्सरी बनाने वाली भूमि का 15 दिनों तक सौरीयन (solarization) करके जमीन में कार्बोफ्यूरान दवाई को 0.3g a.i./m^2 की दर से लगाएं। प्रत्यारोपण से पहले पौध

की जड़ों को कार्बोसल्फान (carbosulfan) @ 500 ppm के घोल में एक घंटे तक डुबोएं।

- खेतों में सीधे बीजने वाली सब्जियों के बीजों पर कार्बोसल्फान (carbosulfan) 25 DS @3% a.i. (w/w) का लेप लगा कर गहरी जुताई की हुई भूमि में बोएं।

3. तना व बल्ब/कंद सूत्रकृमि– *डाइटाइलेंकस डिपसेकी* (Stem and bulb nematode – *Ditylenchus dipsaci*)

इस सूत्रकृमि की विश्व के ठंडे देशों में प्याज, लहसुन, (*Apis graveolens*) में काफी नुकसान पहुंचाता है। यूरोप के लगभग सभी देशों, कनाडा, अमेरिका, तथा पश्चिमी रूस में इस सूत्रकृमि का बहुत प्रकोप है।

विपरीत वातावरण की परिस्थितियों में सैंकड़ों सूत्रकृमि आस–पास एकत्रित होकर गोला बना लेते हैं जिसे कृमि ऊन कहते हैं। इस अवस्था में यह सूत्रकृमि 23 वर्षों तक जिन्दा रह सकते हैं। मौलिक रूप से ये सूत्रकृमि अंत:परजीवी हैं और बल्ब व तने के अन्दर मृदतकीय (parenchymatous) ऊतकों पर खाता है। इन ऊतकों पर खाने के लिए सूत्रकृमि मध्य पटलिका (middle lamella) को बाह्य देह पाचन क्रिया के दौरान लार में उपस्थित एंजाइम की सहायता से पिघला देता है। इस सूत्रकृमि से प्याज में ब्लोट (bloat) नामक बीमारी होती है (चित्र 15.2)। कई फसलों के पुष्प विन्यास इस सूत्रकृमि से दुष्प्रभावित होते हैं।

डाइटाइलेंकस डिपसेकी पहला सूत्रकृमि है जिसमें परपोषी प्रजातियां पायी गयी थी। अब तक इस सूत्रकृमि में लगभग 20 परपोषी प्रजातियों का पता चल पाया है जिनमें कुछ तो परपोषी विशिष्ट हैं जबकि अन्य के कई परपोषी पादप हैं। ये प्रजातियां विभिन्न परपोषी पादपों पर अलग–अलग प्रकार के लक्षण पैदा करती हैं। परपोषी पादपों में लक्षणों का प्रकट होना उनमें उपस्थित पेक्टीनेज (pectinase) एंजाइम की मात्रा पर निर्भर करता है।

इस सूत्रकृमि के नियंत्रण के लिए बल्बों का गर्म पानी से उपचार व संक्रमित बीजों का मिथाइल ब्रोमाइड (Methyl bromide) से वाष्पीकरण किया जाता है।

4. *टाइलेंकोरिंकस ब्रेसिकी* (*Tylenchorhynchus brassicae*)

यह सूत्रकृमि उत्तर भारत में प्राय: क्रूसीफर (crucifer) फसलों जैसे गोभी, बन्द गोभी, नोल–नोल (knol-knol) आदि के जड़ परिसर में मिलता है। सूत्रकृमि जड़ों के मुख्यतया वल्कुट ऊतकों पर अंत: परजीवी के रूप में खाता है परन्तु कभी–कभी रंभीय ऊतकों को भी नुकसान पहुंचा सकता है।

ooo

अध्याय 16

केले के प्रमुख हानिकारक सूत्रकृमि

केले की खेती विश्व के गर्म उष्णकटबंधीय क्षेत्रों (भूमध्य रेखा से 30 °N व 30 °S) में होती है। उत्पादन के लिय 15–35 °C तापमान व 75-85% RH सर्वोत्तम जलवायु है। इसके प्रमुख उत्पादक देश भारत, ब्राजील, एक्वाडोर, चीन, फिलीपीन, इन्डोनेशिया, कोस्टारिका, मेक्सिको, थाईलेंड व कोलम्बिया है। भारत में केले का सर्वाधिक उत्पादन होता है जहां महाराष्ट्र, तमिलनाडु, कर्नाटक, गुजरात, आंध्र प्रदेश व आसाम प्रमुख केला उत्पादक राज्य हैं।

केले की जड़ों पर अनेक प्रकार के पादप सूत्रकृमि- बाह्य व अंत:परजीवी सूत्रकृमि, अशन करते हैं जिनमें से कुछ आर्थिक क्षति पहुंचाते हैं।

1. *रेडोफोलस सिमिलिस (Radopholus similis)*

इस सूत्रकृमि को सर्व प्रथम सन् 1966 में केरल में देखा गया था और अब देश के अन्य राज्यों जैसे तमिलनाडु, कर्नाटक, आन्ध्र प्रदेश, गोवा, महाराष्ट्र, गुजरात, मध्य प्रदेश, आसाम तथा त्रिपुरा में भी मिलता है। ऐसा विश्वास किया जाता है कि भारत मे यह सूत्रकृमि आयायित केले के प्रकंदों (sucker) के साथ केरल राज्य में पहुंचा था और वहां से देश के विभिन्न भागों में फैल गया है।

वितरण व परपोषी फसलें

इस सूत्रकृमि का परपोषी परास बहुत बड़ा है और कई प्रकार की पादप जातियां इससे संक्रमित होती हैं। केले के अतिरिक्त काली मिर्च, कॉफी, चाय, नारियल, सुपारी, पान, गन्ना, हल्दी व अदरक की फसलों में यह सूत्रकृमि आर्थिक नुकसान पहुंचाता है। भारत में केरल से गुजरात के तटीय इलाकों तक यह सूत्रकृमि संक्रमित केले के प्रकंदों के साथ ही पहुंचा है।

लक्षण

केले में इस सूत्रकृमि से होने वाले रोग को ब्लेक हेड रोग, केला अपक्षय, राइजोम रोट/विगलन नाम से जाना जाता है। केले के उपरभूमिक भागों पर विशिष्ट लक्षण पैदा नहीं होते। शुरु में बाहरी परत वाली पत्तियां पीली पड़ जाती हैं किन्तु बाद में आंतरिक परतों वाली पत्तियों में भी पीलापन झलकने लगता है। धीरे-धीरे पत्तियां सूख कर गिरने लगती हैं और पौधे मर भी सकते हैं। आरम्भ में जड़ों पर सूत्रकृमि संक्रमण से लम्बे विक्षत/घाव बनते हैं जो बाद में बड़े होकर आपस में मिल जाते हैं (चित्र 16.1) और जड़ें सड़ना शुरु हो जाती हैं। मूल तंत्र काफी छोटा रह जाता है जिसमें से पार्श्व जड़ें नहीं निकलती। अन्त में राइजोम भी संक्रमित हो जाता है जिसके कारण पेड़ों

की जमीन में पकड़ कम हो जाती है (चित्र 16.2)। ऐसे संक्रमित पेड़ तेज हवाओं में जमीन से उखड़ कर गिर जाते हैं (चित्र 16.3) जिसे केले का टोपलिंग आवर (Toppling over) रोग कहते हैं।

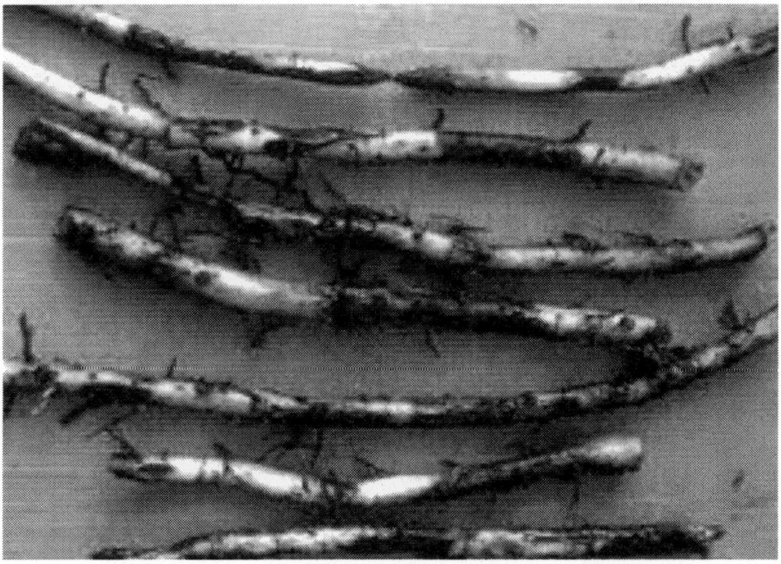

■ चित्र 16.1 : **केले की *रेडोफोलस सिमिलिस* संक्रमित जड़ें**

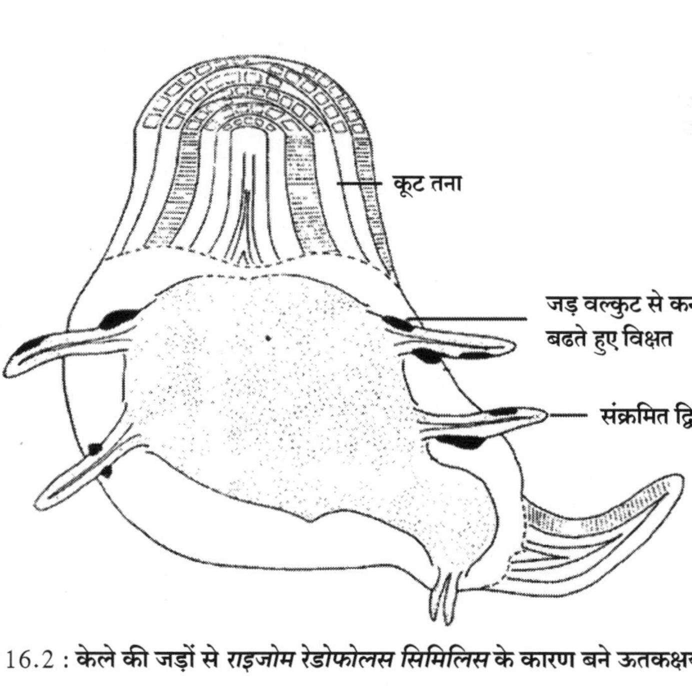

■ चित्र 16.2 : **केले की जड़ों से *राइजोम रेडोफोलस सिमिलिस* के कारण बने ऊतकक्षयी घावों का प्रसार**

■ चित्र 16.3 : ***रेडोफोलस सिमिलिस* के कारण केले का टोपलिंग ऑवर रोग**

सूत्रकृमि के खाने व चलने के कारण वल्कुट में सड़न शुरु हो जाती है और बड़ी-बड़ी गुहाएं बन जाती हैं जो बिल-जैसी दिखाई देती हैं। अंडे प्राय: इन्हीं गुहाओं में मिलते हैं जबकि डिंभक व वयस्क नयी स्वस्थ जड़ों में प्रवेश कर जाते हैं। संक्रमण के तीन से चार सप्ताहों के अन्दर गुहाएं टूट जाती हैं जिससे जड़ों की सतह पर दरारें पड़ जाती हैं।

यह सूत्रकृमि फंगस, *प्युजेरियम आक्सीस्पोरम* f. sp. क्यूबेंस (*Fusarium oxysporium* f. sp. *cubense*) के साथ मिलकर पनामा म्लानि (Panama wilt) पैदा करते है। अकेले फंगस की अपेक्षा सूत्रकृमियों की उपस्थिति में बीमारी का संयोग दो गुना हो जाता है तथा बीमारी के लक्षण शीघ्र दिखने लगते हैं। सूत्रकृमि फंगस प्रतिरोधी किस्म, लैक्टान बनाना (Lactan banana) की प्रतिरोधक क्षमता नष्ट कर देते हैं।

प्रबंधन

सूत्रकृमि संक्रमित राइजोम की सहायता से ही फैलते हैं अत: स्वस्थ, सूत्रकृमि रहित राइजोम को ही रोपित करना चाहिए। संक्रमित राइजोम को निम्नलिखित विधियों से सूत्रकृमि से मुक्त किया जा सकता है-

- छीलना (Paring)- राइजोम के सड़े हुए हिस्से व उसके साथ वाले थोड़े स्वस्थ भाग को काट के अलग करने के बाद रोपित करना चाहिए।
- छीलना व गर्म पानी उपचार- छिले हुए राइजोम को 53-55 °C गर्म पानी में 20-25 मिनट तक डुबो कर रखने से राइजोम में बचे हुए सूत्रकृमि मर जाते हैं।
- छीलना व सूत्रकृमिनाशी उपचार- छिले हूए राइजोम को पहले मिट्टी के घोल में डुबो दिया जाता है। तत्पश्चात उस पर कार्बोफ्यूरान (Carbofuran) के दाने 1.2 g a.i. प्रति राइजोम की दर से उसके ऊपर चिपका दिये जाते हैं।

सूत्रकृमि नियंत्रण के अन्य उपाय ये हैं–

- फसल काटने के बाद खेतों को खाली छोड़ कर उसमें पानी भर देने से सूत्रकृमियों की समष्टि कम हो जाती है।
- सूत्रकृमि ग्रसित खेतों में अपरपोषी फसलें जैसे *पेनीकम मेक्सीमम (Panicum maximum)* या *फेसीऑलस परपुरस (Phaseolus purpureus)* बोनी चाहिए।

2. जड़ गांठ सूत्रकृमि – मेलॉइडोगाइन (Root knot nematode- *Meloidogyne*)

केले के बागानों में *मेलॉइडोगाइन इनकोगनिटा (M. incognita)* और *एम. जैवेनिका (M. javanica)* नामक जड़ गांठ सूत्रकृमि प्राय: मिल जाते हैं। गुजरात राज्य में यह सूत्रकृमि लगभग सभी बागानों में विद्यमान है।

जीवन चक्र

यह सूत्रकृमि जड़ों पर अनेक बड़ी–बड़ी गांठें बनाते हैं जिन पर अंड संहिताएं आसानी से दिखती हैं। पुरानी व मोटी जड़ों में अंड संहिताएं जड़ों के अन्दर ही बनती है तथा एक ही जड़ में सूत्रकृमि की अनेक पीढ़ियां बनती रहती हैं।

लक्षण

संक्रमित पौधे बोने रह जाते हैं व पत्तियां हरिमाहीन हो जाती हैं। पत्तियां पतली रहकर झाड़ीनुमा हो जाती हैं। केले देर से, छोटे–छोटे व कम संख्या में बनते हैं।

नुकसान

तमिलनाडु राज्य में इस सूत्रकृमि के कारण 30.9% परिहार्य नुकसान अनुमानित किया गया है। पनामा म्लानि रोग का रोगजनक, *फ्युजेरियम ऑक्सीस्पोरम* f. sp. क्यूबेंस (*Fusarium oxysporum oxysporum* f. sp. *cubense*) के साहचर्य से इस सूत्रकृमि के कारण 50% पैदावार में कमी आ जाती है। *एफ. सोलानी (F. solani)* व *राइजोक्टोनिया (Rhizoctonia)* कारण होने वाले जड़ गलन रोग *एम. इनकोगनिटा* की उपस्थिति में अधिक हो जाता है।

प्रबंधन

इस सूत्रकृमि का प्रबंधन *रेडोफोलस सिमिलिस* के प्रबंधन जैसा ही है।

3. *प्रेटीलेंकस कॉफी (Pratylenchus coffeae)*

भारत में केले की फसल पर यह सूत्रकृमि दक्षिणी गुजरात, ओडिशा, बिहार व आसाम भारत के राज्यों में मिलता है जहां इसका प्रसार संक्रमित रोपण सामग्री/ प्रकंद से हुआ है। इस सूत्रकृमि से होने वाली परिहार्य क्षति को कुछ बागानों में 44% तक आंका गया है। सूत्रकृमि स्वयं से कम नुकसान करता है किन्तु *फ्युजेरियम ऑक्सीस्पोरम* की उपस्थिति में यह बहुत उग्र हो जाता है और अत्यधिक नुकसान पहुंचाता है।

सूत्रकृमि का प्रबंधन *रेडोफोलस सिमिलिस* के प्रबंधन जैसा ही है। कार्बोफ्यूरान (carbofuran) को 50g/ प्रकंद बिजाई के समय व दो बार तीन–तीन महीनों के अन्तराल पर लगाने से सूत्रकृमि की संख्या कम हो जाती है व उपज में बढ़ोतरी हो जाती है।

4. *हेटरोडेरा ओराइज़ीकोला* (*Heterodera oryzicola*)

यह सूत्रकृमि केरल व गोवा राज्यों में केले की फसलों को संक्रमित करता है। सिस्ट लगभग गोल व उभयगवाक्षी होती हैं जिसमें बुल्ले गोल व भग क्षेत्र के पास होते हैं। J2 डिंभक में 3 पार्श्व रेखाएं होती हैं व पुच्छ लम्बी होती है। सूत्रकृमि का जीवन चक्र 23 दिनों में पूरा हो जाता है जिसके कारण एक वर्ष में कई पीढ़ियां बन जाती हैं।

सूत्रकृमि तृतीयक संभरक जड़ों को संक्रमित करते हैं जो ऊतकक्षयी होकर टूट भी जाती हैं। संक्रमित पौधे छोटे रह जाते हैं।

5. *हेलीकोटाइलेंकस मल्टीसिंकटस* (*Helicotylenchus multicinctus*)

केले का *हेलीकोटाइलेंकस मल्टीसिंकटस* (*Helicotylenchus multicinctus*) एक महत्वपूर्ण हानिकारक सूत्रकृमि है जो उसकी जड़ों में अंत: परजीवी के रूप में रहता है। यह सूत्रकृमि भारत सहित विश्व के लगभग सभी देशों में पाया जाता है। केले के खेतों में यह अक्सर *रेडोफोलस सिमिलिस* के साथ मिलता है जिसके कारण यह सूत्रकृमि प्राय: उपेक्षित रहता है। यह जड़ों में वल्कुट कोशिकाओं की ऊपरी 4-5 पंक्तियों में मिलता है जहां पर मादा 8-26 अंडे समूह में देती है। सूत्रकृमि के ओष्ठ क्षेत्र के आस-पास की वल्कुट कोशिकाओं की भित्तियां छिद्रित हो जाती है, उनका साइटोप्लाजम सिकुड़ जाता है व केन्द्रक बड़ा हो जाता है (चित्र 9.7) । सूत्रकृमि के कारण जड़ों की सतह पर छोटे-छोटे घाव बन जाते हैं जो बाद में ऊतकक्षयी हो जाते हैं।

आर. सिमिलिस को नियंत्रण करने वाले उपाय उस सूत्रकृमि के विरुद्ध भी काम करते हैं।

ooo

अध्याय 17

आलू के प्रमुख हानिकारक सूत्रकृमि

आलू की फसल कम समय में तैयार हाने वाली व अधिक उत्पाद देने वाली है। इसे लगभग 150 देशों में बोया जाता है तथा दस करोड़ लोगों द्वारा उपयोग किया जाता है। इसका 70% उत्पादन चीन, रूस, अमेरिका, यूक्रेन, पोलेंड, जर्मनी, बेलारूस, फ्रांस व हालेंड में होता है। भारत में इसे लगभग सभी राज्यों में उगाया जाता है किन्तु इसकी औसत उपज 152 क्विंटल प्रति हैक्टेयर है जो विश्व औसत से काफी कम है। आलू की खेती के लिए जीवांश युक्त बलूई–दोमट मिट्‌टी की आवश्यकता होती है व अच्छी उपज के लिए जल निकासी की उत्तम व्यवस्था जरुरी है। बढवार के समय मध्यम शीत की आवश्यकता होती है।

सूत्रकृमियों की 68 से अधिक जातियां आलू के साहचर्य में मिल चुकी हैं किन्तु अधिकांश जातियों के आर्थिक महत्व का पता चलना अभी बाकी है। कुछ जातियां निश्चित रूप से हानि पहुंचाती है जिनका वर्णन यहां किया गया है।

1. सुनहरी सिस्ट सूत्रकृमि– *ग्लोबोडेरा रोस्टोकाइएनसिस/ जी. पेलीडा* (Golden cyst nematodes- *Heterodera rostochiensis/ G. pallida*)

सुनहरी/स्वर्णिम सिस्ट सूत्रकृमि कहे जाने वाले इस सूत्रकृमि का आविष्कार कुन ने जर्मनी के रोस्टक नामक स्थान से किया था तथा इसको *हेटरोडेरा शेक्टाई* की एक किस्म ही समझा। जिमरमान (Zimmermann) ने सिद्ध किया कि यह सूत्रकृमि *हेटरोडेरा शेक्टाई* से भिन्न है। फिर वोलेनवेबर ने इसका नया नाम, सर्वप्रथम पाए जाने स्थान के आधार पर, *हेटरोडेरा रोस्टोकाइएनसिस* दिया। बेहरेंस (Behrens) ने सभी गोल आकृति वाले सूत्रकृमियों के लिए *ग्लोबोडेरा* वंश प्रस्तावित किया और इस सूत्रकृमि का वर्तमान नाम *ग्लोबोडेरा रोस्टोकाइएनसिस* पड़ गया। आलू के सिस्ट सूत्रकृमि की दो जातियां– *ग्लोबोडेरा रोस्टोकाइएनसिस/ जी. पेलीडा* आपस में काफी मिलती हैं लेकिन परिपक्वता के दौरान रंग परिवर्तन के आधार पर इन्हें आसानी से अलग किया जा सकता है। *जी. रोस्टोकाइएनसिस* की मादाएँ परिपक्वता के दौरान सफेद से सीधे सुनहरी पीले रंग की सिस्ट में बदल जाती हैं जबकि *जी. पेलीडा* की सिस्ट पहले सफेद, फिर क्रीम और अन्त में सुनहरी पीले रंग की होती हैं।

भारत में सर्व प्रथम इन सूत्रकृमि को जोन्स ने सन् 1961 में देखा था।

वितरण व परपोषी फसलें

ये दोनों जातियां विश्व के शीतोष्ण देशों में मुख्यतया पायी जाती हैं जिनमें यूरोप के कई देश, दक्षिणी व उत्तरी अमेरिका, रूस, दक्षिणी अफ्रीका आदि शामिल हैं। भारत में यह सूत्रकृमि नीलगिरी, पलनी और कोडी कनाल पहाड़ियों के तमिलनाडु, केरल व कर्नाटक के सीमांतर 4000 हेक्टेयर क्षेत्र तक सीमित है। ऐसा विश्वास किया जाता है कि भारत में यह सूत्रकृमि आयायित आलू के बीज (कंद) के साथ आया है। अभी हाल में यह सूत्रकृमि हिमाचल प्रदेश व जम्मू-कश्मीर राज्यों में भी मिला है। आलू के बीजों (बल्ब/कंद) के साथ ही यह सूत्रकृमि विश्व के विभिन्न देशों में फैला है।

आलू इन सूत्रकृमियों की प्रमुख परपोषी फसल है किन्तु सोलानेसी (Solanaceae) कुल की दूसरी फसलें जैसे टमाटर, बैंगन व अन्य खर पतवार भी इसके परपोषी पादप हैं।

जीवन चक्र

सिस्ट से J2 डिंभकों का स्फुटन जड़ों से निकलने वाले नि:श्राव पर निर्भर करता है। प्रत्येक सिस्ट के अन्दर 200-500 अंडे/ J2 डिंभक होते हैं किन्तु प्रथम वर्ष में केवल 30-40% डिंभक ही सक्रिय हो पाते हैं। शेष डिंभक प्रति वर्ष अगले आठ सालों तक आलू के बिजाई के मौसम में सिस्ट से निकलते रहते हैं। प्रजनन के लिये नर व मादा दोनों का होना आवश्यक है। एक जीवन चक्र पूरा करने में नील गिरी के वातावरण में 5-7 सप्ताह लगते हैं। इसलिए वहां पर आलू की एक फसल में सूत्रकृमियों की दो पीढ़ियां बन जाती हैं। यूरोप के ठंडे वातावरण में आलू की फसल के दौरान केवल एक ही पीढ़ी विकसित हो पाती है।

रोगप्ररूप

अन्तर्राष्ट्रीय योजना के अनुसार *जी. रोस्टोकाइएनसिस* के पांच व *जी. पेलीडा* के तीन रोगप्ररूप विश्व भर में चिन्हित किये गए हैं। रोगप्ररूपों का वर्गीकरण सूत्रकृमियों की काश्त जनक (cultivated) व जंगली *सोलानम* (*Solanum*) वंश की जातियों पर प्रजनन क्षमता पर आधारित है। भारत में *जी. रोस्टोकाइएनसिस* के रोगप्ररूप Ro 1 व Ro 2 तथा *जी. पेलीडा* के तीनों रोगप्ररूप (Po 1, Po 2 व Po 3) मिलते हैं।

लक्षण

रोग के लक्षण सूत्रकृमियों की संख्या पर निर्भर करते हैं इसलिये पहले कुछ सालों तक, जब इनकी समष्टि कम होती है, पौधे स्वस्थ दिखई देते हैं। परन्तु अगले कुछ वर्षों में जब सूत्रकृमियों की समष्टि बढ़ जाती है तो लक्षण स्पष्ट रूप से प्रकट होने लग जाते हैं (चित्र 17.1)। संक्रमित पौधे खेत के कुछ ही हिस्सों में दिखाई देते हैं। ऐसे पौधों की पत्तियां धूप में सिकुड़ जाती हैं और शाम के समय ठीक हो जाती है। कुछ दिनों के बाद पौधों की निचली पत्तियां पीली हो कर गिरना शुरु हो जाती हैं और फसल के अन्त में केवल कुछ ऊपरी पत्तियां ही रह जाती हैं। जड़ें भी बुरी तरह प्रभावित होकर विकसित नहीं हो पाती। आलू बहुत कम व छोटे-छोटे बनते हैं। जड़ों पर चिपकी हुई सफेद, सुनहरी सिस्ट साफ दिखाई देती हैं (चित्र 17.1, 17.2)।

■ चित्र 17.1 : ***ग्लोबोडेरा रोस्टोकाइएनसिस* संक्रमित आलू के पौधे (इनसेट) जड़ के साथ चिपकी सिस्ट**

सौजन्य : राजन सलारिया

■ चित्र 17.2 : ***ग्लोबोडेरा रोस्टोकाइएनसिस*– A. जड़ों पर चिपकी हुई श्वेत मादाएं, B. सुनहरी–पीले रंग की सिस्ट**

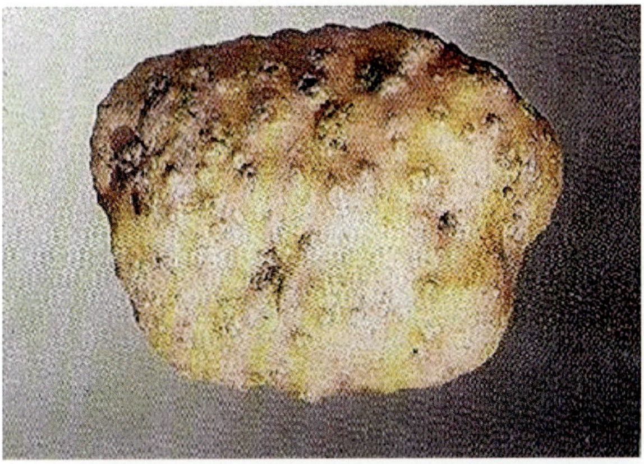

■ चित्र 17.3 : ***मेलॉइडोगाइन इनकोगनिटा* के कारण आलू पर बनी हुई फुन्सियां**

आर्थिक क्षति

ये सूत्रकृमि आलू की फसल को भारी नुकसान पहुंचाते हैं। न केवल आलू की पैदावार कम होती है अपितु उनका आकार भी छोटा रह जाता है। भारत में इससे होने वाला परिहार्य नुकसान 53-66% आंका गया है। कुछ खेतों में तो किसानों को आलू के बीज की कीमत तक भी नहीं मिल पाती।

प्रबंधन

कर्षण: इन सूत्रकृमियों का परपोषी परिसर *सोलानम* वंश की जातियों तक ही सीमित है अत: फसल चक्र अपनाना एक अच्छा विकल्प है। अपरपोषी फसलें जैसे गोभी, बन्द गोभी, गाजर, मूली, शलगम, स्ट्राबेरी आदि फसलें जो सोलानेसी कुल की नहीं हैं, को संक्रमित खेतों में बोया जा सकता है। लेकिन इस बात का ध्यान रखना चाहिए कि इस सूत्रकृमि के J2 डिंभक आठ सालों से भी अधिक तक सिस्ट के अन्दर सुप्तावस्था में जीवित रह सकते हैं। अत: अपरपोषी फसलों को तीन से चार सालों तक अवश्य लेना चाहिए। कुछ देशों में संक्रमित खेतों में आलू की खेती करने पर संवैधानिक प्रतिबंध है।

प्रतिरोधी किस्में: इन सूत्रकृमियों के लिए कई प्रतिरोधी किस्में विभिन्न देशों में विकसित की गयी हैं। इन किस्मों में प्रतिरोधी जीन जंगली कंद बनाने वाले *सोलानम* वंश के पादप, *सोलानम वेनाई*- अनेक जीन (*Solanum venei*- multiple genes) और *सोलानम टुबरोसम* ssp. *एंडीजिना*- एक जीन (*S. tuberosum* ssp. *andigena*- single gene) से ली गई हैं।

भारत में प्रतिरोधी किस्म, कुफरी स्वर्णा विकसित की गई है जो नीलगिरि क्षेत्र में उगाने के लिए उपयुक्त हैं।

रासायनिक प्रबंधन: इस सूत्रकृमि के सन् 1961 में भारत में मिलने के बाद भारत-जर्मन विकास परियोजना के अंतर्गत बहुत से रासायनिक नियंत्रण प्रोग्राम शुरु किये गये। तमिलनाडु के सन् 1971 के कीट कानून (Tamil Nadu Pest Act of 1971) के तहत प्रभावित खेतों में फेनसुलफोथीओन (Fensulfothion) नामक दवाई को पहले वर्ष 30 किलो प्रति हेक्टेयर व दूसरे वर्ष 15 किलो प्रति हेक्टेयर अनिवार्य था। बाद में कार्बोफ्यूरान और एलडीकार्ब नामक दवाइयों का प्रयोग @ 2 Kg a.i./ha काफी लाभकारी सिद्ध हुआ।

संगरोध: यूरोप के कई देशों और अमेरिका में ऐसे कानून बनाये गये हैं जिससे दूसरे देशों से बिना निरीक्षण के आलू का आयात वर्जित है। भारत में भी सन् 1971 में आंतरिक ध्वंसात्मक कीड़े व कीट कानून लागू किया गया। इस कानून के अनुसार नीलगिरि क्षेत्र में उपजे हुए आलू का देश के अन्य भागों में बीज के रूप में प्रयोग वर्जित है तथा वहां की उपज केवल नीलगिरि सहकारी संस्था द्वारा ही बेची जा सकती है।

समाकलित प्रबंधन: इन सूत्रकृमियों के J2 डिंभक सिस्ट के अन्दर कई वर्षों तक सुप्तावस्था में जीवित और सुरक्षित रह सकते हैं इसलिए इन्हें नियंत्रित करना काफी मुश्किल है तथापि अपरपोषी फसलें, प्रतिरोधी किस्में, रासायनिक नियंत्रण व वैधानिक कार्यवाही को समंवय करके इन सूत्रकृमियों को नियंत्रित किया जा सकता है।

2. आलू विगलन सूत्रकृमि– *डाइटाइलेंकस डेसट्क्टर (Ditylenchus destructor)*

यह सूत्रकृमि अमेरिका, यूरोप व एशिया के कुछ सीमित ठंडे क्षेत्रों में मिलता है। जहां पर आलू पर इसका विशेष प्रकोप देखने को मिलता है। यह सूत्रकृमि आलू के अन्दर आंखों / लेंटिकल (lenticles) से प्रवेश करता है। प्रारम्भिक लक्षण छिलके नीचे छोटे–छोटे सफेद घाव के रूप में दिखते हैं। बाद में ये घाव आपस में मिलकर बड़े घावों में बदल जाते हैं जिनमें जीवाणु व फंगस विकसित हो जाते हैं। ऐसा विश्वास किया जाता है कि सूत्रकृमि इन्हीं फंगस पर खाते व पनपते हैं।

इस सूत्रकृमि को अभी तक भारत में नहीं पाया गया है।

3. जड़ गांठ सूत्रकृमि– *मेलॉइडोगाइन* (Root knot nematode- *Meloidogyne*)

जड़ गांठ सूत्रकृमि की कई जातियां आलू की जड़ों को संक्रमित करती हैं जिनमें से *एम. हेपला (M. hapla)*, *एम. चिटवुडी (M. chitwoodi)* व *एम. फलैक्स (M. fallax)* ठंडे शीतोष्ण क्षेत्रों में तथा *एम. इनकोगनिटा (M. incognita)*, *एम. जैवेनिका (M. javanica)* और *एम. एरीनेरिया (M. arenaria)* उष्णकटिबंधीय व अपोष्ण क्षेत्रों में फसल को अधिक नुकसान पहुंचाती हैं।

लक्षण

संक्रमित पौधे छोटे रह जाते हैं व उनकी पत्तियां पीली पड़ जाती हैं। दोपहर के समय तेज धूप में पत्तियां मुरझा जाती हैं। संक्रमण के मुख्य लक्षण जड़ों पर बनने वाली गांठें होती हैं जिनका माप सूत्रकृमि की जाति पर निर्भर करता है। कुछ जातियों, विशेषकर *एम. इनकोगनिटा*, के J2 आलुओं में वेधन कर के उनके ऊपर फुंसियां/मुहांसे बना देते हैं (चित्र 17.3) जिससे उनका बाजार भाव बहुत कम हो जाता है।

प्रबंधन

- प्रमाणित बीजों का प्रयोग करें। संक्रमित आलुओं का बीज के रूप में प्रयोग कदापि नहीं करें।
- फसल के बाद फसल के अवशेष नष्ट कर दें।
- सरसों/ रेपसीड से फसल चक्र अपनाएं।
- सूत्रकृमियों की समष्टि अधिक होने पर ग्रसित खेतों में कार्बोफ्यूरान दवाई का 1-2 kg a.i./ha (33 किलो प्रति हेक्टेयर) की दर से प्रयोग करें।

4. मूल विक्षत सूत्रकृमि– *प्रेटीलेंकस* (Lesion nematode- *Pratylenchus*)

विक्षत सूत्रकृमि की कई जातियां आलू परिसर में मिलती हैं। संक्रमित पौधों का बढाव कम होता हैं, जड़ों व आलुओं पर घाव बन जाते हैं। आलुओं का बनना 40% तक कम हो जाता है और वे विकृत आकार के हो जाते हैं। सूत्रकृमि से बचाव के लिए प्रमाणित बीजों का प्रयोग करना चाहिए। ग्रसित खेतों में गेंदे उगाने से सूत्रकृमियों की समष्टि कम हो जाती है।

OOO

अध्याय 18

पुष्पीय फसलों व मशरूम के हानिकारक सूत्रकृमि

1. पुष्पीय फसलें

पुष्पीय फसलें भी सूत्रकृमि संक्रमण से अछूती नहीं रहती। अनेक प्रकार के सूत्रकृमि मूल परिसर में रहते हुए उनकी जड़ों पर अशन करते हैं। जड़ गांठ सूत्रकृमि लगभग सभी पुष्पीय फसलों की जड़ों पर गांठें बनाते हैं लेकिन विशिष्ट उपरभूमिक लक्षण पैदा नहीं करते। वृक्काकार सूत्रकृमि व विक्षत सूत्रकृमि की अनेक जातियां भी इन फसलों को नुकसान पहुंचाती हैं। *एफलेंकॉडिस* (*Aphelenchoides*) की कुछ जातियां व *डाइटाइलेंकस डिपसेकी* (*Ditylenchus dipsaci*) नामक सूत्रकृमि पुष्प पादपों के उपरभूमिक भागों पर अशन करके कई विकृतियां उत्पन्न कर देती हैं जिनका वर्णन इस अध्याय में किया गया है।

एफलेंकॉडिस बेसीआई (Aphelenchoides besseyi)

सर्वप्रथम इस सूत्रकृमि को होल्ज़मेन (Holzman) ने 1968 में हवाई आइलेंड (Hawaii island) में रजनी गन्धा की पत्तियों पर देखा था। भारत में यह सूत्रकृमि पश्चिमी बंगाल व ओडिसा राज्यों में रजनी गन्धा की फसल को संक्रमित कर रजनी गन्धा का फ्लोरल मेलेडी (floral malady of tuberose) नामक रोग पैदा करता है।

रजनी गन्धा पर इस सूत्रकृमि का जीवन चक्र धान पर होने वाले जीवन चक्र जैसा ही होता है। सूत्रकृमि सुप्तावस्था में पुष्प के अंडाशय में एकत्रित और कृमि ऊन के रूप में, पर्ण ब्रैक्ट (bracket) व पंखुड़ियों (petals) में बने हुए गहरे भूरे धब्बों के अन्दर रहते हैं। इसके अतिरिक्त वे बल्ब के ऊपर वाले पर्ण शल्कों (scales) में सुप्तावस्था में रहते हैं। इस अवस्था में सूत्रकृमि 25 महीनों से भी अधिक समय तक जीवित रह सकते हैं।

संक्रमित पुष्प टहनियां प्रारम्भ में खुरदरी, मुड़ी हुई व छोटी दिखाई देती हैं जो बाद में विकृत हो जाती हैं। अधिक संक्रमण होने पर कलियां खिल नहीं पाती। पर्ण ब्रैकेट (bracket) व पंखुड़ियों पर भूरी धारियां दिखना शुरु हो जाती हैं जो बाद में गहरे भूरे रंग के धब्बों में परिवर्तित हो जाती हैं। संक्रमित टहनियों पर खिलने वाले फूल छोटे, मुड़े-तुड़े व भद्दे बनते हैं तथा उनकी संख्या भी कम हो जाती हैं (चित्र 18.1)। इस सूत्रकृमि से होने वाला परिहार्य नुकसान 30-100% तक आंका गया है।

प्रबंधन

- रजनी गन्धा के बल्बों को 4% नीम की गिरी के पानी के घोल में रात भर भिगो दें। फिर मोनोक्रोटोफास (monocrotophos) 36 SL के 500 ppm वाले घोल में 5-6 घंटे तक डुबो कर बिजाई करें।
- पौधों पर मोनोक्रोटोफास 36 SL के 500 ppm घोल का तीन-चार बार छिड़काव करें। दूसरे व तीसरे वर्ष छिड़काव अप्रैल-मई के महीने से ही आरम्भ कर दें।
- संक्रमित पौधों को उखाड़ कर नष्ट कर दें।
- रजनी गन्धा को धान के खेतों से दूर बोएं।

***एफलेंकॉडिस फ्रेगरी* (*Aphelenchoides fragariaae*) व *ए. रिटजामाबॉसी* (*A. ritzemabosi*)**

ये दोनों जातियां विश्व के ठंडे क्षेत्रों में मिलती है और पौधों के उपरभूमिक भागों पर पनपती हैं। ये जातियां यूरोप, अमेरिका, कनाडा, दक्षिणी अफ्रीका, न्यूजीलेंड, आस्ट्रेलिया तथा भारत में मिलती हैं। भारत में इन्हें जम्मू-कश्मीर व हिमाचल प्रदेश में पाया जाता है। *ए. रिटजामाबॉसी* मुख्यतया: कम्पोजिटी कुल के पादपों पर आक्रमण करती है और गुलदावदी (Chrysanthemum) इसका प्रमुख परपोषी पादप है। *ए. फ्रेगरी* का प्रकोप स्ट्राबेरी पर अधिक होता है तथा यह *लिलिऐसी (Liliaceae)*, *रेननकुलेसी (Ranunculaceae)* व *प्रीमुलेसी* (*Primulaceae*) कुल के पादपों के अतिरिक्त फर्न पर भी जीवन व्यतीत करने में सक्षम है।

बरसात के मौसम में अधिक आर्द्रता होने पर सूत्रकृमि तनों पर पानी की बनी परत में चलते हुए पौधों के ऊपरी भागों पर पहुंच जाते हैं और पर्ण रन्ध्रों से हो कर पत्तियों में घुस जाते हैं। सूत्रकृमि वहां पत्तियों के पर्णमध्यक-मिजोफिल (mesophyll) पर खाना शुरु कर देते हैं जिससे पत्तियों पर भूरे, कोणीय धब्बे बन जाते हैं। बाद में कई छोटे-छोटे धब्बे आपस में मिल जाते हैं किन्तु पर्ण नसों के कारण उनका पूर्ण विलय नहीं हो पाता। सूत्रकृमि इन्हीं धब्बों के अन्दर अपना जीवन चक्र पूरा करते हैं। गुलदावदी के फूल संक्रमण के कारण छोटे रह जाते हैं और उनका आकार भी खराब हो जाता है (चित्र 18.2)।

सूत्रकृमि सूखी पत्तियों व कलियों में कई वर्षों तक सुप्तावस्था में जिन्दा रह सकते हैं तथा अनुकूल परिस्थितियां मिलने पर सक्रिय हो जाते हैं।

प्रबंधन

- बीमार पौधों को उखाड़ कर नष्ट कर दें।
- स्वस्थ व प्रमाणित रोपण सामग्री का ही प्रयोग करें।

तना व बल्ब/कंद सूत्रकृमि- *डाइटाइलेंकस डिपसेकी* (Stem and bulb nematode-*Ditylenchus dipsaci*)

इस सूत्रकृमि की विश्व के ठंडे देशों में आइरिस (Iris), नारकिसस (Narcisus), ट्यूलिप (tulip), हाइसिंथ (hyacinth) आदि बल्ब (कंद) वाले पुष्पीय पादपों के बल्बों में भयंकर समस्या है। यूरोप के लगभग सभी देशों, कनाडा, अमेरिका तथा पश्चिमी रूस में इस सूत्रकृमि का बहुत प्रकोप है। इस सूत्रकृमि का प्रसार मुख्य रूप से संक्रमित बल्बों से होता है।

■ चित्र 18.1 : ***एफलेंकॉडिस बेसीआई*** **संक्रमित रजनीगंधा का पुष्प गुच्छ**

■ चित्र 18.2 : ***एफलेंकॉडिस रिटजामाबॉसी*** **के कारण गुलदावदी की पत्तियों पर बने कोणीय धब्बे**

■ चित्र 18.3 : ***डाइटाइलेंकस डिपसेकी*** **संक्रमित आइरिस बल्ब का अनुप्रस्थ काट**

संक्रमित बल्ब से सूत्रकृमि स्वस्थ बल्ब के अन्दर के मुलायम ऊतकों में प्रवेश करते हैं जहां से वे वर्धन करती हुई पत्तियों व तने में पहुंच जाते हैं। संक्रमित पौधों की पत्तियों पर छोटी-छोटी फुंसियां बन जाती हैं, पुष्पों के डंठल पर घाव बन जाते हैं जिन पर छोटे व विकृत फूल लगते हैं। अनुप्रस्थ काट में बल्ब के अन्दर गहरे भूरे रंग की रिंग दिखाई देती है जो इस सूत्रकृमि संक्रमण की विशिष्ट पहचान है (चित्र 18.3)। विपरीत वातावरण की परिस्थितियों में सैंकड़ों सूत्रकृमि आस-

पास एकत्रित होकर गोला बना लेते हैं जिसे कृमि ऊन कहते हैं। इस अवस्था में यह सूत्रकृमि 23 वर्षों तक जिन्दा रह सकते हैं।

इस सूत्रकृमि का नियंत्रण बहुत कठिन है क्योंकि i. सूत्रकृमि की प्रजनन क्षमता बहुत अधिक है- एक वर्ष में उनकी समष्टि 16000 गुना हो जाती है, ii. सूत्रकृमि अनेक वर्षों तक सुप्तावस्था में जीवित रह सकते हैं, iii. इनका परपोषी बहुत बड़ा है, और iv. इसकी अनेक प्रजातिया हैं। तथापि नियंत्रण के लिए बल्बों का गर्म पानी से उपचार व संक्रमित बीजों का मिथाइल ब्रोमाइड (Methyl bromide) से वाष्पीकरण लाभकारी होता है।

2. मशरुम

मशरुम/ खुम्ब अनेक प्रकार के खाने योग्य/ औषधीय अथवा जहरीले मोटे व गुद-गुदे फंगस होते है। खाने योग्य मशरुम जैसे बटन मशरुम (*अगेरीकस बाइस्पोरस–Agaricuss bisporus*), सफेद दूधिया मशरुम (*केलोसाइब इंडिका– Calocybe indica*), ढिंगरी (*प्लूरोटस– Pleurotus* spp), पैडी मशरुम (*वोलवारियेला वोलवासेरा– Volvariella volvacera*) आदि का उत्पादन भारत में होता है जिसमें से 80% खेती बटन मशरुम की होती है। इस मशरुम को उत्तरी भारत में मौसमी फसल की तरह रबी के मौसम में उगाया जाता है।

इसके उत्पादन के चार मुख्य चरण हैं-1. कम्पोस्ट तैयार करना- अधिकांश किसान गेहूँ की तूड़ी, मुर्गी की खाद व रासायनिक खाद का अपघटन (decomposition) कराके अक्टूबर के महीने में कम्पोस्ट तैयार करते हैं। तैयार कम्पोस्ट को मशरुम घरों में पोलीथीन के लिफाफों में भर लेते हैं। 2. स्पानिंग (spawning)- फंगस को गेहूँ के दानों पर रोगाणुरहित वातावरण में उगाकर फंगस के बीज (spawn) बनाये जाते हैं। इस बीजों को कम्पोस्ट वाले लिफाफों में डाल देते हैं। 3. केसिंग (ढकना- casing)- जब कवकजाल (mycelium) बढ़कर लिफाफों में फैल जाता है तो उसे धान की राख व मिट्टी आदि निष्क्रिय पदार्थों से ढक देते हैं। 4. तोड़ना- फरवरी मास के प्रथम सप्ताह में बटन बनना शुरु हो जाते हैं। उचित माप के बटनों को समय-समय पर तोड़ते रहते हैं।

गेहूँ का कम्पोस्ट में अपघटन मुख्यरूप से जीवाणुओं द्वारा होता है। अत: कम्पोस्ट में विविध प्रकार के सूत्रकृमि जैसे जीवाणुभक्षी, मृतभक्षी, फंगसभक्षी व परभक्षी मिलते हैं (चित्र 18.4)। फंगसभक्षी सूत्रकृमि कवकजाल को खाकर उसे नष्ट कर देते हैं जिससे मशरुम की पैदावार में कमी आ जाती है। बटन मशरुम में *एफलेंकॉडिस* (*Aphelenchoides*) व *डाइटाइलेंकस* (*Ditylenchus*) वंशों के प्रमुख हानिकारक सूत्रकृमि हैं।

एफलेंकॉडिस कॉम्पोस्टिकोला (Aphelenchoides composticola)

बटन मशरुम के उत्पादन में प्रयोग की जाने वाली वाली कम्पोस्ट व अन्य पदाथों में कई प्रकार के सूत्रकृमि मिलते हैं जिनमें से *ए. कॉम्पोस्टिकोला* व *ए. स्वरूपी* (*A.swarupi*) भारत में सर्वाधिक हानि पहुंचाते हैं। ये सूत्रकृमि फंगस की कई जातियों पर फल-फूल सकती हैं। इनका जीवन चक्र केवल आठ दिनों में पूरा हो जाता है तथा एक मादा अनेक अंडे देती है जिसके कारण उनकी समष्टि काफी तेजी से बढ़ती है।

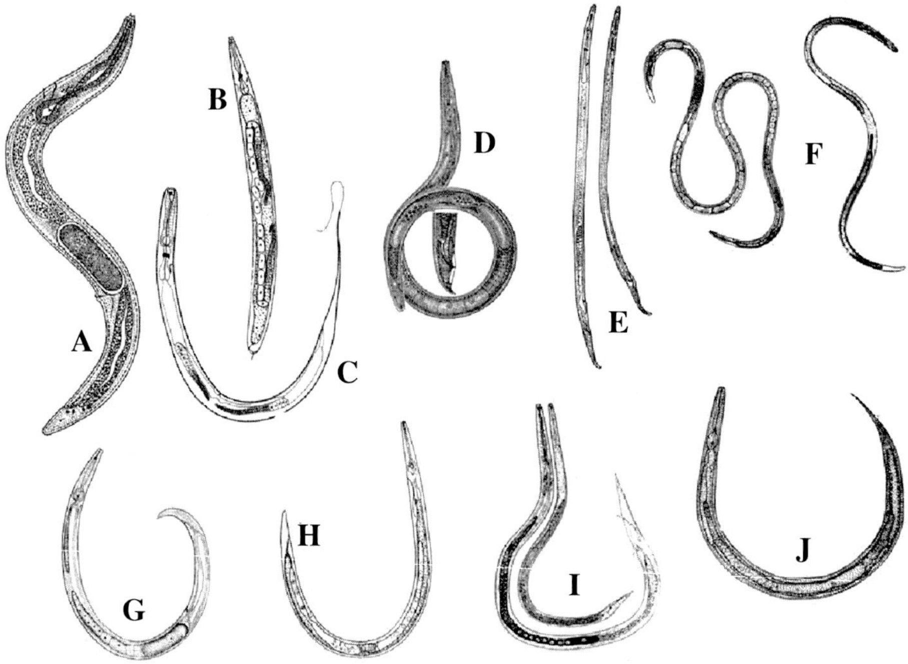

■ चित्र 18.4 : **मशरुम कम्पोस्ट में मिलने वाले विभिन्न प्रकार के सूत्रकृमि: A-C– जीवाणु भक्षी, E-I– फंगसभक्षी, J. परभक्षी**

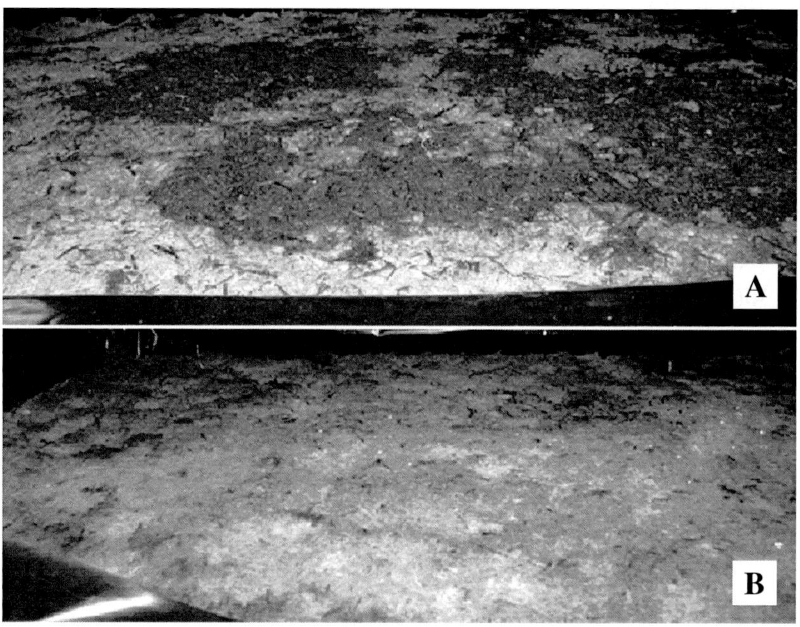

■ चित्र 18.5 : **मशरुम में सूत्रकृमि संक्रमण के लक्षण: A. संक्रमित, B. उपचारित**

मशरुम घरों में सूत्रकृमि कम्पोस्ट बनाते हुए, बीजाई या केसिंग के समय प्रवेश कर सकते हैं। कम्पोस्ट बनाते समय सूत्रकृमि मक्खियों, पानी, मिट्टी, हवा, प्रयोग होने वाले उपकरणों आदि के साथ आ जाते हैं। बीजाई के बाद केसिंग तक मक्खियां व पानी इन सूत्रकृमियों के प्रवेश के मुख्य स्रोत हैं। केसिंग में प्रयुक्त होने वाले पदार्थ केसिंग के समय इन सूत्रकृमियों को मशरुम घरों में प्रवेश करने में सहायता करते हैं। छोटे जीवन चक्र व अत्यधिक प्रजनन क्षमता के कारण सूत्रकृमि थोड़े दिनों में ही पूरे मशरुम घरों में फैल जाते हैं।

एफलेंकॉडिस वंश के सूत्रकृमि कवकजाल (mycelium) पर खाते हैं और उनके अन्दर का रस (प्रोटोप्लाजम) को चूस लेते हैं। इन सूत्रकृमियों से होने वाला नुकसान उनके प्रवेश होने के समय व संख्या पर निर्भर करता है- सूत्रकृमि यदि कम्पोस्ट में या बीज के साथ आते हैं तो कवक जाल बनता ही नहीं अथवा बहुत थोड़ा बनता है। कुछ समय बाद जाला बीच में से टूट भी सकता है जिससे कम्पोस्ट नीचे धंस जाती है। फलस्वरूप बटन /खुम्बों की पैदावार कम हो जाती है और बटन भी छोटे और विकृत बनते हैं। अधिक प्रकोप होने पर पैदावार नगण्यप्राय: हो जाती है।

अगर सूत्रकृमि केसिंग के समय मशरुम घर में प्रवेश करते हैं तो क्षति अपेक्षाकृत कम होती है क्योंकि जाला पहले ही फैल चुका होता है। ऐसी परिस्थिति में पहले एक-दो फ्लश (flush) बिल्कुल ठीक निकलते हैं किन्तु बाद वाले फ्लशों की संख्या कम हो जाती है तथा प्रत्येक फ्लश में कुछ ही बटन निकलते हैं।

प्रबंधन

सूत्रकृमि अगर मशरुम घर में प्रवेश कर जाएं तो उनसे छुटकारा पाना बहुत मुश्किल होता हैं अत: मशरुम घर सावधानी रखना अति आवश्यक है। सूत्रकृमियों का मशरुम घर में प्रवेश रोकने के लिए निम्नलिखित बातों का ध्यान रखना चाहिए-

- कम्पोस्ट को छोटी तकनीक से बनाएं और यह सुनिश्चित कर लें कि पास्तुरीकरण (pasteurization) पूरा हुआ हो।
- साफ पानी का प्रयोग करें तथा कम्पोस्ट पक्के फर्श पर बनाएं।
- मशरुम घर में जालियां लगाएं ताकि उसमें मक्खियां प्रवेश न कर सकें।
- कम्पोस्ट वनाने वाले उपकरणों को अच्छी प्रकार धो कर प्रयोग करें।
- मशरुम घर में सफाई का पूरा ध्यान रखें, अन्दर जूते न ले जाएं और हाथ धोकर ही मशरुम का छुएं।
- मशरुम उत्पादन के बाद बची हुई कम्पोस्ट (spent compost) का प्रयोग केसिंग पदार्थ के रूप में कदापि न करें क्योंकि उसमें प्रचुर मात्रा में सूत्रकृमि हो सकते हैं।
- नीम की गिरी का 4% पानी सत कम्पोस्ट में बिजाई से पहले मिलाने से सूत्रकृमियों पर रोक लग जाती है (चित्र 18.5)। इसके लिए बीजने से 2-3 दिन पहले कम्पोस्ट में पानी देना बन्द कर देते हैं। सूखी हूई नीम की गिरी के पाउडर का पानी में 4% घोल बना कर उसे 24 घंटे बाद छान लेते हैं। इस घोल को 7.5 लीटर प्रति क्विंटल कम्पोस्ट की दर से कम्पोस्ट में मिलाने के बाद बिजाई करते हैं।

***डाइटाइलेंकस माइसिलियोफेगस* (Ditylenchus myceliophagus)**

यह सूत्रकृमि लगभग पूरे विश्व में मिलता है तथा अनेक प्रकार के फंगसों पर खा व प्रजनन कर सकता है। इसका जीवन चक्र तीन से चार सप्ताह में पूरा हो जाता है। यूरोप के कई देशों में यह सूत्रकृमि बटन मशरुम पर *एफलेंकॉडिस कॉम्पोस्टिकोला* (*Aphelenchoides composticola*) जैसे ही लक्षण पैदा करता है और काफी नुकसान पहुंचाता है। भारत में भी यह बटन मशरुम घरों में मिलता है किन्तु यहां पर इस सूत्रकृमि से विशेष क्षति नहीं होती।

अध्याय 19

मूंगफली के प्रमुख हानिकारक सूत्रकृमि

भारत में मूंगफली का अधिकांश उत्पादन गुजरात, आंध्र प्रदेश, तमिलनाडु, कर्नाटक और महाराष्ट्र राज्यों में होता है.

1. जड़ गांठ सूत्रकृमि– *मेलॉइडोगाइन* (Root knot nematode- *Meloidogyne*)

जड़ गांठ सूत्रकृमि की *एम. इनकोगनिटा (M. incognita)*, *एम. जैवेनिका (M. javanica)*, *एम. एरीनेरिया (M. arenaria)* जातियां मूंगफली की फसल में आर्थिक क्षति पहुंचाती हैं। सूत्रकृमि जड़ों, फलियों व डंडियों ((pegs) पर गांठें बनाते हैं।

जीवन चक्र

सूत्रकृमि अपना एक जीवन चक्र 24–32 दिनों में पूरा कर लेते हैं जिससे एक फसल पर कई पीढ़ियां जन्म ले लेती हैं।

लक्षण

संक्रमित पौधों में पोषक तत्वों की कमी के लक्षण दिखाई देते हें– वे छोटे रह जाते हैं और उनकी पत्तियां पीली पड़ कर मुरझा जाती हैं। ऐसे पौधे खेत में कहीं–कहीं टुकड़ों में मिलते हैं। सूत्रकृमि जड़ों, फलियों व डंडियों (pegs) पर गांठें बनाते हैं (चित्र 19.1)। गांठें अक्सर छोटे व अलग–अलग बनती हैं। डंडियां संक्रमण से कमजोर हो जाती हैं जो प्राय: जमीन से मूंगफलियां निकालते समय टूट जाती हैं। मूंगफलियां की सतह पर गांठें फुन्सियों के रूप में दिखती हैं। संक्रमित फलियां छोटी रह जाती हैं व विकृत आकार की हो जाती हैं। अनेक अवसरों में उनमें दाने नहीं बनते।

क्षति

सूत्रकृमि खेतों में 38–100% परिहार्य क्षति प्रारम्भिक समष्टि के संदर्भ में आंकी गयी है।

सूत्रकृमियों की उपस्थिति में *फ्युजेरियम सोलानी* (*Fusarium solani*) से होने वाला म्लाानि रोग जल्दी हो जाता है। *एसपेराजिलस फलेवस* (*Aspergilus flavus*) व *ए. नाइजर* (*A. niger*) की व्यापकता सूत्रकृमि के कारण बढ़ जाती है।

प्रबंधन

- बीजों पर कार्बोसल्फान (carbosulfan) 25 DS @3% a.i. (w/w) का लेप लगा कर बोएं।

- बिजाई से एक सप्ताह पूर्व खेत का नीम/ अरंड केक @1t/ha से कार्बनिक संशोधन करने से सूत्रकृमियों की संख्या में कमी आ जाती है। संशोधित खेतों में कार्बोसल्फान उपचारित बीज बोने से सूत्रकृमियों की समष्टि कम हो जाती है व उत्पादन में वृद्धि होती है।
- मक्का, ज्वार अथवा बाजरे से फसल चक्र अपनाना चाहिए। मूंगफली के साथ अरंड को बोने (दो पंक्तियां मूंगफली और एक पंक्ति अरंड) से सूत्रकृमि संक्रमण कम हो जाता है।

■ चित्र 19.1 : ***मेलॉइडोगाइन* जातियों द्वारा जड़ों व मूंगफली की पर बनी हुई गांठें**

2. *टाइलेंकोरिंकस ब्रेवीलीनिएटस* (*Tylenchorhynchus brevillineatus*)

इस सूत्रकृमि को आंध्र प्रदेश व तमिलनाडु में मूंगफली के भंयकर कालाहस्ती (Kalahasti) रोग के लिए जिम्मेदार माना जाता है। यह बीमारी रेतीली मिट्टी वाले खेतों में कहीं-कहीं टुकड़ों में छोटे व गाढ़े हरे पत्तों वाले पौधों के रूप में दिखाई देती है। संक्रमित पौधों की फलियों पर पीले रंग के घाव बन जाते हैं जो बाद में बड़े और गाढ़े होकर आपस में मिल जाते हैं। परिपक्व फलियां छोटी, सिकुड़ी, बदरंग व पतले छिलके वाली बनती है। मूंगफली के दाने प्राय: अप्रभावित रहते हैं।

- इस बीमारी से संक्रमित खेतों में 20-60% परिहार्य नुकसान होता है।
- उपचार के लिए मूंगफली-धान-धान का फसल चक्र अपनाना चाहिए।

3. टेस्टा सूत्रकृमि *एफलेंकॉडिस एराकिडिस* (Testa nematode- *Aphelenchoides arachidis*)

यह सूत्रकृमि नाइजीरिया, मिस्र व दक्षिणी अफ्रीका में मिलता है और वहां मूंगफली में आर्थिक नुकसान पहुंचाता है। इसका संचरण संक्रमित मूंगफलियों के छिलकों व बीजों से होता है।

एफलेंकॉडिस एराकिडिस वैकल्पिक अंत: परजीवी है। सूत्रकृमि मूंगफली के टेस्टा (मूंगफली के बीज के ऊपर लगा हुआ गुलाबी-लाल रंग का पतला छिलका), छिलके, जड़ों व

हाइपोकाटाइल (hypocotyl) व फंगस पर बाह्य परजीवी के रूप में खाता है। सूत्रकृमि डोडी/पोड के जमीन में प्रवेश करने के 10 दिनों के अन्दर वेधन कर परिवर्धन करते हैं। प्रत्येक अवस्था के सूत्रकृमि बड़ी संख्या में टेस्टा में मिलते हैं किन्तु अन्त में केवल डिंभक ही वहां रह जाते हैं। मूंगफली के अतिरिक्त सूत्रकृमि कई प्रकार की घासों, धान, ज्वार, बाजरा, मक्का की जड़ों व *मेक्रोफॉमिना फेसिओलिना* (*Macrophomina phaseolina*) और *बोटराइटिस सिनेरा* (*Botrytis cinera*) फंगस पर भी अशन करता है।

लक्षण

सूत्रकृमि टेस्टा के उपचर्मीय पेरेंकाइमेटस (hypodermal parenchymatous) परतों और ट्रकिड के चारों ओर मिलते हैं। सूत्रकृमि की समष्टि अधिक होने पर टेस्टा बदरंग व विकृत हो जाते हैं।

क्षति

सूत्रकृमि संक्रमण से बीज बदरंग व विकृत हो जाते हैं जिसके कारण उनका बाजार भाव काफी कम हो जाता है। बीजों के वजन में 34% कमी आ जाती है। संक्रमित बीजों में अनेक प्रकार के फंगस सुगमता से पनपने लगते हैं।

प्रबंधन

- संक्रमित बीजों को गर्म पानी से उपचारित करके बोना चाहिए।
- संगरोध नियमन से इस सूत्रकृमि के प्रसार को रोका जा सकता है।

4. अन्य हानिकारक सूत्रकृमि

क्रिकोनेमॉइडस ओरनेटा (*Criconemoides ornata*): यह सूत्रकृमि अमेरिका में मूंगफली, सोयाबीन व मक्की में काफी आर्थिक नुकसान पहुंचाता है। मूंगफली की जड़ें, फलियां व दानें इस सूत्रकृमि से संक्रमित होते हैं। संक्रमित भागों पर छोटे-छोटे ऊतकक्षयी घाव बन जाते हैं जो बाद में आंतरिक ऊतकों तक फैल जाते हैं। सूत्रकृमि संक्रमण के कारण मूंगफली की उपज आधी रह जाती है। यह सूत्रकृमि मूंगफली में ब्लेक रॉट की उग्रता बढ़ा देता है।

प्रेटीलेंकस (*Pratylenchus*) जातियां: भारत में ये सूत्रकृमि केरल, ओडिशा, पश्चिमी बंगाल व तमिलनाडु में अनेक फसलों पर मिलते हैं। फलियों के ऊपर भी इन सूत्रकृमि के कारण घाव व धब्बे बन जाते हैं।

OOO

अध्याय 20 कीटों द्वारा संचरित पादप सूत्रकृमि

सूत्रकृमि कीटों के साथ विभिन्न प्रकार के संबध रखते हैं जिनका विवरण तालिका 20.1 में दर्शाया गया है। ऐसे सूत्रकृमि एडिनोफोरिया (Adenophorea) व सेसरनेंसिया (Secernentea), दोनों वर्गों में मिलते हैं। एडिनोफोरिया के मरमीथिडा (Mermithida) गण के सूत्रकृमि कीटों के अविकल्पी अंत: परजीवी होते हैं। सेसरनेंसिया के एफलेंकिडा गण की कुछ जातियां कीटों की सहायता से अपने अन्तस्थ परपोषी पादप तक पहुंचती है। ये सूत्रकृमि कीटों की सतह पर रहकर (बाह्य संचलनिता) या उनके अन्दर घुसकर (अंत: संचलनिता) संचरित होते हैं। इस गण की कुछ अन्य जातियां कीटों की अविकल्पी बाह्य अथवा अंत: परजीवी होती हैं। गण टाइलेंकिडा (Tylenchida) के उपगण हेक्साटाइलिना (Hexatylina) के अधिकतर सूत्रकृमि कीटों के अविकल्पी अंत: परजीवी होते हैं। इस उपगण की कुछ अन्य सूत्रकृमि जैसे *डेलाडेनस* (*Deladenus*) फंगस पर पनपती हैं और विशेष परिस्थितियों में रूपांतरण कर कीट परजीवी हो जाती हैं।

इस अध्याय में कीटों द्वारा संचरित महत्वपूर्ण पादप सूत्रकृमियों का वर्णन किया गया है।

बरसेफलेंकस जाइलोफिलस (Bursaphelenchus xylophilus)

ऐतिहासिक पृष्ठभूमि

उन्नीसवीं सदी के शुरु से ही जापान में चीड़, जापानी ब्लेक पाइऩ-*पाइनस थुनब्रजी* (*Pinus thunbergii*) व रेड पाइन-*पी. डेंसीलोरां* (*P. densiflora*) के वृक्ष म्लानि रोग (Pine wilt disease) से हजारों की संख्या में प्रति वर्ष मर रहे थे लेकिन बीमारी का वास्तविक कारण सन् 1971 में पता चल पाया जब कियोहारा व टोकोशी (Kiyohara & Tikoshige) ने यह संशय व्यक्त किया कि यह बीमारी एक सूत्रकृमि, *बरसेफलेंकस लिगनीकोलस* = *बरसेफलेंकस जाइलोफिलस* (*Bursaaphelenchus lignicolus* = *B. xyliphilus*) से होती है। वहां यह सूत्रकृमि *मोनोकेमस आलटरनेटस* (*Monochamus alternatus*) नामक बीटल से संचरित होता है। विश्व के अनेक देशों में अब इस बीमारी का पता चल चुका है।

प्रसार व परपोषी परांस

बरसेफलेंकस वंश की अधिकतर जातियां फंगस भक्षी हैं और केवल *बी. जाइलोफिलस* फंगस के अतिरिक्त कई प्रकार के चीड़ के ऊतकों पर भी अशन करती है। यह सूत्रकृमि जापान,

चीन, तेवान, कोरिया, अमेरिका, कनाडा, फिनलेंड व पुर्तगाल आदि देशों में पाइनस की अनेक जातियों में चीड़ म्लानि रोग पैदा करता है। पाइनस के अतिरिक्त *एबीज (Abies)*, *लारिक्स (Larix)*, *पीसिया (Picea)*, *सेडरस (Cedrus)* आदि कोनाफेरस वृक्ष भी इस सूत्रकृमि से संक्रमित होते हैं।

एक पेड़ से दूसरे पेड़ तक इस सूत्रकृमि का संचरण लोंग होर्न बीटल, *एम. आलटरनेटस* व *एम. केरोलाइनेंसिस* (*M. caroliensis*) से होता है। विश्व के विभिन्न क्षेत्रों में इस सूत्रकृमि का प्रसार कीट व सूत्रकृमि–संक्रमित लकड़ी के निर्यात से सम्भव है।

जीवन चक्र (चित्र 20.1)

लोंग होर्न बीटल के साथ सूत्रकृमि के J4 डायर (dauer) डिंभक चीड़ के ऊतकों में प्रवेश कर जाते हैं और निर्मोचन के बाद सूत्रकृमि वहां अशन व प्रजनन आरम्भ कर देते हैं। चीड़ के पेड़ों में सूत्रकृमि का प्रवेश दो अवस्थाओं में होता है: 1. प्राथमिक रूप से बीटल के अशन करते हुए– प्यूपा से निकल कर मादा बीटल जब लैंगिक परिपक्वता के लिए पेड़ की शाखा पर खाती है तब बीटल के साथ चिपके हुए सूत्रकृमि के डायर डिंभक छूट कर पादप ऊतकों में पहुंच जाते हैं। 2. द्वितीयक रूप से बीटल द्वारा अंडनिषेपन के समय– प्राय: कमजोर व मृत चीड़ के वृक्ष बीटल को अपनी ओर अंडे देने के लिए आकर्षित करते हैं। मादा बीटल तने को मेंडीबल से कुतर कर लम्बे अंडनिक्षेपक (ovipositor) की सहायता से अंडे देती है।

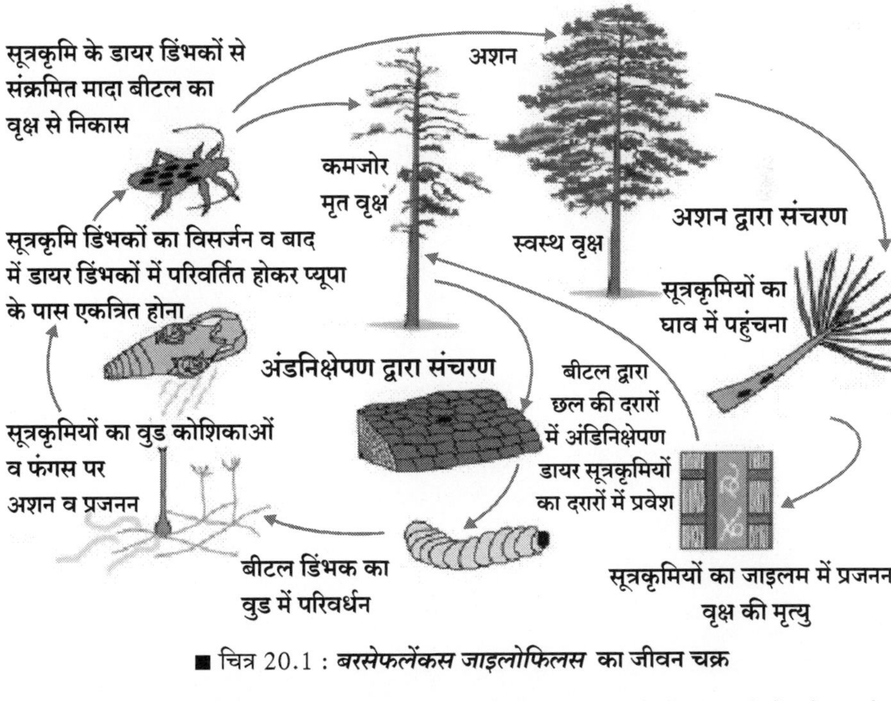

■ चित्र 20.1 : ***बरसेफलेंकस जाइलोफिलस* का जीवन चक्र**

इसी समय बीटल में चिपके हुए डायर सूत्रकृमि डिंभक छूट कर तने में आ जाते हैं और आगे का जीवन प्रारम्भ कर देते हैं। बीटल के अंडों में से 4–12 दिनों में I इंस्टार डिंभक निकल कर वल्कल

(phloem) व केम्बियम ऊतकों पर खाते हैं- III इंस्टार डिंभक सेपवुड (sapwood) को छेदते हुए 'S' आकार की गैलरी बनाते हैं जिसके अन्तिम छोर पर प्यूपल कोष्ठ होता है। आगे के इंस्टार डिंभक गैलरी के सिरे को बन्द करके प्यूपा बनने लगते हैं। 19 दिन में वयस्क बीटल बन जाती है जो 6-8 दिनों तक जाइलम (xylem) को चबाती हुई बाहर निकल आती है। प्रत्येक अवस्था के डिंभक व वयस्क शीतनिष्क्रयता (hibernation) में जा सकते हैं।

■ चित्र 20.2 : **चीड़ की राल नलिका में *बरसेफलेंकस जाइलोफिलस***

सूत्रकृमियों का एक जीवन चक्र 5 दिन में पूरा हो जाता है तथा एक मादा औसतन 80 अंडे प्रति दिन के हिसाब से 28 दिनों तक अंडे देती है। इस प्रकार एक मादा सूत्रकृमि से 15 दिनों में 260000 सूत्रकृमि पैदा हो जाते हैं। शीघ्र ही सूत्रकृमि पूरे पेड़ में फैल जाते हैं। सूत्रकृमियों की समष्टि अत्यधिक होने पर, वसन्त ऋतु के आरम्भ में, अलग प्रकार के J3 डिंभक (परिक्षेपण- dispersal डिंभक) बनते हैं जिनका क्यूटिकल बहुत मोटी होती है व आंत्र में लिपिड पदार्थ भरा होता है। वसन्त ऋतु के अन्त में, जब कीट के III इंस्टार डिंभक बनने लगते हैं, सूत्रकृमियों के J3 परिक्षेपण डिंभक J4 डायर डिंभक में निर्मोक कर जाते हैं और प्यूपल कोष्ठ के ऊपर एकत्रित हो जाते हैं। J4 डायर डिंभकों का शिरस्य भाग फूला हुआ, स्टाइलेट अविकसित, ग्रसनी अल्पविकसित और पुच्छ बेलनाकार व अंगुल्याकार (digitate) सिरे वाली होती है। डायर डिंभक प्यूपल कोष्ठ के पास उग रही ब्ल्यू स्टेन फंगस- *सेरटाटोसिसटिस* (*Certatocystis*) के ऊपर लगे बीजाणुओं के गुच्छों के संग चिपक जाते हैं। जब मादा बीटल प्यूपा व तने से बाहर आ रही होती है तब सूत्रकृमि के डायर डिंभक उसके प्रवर्म (elytra) के नीचे व श्वासनली (trachea) में प्रवेश करके चिपक जाते हैं।

पादप ऊतकों के अतिरिक्त ये सूत्रकृमि अनेक प्रकार के फंगस, विशेषकर ब्ल्यू स्टेन फंगस पर भी खाते व प्रजनन करते हैं। ये फंगस अन्य काष्ठ छेदक (wood boring) बीटलों के साथ पादप ऊतकों में पहुंच जाते हैं व सूत्रकृमि का भोजन बन जाते हैं।

परपोषी –परजीवी संबंध

चीड़ के पेड़ों में म्लानि रोग केवल बीटल द्वारा लैंगिक परिपक्वता के लिए अशन करते समय पहुंचे हुए सूत्रकृमियों के कारण ही होता है। पादप ऊतकों में सूत्रकृमियों की संख्या काफी तेजी से

बढ़ती है (चित्र 20.2) और वे रेजिन कनाल की पैरेन्काइमा कोशिकाओं को खाकर नष्ट कर देते हैं। 6–9 दिनों में राल (oleoresin) निकलना बन्द हो जाता है व स्वेद (ट्रान्सपीरेशन) कम होकर बाद में बन्द हो जाता है। कुछ ही सप्ताहों में सूत्रकृमियों करोड़ों की संख्या में पूरे पेड़ में फैल जाते हैं। संक्रमित पेड़ मुरझा जाते हैं, उनकी पत्तियां पीली पड़ जाती हैं (चित्र 20.3) और उनकी 30–40 दिनों में मृत्यु हो जाती है।

पाइनस की कुछ जातियों में सूत्रकृमियों का संचरण केवल द्वितीयक रूप से बीटल द्वारा अंडों के साथ होता है। ऐसी जातियों में रोग के लक्षण प्रकट नहीं होते।

क्षति

ऐसा माना जाता है कि यह सूत्रकृमि जापान में उत्तरी अमेरिका से आयायित लकड़ी के साथ पहुंचा था और वहां से देश के विभिन्न भागों में फैल गया। अब यह सूत्रकृमि चीड़ में भयंकर समस्या बन गयी है। जापान में 1973 के बाद प्रतिवर्ष 1000000 m^3 से अधिक लकड़ी का नुकसान हुआ जो 1979 में बढ़कर 24000000 m^3 हो गया। चीन में प्रतिवर्ष 800000 m^3 लकड़ी का नुकसान हो रहा है और तीन लाख चीड़ के पेड़ मर रहे हैं। प्रत्यक्ष हानि के अलावा अनेक देशों द्वारा संक्रमित देशों से आयात की हुई लकड़ी व उनसे बने उत्पादों पर लगे प्रतिबन्धों के कारण भी अधिक क्षति हो रही है।

प्रबंधन

- सुग्राही पाइनस की जातियों को न उगाएं और प्रतिरोधी कोनीफर जैसे डगलस फर (Doulas-fir), रेड वुड, सफेद फर, पश्चिमी रेड देवदार (ceder) को ही लें।
- बीटल के नियंत्रण के लिए:
    - मरे हुए पेड़ों को शीघ्र हटा कर नष्ट कर दें।
    - लिन्डेन का छिड़काव करें।
- भारत सहित अनेक देशों ने संक्रमित देशों से लकड़ी व उनसे बने उत्पादों के आयात पर लगे प्रतिबन्ध लगाया हुआ है। भारत में इन उत्पादों के प्रवेश की अनुमति तभी मिलती है यदि उन्हें 30 मिनट तक 56 °C पर रखा गया हो अथवा मिथाइल ब्रोमाइड से 48g/m^2 पर 16 घंटों के लिए 21 °C पर उपचारित किया गया हो।

रेडिनेफलेंकस कोकोफिलस (Rhadinaphelenchus cocophilus)

विस्तार व परपोषी परास

यह सूत्रकृमि मुख्य रूप से नारियल (*कोकोस न्युसीफेरा- Cocos nucifera*) व आयल पाम (*एलिस ग्युनेंसिस- Elaeis guineensis*) को संक्रमित करता है। इनके अतिरिक्त अन्य पाम जैसे खजूर व कैबेज पाम भी इसके परपोषी पादप हैं।

यह सूत्रकृमि वेस्ट इंडीयन आइलेंड- टोबेगो, ग्रेनेडा, सेंट वीनसेंट, ट्रिनीडाड, दक्षिणी अमेरिका महाद्वीप के सुरीनम, कोलंबिया, एक्वाडोर, मेक्सिको, ब्राजील, एल सलवाडोर आदि राष्ट्रों में मिलता है और नारियल उत्पादन में गंभीर समस्या पैदा करता है।

■ चित्र 20.3 : ***बरसेफलेंकस जाइलोफिलस* संक्रमित चीड़ के वृक्ष**

■ चित्र 20.5 : ***रेडिनेफलेंकस कोकोफिलस* से संक्रमित नारियल का वृक्ष**

■ चित्र 20.6 : ***रेडिनेफलेंकस कोकोफिलस* संक्रमित नारियल के तने का लाल रिंग दर्शाता अनुप्रस्थ काट**

जीवन चक्र (चित्र 20.4)

इस सूत्रकृमि का संचरण *रिनकोफोरस पामेरम* (*Rhynchophorus palmarum*) नामक कीट वीवल/ घुन (weevil) की मादा द्वारा होता है जो अपने लम्बे अंडनिधानांग (ovipositor) की सहायता से वृक्षों के मुलायम ऊतकों, विशेषकर पर्ण कक्षों में, अंडे देती है। अंडों के साथ ही अंडनिधानांग में पहुंचे हुए सूत्रकृमि के J3 डायर (dauer) डिंभक भी पादप ऊतकों में आ जाते हैं। J3 सूत्रकृमि डिंभक वहां पादप ऊतकों को खाकर वयस्क हो जाते हैं व तेजी से प्रजनन करने लगते हैं। जीवन चक्र बहुत छोटा, 7–9 दिनों का होता है। शीघ्र ही सूत्रकृमियों की संख्या पेड़ में बहुत अधिक हो जाती है और अनेक J3 डायर डिंभक कीट डिंभक की रक्तगुहा में प्रवेश कर जाते हैं व उसी अवस्था में प्यूपा व वयस्क मादा वीवल की रक्तगुहा में रहते हैं। अंत में सूत्रकृमि डिंभक वयस्क वीवल के जनन तंत्र के पास एकत्रित हो जाते हैं व अंडों के साथ पादप ऊतकों में प्रवेश पा जाते हैं।

सूत्रकृमि वीवल के अन्य अंगों, चीटियों, मकड़ी, खेतों के औजार के साथ चिपक कर भी वितरित हो सकते हैं। वे मृदा व वीवल की सतह पर एक सप्ताह तक जीवित रह पाते हैं किन्तु वीवल के अन्दर, नारियल के छिलके व गिरी में कई सप्ताहों तक जिन्दा रहते हैं। एक वीवल के अन्दर 15000 तक सूत्रकृमि के J3 डायर डिंभक मिल जाते हैं।

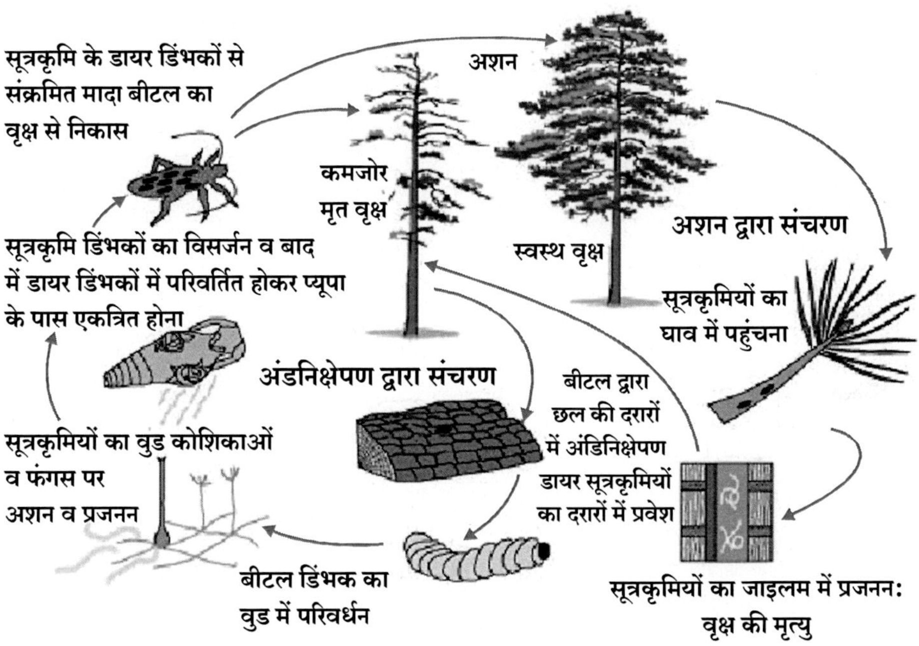

■ चित्र 20.4 : ***रेडिनेफलेंकस कोकोफिलस*** **का जीवन चक्र**

परपोषी –परजीवी संबंध

सूत्रकृमि 2–5 साल से बड़े पेड़ों पर ही संक्रमण करते हैं। संक्रमित पेड़ों की नीचे की पुरानी पर्ण शाखाएं मुरझाना शुरु हो जाती हैं, उनकी पत्तियां कोनों से बीच की ओर, पहले पीली और बाद में सुनहरे रंग की हो जाती हैं व अन्त में पर्ण शाखा आधार से टूट कर गिर जाती है (चित्र 20.5)।

नारियल कच्चे ही टूट कर गिर जाते हैं। लक्षण दिखने के 3 से 4 महीनों के अन्दर ही वृक्ष मर जाते हैं।

सूत्रकृमि संक्रमण का प्रमुख लक्षण पेड़ों के अन्दर भूरे-लाल रंग की रिंग /वलय बनना होता है (चित्र 20.6) जिसके कारण इस बीमारी को रेड रिंग बीमारी और सूत्रकृमि को रेड रिंग सूत्रकृमि कहते हैं। प्रारम्भ में तने में सतह से लगभग 2-6 cm नीचे ऊतकों में लाल रंग के 1 mm व्यास के धब्बे दिखाई देते हैं जो बाद में आपस में मिलकर लगभग 3 cm चौड़ी रिंग बना लेते हैं। ऐसी रिंग पूरे तने, जड़ों व पर्णवृंत में देखी जा सकती है। रिंग के बीच में डायर डिंभक व कोनों पर वयस्क सूत्रकृमि होते हैं। रेड रिंग के एक ग्राम ऊतक में 10000 डायर डिंभक मिल सकते हैं।

नारियल के कुछ पेड़ों, विशेषकर पुराने पेड़ों में, इस सूत्रकृमि के कारण सूक्ष्म पर्ण लक्षण (little leaf symptoms) दिखते हैं। इसमें पेड़ों की पत्तियां बहुत छोटी रह जाती हैं जिसके कारण पेड़ का शीर्ष भाग झाड़ू (feather duster) जैसा दिखाई देता है। अन्त में पत्तियां और भी छोटी हो जाती हैं व केवल उनमें रेकिस (rachis) ही बचता है। ऐसे पेड़ों पर नयी पत्तियां व पुष्प विन्यास नहीं बनते तथा नारियल लगना बन्द हो जाता है।

नियंत्रण

- वीवल नियंत्रण के लिए 0.1% लेनेट (मेथोनिल) (lannate & Methonyl) का पर्ण कक्षों पर छिड़काव।
- संक्रमित पेड़ों को नष्ट करना।

सिस्टोंकस (Schistonchus)

वितरण व परपोषी परास

इस वंश के सूत्रकृमि केवल फाइकस (Ficus) के फलों में मिलते हैं व संचरण के लिए एगाओनिडी (Agaonidae) कुल की फिग वास्प (fig wasp) पर निर्भर रहते हैं। अत: ये सूत्रकृमि विश्व के उन भागों में मिलते हैं जहां फाइकस के वृक्ष पाये जाते हैं। भारत के आन्ध्र प्रदेश व हरियाणा राज्यों में इस वंश के सूत्रकृमि पीपल, बरगद, पिलखन, अंजीर, गूलर आदि के फलों में पाये गये हैं।

जीवन चक्र (चित्र 20.7)

फाइकस, फिग वास्प व सिस्टोंकस सूत्रकृमियों में जटिल त्रिकोणीय संबंध है। फाइकस के फल को साइकोनियम (syconium) कहते हैं जिसके अन्दर असंख्य पुष्प होते हैं और उनका परागण केवल फिग वास्प की सहायता से ही सम्भव है। साइकोनियम के ऊपर, मध्य में फिग वास्प के प्रवेश के लिये सूक्ष्म छिद्र, ओस्टिओल (ostiole) होता है तथा अन्दर तीन प्रकार के फूल- मादा, नर व वास्प फूल होते हैं। मादा पुष्प दो प्रकार के होते हैं- लम्बी व छोटी डंडी (stalk) वाले। साइकोनियम में प्रवेश करते समय मादा वास्प के ऊपर चिपके हुए व पराग कोश में संग्रहित परागकण लम्बी डंडी वाले मादा पुष्पों को युग्मित (fertilize) कर देते हैं। साइकोनियम के अन्दर मादा छोटी डंडी वाले पुष्पों में अंडनिधानांग (ovipositor) की सहायता से अंडे देती है, ऐसे पुष्पों को वास्प पुष्प/ गाल पुष्प कहते हैं। वास्प का आगे परिवर्धन (डिंभक, प्यूपा, वयस्क मादा/ नर) इन्हीं पुष्पों में होता है तथा नर व मादा यहीं पर संभोग करते हैं। नर वास्प के पंख नहीं होते और वे

अपने दांतों से साइकोनियम की भित्ति में छेद बनाकर मादा का बाहर निकलना सुगम कर देते हैं। साइकोनियम से बाहर निकलती हुई मादाएं अपने साथ नर पुष्पों पर उपस्थित पराग कण भी ले जाती हैं।

■ चित्र 20.7 : ***सिस्टोंकस* का जीवन चक्र: A. वास्प नर व मादा, B. फाइकस की टहनी पर लगी पत्तियां व साइकोनियम, C. साइकोनियम में घुसती हुई वास्प मादा, D. वास्प का अंडनिक्षेपण व सूत्रकृमियों का प्रवेश, E. फूल के अन्दर नर व मादा वास्प, F. सूत्रकृमि संक्रमित साइकोनियम के**

सूत्रकृमि वास्प की रक्तगुहा अथवा उसकी देह पर चिपके रहते हैं तथा उनके साथ साइकोनियम में प्रवेश कर जाते हैं। साइकोनियम में सूत्रकृमि पादप ऊतकों पर खाना व प्रजनन शुरु कर देते हैं। प्रजनन लैंगिक होता है और शीघ्र ही साइकोनियम में सूत्रकृमियों की समष्टि बहुत अधिक हो जाती है। *एस. केपरीफीसी* (*Schistonchus caprifici*) में सूत्रकृमि कीट डिंभक के अन्दर वेधन कर जाते हैं और वयस्क वास्प मादा की रक्तगुहा में रहते व प्रजनन करते हैं। साइकोनियम में वास्प द्वारा अंडे देते समय सूत्रकृमि अंडनिधानांग के माध्यम से साइकोनियम के

अन्दर पहुंचते हैं। सिस्टोंकस की कुछ जातियों में सूत्रकृमियों का प्रजनन मादा वास्प के अन्दर नहीं होता। इन जातियों में मादा वास्प के साइकोनियम से निकलने के समय तक सूत्रकृमियों की संख्या अधिक हो जाती है व उनमें भिन्न प्रकार की कीटरागी–संक्रामक मादाएं विकसित हो जाती हैं। ऐसी मादाओं की जनन नलिका छोटी हाती हैं जिसमें कुछ अंडाशयी कोशिकाएं ही होती हैं। संभोग के बाद जनन नलिका में शुक्राणु एकत्रित हो जाते हैं। ऐसी सूत्रकृमि मादाएं वास्प मादाओं की देह से चिपक कर अथवा वेधन करके रक्तगुहा में पहुंच जाती हैं और उनकी सहायता से अन्य साइकोनियम को संक्रमित करती हैं।

परपोषी – परजीवी संबंध

सूत्रकृमि साइकोनियम के अन्दर उसकी अन्दरुनी भित्ति, मादा पुष्प, नर पुष्प व वास्प पुष्प की अधिचर्म कोशिकाओं पर अशन करते हैं। अधिकांशतया अधिचर्म कोशिकाओं की केवल एक ही कतार प्रभावित होती है। प्रभावित कोशिकाएं अतिवृद्धित (hypertrophied) हो जाती हैं, उनका साइटोप्लाजम गाढ़ा हो जाता है व केन्द्रक और न्यूक्लिओलस बड़े हो जाते हैं। कभी–कभी सूत्रकृमि संक्रमण से अधिचर्म से नीचे की कोशिकाएं भी प्रभावित होकर ऊतकक्षयी हो जाती हैं।

कुछ जातियां जैसे *एस. लेवीगेटा* (*S. laevigata*) केवल नर पुष्पों पर ही अशन करती हैं जिसके कारण एंथर, एंथर की डंडियां व पराग थैलियां विकृत हो जाती हैं और उनमें परागकण बहुत कम अथवा बिल्कुल नहीं बनते।

■ तालिका 20.1 : **सूत्रकृमियों व सहचर्यी कीटों में सहचर्य के प्रकार**

साहचर्य का प्रकार	श्रेणी		संलिप्त सूत्रकृमि	कीट की देह में सूत्रकृमि का परिवर्धन/ प्रजनन	प्रभावित कीट	कीट पर प्रभाव
संचलनीय	अनावश्यक		रेबडिटिड (Rhabditids) एफलेंकिड (Aphelenchids)	नहीं	मशरुम मक्खियां, डंग मक्खियां	नहीं
	आवश्यक	बाह्य	*पेलोडेरा कोरटेटा* (*Pelodera coartata*) *बरसेफलेंकस जाइलोफिलस* (*Bursaphelenchus xylophilus*) *सिस्टोंकस* (*Schistonchus*) ssp	नहीं	डंग बीटल, *मोनोकेमस आलटरनेटस* (*Monochamus alternatus*) फिग वास्प	नहीं
		आंतरिक	*रेडिनेफलेंकस कोकोफिलस* (*Rhadinaphelenchus cocophilus*) *सिस्टोंकस* (*Schistonchus*) ssp	नहीं	*रिनकोफोरस पामेरम* (*Rhynchophorus palmarum*) फिग वास्प	नहीं
सहजीवी	आवश्यक		*फरगूसोबिया* (*Fergusobia*)	हां	*फरगूसोनिना* मक्खी	नहीं
परजीवी	विकल्पी		*डेलाडेनस* (*Deladenus*) ssp	हां	*साइरेक्स वास्प* (*Sirex wasp*)	बंध्यता, आदि
	अविकल्पी	मध्यस्थ परपोषी	*ओंकोसेरा वलनस* (*Onchocera vulnus*)	केवल परिवर्धन	ब्लैक मक्खी	लगभग नहीं
		अंतस्थ परपोषी	*हॉवारहुला* (*Howardula*)	हां	मक्खी	कमजोरी, बंध्यता, आदि
	सूत्रकृमि–जीवाणु सहजीवी संबंध		*स्टाइनरनिमा* (*Steinernema*) spp. *हेटरोरेबडाइटिस* (*Heterorhabditis*) spp.	हां	अनेक प्रकार के कीटों के डिंभक	सेप्टीसीमिया से मृत्यु

○○○

अध्याय 21

पादप/फंगसभक्षी एवम् कीट परजीवी सूत्रकृमि- *डेलाडेनस* व *फरगुसोबिया*

फरगूसोबिया (Fergusobia)

प्रसार व परपोषी परास

इस वंश के सूत्रकृमि केवल फरगूसोनिना वंश की मक्खियों व मिरटेसी (Myrtaceae) कुल के पादपों, विशेषकर *यूकेलिप्टस* (*Eucalyptus*) वंश पर मिलते हैं जिन पर वे पत्तियों, पर्णवृंत, पुष्प कलिकाओं व स्टिग्मा पर गाल बनाते हैं। अभी तक इस सूत्रकृमि की अधिकतर जातियों का वर्णन आस्ट्रेलिया से किया गया है। कुछ जातियां भारत, फिलीपाइन व न्यू ब्रिटेन में भी मिलती है। भारत में *एफ. जेम्बोलेनम* (*F. jambolanum*) नामक जाति आन्ध्र प्रदेश में जामुन की कलिकाओं पर गाल बनाती है।

जीवन चक्र (चित्र 21.1)

फरगूसोनिना वंश की कीट मक्खी पत्तियों / कली के अविभाजित (undifferentiated) मेरिस्टम ऊतकों में अंडे देती है। अंडों के साथ सूत्रकृमि के डिंभक भी वहां पहुंच जाते हैं और पादप ऊतकों पर खाते हुए गाल बनाना शुरु कर देते हैं। कीट डिंभक के अंडों से स्फुटन के समय तक (लगभग 4–8 सप्ताह) सूत्रकृमि डिंभक परिवर्धन करके अनिषेचित मादा बन जाते हैं। कीट डिंभक निर्मोक करके II और फिर III अवस्था के डिंभक बन जाते हैं जिसके चारों तरफ सूत्रकृमि मादाएं इकटठी हो जाती हैं। सूत्रकृमि मादाओं द्वारा दिये गये अंडों में से डिंभक निकल कर अगली पीढ़ी के वयस्क मादा अथवा नर में विकसित हो जाते हैं। सूत्रकृमि की वीर्यसेचित (inseminated) मादाएं III अवस्था के मादा कीट डिंभकों में वेधन कर रक्तगुहा में पहुंच जाते हैं। कीट डिंभक के अन्दर सूत्रकृमि मादाएं फूल कर मोटी हो जाती हैं व उनकी अधिचर्म के ऊपर खाने का अवशोषण करने के लिए अनेक सूक्ष्मांकुर (microvilli) बन जाते हैं। कुछ समय बाद III अवस्था कीट डिंभक प्यूपा और फिर वयस्क मक्खी में विकसित हो जाते हैं। सूत्रकृमि मादा प्यूपा और/ उनमें से निकलने वाली वयस्क मक्खी की रक्त गुहा में अनेक अंडें देती है। इन अंडों में से निकले डिंभक कीट की अंडवाहिनी में प्रवेश कर जाते हैं और उनके अंडों के साथ पादप ऊतकों में पहुंच जाते हैं।

परपोषी परजीवी संबंध

इस सूत्रकृमि का *फरगूसोनिना* (*Fergusonina*) नामक मक्खी के साथ पारस्परिक आश्रय का सिद्धान्त (अन्योन्यागयवाद– mutualism) है। सूत्रकृमि प्रारम्भ में मक्खी डिंभकों के लिये वृक्षों की

पत्तियों, पर्णवृंत, पुष्प कलिकाओं व स्टिग्मा पर गाल बनाते हैं जिसमें वे बढ़ते व खाते हैं। मक्खी सूत्रकृमि के प्रसार में सहायता करती है। पादप ऊतक कीट अंडे के चारों ओर क्रिप्ट (crypt) बनाते हैं। कीट अंडों के साथ पादप ऊतकों में पहुंचे सूत्रकृमि डिंभक गाल बनाना और उन पर अशन करना प्रारम्भ कर देते हैं। गाल बनाने में सूत्रकृमि की लार में उपस्थित रसायन व मक्खी द्वारा अंडों के साथ निकले द्रव्यों की महत्वपूर्ण भूमिका होती है। इनके कारण क्रिप्ट की अन्दरुनी सतह पर स्थित कोशिकाओं में अतिवर्धन व अतिवृद्धि से कई परतें बन जाती हैं व ऊतकों का विभेदीकरण बन्द हो जाता है। लगभग चार सप्ताह बाद कीट डिंभक अंडस्फुटन करके अंडों से बाहर आ जाते हैं और वे भी गाल के अन्दर की कोशिकाओं पर खाते हैं। कोशिकाएं कणमय हो जाती हैं, परतो की संख्या बढ़ जाती है व क्रिप्ट निश्चित आकार ग्रहण कर लेते हैं। कीट डिंभक की III इंस्टार पहुंचने तक गाल की बाहरी सतह कठोर हो जाती है व क्रिप्ट की अन्दरुनी पोषक सतह को कीट डिंभक व सूत्रकृमि खा कर नष्ट कर चुके होते हैं। मक्खी निकलने के बाद गाल सूख जाता है और उसके अन्दर बचे हुए सूत्रकृमि मर जाते हैं। सूत्रकृमि केवल मादा बनने वाले कीट डिंभकों में ही वेधन करते हैं।

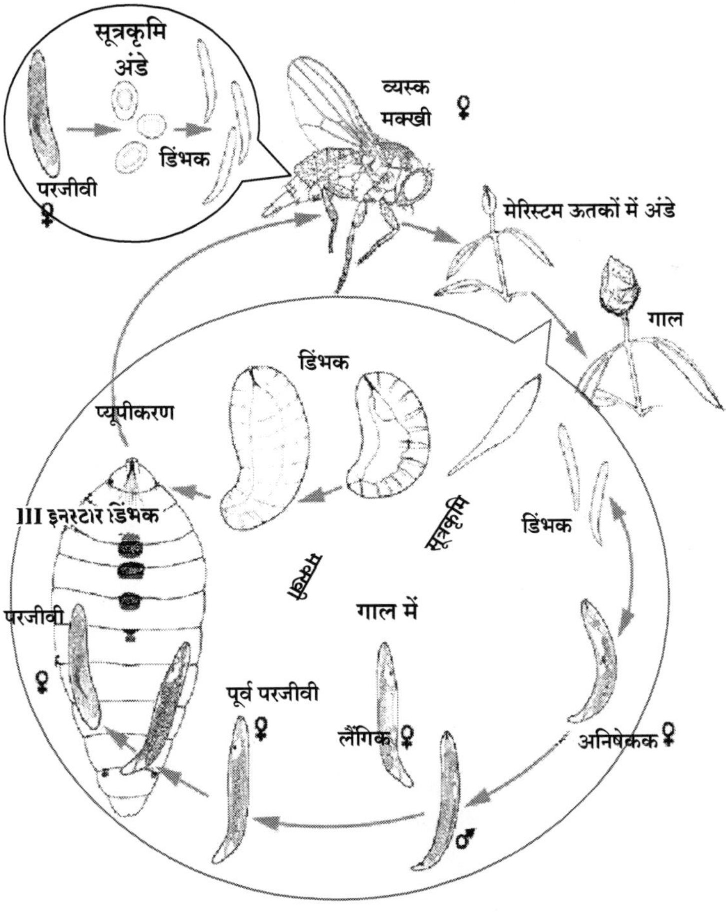

■ चित्र 21.1 : ***फरगूसोबिया* का जीवन चक्र**

डेलाडेनस (*Deladenus*)

उन्नीसवीं सदी में आस्ट्रेलिया में *पाइनस रेडियेटा* (*Pinus radiata*) नामक चीड़ के पौधों को बड़े पैमाने पर आयात करके उगाया गया था और अब वहां पर मुलायम लकड़ी के उत्पादन के लिए प्रमुख वृक्ष है। ऐसा विश्वास किया जाता है कि सन् 1952 में न्यूजीलेंड से आयायित लकड़ी के साथ *साइरेक्स नोकटीलियो* (*Sirex noctilio*) नामक वास्प भी आस्ट्रेलिया आ गयी। वास्प ने आस्ट्रेलिया के उस क्षेत्र में *पाइनस रेडियेटा* के वृक्षों में भारी तबाही मचा दी और सन् 1962 तक लगभग वहां के 40% वृक्ष इस वास्प के कारण मर गए। वास्प के नियंत्रण के लिए किए गहन शोध के बाद सन् 1978 में बेडिंग व एकहस्ट (Bedding & Akhurst) ने *डेलाडेनस सिरीसिडिकोला* (*Deladenus siricidicola*) नामक सूत्रकृमि का पता लगाया जिससे वास्प का जैव नियंत्रण सम्भव हो सका।

प्रसार व परपोषी परास

इस वंश के सूत्रकृमि विश्व के अनेक देशों में मिलते हैं जहां पर वे मृदा, पादप तने व शाखाओं आदि पर पनप रहे फंगस पर अशन करते हैं। कुछ जातियों में कीट परजीवी पीढ़ी भी होती हौ कीट परजीवी के रूप में ये सूत्रकृमि *साइरेक्स* (*Sirex*), *यूरोसेरस* (*Urocerus*), *जेरिस* (*Xeris*) आदि वंशों के कीटों में पाये गए हैं जो अनेकों प्रकार के पादपों पर खाते हैं।

जीवन चक्र (चित्र 21.2)

साइरेक्स वंश की अधिकतर जातियां मृतप्राय: अथवा मृत पेड़ों व अशन व प्रजनन करती हैं किन्तु *एस. नोकटीलियो* स्वस्थ पेड़ों पर खाती व अंडे देती है। अंडे देने के लिए मादा वास्प छाल में 1-6 cm लम्बा छेद करती है। डिंभक ऊतकों को छेदते हुए वुड में पहुंच जाते हैं।

संक्रमित मादा वास्प के अंडों में सूत्रकृमियों से भरे होते हैं। ऐसी मादा जब *पाइनस रेडियेटा* में अंडे देती है तो संक्रमित अंडों के साथ म्युकस व जनन नलिका में उपस्थित फंगस (*एमाइलोस्टेरियम एरोलेटम*- *Amylostereum areolatum* व *ए. चैलेटी*- *A. chailletii*) के स्पोर भी वहां आ जाते हैं। फंगस शीघ्र ही पादप की ट्रेकिड (tracheids) व रेजिन नलिकाओं में फैल जाता है। थोड़े दिनों बाद पेड़ मर जाते हैं। फंगस पर अशन करते हुए सूत्रकृमि भी प्रजनन करते रहते हैं और उनकी समष्टि भी बहुत तेजी से ट्रेकिड व रेजिन नलिकाओं में बढ़ जाती है।

साइरेक्स वास्प का स्वभाव है कि अनेक वास्प एक ही पेड़ पर अंडे देती है। अत: सूत्रकृमि-संक्रमित पेड़ में स्वस्थ वास्पों द्वारा दिए हुए अंडे व उनसे निकले हुए डिंभक भी होते हैं। पेड़ों में सूत्रकृमियों की समष्टि अधिक हो जाने पर व अन्य उद्दीपकों के कारण सूत्रकृमियों में असामान्य परिवर्तन होकर भिन्न प्रकार के वयस्क नर व मादा पैदा होने लगते हैं। आकृति में ऐसे नर फंगसभक्षी नर जैसे ही होते हैं किन्तु उनमें बड़े, गोल व साइटोप्लाजम वाले शुक्राणु के स्थान पर असंख्य छोटे, बिन्दु-आकार के शुक्राणु बनते हैं। फंगसभक्षी मादा की अपेक्षा ऐसी मादाएं पतली होती हैं, उनमें स्टाइलेट लम्बा व ग्रसनी ग्रंथियां अतिविकसित होती हैं। जनन तंत्र में केवल कुछ ही अंडकोशीय कोशिकाएं होती हैं। मैथुन के बाद जनन नलिका में असंख्य छोटे शुक्राणु भर जाते हैं। ऐसी वीर्यसेचित मादाएं संक्रामक होती हैं जो वास्प डिंभक की क्यूटिकल को भेद कर रक्तगुहा में प्रवेश कर जाती हैं। रक्तगुहा में वे फूलकर कई गुना मोटी हो जाती हैं लेकिन उनका जनन तंत्र अविकसित ही रहता है। प्यूपा बनने पर सूत्रकृमि मादा का जनन तंत्र तेजी से बढ़ने लगता है व पूरी देह को भर

लेता है। वास्प के वयस्क होने पर सूत्रकृमि मादा अंडे देना प्रारम्भ कर देती है। एक सूत्रकृमि मादा लगभग 10000 अंडे देती है जो उसके अन्दर ही स्फुटन करते हैं। शुरु में कुछ डिंभक भग से बाहर आते हैं परन्तु बाद में मादा सूत्रकृमि की क्यूटिकल फट जाती है जिससे सूत्रकृमि डिंभक वास्प की रक्तगुहा में आ जाते हैं। अन्त में सूत्रकृमि डिंभक वयस्क वास्प के जनन तंत्र में प्रवेश कर जाते हैं। सूत्रकृमि की कुछ जातियों के डिंभक अंडों में घुस जाते हैं यद्यपि अन्य जातियों में वे जनन नलिका में ही रहते हैं। मादा वास्प के अंडों के साथ सूत्रकृमि पादप ऊतकों में पहुंच जाते हैं। नर वास्प में परिवर्धित हुए सूत्रकृमि बाहर आने में असमर्थ होते हैं।

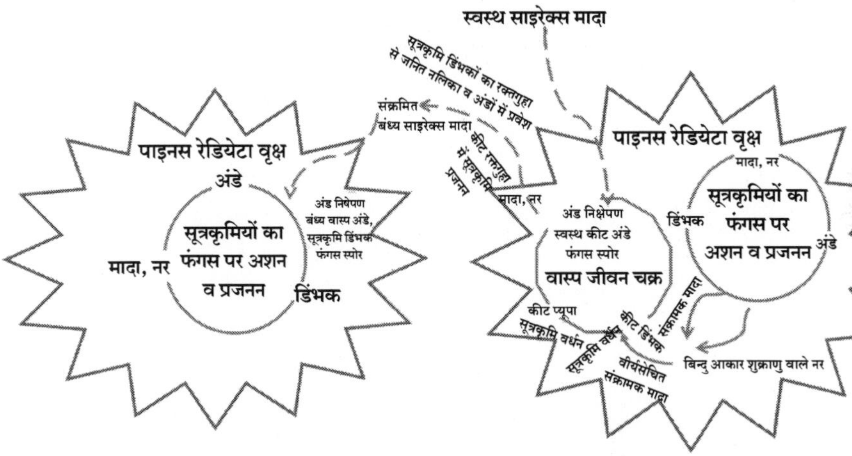

■ चित्र 21.2 : ***डेलाडेनस* का जीवन चक्र**

परपोषी–परजीवी संबंध

सूत्रकृमि मादा वास्प को बंध्य (sterile) कर देते हैं। संक्रमित वास्प के अंडों में से वास्प डिंभक के स्थान पर उसमें घुसे हुए 50–200 सूत्रकृमि डिंभक निकलते हैं।

नर वास्प में सूत्रकृमि के डिंभक वृषणों में भर जाते हैं लेकिन वहां से शुक्राशय में नहीं आ पाते।

कीट के जैव नियंत्रण में उपयोग

आस्ट्रेलिया में *एस. नोकटीलियो* का जैव नियंत्रण *डी. सिरीसिडिकोला* से किया गया है। सूत्रकृमि को आसानी से PDA (Potato Dextrose agar) पर संवर्धति फंगस पर संरोपित करके हजारों की संख्या में प्राप्त किया जा सकता है। सूत्रकृमियों को 12% जेलटीन के घोल में 4000 सूत्रकृमि/उस तने में छेद करके डाल देने से लगभग शत प्रतिशत वास्प संक्रमित हो जाती हैं।

❍❍❍

अध्याय 22

कीटरोगजनक सूत्रकृमि

रेबडीटिडा (Rhabditida) गण की कुछ जातियों का कीटों के साथ अविकल्पी संचलनीय साहचर्य (phoretic association) होता है। इसी गण के दो वंशों- *स्टाइनरनिमा* (*Steinernema*) व *हेटरोरेबडाइटिस* (*Heterorhabditis*) के डिंभक मिट्टी में रहते हैं और कीट डिंभकों में वेधन कर के उनकी रक्तगुहा में पहुंच जाते हैं। सूत्रकृमियों की आंत्र में पड़े हुए बैक्टीरिया बाहर निकल कर कीट गुहा में आ जाते हैं तथा कीट ऊतकों को नष्ट करके तेजी से बढ़ने लगते हैं। ये बैक्टीरिया नष्ट हो रहे कीट ऊतकों सहित परिवर्धित हो रहे सूत्रकृमियों का आहार बन जाते हैं। सूत्रकृमियों के वेधन के 48 घंटों के अन्दर जीवाणु द्वारा फैलाए गए जहर के कारण कीट डिंभकों की सेप्टीसीमिया के कारण मृत्यु हो जाती है। ऐसे सूत्रकृमि जो कीट डिंभकों के वेधन करके जीवाणुओं की सहायता से कीटों को मार देते हैं, कीट रोगजनक सूत्रकृमि (entomopathogenic nematodes- EPNs) कहलाते हैं। इस प्रकार के सूत्रकृमि पीड़क कीटों के नियंत्रण में काफी सहायक हो रहे हैं।

क्रोस (Krausse) द्वारा पकड़े गए सूत्रकृमियों का स्टाइनर (Steiner) ने *एप्लेक्टाना क्रोसी* (*Aplectana kraussei*) के नाम से विवरण दिया जो *स्टाइनरनिमा* (*Steinernema*) वंश का पहला सूत्रकृमि था। स्टाइनर ने सन् 1929 में एक और सूत्रकृमि का वर्णन *नियोप्लेक्टाना गलेसरी* (*Neoplectana glasseri*) के नाम से प्रकाशित किया। यह पहला EPN था जिसका प्रयोग कीट (सफेद लट- white grub) नियंत्रक के रूप में किया गया था। वीशर (Weisser) ने सन् 1955 को एक अन्य सूत्रकृमि को कोडलिंग मोथ (codling moth), *कारपोकेपसा पोमोनेला* (*Carpocapsa pomonella*) में से मिला जिसको *नियोप्लेक्टाना कारपोकेपसी* (*Neoplactana carpocapsae*) नाम दिया गया। यही सूत्रकृमि, उसी वर्ष, *कारपोकेपसा पोमोनेला* में से ही डुटी और हफ (Dutky & Hough) को भी मिला था। इस सूत्रकृमि के आइसोलेट (isolates) का काफी समय तक DD 136 के नाम से पीड़क कीट के जैव नियंत्रण में प्रयोग होता रहा। सन् 1976 तक EPNs की सभी जातियों को *स्टाइनरनिमा* (= *नियोप्लेक्टाना*) वंश में रखा गया था। पोइनर (Poiner) ने सन् 1976 में EPN का एक और वंश- *हेटरोरेबडाइटिस* (*Heterorhabditis*) प्रस्तावित किया। *स्टाइनरनिमा* व *हेटरोरेबडाइटिस* की आकृति व जीवन चक्र आपस में बहुत मिलते हैं पर वे दोनों अलग-अलग कुलों के सदस्य हैं- *स्टाइनरनिमा* स्टाइनरनिमेटिडी (Steinernematidae) का और *हेटरोरेबडाइटिस हेटरोरेबडीटिडी* (*Heterorhabditidae*) का। इन सूत्रकृमियों के सहजीवी (mutualistic) जीवाणु भी भिन्न होते हैं- *स्टाइनरनिमा* के *जेनोरेबडस* (*Xenorhabdus*) और *हेटरोरेबडाइटिस* के *फोटोरेबडस* (*Photorahbdus*)। नुजेन व स्मार्ट

(Nugen & Smart) ने एक नए वंश- *नियोस्टाइनरनिमा* (*Neosteinernema*) का आविष्कार किया है जिसमें अभी तक एक ही जाति- *एन. लोंजीकोडा* (*N. longicauda*) है।

स्टाइनरनिमा ट्रावासोस, 1927 (*Steinernema* Travassos, 1927)

निदान (चित्र 22.1)

सेसरनेंसिया: रेबिडटिडा: स्टाइनरनिमेटिडी। नर: मध्यम माप के मोटे सूत्रकृमि। ग्रसनी में प्रोकारपस, थोड़ा फूला हुआ मेटाकारपस, तनुयोजी व अन्तस्थ बल्ब; अन्तस्थ बल्ब में अल्पविकसित कपाटीय उपकरण। उत्सर्जी-स्रावी छिद्र तंत्रिका रिंग से अग्र भाग में। एकवृषणी; वृषण प्रतिवर्तीय। कंटिका पीले-भूरे रंग के। प्रनिदेशक बड़ा। पुच्छ पक्षक अनुपस्थित। पुच्छ पिप्पलों के 10-14 जोड़े। पुच्छ छोटी, सिरा गोल या म्युक्रों के साथ।

मादा: लम्बी, फूली हुई। ओष्ठगुहा भित्ति दृढ़ीकृत, पश्च मुख गुहा फनल जैसी। जनन तंत्र उभय अंडाशयी, प्रतिवर्तीय; अंडप्रजक या अंडशिशुप्रजक। पुच्छ छोटी, शंक्वाकार।

संक्रामक डिंभक: लम्बे, पतले, सर्पाकार। J2 डिंभक की क्यूटिकल से ढके हुए। मुख व गुदा द्वार बन्द। ग्रसनी अल्पविकसित। उत्सर्जी-स्रावी छिद्र तंत्रिका रिंग से अग्र भाग में। पुच्छ लम्बी, शंक्वाकार, सिरा नुकीला।

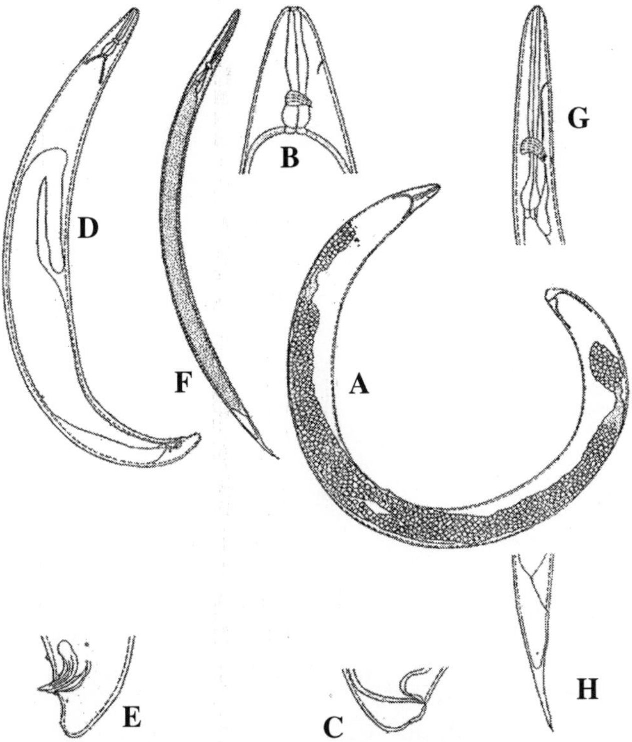

■ चित्र 22.1 : ***स्टाइनरनिमा*– A-C. मादा: A. सम्पूर्ण, B. अग्रिम भाग, C. पुच्छ, D-E. नर: D. सम्पूर्ण, E. पुच्छ F-H संक्रामक डिंभक: F. सम्पूर्ण, G. ग्रसनी, H. पुच्छ**

प्ररूप जाति: *स्टाइनरनिमा क्रोसी* (स्टाइनर, 1923) ट्रावासोस, 1927 *Steinernema kraussei* (Steiner, 1923) Travassos, 1927।

हेटरोरेबडाइटिस पोइनर, 1976 (*Heterorhabditis* Poinar, 1976)

निदान (चित्र 22.2)

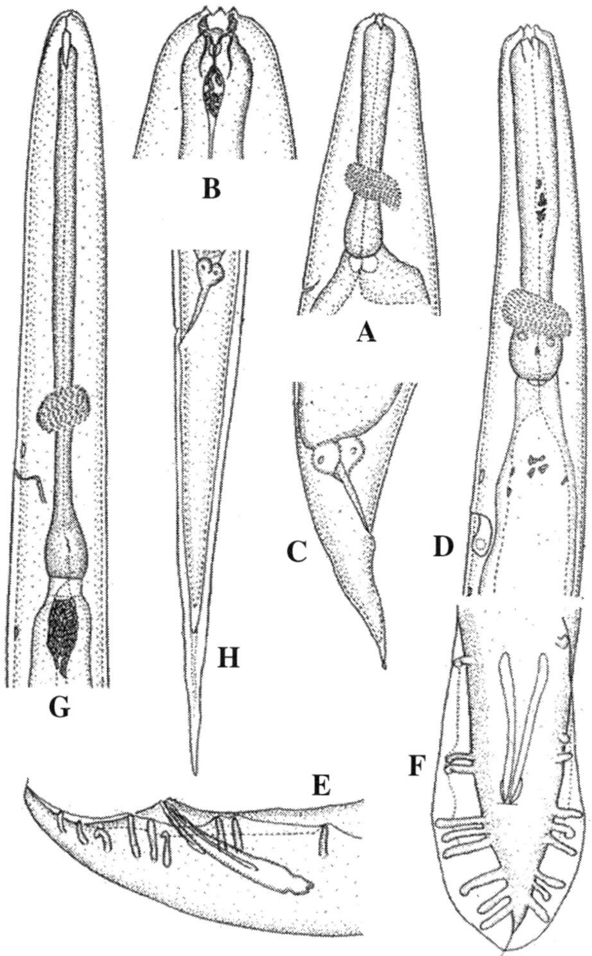

■ चित्र 22.2 : **हेटरोरेबडाइटिस– A-C. मादा: A. अग्रिम भाग, B. शिरस्य भाग, C. पुच्छ, D-F. नर: D. अग्रिम भाग, E-F. पुच्छ, G-H संक्रामक डिंभक: G. अग्रिम भाग, H. पुच्छ**

सेसरनेंसिया: रेबिडटिडा: हेटरोरेबडीटिडी। उभयलिंगी मादा: लम्बे, मोटे सूत्रकृमि। मुख गुहा छोटी व चौड़ी। ग्रसनी में प्रोकारपस, अविभेदित मेटाकारपस, तनुयोजी व अन्तस्थ बल्ब; अन्तस्थ बल्ब में अल्पविकसित कपाटीय उपकरण। उत्सर्जी–स्रावी छिद्र ग्रसनी से पश्च भाग में। अंडवृषण दो, भग के दोनों ओर, प्रतिवर्तीय। प्रारम्भ में अंडप्रजक। पुच्छ छोटी, शंक्वाकार।

एकलिंगी मादा: उभयलिंगी मादा जैसी, किन्तु छोटी। जनन तंत्र उभय अंडाशयी। अंडशिशुप्रजक।

नर: एकवृषणी; वृषण प्रतिवर्तीय। कंटिकाएं थोड़ी मुड़ी हुई। प्रनिदेशक बड़ा। प्रपुटी उपस्थित। प्रपुटी –अर (bursal rays) के 9 जोड़े। पुच्छ छोटी, सिरा गोल।

संक्रामक डिंभक: लम्बे, पतले, सर्पाकार। J2 डिंभक की क्यूटिकल से ढके हुए। क्यूटिकल पर अनुदैर्घ्य रेखाएं। मुख में दंत, मुख व गुदा द्वार बन्द। ग्रसनी अल्पविकसित। उत्सर्जी–स्रावी छिद्र तंत्रिका रिंग से पश्च भाग में। पुच्छ लम्बी, शंक्वाकार, सिरा नुकीला।

प्ररूप जाति: *हेटरोरेबडाइटिस बैक्टरियोफोरा* पोइनर, 1976 (*Heterorhabditis bacteriophora* Poinar, 1976)

स्टाइनरनिमा व *हेटरोरेबडाइटिस* में अन्तर तालिका 22.1 में दर्शाये गये हैं।

■ तालिका 22.1 : **स्टाइनरनिमा व हेटरोरेबडाइटिस वंशों में अन्तर**

आकृति		*स्टाइनरनिमा* (*Steinernema*)	*हेटरोरेबडाइटिस* (*Heterorhabditis*)
	IJ	उत्सर्जी स्रावी छिद्र तंत्रिका रिंग से अग्र भाग में	उत्सर्जी स्रावी छिद्र तंत्रिका रिंग से पश्च भाग में
		शिरस्य क्षेत्र में दंत अनुपस्थित	शिरस्य क्षेत्र में दंत उपस्थित
		क्यूटिकल पर अनुदैर्घ्य रेखाएं अनुपस्थित	क्यूटिकल पर अनुदैर्घ्य रेखाएं उपस्थित
	नर	पुच्छ पक्षक अनुपस्थित	पुच्छ पक्षक उपस्थित
जैविकी	प्रथम पीढ़ी	एकलिंगी नर/मादा	उभयलिंगी मादा
	द्वितीय पीढ़ी मादा	अंडप्रजक/ अंडशिशुप्रजक	अंडप्रजक
	कीट डिंभक का 48 घंटों बाद रंग	सलेटी	गाढ़ा भूरा–लाल
सहचर्यी जीवाणु		*जेनोरेबडस* (*Xenorhabdus*) spp.	*फोटोरेबडस* (*Photorhabdus*) spp.

जीवन चक्र

दोनों वंशों के सूत्रकृमियों का जीवन चक्र संक्रामक डिंभकों (infective-IJs) से आरम्भ होता है जो मिट्टी में रहते हुए अपने परपोषी कीट डिंभकों को ढूंढते हैं। IJs कीटों से निकलने वाली गैस, विशेषकर कार्बन डाइ ऑक्साइड (CO_2) के कारण उनके ओर आकर्षित हो जाते हैं। प्राय: IJs कीट डिंभकों के प्राकृतिक द्वार जैसे मुख द्वार, गुद द्वार, श्वास रन्ध्रों से वेधन करते हैं किन्तु कभी–कभी *हेटरोरेबडाइटिस* के IJs कीट डिंभक की देह की दो खंडों के बीच की पतली झिल्ली को भेद कर शरीर के अन्दर पहुंच जाते हैं। वेधन के बाद IJs कीट डिंभक की रक्तगुहा में प्रवेश कर जाते हैं जहां पर सूत्रकृमियों की आंत्र में पड़े हुए सहजीवी जीवाणु (*जेनोरेबडस स्टाइनरनिमा* में से और *फोटोरेबडस हेटरोरेबडाइटिस* में से) बाहर निकल कर रक्त लसिका (haemolymph) में आ जाते हैं। रक्तलसिका में जीवाणु तेजी से बढ़ने लगते हैं तथा जहरीले मेटाबोलाइट पैदा करते हैं जिससे

कीट डिंभक 48 घंटों के अन्दर सेप्टीसीमिया से मर जाते हैं। सूत्रकृमि जीवाणुओं के लिए संवाहक का काम करते हैं और जीवाणु कीट ऊतकों कों सूत्रकृमियों के खाने योग्य आहार में बदल देते हैं। IJs ऐसे ही परिवर्तित व जीवाणुओं से भरपूर कीट ऊतकों को खाकर परिवर्धन करते हैं और वयस्क बन जाते हैं। सूत्रकृमि कीट डिंभक की लाश के अन्दर ही 2-3 पीढ़ियां पूरी कर लेते हैं। *स्टाइनरनिमा* के IJs वयस्क होकर नर या मादा व्यष्टि बनते हैं (चित्र 22.3)। मैथुन के बाद मादा अंडे देती है जो दूसरी पीढ़ी के वयस्क मादा या नर में विकसित होते हैं। दूसरी पीढ़ी की मादा द्वारा दिए गए अंडों में से डिंभक निकल कर J3 अवस्था तक वर्धन कर IJs में परिवर्तित हो जाते हैं जो मिट्टी में स्वतन्त्र रूप से रहने में सक्षम होते हैं। लगभग दस दिनों के अन्दर एक कीट डिंभक में हजारों की संख्या में IJs पैदा हो जाते हैं जो बाहर निकल कर मिट्टी में आ जाते हैं।

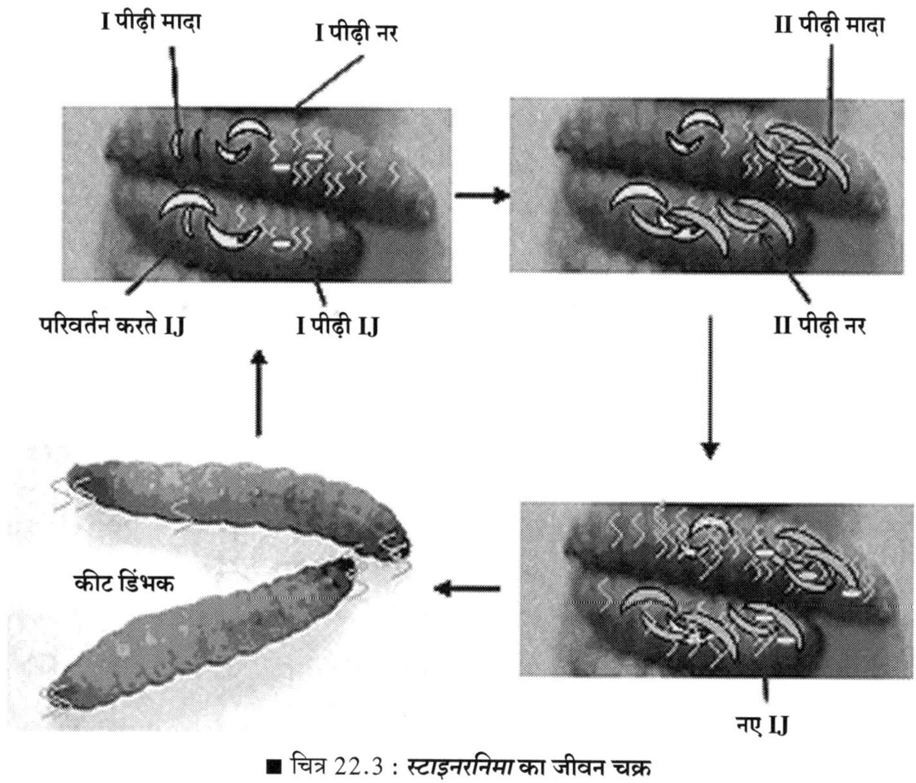

■ चित्र 22.3 : ***स्टाइनरनिमा* का जीवन चक्र**

हेटरोरेबडाइटिस वंश के सूत्रकृमियों का जीवन चक्र (चित्र 22.4) *स्टाइनरनिमा* जैसा ही होता है किन्तु उनके IJs उभयलिंगी मादा में विकसित होते हैं। दूसरी पीढ़ी में अलग-अलग मादा व नर व्यष्टि बनते हैं। संक्रमण के 10 से 15 दिनों बाद IJs कीट डिंभकों से बाहर आना शुरु करते हैं। कुछ EPNs में कीट डिंभकों के अन्दर तीन पीढ़ियां बनती हैं और IJs तीसरी पीढ़ी में ही बनते हैं।

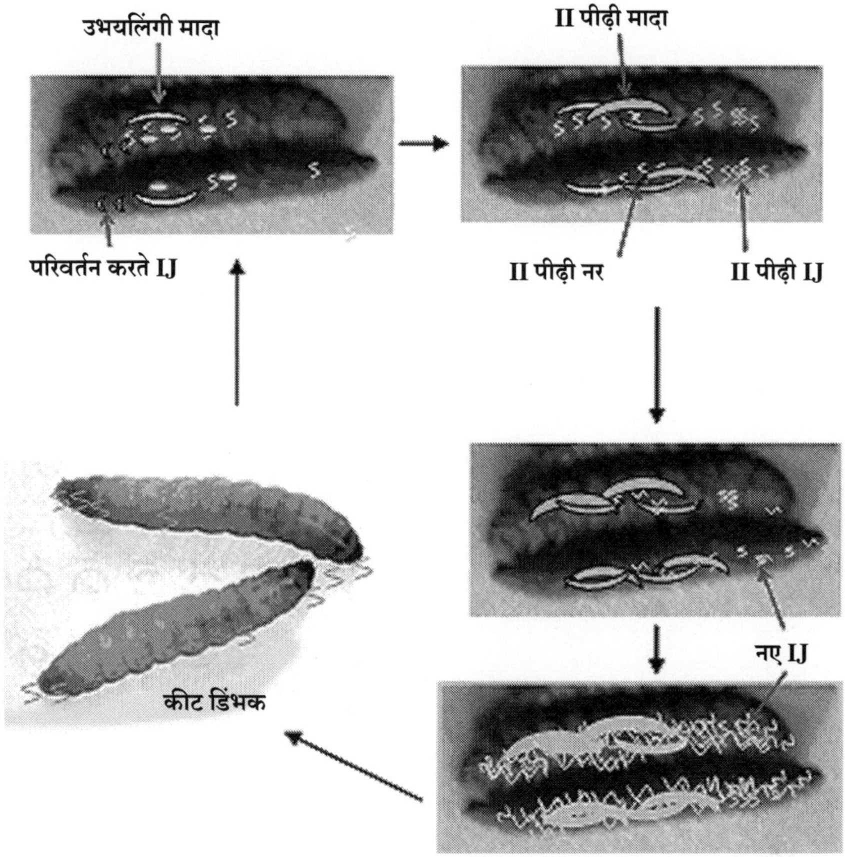

■ चित्र 22.4 : **हेटरोरेबडाइटिस का जीवन चक्र**

कीट डिंभक तक पहुंचने की युक्तियां

मिट्टी में कीट डिंभक तक पहुंचने के लिए IJs मुख्यतया: दो प्रकार की युक्तियां अपनाते हैं– घात लगाना (ambushers) या पीछा करना (Cruisers)। घात लगाकर कीट डिंभकों तक पहुंचने वाले IJs मृदा कणों पर खड़े हाकर अपने अग्र भाग को लहराते रहते हैं और जैसे ही कोई कीट डिंभक उनके पास से गुजरता है, IJs अपने शरीर को पहले नीचे की तरफ झुका कर और कूद कर कीट डिंभक के ऊपर पहुंच जाते हैं। *स्टाइनरनिमा* वंश के अधिकांश सूत्रकृमि इसी युक्ति को अपनाकर अपने परपोषी कीट डिंभक तक पहुंचते हैं। *हेटरोरेबडाइटिस* वंश की अधिकांश व *स्टाइनरनिमा* की कुछ जातियों के IJs कीट डिंभक का तेजी से पीछा करते हुए उन तक पहुंचते हैं। IJs द्वारा अपनाई जाने वाली युक्ति का चुनाव उनके उदग्र विस्तार व परपोषी कीट डिंभकों की प्राथमिकता पर निर्भर करता है। छापामार *एस. कारपोकेपसी* जमीन की ऊपरी सतह के पास मिलने वाले कीट डिंभकों को अपेक्षाकृत अधिक संक्रमित करता है जबकि पीछा करने वाले *हेटरोरेबडाइटिस बैक्टिरियोफोरा* (*H. bacteriophora*) परपोषी कीट डिंभक अधिक गहराई में मिलते हैं।

कीटरोगजनक सूत्रकृमियों व जीवाणुओं के पारस्परिक संबंध

EPNs व जीवाणुओं में अविकल्पी सहजीवी संबध होते हैं जिसके कारण दोनों एक-दूसरे पर निर्भर रहते हैं। जीवाणु सूत्रकृमियों की निम्न प्रकार से सहायता करते हैं-

- कीट डिंभकों को जहरीले मेटाबोलाइट पैदा करके मार देते हैं।
- एन्टीबायोटिक (antibiotic) पैदा करके अन्य सूक्ष्मजीवों को डिंभकों में पनपने नहीं देते।
- कीट ऊतकों को सूत्रकृमियों के खाने योग्य बना देते हैं।
- स्वयं सूत्रकृमियों का आहार बन जाते हैं।

सूत्रकृमि जीवाणुओं की सहायता उन्हें बाहरी वातावरण से बचाने और कीट डिंभकों की रक्तगुहा तक पहुंचाने में करते हैं। इस के अतिरिक्त सूत्रकृमि संक्रमण के प्रारम्भ में कीट डिंभकों द्वारा उत्पन्न की जाने वाली जीवाणुरोधी प्रोटीनों से भी इन जीवाणुओं की रक्षा करते हैं।

सहजीवी जीवाणु

EPNs के सहजीवी जीवाणु- *जेनोरेबडस* और *फोटोरेबडस* ऐन्टेरोबैक्टेरीसी (Enterobacteriaceae) कुल के सदस्य हैं। ये जीवाणु ग्राम नेगेटिव, दंडाकार तथा विकल्पी वायुजीवी होते हैं और EPNs की आंत्र में रहते हैं। विशिष्ट जाति के जीवाणु विशिष्ट जाति के सूत्रकृमि में मिलते हैं जैसा तालिका 22.2 में देखा जा सकता है।

जेनोरेबडस और *फोटोरेबडस*, दोनों वंशों के जीवाणु द्विरूपता दर्शाते हैं। पहले चरण के जीवाणु मिट्टी में मिलने वाले IJs में मिलते हैं तथा जैव नियंत्रण के लिए अधिक महत्वपूर्ण होते हैं। ये ही जीवाणु कीट की रक्त गुहा में मेटाबोलाइट पैदा करते हैं जिसके कारण कीट डिंभकों की सेप्टीसीमिया से मृत्यु हो जाती है। *पात्रे* (*in vitro*) उत्पादन तकनीक में भी इस चरण के जीवाणुओं की अहम् भूमिका रहती है। दूसरे चरण के जीवाणुओं के कारण उत्पादन में काफी कमी आ जाती है।

■ तालिका 22.2 : **सूत्रकृमि जाति व सहचर्यी जीवाणु**

सूत्रकृमि	**जीवाणु**
स्टाइनरनिमा कारपोकेपसी (Steinernema carpocapsae)	*जेनोरेबडस नेमाटोफिलस (Xenorhabdus nematophilus)*
एस. फेलटी (S. feltiae)	*एक्स. बोवीएनी (X. bovienii)*
एस. क्रोसी (S. kraussei)	*एक्स. बोवीएनी*
एस. एफिनिस (S. affinis)	*एक्स. बोवीएनी*
एस. इन्टरमीडिया (S. intermedia)	*एक्स. बोवीएनी*
एस. (S. glaseri)	*एक्स. पोइनरी (X. poinarii)*
स्टाइनरनिमा sp.	*एक्स. बेडिंगी (X. beddingii)*
हेटरोरेबडाइटिस (Heterorhabditis) spp.	*फोटोरेबडस ल्युमीसेंस (Photorhabdus luminescens)*

कीटरोगजनक सूत्रकृमियों का थोक उत्पादन

इन विवो (*in vivo*) उत्पादन: EPNs का *इन विवो* उत्पादन बहुत आसान है जिसका वर्णन प्रयोग अध्याय 14 में किया गया है। इस प्रकार उत्पादन करने के लिए लगातार कीट, *ग्लेरिया मेलोनेला* (*Galleria mellonella*) के डिंभकों की आवश्यकता पड़ती है।

पात्रे उत्पादन: EPNs का *इन विटरो* उत्पादन की दो विधियां हैं: 1. ठोस संवर्धन (solid state) विधि और फरमेंटर (fermenter) तकनीक द्वारा द्रव्य तंत्र (liquid culture) संवर्धन विधि। आजकल अधिकतर कम्पनियां द्रव्य तंत्र संवर्धन विधि से उत्पादन करती हैं। दोनों विधियों में कीट डिंभकों की आवश्यकता नहीं होती लेकिन सहजीवी जीवाणुओं का पृथक्करण (isolation) करना होता है। इसके लिए कीट डिंभकों को सतह विसंक्रमित (surface sterilized) करने के बाद उसकी अगली टांग में इंजेक्शन की सहायता से रक्त लसिका निकालकर उसकी कुछ बूंदे मेकोनी (Mc Conkey) या NBTA माध्यम पर फैला दी जाती हैं।

ठोस संवर्धन विधि: 1×1×1 cm के फोम के टुकड़ों को वाउट (Wouts) या अन्य जीवाणु संवर्धन माध्यम में अच्छी प्रकार डुबो कर 500 ml फ्लास्क में भर देते हैं। तत्पश्चात उनका भापसहपात्र (autoclave) में विसंक्रमण कर देते हैं। फोम के टुकड़ों से सतह क्षेत्रफल व गैसों का आवागमन बढ़ जाता है। विसंक्रमण के बाद फोम के टुकड़ों पर जीवाणुओं का संवर्ध डाल देते हैं। कुछ दिनों पश्चात उनमें थोड़े IJs डाल देते हैं। थोक उत्पादन के लिए फ्लास्क के स्थान पर भापसहपात्र योग्य प्लास्टिक के लिफाफों का प्रयोग भी किया जाता है।

द्रव्य तंत्र संवर्धन: आजकल फरमेंटेशन तकनीक अपना कर इस विधि से औद्योगिक घरानों द्वारा EPNs का थोक उत्पादन किया जा रहा है। इस तंत्र में पर्याप्त मात्रा में आक्सीजन की उपलब्धता तथा कार्बन डाइऑक्साइड व अन्य हानि कारक गैसों का निष्कर्षण सुनिश्चित करना होता है तथा इस बात पर भी ध्यान देना होता है कि अपेक्षाकृत लम्बे सूत्रकृमि को न तो क्षति पहुंचे और न ही उनकी मैथुन क्रिया में कोई व्यवधान पैदा हो।

अनागुंतकी (axenic) द्रव्य माध्यम पर सर्वप्रथम ग्लेसर (Glasser) ने सन् 1940 में EPNs को संवर्धित किया था। सन् 1986 में फरमेंटेशन तकनीक पर ऐसे सूत्रकृमियों का संवर्धन प्रारम्भ हुआ। अब अमेरिका, आस्ट्रेलिया और यूरोप की कई कम्पनियां इस तकनीक को अपना कर EPNs का व्यापारिक उत्पादन की रही हैं।

भंडारण के लिए संरूप: IJs ही EPNs के जीवन चक्र में ऐसी अवस्था है जो कि कीट डिंभकों में संक्रमण कर सकती है। ये ही सूत्रकृमि वातावरण में स्वतंत्र रूप से काफी समय तक बिना आहार लिए रह सकते हैं क्योंकि इनका मुखपथ व ग्रसनी बन्द होते हैं तथा शरीर J2 की क्यूटिकल से ढका होता है जो उन्हें अजैव दबावों से बचाता है। इन EPNs का आयु काल उनमें संग्रहित भोजन व उसके व्यय होने की दर पर निर्भर करता है। EPNs का भंडारण निम्न प्रकार से किया जा सकता है–

- EPNs के पानी वाले सस्पेंशन में हवा फूंक कर कम तापमान पर कुछ दिनों के लिए रखा जा सकता है। ऐसा प्राय: संरूप बनाने के लिए या खेतों में छिड़कने से कुछ पूर्व किया जाता है। पानी में होने के कारण इन EPNs को दूसरी जगह भेजना बहुत मुश्किल होता है।
- EPNs को निश्चल वस्तुओं पर डाल देते हैं जिनमें उन्हें पर्याप्त मात्रा में ऑक्सीजन मिलती रहे और उन पर पतली पानी की झिल्ली बनी रहे। इसके लिए सूखे, सिकुड़े हुए

पॉलीईथर पॉयूरेथेन (polyether polyurethane) स्पोंज के टुकड़ों पर EPNs को बहुत कम पानी के साथ डाल दिया जाता है। इन टुकड़ों को 1-2 °C पर भंडारित किया जाता है जिस पर 90% EPNs एक महीने तक जीवित रह सकते हैं। प्रयोग के समय स्पोंज को पानी में निचोड़ कर EPNs को निकाल लेते हैं।

- कैल्शियम ऐलगीनेट (Calcium alginate) जैल की छोटी-छोटी गोलियां बनाकर या उसके घोल को प्लास्टिक मेश पर डाल कर पतली चादर बना लेते हैं और उनके ऊपर IJs का सस्पेंशन डाल देते हैं जो जैल में फस जाते हैं। प्रयोग करने से पहले जैल को सोडियम साइट्रेट (Sodium citrate) में डाल दिया जाता है जिससे फंसे हुए IJs सक्रिय हो जाते हैं। केलशियम ऐलगीनेट के स्थान पर कई अन्य पॉलीसेक्राइड पदार्थ जैसे एग्रोज (agrose), ग्वार गोंद, केरेगीनन (carrageenan) इत्यादि का प्रयोग भी कर सकते हैं। IJs इस संरूप में 35 दिनों तक कमरे के तापमान पर जीवित रह सकते हैं।
- IJs के ऊपर से अतिरिक्त पानी हटाकर उन्हें आर्द्रताकक्ष में 96% Rh पर 12 घंटों के लिए रहने देते हैं जिसके बाद आर्द्रता 93% कर दी जाती है। उपचारित IJs कई सप्ताह तक ऐसी अवस्था में रह सकते हैं। इस तकनीक में और भी सुधार किए गये हैं और सूत्रकृमियों के सूखे संरूप अब उपलब्ध हैं। आजकल एक ऐसा द्रवीय उत्पादन भी बाजार में मिलता है जिसमें IJs अजलजीवित (anhydrobiotic) अवस्था में पहुंचकर एक वर्ष तक फ्रिज में जिन्दा रह सकते हैं।

विभिन्न देशों में कई कम्पनियां भारी मात्रा में अलग-अलग कीटरोगजनक सूत्रकृमियों का उत्पादन कर रहीं हैं। इन उत्पादों से हमारी कीटनाशी रसायनों पर निर्भरता काफी कम हो रही है।

EPNs को खेतों में लगाना

खेतों में EPNs का प्रयोग कई बातों पर निर्भर करता है जिनमें प्रमुख हैं-

- EPNs की सर्वाधिक प्रभावी जाति/ स्ट्रेन का विशिष्ट कीट के लिए चुनाव
- उच्च गुणवत्ता वाले उत्पाद का प्रयोग तथा लगाने से पहले यह सुनिश्चित कर लेना कि IJs भंडारण परिस्थितियों से उभर कर सक्रिय हो गए हैं।
- कीट और वातावरण के अनुसार IJs का छिड़काव
- EPNs का, जहां तक सम्भव हो, पीड़क कीटों के पास लगाना
- यह सुनिश्चित करना कि पीड़क कीटों व सूत्रकृमि के पास पानी की झिल्ली है
- छिड़काव के लिए ठीक समय का चुनाव करना
- निर्जलीकरण, UV लाइट व उच्च तापमान वाली परिस्थितियों से बचाव करके छिड़काव

EPNs के छिड़काव के लिए किसी विशेष उपकरण की आवश्यकता नहीं होती और उन्हें कीटनाशी दवाइयों व अन्य कृषक रसायनों के लिए प्रयुक्त होने वाले स्प्रेयर की सहायता से छिड़का जा सकता है। EPNs को छिड़कते समय निम्नलिखित सावधनियां रखनी चाहिए-

- स्प्रेयर के ढोल को अच्छी प्रकार धो लेना चाहिए ताकि उसमें पहले प्रयोग किए गए रसायनों के अंश न रहें।

- स्प्रेयर की नोजल की जाली को समय-समय पर साफ करता रहना चाहिए ताकि उसके छिद्र बन्द न हों।
- ढोल को बीच-बीच में हिलाते रहना चाहिए जिससे कि EPNs तली पर न बैठें।

EPNs के हुए सफल प्रयोग

विश्वभर से EPNs द्वारा पीड़क कीटों के सफल नियंत्रण के अनके उदाहरण हैं। विभिन्न वातावरण में रहने वाले अनेक प्रकार के पीड़क कीट इनसे नियंत्रित हो चुके हैं जिनमें कुछ ये हैं-

- *एस. फेलटी* (*S. feltiae*) द्वारा फंगस नेट डिंभक (fungus gnat larvae), साएरिड (sciarid)(*लाइकोरिएला- Lycoriella*) व फोरिड (phorid *ब्रेडीसिया-Bradysia*) मक्खियों, पश्चिमी फल थ्रिप (*फ्रेन्कीनीएला आक्सीडेन्टेलिस- Frankiliniella occidentalis*) का नियंत्रण
- *हेटरोरेबडाइटिस* की दो स्ट्रेनों द्वारा सफेद लट का नियंत्रण
- *एच. मेगीडिस* (*H. megidis*), *एच. बैक्टिरियोफोरा* (*H. bacteriophora*) व *एस. क्रासी* द्वारा वाइन घुन- *ओटीओरिंकस सलकेटस* (*Otilorhynchus sulcatus*) का नियंत्रण
- *एस. स्कटेरीसी* (*S. scapterisci*) द्वारा मोल झिंगुर- *स्कटेरीकस* (*Scapteriscus*) का नियंत्रण
- *एस. रियोब्रेव* (*S. riobrave*) द्वारा सिट्रस जड़ घुन का नियंत्रण
- *एस. कारपोकेपसी* द्वारा *क्रेनबेरी गरडलर* (*क्राइसोटेशिया टोपीयाना- Chrsotechia topiana*) का नियंत्रण

EPNs के जैव नियंत्रक गुण

- ये रसोग्राही संवेदी अंगों से पीड़क कीटों तक पहुंच सकते हैं।
- ये बहुत उग्र होते हैं।
- 48 घंटों के अन्दर पीड़क कीटों को मार देते हैं।
- इनका आसानी से *पात्रे* संवर्धन किया जा सकता है।
- इनकी प्रजनन क्षमता बहुत होती है।
- इनका परपोषी परास बहुत बड़ा होता है जिससे कई प्रकार के पीड़क कीटों का नियंत्रण किया जा सकता है।
- ये मनुष्य व अन्य स्तनधारियों के लिए सुरक्षित हैं।
- कई देशों में इनका पंजीकरण कराने की आवश्यकता नहीं है।
- इन्हें अन्य कृषक क्रियाओं के साथ मिलाकर प्रयोग किया जा सकता है।
- प्रदूषण की समस्या नहीं है।

○○○

प्रायोगिक सूत्रकृमि विज्ञान

प्रयोग 1

सूत्रकृमियों के लिए मिट्टी एवम् जड़ों के सैम्पल (नमूने) लेना

उद्देश्य: खेतों की मिट्टी व पौधों की जड़ों में उपस्थित विभिन्न सूत्रकृमियों का पता लगाना।

सिद्धान्त: पादप सूत्रकृमि सारे खेत में समान रूप से वितरित नहीं होते तथा अधिक संख्या में संभरक जड़ों के आस-पास मिलते हैं। इसलिए सैम्पल ऐसा होना चाहिए जो कि पूरे खेत में उपस्थित सूत्रकृमियों का ठीक से प्रतिनिधित्व करे।

सामग्री: खुरपा, पॉलीथीन के लिफाफे, अल्युमीनियम लेबल, रबर बैंड, नोट बुक

विधि:

1. **फसलों वाले खेत से सैम्पल लेना**
   - खेत के चारो तरफ का एक मीटर का क्षेत्र छोड दें।
   - ऊपर की 2-5 cm मिट्टी को खुरपे से हटा दें।
   - 5-15 cm गहराई से 50-100 cc संभरक जड़ों के सहित मिट्टी खोद कर एक पॉलीथीन के लिफाफे में डाल लें।
   - इसी प्रकार एक हैक्टर क्षेत्र में से 10-20 जगहों से मिट्टी लेकर उसी लिफाफे में डाले। इन जगहों का चयन चित्र नं. 1 के अनुसार, वक्र (zigzag) रूप से करें।
   - अल्युमीनियम लेबल पर सैम्पल नम्बर लिखकर लिफाफे में डाल दे और उसके मुख को रबर बैंड से बन्द कर दें।
   - सैम्पल का निम्नलिखित विवरण अलग नोट बुक में लिख लें-
     - सैम्पल नम्बर
     - सैम्पल लेने का स्थान
     - फसल का नाम
     - सैम्पल लेने की तिथि
     - किसान का नाम व पता
     - फसल की स्थिति व रोग के लक्षण
     - पहले ली गयी फसलें व उनकी पैदावार

2. **दूर-दूर बोई जाने वाली फसलों (खीरा, करेला, आदि) वाले खेत से सैम्पल लेना**
   - पूरे खेत में पौधों की छः पंक्तियाँ (दो-दो दोनों किनारों पर तथा दो बीच में) चयनित कर लें।
   - प्रत्येक चयनित पंक्तियों के जोड़े में से आठ-दस जगह से संभरक जड़ों के सहित मिट्टी ले कर एक पॉलीथीन के लिफाफे में डाल लें। सैम्पल ऊपर बताए हुए तरीके नं. 1 से ही लें।

- अल्युमीनियम लेबल पर सैम्पल नम्बर लिखकर लिफाफे में डाल दें और उसके मुख को रबर बैंड से बन्द कर दें। सैम्पल का विवरण अलग नोट बुक में लिख लें।

■ चित्र P 1. : **सैम्पल लेने के तरीके– A. फसलों वाले खेत से, B. दूर–दूर बोई जाने वाली फसलों से, C. बागों से**

3. बागों से सैम्पल लेना

- प्रत्येक वृक्ष की ड्रिप लाइन (कैनोपी के नीचे वाली जमीन की बाहरी सीमा) के पास से 50–50 cc संभरक जड़ों सहित मिट्टी के दो सैम्पल 30–60 cm की गहराई (ऊपरी 5 cm छोड़ कर) से ले कर एक पॉलीथीन के लिफाफे में डाल लें।

- इसी प्रकार एक हैक्टर क्षेत्र में से दस वृक्षों से सैम्पल लेकर उसी लिफाफे में डाले। वृक्ष से सैम्पल लेने के स्थान का चयन तने के चारों ओर चित्र नं. P 1.C के अनुसार करें।
- अल्युमीनियम लेबल पर सैम्पल नम्बर लिखकर लिफाफे में डाल दें और उसके मुख को रबर बैंड से बन्द कर दें। सैम्पल का विवरण अलग नोट बुक में लिख लें।

सैम्पल का संग्रह करना: अगर सैम्पल का तुरन्त संसाधन सम्भव न हो तो सैम्पल वाले लिफाफों को फ्रिज में 10 °C पर रखें।

❍❍❍

प्रयोग 2 कोब की चालन व छानना तकनीक द्वारा सूत्रकृमियों का मिट्टी से निष्कर्षण

सिद्धान्त: 1. सूत्रकृमियों का विशिष्ट घनत्व मिट्टी से भिन्न होता है। अत: सूत्रकृमि व मिट्टी के कण घोल में से सतह पर अलग अलग दर से गिरते हैं।

2. विभिन्न छिद्रों के माप वाली छलनियों पर सूत्रकृमि लम्बाई के अनुसार रुक जाते हैं।

सामग्री: बीकर, तीन स्टील के तसले, 20, 60 तथा 300 मेश की छलनियां

विधि:

- स्टील के तसलों पर एक, दो और तीन अंकित करें।
- लगभग 500 cc मिट्टी के सैम्पल को एक नं. वाले तसले में उड़ेल दें तथा मिट्टी के ढेलों को हाथ से तोड़ दें। अगर सैम्पल में पत्थर आदि हों तो उन्हें बाहर निकाल दें।
- इस तसले को पानी से भर लें तथा उसमें मिट्टी घोल लें। 15 से 20 सैकन्ड बाद इस घोल को 20 मेश (20 छिद्र प्रति इन्च) वाली छलनी से छानते हुए दूसरे तसले (नं. 2) में इकट्ठा कर लें। छलनी पर रुकी हुई जड़ों को अलग पानी वाले बीकर में डाल लें।
- अब इस तसले (नं. 2) में एकत्रित घोल को 60 मेश (छिद्र माप=250 μm) वाली छलनी से निथारते हुए तीसरे तसले (नं 3) में इकट्ठा करें।
- 60 मेश वाली छलनी पर एकत्रित पदार्थ को पानी की सहायता से एक अन्य बीकर में डाल लें और उसके ऊपर 60 मेश अंकित कर दें।
- नं. 3 अंकित तसले में एकत्रित घोल को अच्छी तरह हिलाएं और 10 से 15 सैकन्ड बाद 300 मेश (छिद्र माप=53 μm) वाली छलनी से निथार लें। छलनी से निकलने वाले मटमैले पानी को नाली में बह जाने दें। अगर छलनी से पानी धीरे धीरे निकल रहा हो तो छलनी के ऊपर नल चलाते रहें तथा छलनी को थपथपाते रहें। छलनी के ऊपर अवशिष्ट मिट्टी को पानी की सहायता से एक अन्य बीकर में डाल लें और उसके ऊपर 300 मेश अंकित कर दें।
- पूरी पद्धति को दोबारा करें। 20, 60 तथा 300 मेश पर रुकी हुई जड़ों/ अवशेष मिट्टी को उन्हीं नम्बर वाले बीकरों में ही डालें।

नोट: 60 मेश तथा 300 मेश अंकित बीकरों में सूत्रकृमियों के अतिरिक्त महीन मिट्टी के कण भी भारी मात्रा में होते हैं। 60 मेश वाले बीकर में सिस्ट सूत्रकृमि की पुट्टियां मिलने की संभावना होती है। 300 मेश वाले बीकर में एकत्रित अवशिष्ट मिट्टी में बहुतायत में सूत्रकृमि होते हैं जिनका आगे अन्य विधियों द्वारा पृथक्करण किया जाता है।

❍❍❍

प्रयोग 3 ऊस्टनब्रिंक के धावपृथकक उपकरण मॉडल 3 से सूत्रकृमियों का मिट्टी से निष्कर्षण

सिद्धान्त: पानी और मिट्टी के कणों का आपेक्षिक घनत्व भिन्न-भिन्न होता है। अत: सूत्रकृमि ऊपर की ओर बहने वाले पानी के प्रवाह में मिट्टी के घोल में लटके रहते हैं जबकि मिट्टी के कण नीचे सतह पर बैठ जाते हैं।

सामग्री: बीकर, 300 मेश की छलनी, ऊस्टनब्रिंक का धावपृथक्क उपकरण मॉडल 3 (Oostenbrink Elutriator Model 3)

ऊस्टनब्रिंक के धावपृथकक उपकरण मॉडल 3 का विवरण (चित्र P 3):

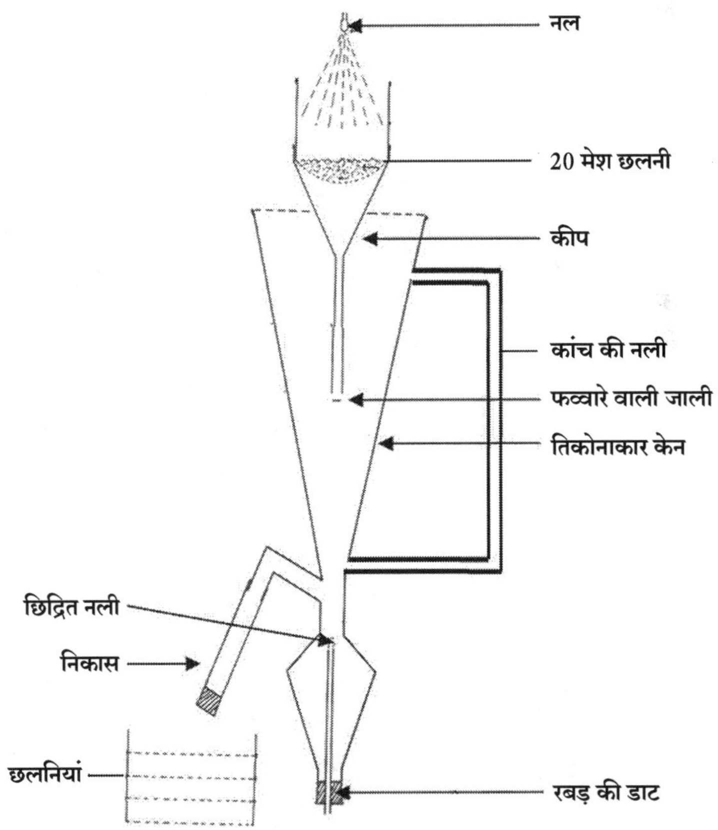

■ चित्र P 3 : **ऊस्टनब्रिंक के धावपृथक्क उपकरण मॉडल 3**

- इसमें स्टील का बना हुआ तिकोनाकार केन (डिब्बा- can) होता है जिसके पतले, निचले सिरे से थोड़ा ऊपर पानी निकलने के लिये स्टील की नली जुड़ी रहती है। नली के मुँह को कार्क से बन्द किया जा सकता है।
- केन के ऊपरी सिरे पर एक बड़ी कीप होती है जिसके अन्दर 20 मेश की छलनी लगी होती है। कीप की लम्बी टांग के सिरे पर फब्बारे वाली जाली लगी होती है ताकि मिट्टी वाला पानी एक साथ जोर से केन के अन्दर न गिरे।
- केन के निचले सिरे पर लम्बी, पतली स्टील की नली रबड़ के प्लग के माध्यम से अन्दर की ओर लगी होती है। इस नली से केन में पानी भेजने के लिये कई छेद होते हैं और नली का निचला सिरा रबड़ की टयूब की सहायता से हाइड्रोमीटर जुड़ा रहता है। हाइड्रोमीटर का दूसरा सिरा नल में लगा सकते हैं।
- केन के एक तरफ बाहर कांच की नली लगी होती है जिससे उपकरण में पानी का स्तर देखा जा सकता है।
- उपकरण के ऊपर नल लगा होता है जिससे लगभग 700 ml/ min की दर से पानी निकलता है।

विधि:

1. हाइड्रोमीटर से लगे हुए नल को खोल दें और पानी के प्रवाह को 1000 ml/ min की दर से नियंत्रित करें।
2. कीप में छलनी के ऊपर मिट्टी का सैम्पल रखें तथा ऊपर वाला नल चला दें।
3. पानी को उपकरण में कीप के निचले सिरे तक भरने दें। पानी का स्तर वहां पहुंचने पर ऊपर वाला नल बन्द कर दें।
4. उपकरण में पूरा पानी भर जाने पर स्टील की नली के मुँह पर लगा कार्क हटा दें और निकलते हुए मिट्टी के घोल को 300 मेश की छलनी में से गुजरने दें।
5. 300 मेश की छलनी पर रुकी हुई जड़ों/ अवशिष्ट मिट्टी को बीकर में डाल लें।

OOO

प्रयोग 4 फेनविक केन की सहायता से मिट्टी से *हेटरोडेरा* की सिस्ट का निष्कर्षण

सिद्धान्त: पानी के घोल में *हेटरोडेरा* की सिस्ट मिट्टी के कणों से हल्की होने के कारण अपेक्षाकृत धीमी गति से तली पर बैठती है।

सामग्री: फेनविक केन (Fenwick can), बीकर, 60 मेश की छलनी

फेनविक केन उपकरण का विवरण (चित्र P 4)

यह पीतल का बना हुआ 75 cm ऊंचा, शंक्वाकार, डिब्बा होता है जो ऊपर से पतला व नीचे से चौड़ा होता है। इसका तला टेढ़ा होता है। तले के ऊपर वाले भाग की ओर, थोड़ी ऊंचाई पर, 6 cm व्यास की नली जुड़ी होती है जिसके मुँह को रबड़ की डाट से बन्द किया जा सकता है। डिब्बे के मुंह के चारों ओर कम ऊंचाई की परात लगी होती है जो एक तरफ से खुलकर 10 cm चौड़ा परनाला बनाती है। डिब्बे के ऊपर 12 cm व्यास , 50 cm लम्बी टांग वाली कीप रखी जा सकती है। कीप के अन्दर 20 मेश वाली छलनी लगी होती है।

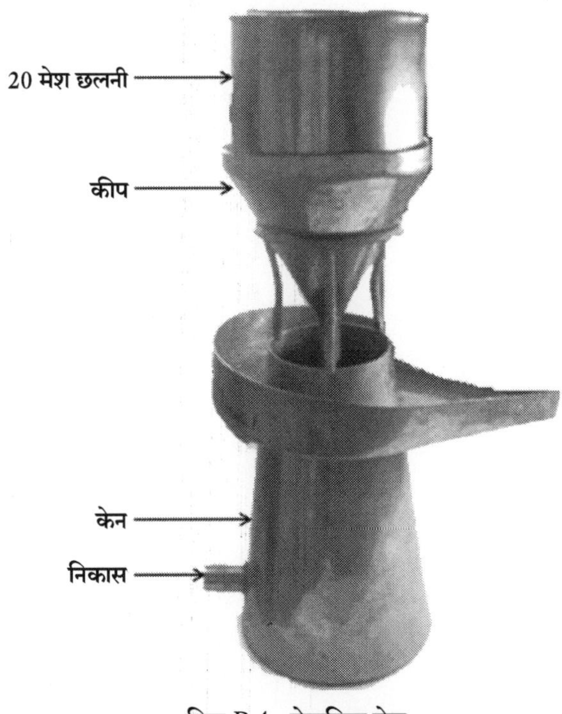

■ चित्र P 4 : फेनविक केन

विधिः

1. मिट्टी के सैम्पल को कीप के अन्दर छलनी में रख कर पानी चला दें
2. जब पानी फेनविक केन की परात में पहुंच कर परनाले से गिरना शुरु हो जाये तो परनाले के नीचे 60 मेश वाली छलनी रख दें ताकि पानी उसमें से हो कर नाली में जा सके।
3. परात से लगभग साफ पानी आने पर नल को बन्द कर दें।
4. 60 मेश की छलनी पर रुकी हुई जड़ों/ अवशिष्ट मिट्टी को बीकर में डाल लें।
5. फेनविक केन के नीचे लगे ढक्कन को खोल कर मिट्टी निकाल दें और उसे साफ कर के रख दें।

❍❍❍

प्रयोग 5
सूत्रकृमियों का पादप भागों/ पिटिकाओं से निष्कर्षण

सिद्धान्त: सूत्रकृमि जलरागी होते हैं और छोटे-छोटे टुकड़ों में से सुगमता से बाहर आ सकते हैं।

सामग्री: संक्रमित पादप भाग/ पिटिकाएं (galls), पेट्री प्लेट, विच्छेदन सूइयाँ, कैंची, स्टीरियोज़ूम माइक्रोस्कोप।

विधि:

1. पादप भाग/ पिटिकाओं को अच्छी तरह पानी से धो लें।
2. पादप भाग के कैंची से छोटे-छोटे टुकड़े करके एक पेट्री प्लेट में डाल दें। इस पेट्री प्लेट को पानी से लगभग आधा भर दें।
3. पेट्री प्लेट को स्टीरियोज़ूम माइक्रोस्कोप की स्टेज पर रखकर विच्छेदन सुइयों से फाड़ दें। (पटिकाओं को पानी में रखने के 3-4 घंटे बाद, जब वे ढीली हो जायें, विच्छेदन करना चाहिए)।
4. 8-10 घंटे बाद पेट्री प्लेट में से पानी दूसरी पेट्री प्लेट में उड़ेल लें।
5. स्टीरियोज़ूम माइक्रोस्कोप की सहायता से इस पेट्री प्लेट में सूत्रकृमियों का निरीक्षण करें।

❍❍❍

प्रयोग 6 प्रवासी अंत: परजीवी सूत्रकृमियों का जड़ों से निष्कर्षण

सिद्धान्त: सूत्रकृमि जलरागी होते हैं और छोटे-छोटे टुकड़ों में से सुगमता से बाहर आ सकते हैं।

सामग्री: संक्रमित जड़ें, बीकर, पेट्री प्लेट, कैंची, मिक्सी, माइक्रोस्कोप

विधि:

1. संक्रमित जड़ों को अच्छी प्रकार से पानी से धो लें जिससे उनके साथ लगी हुई मिट्टी हट जाये।
2. जड़ों के लगभग 5-5 cm के टुकड़े करके पानी से भरे हुए बीकर में डाल दें।
3. जड़ों को पानी के साथ मिक्सी में 2-3 मिनट तक चलाएं।
4. पिसी हुई जड़ों को पानी के साथ बीकर में वापिस डाल दें।
5. बीकर को अच्छी तरह हिला कर पानी को एक पेट्री प्लेट में डाल लें।
6. पेट्री प्लेट में जड़ों से निकल कर आए सूत्रकृमियों का स्टीरियोजूम माइक्रोस्कोप से निरीक्षण करें।

अथवा

बीकर में एकत्रित जड़ों और पानी में से सूत्रकृमि पृथक करने के लिये संशोधित बेयरमेन फनल तकनीक का प्रयोग करें।

○○○

प्रयोग 7 सूत्रकृमियों का संशोधित बेयरमेन फनल तकनीक से पृथक्करण

सिद्धान्तः 1. सूत्रकृमि बड़े छिद्रों में से चल कर बाहर आ सकते हैं।

2. सूत्रकृमि जलरागी होते हैं और गुरुत्वाकर्षण के कारण नीचे की ओर पहुंचते हैं।

सामग्रीः प्रयोग नं. 2 और 6 में एकत्रित सस्पेन्शन, कांच की कीप, अल्युमीनियम जाली, टिशू पेपर, हाफ्मान क्लिप, रबड़ की ट्यूब, स्टैन्ड।

विधिः (चित्र P7.1)

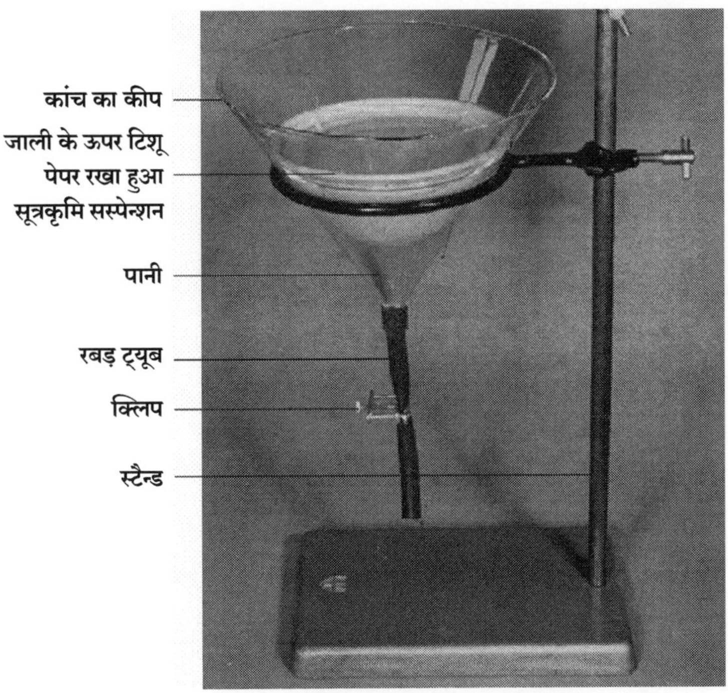

■ चित्र P7.1 : **संशोधित बेयरमेन फनल तकनीक**

1. 15 cm व्यास वाली कांच की कीप की टांग के निचले भाग पर रबड़ की ट्यूब चढ़ा दें।
2. रबड़ की ट्यूब के दूसरे सिरे पर हाफ्मान क्लिप (Hoffmann clip) लगा दें।
3. कीप को ऊपरी किनारे से 3 cm नीचे तक पानी से भर कर स्टैन्ड पर टांग दें।
4. 15 cm व्यास की गोल अल्युमीनियम जाली लेकर 5 cm ऊपर की तरफ मोड़ लें।

5. अल्युमीनियम जाली पर टिशू पेपर रख कर पानी से भिगो लें ताकि वह जाली के साथ चिपक जाए। टिशू पेपर के जाली से बाहर निकल रहे अतिरिक्त हिस्से को फाड़ कर हटा दें।
6. जाली में रखे हुये टिशू पेपर पर धीरे-धीरे सस्पेन्शन डालें व निकलने वाले पानी को बह जाने दें।
7. जाली को कीप के अन्दर रख दें तथा कीप के किनारे से इतना पानी डालें कि जाली की सतह पानी के सम्पर्क में रहे।
8. कीप को पेट्री प्लेट से ढक दें।
9. 24 घंटे बाद क्लिप को थोड़ा खोल कर पानी कैवटी ब्लॉक (cavity block) में निकाल लें।
10. कैवटी ब्लॉक में निकाले हुए पानी का सूत्रकृमियों के लिए स्टीरियोजूम माइक्रोस्कोप से निरीक्षण करें।

शिंडलर द्वारा संशोधित बेयरमेन फनल तकनीक

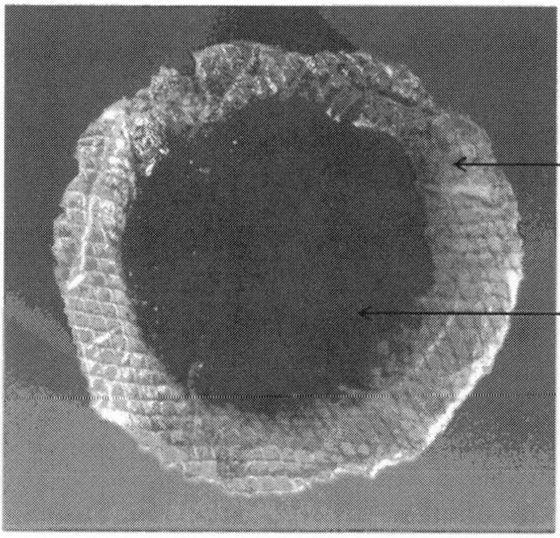

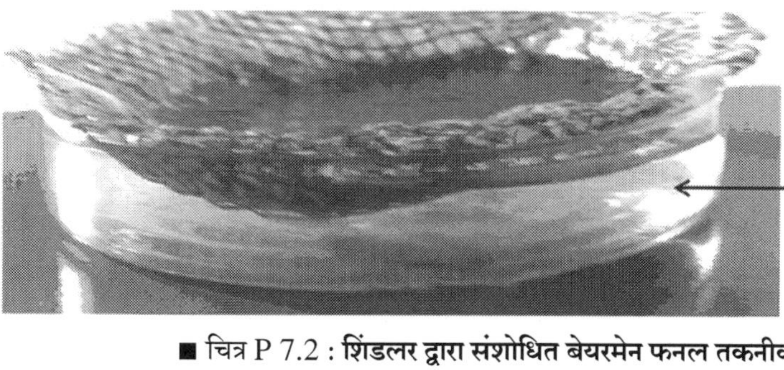

■ चित्र P 7.2 : **शिंडलर द्वारा संशोधित बेयरमेन फनल तकनीक**

इस तकनीक में बेयरमेन कीप के स्थान पर दो पेट्री प्लेटों का प्रयोग किया जाता है (चित्र P 7.2):

1. पेट्री प्लेट को ¾ भाग तक पानी से भर लें।
2. अल्युमीनियम जाली जिस पर टिशू पेपर और सस्पेन्शन पड़ा हो, पेट्री प्लेट में इस प्रकार रखें कि जाली की तली पेट्री प्लेट की सतह से थोड़ा ऊपर रहे।
3. पेट्री प्लेट को दूसरी पेट्री प्लेट से ढक दें।
4. 24 घंटे बाद स्टीरियोजूम माइक्रोस्कोप से पेट्री प्लेट में पहुंचे हुए सूत्रकृमियों का निरीक्षण करें।

❍❍❍

प्रयोग 8 सूत्रकृमियों का अपकेन्द्री तकनीक से पृथक्करण

सिद्धान्त: सूत्रकृमि अधिक विशिष्ट घनत्व (specific gravity) वाले घोल में अपकेन्द्रण (centrifuge) करने पर अधिप्लवी (supernatant) में रहते हैं।

सामग्री: सुक्रोज (sucrose), अपकेन्द्रण यंत्र, 300 मेश वाली छलनी, बीकर, सूत्रकृमि सस्पेन्शन (suspension)

विधि:

- 484 ग्राम सुक्रोज को एक लीटर पानी में घोलकर 1.14 विशिष्ट घनत्व वाला घोल तैयार कर लें और उसे एक बोतल में डाल लें।
- प्रयोग नं. 2 के अनुसार सूत्रकृमि सस्पेन्शन तैयार करें।
- सस्पेन्शन को अच्छी तरह हिलाएं और उसे अपकेन्द्रण यंत्र की सारी नलिकाओं में लगभग ¾ भाग तक डाल दें।
- नलिकाओं को अपकेन्द्रण यंत्र में रख कर उसे 1200 rpm पर 3 मिनट तक चलाएं।
- नलिकाओं को निकाल कर अधिप्लवी भाग को सावधानी पूर्वक, बिना हिलाए नाली में बहा दें।
- अब इन नलिकाओं को 1.14 विशिष्ट घनत्व वाले सुकरोज के घोल से लगभग ¾ भाग तक भर लें।
- नलिकाओं को अपकेन्द्रण यंत्र में रख कर उसे 1200 rpm पर 3 मिनट तक चलाएं।
- अपकेन्द्रण नलिकाओं के अधिप्लवी भाग को सावधानी पूर्वक 300 मेश वाली छलनी पर डालें।
- छलनी पर 2–3 मिनट तक नल से पानी डालें। छलनी पर रुके हुए पदार्थ को पानी की सहायता से एक बीकर में एकत्रित कर लें। इस पानी में मुख्यतया: शिथिल सूत्रकृमि होंगे।

नोट:

1. यह तकनीक प्राय: शिथिल सूत्रकृमि, जैसे *क्रिकोनिमा, हेमीक्रिकोनेमॉडिस* आदि ,के पृथक्करण के लिये प्रयुक्त की जाती है।
2. सूत्रकृमि सस्पेन्शन के स्थान पर सीधे मिट्टी के सैम्पल का प्रयोग किया जा सकता है।
3. बेयरमेन फनल तकनीक से 24 घंटो में प्राय: सभी गतिशील सूत्रकृमि पानी में नीचे आ जाते हैं जबकि शिथिल सूत्रकृमि जाली के ऊपर ही रह जाते हैं। 24 घंटों बाद जाली पर रखे हुये पदार्थ का अपकेन्द्रण करके इस प्रकार के सूत्रकृमियों का पृथक्करण किया जा सकता है।

प्रयोग 9 जड़ों में सूत्रकृमियों को अभिरंजित करना

सिद्धान्त: ऐसिड फकसिन लेक्टोफिनॉल (acid fuchsin lactophenol) में पादप जड़ें लगभग पारदर्शी हो जाती हैं और सूत्रकृमि अभिरंजित हो जाते हैं जिसके कारण उन्हें आसानी से देखा जा सकता है।

सामग्री: लेक्टिक ऐसिड (lactic acid), फिनॉल (phenol), ग्लिसरीन (glycerin), ऐसिड फकसिन (acid fuchsin), आसुत (distilled) पानी , बीकर, संक्रमित जड़, हीटर।

विधि:

1. एक बोतल में लेक्टोफिनॉल का घोल एक भाग लेक्टिक ऐसिड, एक भाग फिनॉल, एक भाग डिस्टील्ड पानी तथा दो भाग ग्लिसरीन को मिलाकर तैयार करें।
2. जड़ों को अच्छी तरह पानी से धो कर उनके 2–3 cm के टुकड़े काट लें। टुकड़ों को एक बीकर में डाल लें।
3. बीकर में लेक्टोफिनॉल का इतना धोल डालें कि जड़ें उसमें डूब जाएं।
4. अब बीकर में कुछ कण ऐसिड फकसिन के डाल कर 2–3 मिनट तक उबालें।
5. ठंडा होने पर जड़ों को बीकर से बाहर निकाल कर पानी से धोकर एक अन्य बीकर में डाल दें।
6. बीकर में विशुद्ध लेक्टोफिनॉल डाल दें ताकि अतिरिक्त अभिरंजन (stain) निकल जाये।
7. सूत्रकृमि गहरे गुलाबी रंग के हो जाते हैं जिन्हें आसानी से लगभग पारदर्शी जड़ों के अन्दर देखा जा सकता है।

नोट:

1. ऐसिड फकसिन के स्थान पर कॉटन ब्लू (cotton blue) का प्रयोग किया जा सकता है। कॉटन ब्लू में सूत्रकृमि नीले रंग के हो जाते हैं।
2. इस तकनीक से पादप के अन्य भागों में रहने वाले सूत्रकृमियों को भी देखा जा सकता है।

❍❍❍

प्रयोग 10 सूत्रकृमियों की गणना करना

सूत्रकृमियों द्वारा होने वाली क्षति उनकी संख्या पर निर्भर करती है, अत: सूत्रकृमियों के समष्टि घनत्व का आंकलन करना आवश्यक होता है।

गणना करने की विधि सूत्रकृमियों के समष्टि घनत्व पर निर्भर करती है।

सामग्री: कांउटिंग डिश/ गणना डिश, सूत्रकृमि सस्पेन्शन, टेली कांउटर, स्टीरियोजूम माइक्रोस्कोप, पिपेट

कांउटिंग डिश का विवरण

यह परपेक्स की बनी हुई वर्गाकार (8×8) सतह वाली डिश होती है जिसके किनारे 1 cm ऊपर तक बाहर की ओर मुड़े होते हैं। डिश के नीचे $4 \times 4 \times 4$ mm की टांगें चारों किनारों पर चिपकी रहती हैं। डिश की अन्दरुनी सतह पर आठ-आठ अनुप्रस्थ व अनुदैर्घ्य रेखाऐं खिची होती हैं जो सतह को 64 वर्गाकार खानों में विभाजित करती हैं।

विधि:

A. सूत्रकृमियों की संख्या कम होने पर:

1. कांउटिंग डिश को स्टीरियोजूम माइक्रोस्कोप के नीचे रखें।
2. सूक्ष्मदर्शी के अभिदृश्यक लैंस को घुमा कर इतना आवर्धन करें कि जिसमें कांउटिंग डिश का एक पूरा खाना दिख जाए।
3. प्रथम वर्ग से प्रारम्भ करते हुए एक-एक कर के अन्तिम खाने तक टेली कांउटर की सहायता से सूत्रकृमियों की संख्या को गिन लें।

B. सूत्रकृमियों की संख्या बहुत अधिक होने पर:

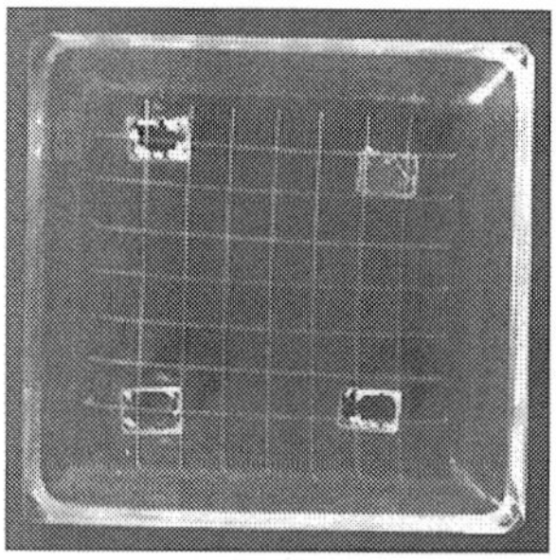

■ चित्र P 10 : **कांउटिंग डिश**

1. सूत्रकृमि सस्पेन्शन को 250 ml वाले बीकर में लें और उसमें पानी मिलाकर आयतन 100 ml कर लें।
2. बीकर के सस्पेन्शन को अच्छी तरह हिला लें। पिपेट की सहायता से उसमें से 5 ml सस्पेन्शन कांउटिंग डिश में डाल कर उपरोक्त विधि से गणना करें।
3. गणना के बाद कांउटिंग डिश में पड़े हुए सस्पेन्शन को वापिस उसी बीकर में डाल दें।
4. इसी प्रकार तीन बार और सूत्रकृमियों की गणना करें।
5. चारों गणनाओं का औसत निकाल लें। 20 से गुना कर के सस्पेन्शन में उपस्थित सूत्रकृमियों की संख्या ज्ञात कर लें।

प्रयोग 11 सस्पेन्शन में से सूत्रकृमियों को उठाना

सामग्री: सूत्रकृमि सस्पेन्शन, स्टीरियोजूम माइक्रोस्कोप, कांउटिंग डिश/ केवटी ब्लॉक, पिक

सूत्रकृमियों को उठाने के लिए पिक का प्रयोग करते हैं जिसे मोर पंख की डंडी या सरकंडे को आगे से बहुत पतला, कलम जैसा कर के बनाया जाता है (चित्र P 11)। कांच की पतली नली के आगे घोड़े के बाल को लगा कर भी इसे बनाया जा सकता है।

विधि:

1. सूत्रकृमि सस्पेन्शन को कांउटिंग डिश या केवटी ब्लॉक में उडेल़ कर कुछ समय तक प्रतीक्षा करें जिससे सूत्रकृमि सतह पर बैठ जाएँ।
2. कांउटिंग डिश को स्टीरियोजूम माइक्रोस्कोप की स्टेज पर रख कर सूत्रकृमियों को फोकस करें। बांयें हाथ से माइक्रोस्कोप की फोकसिंग नोब को पकड़े रहें।
3. दाहिने हाथ से पिक की सहायता से सूत्रकृमि को धीरे से हिलाएं तथा नीचे से ऊपर की ओर धीरे से धकलते हुए पानी की ऊपरी सतह तक पंहुचा दें। साथ ही साथ फोकसिंग नोब को चलाते हुए सूत्रकृमि पर फोकस बनाए रखें।
4. पानी की ऊपरी सतह पर आए सूत्रकृमि के नीचे पिक का सिरा ले जायें और धीमे झटके के साथ ऊपर उठा लें।

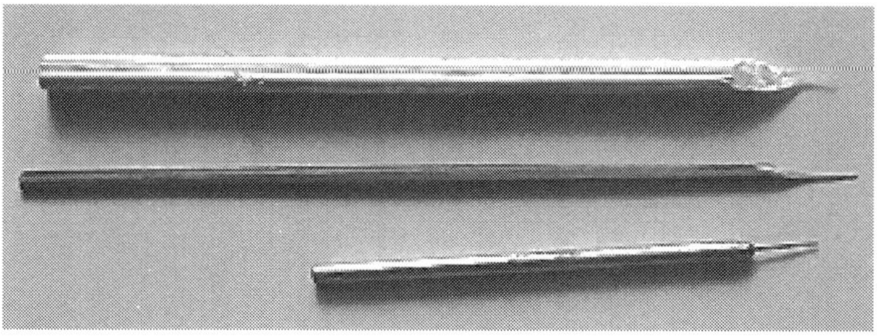

■ चित्र P 11 : **पिक**

5. पिक को स्लाइड पर रखी हुई पानी की बूंद में धीरे से हिलाएं ताकि सूत्रकृमि पिक से छूट कर पानी में आ जाएं।
6. स्लाइड को माइक्रोस्कोप में देख कर सुनिश्चित कर लें कि सूत्रकृमि स्लाइड पर है।

❍❍❍

प्रयोग 12 सूत्रकृमियों को मारना, उनका स्थिरीकरण व निर्मलन

सिद्धान्तः

1. लगभग 60 °C पर सूत्रकृमि मर जाते हैं और विशिष्ट मुद्रा (posture) धारण कर लेते हैं।
2. स्थायीकर (fixative) में रखने से सूत्रकृमियों में मरणोपरान्त होने वाले परिवर्तन जैसे आत्मलयन (autolysis), सूक्ष्मजीवों का वर्धन इत्यादि नहीं हो पाते।
3. सूत्रकृमि की आंत्र में उपस्थित पदार्थो के कारण कई अंग, विशेषकर जनन अंग स्पष्ट दिखाई नही देते। निर्मलन करने से आंत्र पारदर्शी हो जाती हैं।

सामग्रीः सूत्रकृमि सस्पेन्शन, फॉरमेलीन (formalin), ग्लिसरीन (glycerin), अल्कोहल, केवटी ब्लॉक, स्प्रिट लैम्प, परख नली, प्रतिदर्श नली (specimen tube), ड्रापर, केलशियम क्लोराइड (Calcium chloride), जलशोषित (desiccator), पिक, स्टीरियोजूम माइक्रोस्कोप (stereozoom microscope)।

विधिः

सूत्रकृमियों को मारना और उनका स्थिरीकरण

1. एक बोतल में 8% फॉरमेलीन (दूनी सांद्रता, 8 ml व्यवसायिक फॉरमेलीन +92 ml पानी) का घोल बनायें।
2. प्रतिदर्श नली में सूत्रकृमि सस्पेन्शन डालें व 2 मिनट तक प्रतीक्षा करें।
3. ड्रापर की सहायता से, सूत्रकृमियों को बिना हिलाए, ऊपरी पानी निकाल कर सस्पेन्शन को प्रतिदर्श नली के 1/3 भाग तक रहने दें।
4. एक परख नली में 8% फॉरमेलीन के घोल को ले कर स्प्रिट लैम्प पर गर्म करें। उबलना आरम्भ होने पर उसे प्रतिदर्श नली में सूत्रकृमि सस्पेन्शन की बराबर मात्रा में डालें। इस प्रकार सूत्रकृमि 4% फॉरमेलीन के घोल में स्थिर हो जाते हैं।
5. प्रतिदर्श नली को ढक्कन से बंद कर दें।

निर्मलन

1. स्थिरीकरण के कम से कम 24 घंटे बाद सूत्रकृमि सस्पेन्शन को केवटी ब्लॉक में उड़ेल लें। सूत्रकृमियों को सतह पर बैठ जाने दें।
2. 5 भाग ग्लिसरीन और 95 भाग 30% अल्कोहल मिलाकर ग्लिसरीन-अल्कोहल का घोल बना कर एक बोतल में डाल लें।
3. एक अन्य केवटी ब्लॉक में ग्लिसरीन-अल्कोहल का घोल लें और ढक्कन से पूरा ढक दें।

4. पिक की सहायता से सूत्रकृमियों को सस्पेन्शन वाले केवटी ब्लॉक में से उठा कर ग्लिसरीन–अल्कोहल वाले केवटी ब्लॉक में डालें। स्थानांतरण करते हुए ग्लिसरीन – अल्कोहल वाले केवटी ब्लॉक का ढक्कन थोड़ा सी खोलें व पुनः पूरा बन्द कर दें।
5. इस केवटी ब्लॉक को केलशियम क्लोराइड युक्त जलशोषित में 3–4 सप्ताह के लिए रख दें। केवटी ब्लॉक का मुँह थोड़ा सा खुला रहना चाहिए।
6. 3–4 सप्ताहों में सूत्रकृमि निर्मल हो कर निर्जलित ग्लिसरीन में रह जाते हैं।

❍❍❍

प्रयोग 13 सूत्रकृमियों का पूर्ण आरोपण तैयार करना

सामग्री: पिक, स्टीरियोजूम माइक्रोस्कोप (stereozoom microscope), निर्जलित ग्लिसरीन (anhydrous glycerin), निर्मल (cleared) सूत्रकृमि, कांच की स्लाइड, 18 mm गोल कवर स्लिप, ग्लास वूल/कांच के तंतु (glass wool), विच्छेदन सूई

विधि:

1. एक कांच की स्लाइड पर निर्जलित ग्लिसरीन की बूंद रखें। निर्जलित करने के लिए ग्लिसरीन को केवटी ब्लॉक में डालकर जलशोषित में रखा जाता है।
2. निर्मल सूत्रकृमियों को एक-एक करके स्लाइड पर रखी हुई ग्लिसरीन की बूंद में स्थानांतरित करें। एक स्लाइड पर 5-7, लगभग एक ही मोटाई के, सूत्रकृमि रख सकते हैं।
3. सूत्रकृमियों की मोटाई के बराबर वाले ग्लास वूल के एक टुकड़े को उठाकर ग्लिसरीन की बूंद में रखें।
4. विच्छेदन सूई की सहायता से ग्लास वूल के तीन टुकड़े कर लें तथा उन्हें सूत्रकृमियों के तीन ओर उलटे 'Y' के आकार में रख दें।
5. ग्लिसरीन की बूंद को कवर स्लिप से ढक दें।
6. कवर स्लिप से बाहर निकली हुई ग्लिसरीन को सावधानीपूर्वक फिल्टर पेपर के टुकड़ों से सोख लें।

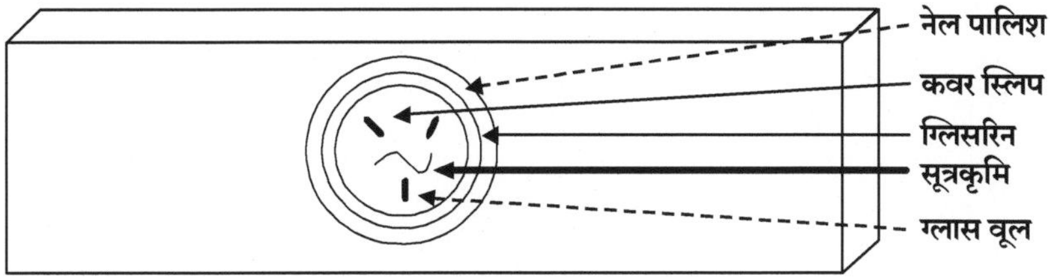

■ चित्र P 13 : **सूत्रकृमि स्लाइड**

7. कवर स्लिप और स्लाइड के जोड़ पर नेल पालिश लगाकर सील (बन्द) कर दें। नेल पालिश के सूखने के पश्चात उसका दूसरा लेप लगा दें (चित्र P 13)।
8. स्लाइड पर उपयुक्त जानकारियां अंकित कर दें।

ooo

प्रयोग 14 मिट्टी से कीटरोगजनक सूत्रकृमियों का प्रथक्कनन व उनका संवर्धन

सिद्धान्तः

1. कीटरोगजनक सूत्रकृमि कीट डिंभकों को 24-48 घंटों में मार देते हैं।
2. कीटरोगजनक सूत्रकृमियों का परपोषी परास बहुत बड़ा होता है।
3. मरे हुए कीट डिंभकों में से संक्रामक सूत्रकृमि डिंभक (IJs) 7-15 दिनों में बाहर आ जाते हैं।

सामग्रीः *ग्लेरिया मेलोनेला* (*Galleria mellonella*) के डिंभक, चौड़े मुख वाली बोतल, फिल्टर पेपर, पेट्री प्लेट, पेराफिन टेप (paraffin tape), संवर्धन यंत्र (BOD incubator), वाच ग्लास (watch glass), स्टीरियोजूम माइक्रोस्कोप (stereozoom microscope), बीकर, फ्रिज

विधिः

1. *ग्लेरिया मेलोनेला* (वैक्स मोथ- wax moth) के डिंभकों को मधुमक्खी के छत्ते से निकाल लें।
2. चौड़े मुख वाली बोतलों को 4-5 भाग तक मिट्टी से भर लें।
3. प्रत्येक बोतल में मिट्टी के ऊपर 5-7 *ग्लेरिया मेलोनेला* के डिंभक छोड़कर ढक्कन लगा दें और उन्हें उलटा करके रख दें।
4. 24-48 घंटों बाद मिट्टी को साफ कागज पर उड़ेल लें और उसमें से मृत कीट डिंभकों को अलग कर लें। *हेटरोरेबडाइटिस* (*Heterorhabditis*) और *स्टाइनरनिमा* (*Steinernema*) से मरे हुए डिंभकों का रंग क्रमशः भूरे-लाल और सलेटी होता है (चित्र P 14.1)।
5. पेट्री प्लेट की भीतरी सतह पर फिल्टर पेपर काट कर रख दें और उसमें मरे हुए कीट डिंभक स्थानांतरित कर दें। पेट्री प्लेट को बन्द करके 2-3 दनों के लिए संवर्धन यंत्र में रखें।

मरे हुए कीट डिंभकों में कीटरोगजनक सूत्रकृमियों का संवर्धन व निष्कर्षण व्हाइट ट्रेप (White trap) विधि से किया जाता है (चित्र P 14.2) जसका विवरण इस प्रकार है-

1. वाच ग्लास की उत्तल सतह पर उसी माप के फिल्टर पेपर को रख कर भिगों दें।
2. भीगे हुए फिल्टर पेपर पर कीटरोगजनक सूत्रकृमियों के कारण मरे हुए *ग्लेरिया मेलोनेला* के डिंभकों को रख दें।
3. पेट्री प्लेट के अन्दर वाच ग्लास को रख कर थोड़ा पानी डाल दें। पेट्री प्लेट पर ढक्कन लगाकर पेराफिन टेप से सील कर दें।

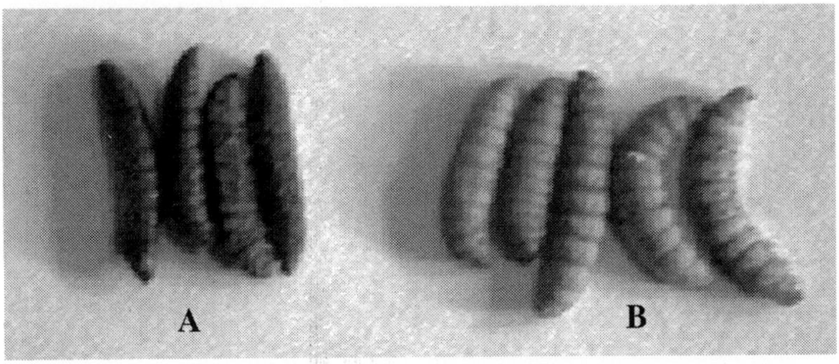

■ **चित्र** P 14.1 **: कीटरोगजनक सूत्रकृमियों से मरे हुए *ग्लेरिया मेलोनेला* के डिंभक– A. *हेटरोरेबडाइटिस* से, B. *स्टाइनरनिमा* से**

4. पेट्री प्लेट को पोलीथीन बैग से लपेट कर संवर्धन यंत्र में रख दें।
5. मरे हुए कीट डिंभकों में से सूत्रकृमियों के IJs निकल कर पेट्री प्लेट के पानी में आ जाते हैं। एक सप्ताह बाद प्रतिदिन स्टीरियोजूम माइक्रोस्कोप की सहायता से IJs की उपस्थिति के लिये पेट्री प्लेट का निरीक्षण करें।
6. जब IJs पेट्री प्लेट के पानी में दिखना प्रारम्भ हो जाएं तो पेट्री प्लेट के पानी को एक बीकर में निकाल कर और पानी डाल दें। बीकर को फ्रिज में और पेट्री प्लेट को वापिस संवर्धन यंत्र में रख दें।
7. इस प्रक्रिया को प्रतिदिन 7–10 दिनों तक दोहराते रहें।

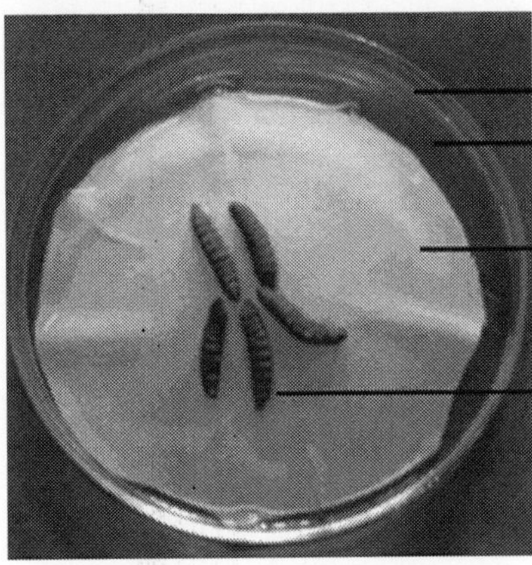

■ चित्र P 14.2 : **व्हाइट ट्रेप**

○○○

प्रयोग 15 पादप सूत्रकृमियों की आकारिकी का अध्ययन करना

सामग्री: *टाइलेंकोरिंकस* (*Tylenchorhynchus*), *होप्लोलेमस* (*Hoplolaimus*) की स्लाइड, कम्पाउंड माइक्रोस्कोप से संलग्न LED।

विधि: अध्यापक सूत्रकृमि की स्लाइड को कम्पाउंड माइक्रोस्कोप की सहायता से LED पर दिखने वाले प्रतिबिम्ब का वर्णन करें। उसे अलग-अलग आवर्धनों पर तथा सूत्रकृमि की सतहों पर फोकस करके विभिन्न अंगों को दिखाना चाहिए।

विद्यार्थी LED पर प्रदर्शित सूत्रकृमि (चित्र 3.20) को ध्यान से देखें व निम्नलिखित बिन्दुओं को अपनी प्रेक्टीकल पुस्तिका में लिखें।

1. सूत्रकृमि सर्पाकार है जिसके अग्र तथा पश्च भाग लगभग रंगहीन हैं जो क्रमश: मुख पथ (stomodeum) व पुच्छ (tail) होते हैं। बीच का रंगीन भाग आंत्र दर्शाता है।
2. सूत्रकृमि अधरीय (ventrally) ओर मुड़ा हुआ है। इस ओर उत्सर्जी, पाचन व जनन तंत्र के क्रमश: उत्सर्जी छिद्र, गुदा द्वार/ अवस्कर द्वार और भग खुलते हैं।
3. पृष्ठ (dorsal), पार्श्व (lateral) की ओर को पहचान कर लिखें।
4. पाचक तंत्र: आहार नाल (alimentary canal) मुख, ग्रसनी, जठरागम (cardia), आंत्र व मलाशय से मिलकर बनती है।
    a. मुख में स्टाइलेट/ शूशिका (stylet) है जो कि शंकुक (conus), शैफ्ट व तीन नोब का बना हुआ है।
    b. ग्रसनी- इसको पतले, बेलनाकार अग्र भाग प्रोकॉरपस, मध्य बल्ब, तनुयोजी (isthmus) व आधारी बल्ब में बांट सकते हैं। मध्य बल्ब में कपाटीय उपकरण (valvular apparatus) है। आधारी बल्ब में ग्रसनी ग्रंथियां है। यह भाग बढकर आंत्र को ढक सकता है। पार्श्व ग्रंथि के द्वार को स्टाइलेट के नीचे, प्रोकॉरपस में देखें।
5. मादा जनन अंग:
    a. जनन शाखाओं की संख्या के आधार पर जनन तंत्र को एकअंडाशयी या द्विअंडाशयी लिखें।
    b. जनन नलिकाओं की दिशा के आधार पर जनन तंत्र को अग्रअंडाशयी/ पश्चअंडाशयी या उभय अंडाशयी चयनित करें।
    c. जनन तंत्र के विभिन्न भागों (अंडाशय, शुक्रग्राहिका (spermatheca), गर्भाशय, योनि व भग) को इंगित करें।

6. नर जनन अंग
    a. वृषणों की संख्या के आधार पर एकवृषणीय या द्विवृषणीय निर्धारित करें।
    b. जनन तंत्र के विभिन्न भागों (वृषण, शुक्र वाहिका, शुक्राशय व अवस्कर) को पहचानें।
    c. कंटिका (spicule) व प्रनिदेशक (gubernaculum) को देखें।
    d. पुच्छ पक्षक (caudal alae) के लेप्टोडेरन या पेलोडेरन के रूप में निर्धारण करें।
7. डिंभक: जनन अग्रज को पहचाने।

- मादा, नर व डिंभक को देखने के बाद उनमें अन्तर लिखें–

	मादा	नर	डिंभक
जनन व पाचन तंत्र के बाहरी द्वार	भग और गुदा द्वार	केवल अवस्कर द्वार	केवल गुदा द्वार
पश्च भाग पर उपस्थित अंग		पुच्छ पक्षक, कंटिका, प्रनिदेशक	

❍❍❍

प्रयोग 16 सूत्रकृमि के अनुप्रस्थ काट का अध्ययन करना

सामग्री: *एस्केरिस लुम्ब्रीकॉइडिस* (*Ascaris lumbricoides*) के अनुप्रस्थ काट (transverse section) की स्लाइड, कम्पाउंड माइक्रोस्कोप से संलग्न LED

विधि: अध्यापक स्लाइड को कम्पाउंड माइक्रोस्कोप की सहायता से LED पर दिखाएं (चित्र 3.7) और छात्रों से विभिन्न भागों पर चर्चा करते हुए निम्न बिन्दुओं पर ध्यान आकर्षित करे-

1. सूत्रकृमि के अनुप्रस्थ काट गोल है।
2. बाहरी भित्ति तीन सतहों, क्यूटिकल, अधिचर्म (hypodermis) व कायिक पेशीन्यास (somatic musculature) की बनी हुई है।
3. पार्श्व अधिचर्म रज्जु (lateral hypodermal chords) अधिक विकसित हैं।
4. आंत्र की कोशिकाएँ एक ही परत में व्यवस्थित हैं।
5. बाह्य भित्ति और आंत्र के बीच में कूटगुहा है जिसके अन्दर जनन अंग हैं।
6. दो अधिचर्म रज्जुओं के बीच में ······················ पेशी कोशिकाएँ हैं। इसलिए पेशीन्यास मिरोमाएरियन/ पोलीमाएरियन है।
7. पेशी कोशिकाओं का आधार चौड़ा और चपटा/ संकीर्ण है तथा संकुचनशील तन्तु अधिचर्म के साथ लगे कोशिका के आधार तक सीमित/ कूटदेहगुहा की ओर किनारे तक फैले हैं। इसलिए पेशीन्यास प्लेटीमाएरियन / सीलोमाएरियन है।

○○○

प्रयोग 17 प्रकाशकीय माइक्रोस्कोप का प्रयोग व रख-रखाव

पादप सूत्रकृमि नंगी आंखों से नहीं दिखाई देते अत: उनका अध्ययन माइक्रोस्कोप/ सूक्ष्मदर्शी यंत्र की सहायता से ही किया जा सकता है। मुख्यतया: प्रकाशकीय (light) माइक्रोस्कोप दो प्रकार के होते हैं- स्टीरियोजूम माइक्रोस्कोप व कम्पाउंड माइक्रोस्कोप।

स्टीरियोजूम माइक्रोस्कोप (चित्र P17.1)

इस माइक्रोस्कोप का प्रयोग निम्नलिखित परिस्थितियों में करते हैं

1. अधिकतम 80× आवर्धन की आवश्यकता हो।
2. प्रतिदर्श (specimen) अधिक बड़ा न हो।
3. प्रतिदर्श को हिलाना, जैसे स्लाइड बनाने, गणना करने, विच्छेदन आदि कार्यों के लिये आवश्यक हो।
4. तीन डाइमेंशन (3 dimension) व सीधे प्रतिबिम्ब देखना हो।

स्टीरियोजूम माइक्रोस्कोप के भाग:

1. आधार जिसमें प्रकाश स्रोत, परावर्तक (reflector), रंगहीन पारदर्शी ग्लास, स्लाइड को पकड़ने के लिये क्लिप सहित अभिश्यक (objective) स्टेज।
2. 1×, 2× और 4× के अभिश्यक लैंस। ऐसे मॉडल को प्राथमिकता दी जाती है जिसमें 1× से 4× के बीच के आवर्धन प्रवर्तक को घुमा कर प्राप्त किये जा सकते हैं।
3. फोक्सिंग नोब।
4. बाइनोकुलर ओकुलर ट्यूब (Binocular ocular tub) जिसमें 10×/ 15× के आई पीस/ नेत्रिक (eye piece) लगे हों। आवश्यकतानुसार आई पीस के बीच की दूरी बदलने की व्यवस्था होती है।

स्टीरियोजूम माइक्रोस्कोप को प्रयोग करने की विधि:

1. अभिश्यक (objective) स्टेज पर प्रतिदर्श को रखें.
2. आधार पर लगे परावर्तक इतना घुमायें कि प्रकाश प्रतिदर्श पर पड़े।
3. फोक्सिंग नोब को घुमाकर प्रतिदर्श पर फोकस करें।
4. आवर्धन बदलने के लिये मॉडल के अनुसार अभिश्यक प्रवर्तक का प्रयोग करें अथवा अभिश्यक को खिसका कर दूसरे अभिश्यक के नीचे फोकस करें।

कम्पाउंड माइक्रोस्कोप (चित्र P 17.2)

इसका प्रयोग 40× से 1000× आवर्धन पर देखने के लिये किया जाता है।

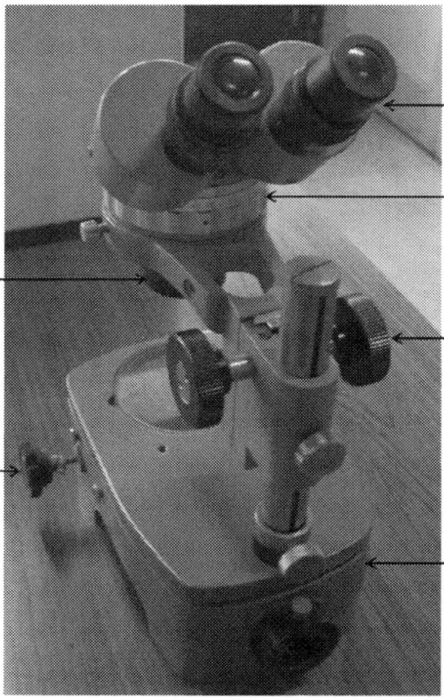

■ चित्र P 17.1 : **स्टीरियोजूम माइक्रोस्कोप**

कम्पाउंड माइक्रोस्कोप के भाग

1. आधार जिस पर प्रकाश के स्रोत, परावर्तक (reflector) लैंस की व्यवस्था होती है।
2- कन्डेंसर: इसमें कन्डेंसर लैंस, डायाफ्राम तथा फिल्टर होल्डर होते हैं। इसे नोब की सहायता से ऊपर-नीचे किया जा सकता है।
3- स्टेज: यह आयताकार होती है जिसपर स्लाइड को पकड़ने के लिए क्लिप लगे होते हैं। इस स्टेज के साथ लगी दो नोबों से स्लाइड को आगे-पीछे या दायें-बायें किया जा सकता है।
4- कोर्स (coarse) व बारीक (fine) फोकसिंग की नोबें
5- गोल घूमने वाले नोज पीस जिसके ऊपर 4×,10×, 40×, व 100× के आवर्धन वाले अभिश्यक लैंस लगे होते हैं। 100× वाले लैंस को आयल इमरशन (oil immersion) लैंस भी कहते हैं क्योंकि इसको प्रयोग करते समय लैंस और स्लाइड के बीच में इमरशन आयल रखना आवश्यक होता है।
6- माइक्रोस्कोप की गर्दन
7- बाइनोकुलर ओकुलर ट्यूब (Binocular ocular tube) जिसमें 10×/ 15× के आई पीस/ नेत्रिक (eye piece) लगे हों। आवश्यकतानुसार आई पीस के बीच की दूरी बदलने की व्यवस्था होती है।

कम्पाउंड माइक्रोस्कोप को प्रयोग करने की विधि:

1. स्लाइड को स्टेज पर दोनों क्लिप के बीच में रखें।
2. 4× अभिश्यक लैंस के नीचे कोर्स फोकसिंग नोब की सहायता से प्रतिदर्श को फोकस करें। जब प्रतिदर्श दिखाई देना प्रारम्भ हो जाए तो बारीक फोकसिंग नोब से प्रतिदर्श को स्पष्ट फोकस करें।
3. उचित विषमता (contrast) के लिये कन्डेंसर नोब का प्रयोग करें।
4. अन्य आवर्धन पर देखने के लिये नोज पीस पर लगे इच्छित अभिश्यक लैंस को घुमाकर 4× अभिश्यक लैंस के स्थान पर लायें। 100× अभिश्यक लैंस से देखने के लिये 4× अभिश्यक लैंस से फोकस करने के बाद इमरशन आयल की बूंद कवर स्लिप पर रखें और 100× लैंस को घुमाकर 4× अभिश्यक लैंस के स्थान पर ले आयें। फोकस करने के लिये केवल बारीक फोकस नोब का प्रयोग करें।

स्टीरियोज़ूम माइक्रोस्कोप व कम्पाउंड माइक्रोस्कोप में अन्तर

	स्टीरियोज़ूम माइक्रोस्कोप	कम्पाउंड माइक्रोस्कोप
1.	आवर्धन कम होता है (प्राय: 70× तक)	आवर्धन प्राय: 40× से 1000× तक होता है
2.	प्रतिदर्श और अभिश्यक लैंस के बीच की दूरी (working distance) अधिक होती है	प्रतिदर्श और अभिश्यक लैंस के बीच की दूरी कम होती है
3.	3D प्रतिबिम्ब बनता है	3D प्रतिबिम्ब नहीं बनता है
4.	प्रतिबिम्ब सीधा बनता है	प्रतिबिम्ब उलटा बनता है

माइक्रोस्कोप का रख–रखाव व सावधानियां

1. माइक्रोस्कोप को स्थिर सतह पर रखना चाहिए।
2. माइक्रोस्कोप को ढक कर रखना चाहिए।
3. प्रयोग करने के बाद कम्पाउंड माइक्रोस्कोप की स्टेज से स्लाइड को हटा देना चाहिए व 4× अभिश्यक लैंस को बीच में ले आना चाहिए।
4. अगर इमरशन आयल का प्रयोग किया हो तो लैंस व स्लाइड से आयल को जाईलीन (xylene) की सहायता से अवश्य हटा देना चाहिए।
5. लैंस व अन्दर के प्रिज्म को नहीं छूना चाहिए।
6. लैंस को साफ करने के लिये ब्लोअर (blower) व लैंस साफ करने वाले पेपर का प्रयोग करना चाहिए।

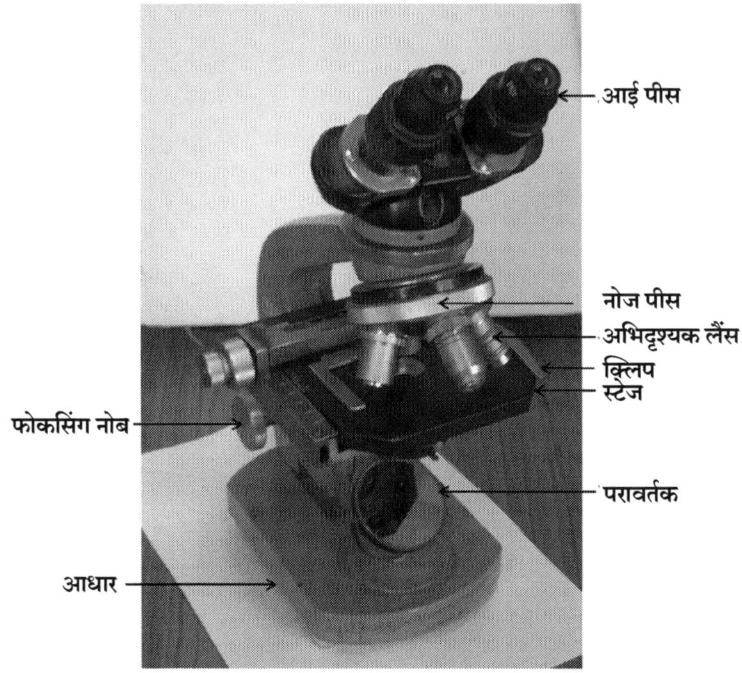

■ चित्र P17.2 : **कम्पाउंड माइक्रोस्कोप**

❍❍❍

प्रयोग 18 जड़ गांठ सूत्रकृमि-संक्रमित जड़ों का अध्ययन करना

सामग्री: स्वस्थ व जड़ गांठ सूत्रकृमि-संक्रमित बैंगन, टमाटर, कपास, मिर्च, लौकी, लोबिया, गाजर की जड़ों के प्रतिदर्श, जड़ गांठ सूत्रकृमि-संक्रमित बैंगन की ताजा जडें, जड़ गांठ सूत्रकृमि-संक्रमित के जड़ के अनुप्रस्थ (T.S.) व अनुदैर्घ्य काट (L.S.), लेक्टोफिनॉल (lactophenol), ऐसिड फकसिन (acid fuchsin), पानी , बीकर, हीटर, विच्छेदन सुइयाँ, चिमटी, पेट्री प्लेट, काउंटिंग डिश, स्टीरियोजूम माइक्रोस्कोप, कम्पाउंड माइक्रोस्कोप से संलग्न LED।

विधि:

A. जड़ गांठ सूत्रकृमि-संक्रमित जड़ों के प्रतिदर्शो का अध्ययन (चित्र 12.1, 15.1)**:** प्रत्येक फसल की स्वस्थ व जड़ गांठ सूत्रकृमि-संक्रमित जड़ का तुलनात्मक अध्ययन करें व अपनी प्रैक्टीकल पुस्तिका में लिखें। निम्न बिन्दुओं पर विशेष ध्यान दें-

1. क्या गांठ जड़ के चारों ओर से फूलने से बनी है?
2. गांठ जड़ के सिरे तक सीमित है या कहीं और भी बनी हुई है?
3. गांठों का माप क्या है- बहुत छोटा, छोटा, बड़ा, बहुत बड़ा?
4. क्या जड़ों में कोई और विकार दिखाई देता है?
5. क्या लोबिया की जड़ों में गांठें व राइजोबैक्टिरिया द्वारा बनाई हुई ग्रंथियां (नोड्यूल/ nodules) दोनों बने हुए हैं? यदि हाँ, तो दोनों में अन्तर क्या है।
6. आलू के कंद पर गांठें कहाँ बनी हुई हैं व उनकी आकृति कैसी है?

B. जड़ गांठ सूत्रकृमि-संक्रमित बैंगन की जड़ों का अध्ययन-

a. अंड संहति (egg mass) में उपस्थित अंडों की गणना करना-
   1. ताजी निकाली हुई बैंगन की जड़ गांठ सूत्रकृमि-संक्रमित जड़ को अच्छी प्रकार पानी से धो लें
   2. गांठों पर लगे चमकते हुई अंड संहति को चिमटी से पकड़ कर पेट्री प्लेट में रखे हुए पानी में डालें।
   3. अंड संहति को चीर दें व उसमें उपस्थित अंडों की गणना करें।

b. गांठों के अन्दर सूत्रकृमियों की मादा/ डिंभक देखना
   1. जड़ को प्रयोग 9 के अनुसार ऐसिड फकसिन लेक्टोफिनॉल में अभिरंजित (stain) करें।

2. गांठ वाले भाग को पेट्री प्लेट में पड़ी हुई विशुद्ध लेक्टोफिनॉल (plain lactophenol) में डाल दें।
3. स्टीरियोज़ूम माइक्रोस्कोप में कार्य करते हुए गांठ को विच्छेदन सुइयों की सहायता से चीर दें और उसमें से निकलने वाली मादाओं व डिंभकों का अध्ययन करें।

C. जड़ गांठ सूत्रकृमि के कारण जड़ों में हुए ऊतकीय (histological) परिवर्तनों का अध्ययन करना (चित्र 9.24)– अध्यापक द्वारा **LED** पर प्रदर्शित जड़ गांठ सूत्रकृमि-संक्रमित जड़ों के T.S. व L.S. को देखें व निम्नलिखित परिवर्तनों पर ध्यान दें–

1. वल्कुट की कोशिकाओं में आए परिवर्तन
2. सूत्रकृमि की जड़ में स्थिति
3. सूत्रकृमि के मुख के चारों ओर परिवर्तित कोशिकाओं की संख्या व माप।
4. परिवर्तित कोशिकाओं में केन्द्रकों (nuclei) की संख्या।

❍❍❍

प्रयोग 19 गेहूँ के मोल्या रोग का अध्ययन

सामग्री: स्वस्थ व *हेटरोडेरा एविनी*– संक्रमित गेहूँ की जड़ें या उनका प्रतिदर्श, *हेटरोडेरा एविनी* की सिस्ट, कम्पाउंड माइक्रोस्कोप से संलग्न LED, *हेटरोडेरा एविनी*– संक्रमित गेहूँ की जड़ के अनुप्रस्थ (T.S.) व अनुदैर्ध्य काट (L.S.), पेट्री प्लेट, स्टीरियोज़ूम माइक्रोस्कोप, विच्छेदन सुइयाँ, चिमटी

विधि:

A. हेटरोडेरा एविनी –संक्रमित जड़ या उसके प्रतिदर्श का अध्ययन (चित्र 11.1B)– गेहूँ की स्वस्थ व *हेटरोडेरा एविनी*–संक्रमित जड़ का तुलनात्मक अध्ययन कर अपनी प्रैक्टीकल पुस्तिका में लिखें। निम्न बिन्दुओं पर विशेष गौर करें–

1. जड़ तंत्र का स्वरूप और क्राउन जड़ों की उपस्थिति
2. जड़ों पर कुछ स्थानों पर थोड़ी–थोड़ी फुलावट; वहां से पार्श्व जड़ों का निकलना तथा वहां श्वेत मादाओं का चिपका होना।

B. सिस्ट का अध्ययन करना–

1. दो–तीन सिस्टों को पेट्री प्लेट में पड़े हुए पानी में डालें व उनकी आकृति का अध्ययन करें।
2. एक सिस्ट को विच्छेदन सुइयों या चिमटी से दबाकर तोड़ दें तथा उसमें से निकलने वाले अंडों व डिंभकों की संख्या का अनुमान लगाएं।

C. मोल्या रोग के गेहूँ की जड़ों में हुए ऊतकीय (histological) परिवर्तनों का अध्ययन करना (चित्र 9.27)– अध्यापक द्वारा LED पर प्रदर्शित हेटरोडेरा एविनी –संक्रमित गेहूँ की जड़ों के T.S. व L.S. को देखें व निम्नलिखित परिवर्तनों पर ध्यान दें–

1. ऊतकों में मादा सूत्रकृमि की स्थिति
2. सूत्रकृमि के मुख के पास बने हुए सीनशियम (syncitium) की संरचना, उसका माप व केन्द्रकों (nuclei) की संख्या

❍❍❍

प्रयोग 20 गेहूँ के गेगला व टुण्डू रोगों का अध्ययन

सामग्री: स्वस्थ व *एंग्युआइना ट्रिटिसाई* (*Anguina triici*) संक्रमित गेहूँ के 20–30 दिन के पौधे/ प्रतिदर्श, स्वस्थ बालियां, गेगला/ ममनी रोग (earcockle) व टुण्डू (tundu) ग्रस्त गेहूँ की बालियां, हरी व काली–भूरी पिटिकाएँ, पेट्री प्लेट, स्टीरियोजूम माइक्रोस्कोप, विच्छेदन सूइयाँ, चिमटी

विधि:

A. *एंग्युआइना ट्रिटिसाई*– संक्रमित गेहूँ के 20–30 दिन के पौधों (vegetative phase) में उत्पन्न लक्षणों का अध्ययन करना (चित्र 10.4 A)– *एंग्युआइना ट्रिटिसाई*-संक्रमित गेहूँ के 20-30 दिन के पौधों तथा उसी उम्र के स्वस्थ पौधों का तुलनात्मक अध्ययन करें व अपनी प्रैक्टीकल पुस्तिका में निम्न बिन्दुओं पर लिखें–

1. पौधों में फुटाव व फैलाव
2. तने का आधारी भाग (जमीन के साथ का)
3. पत्तियों का स्वरूप

B. गेगला रोग ग्रस्त गेहूँ की बालियों का अध्ययन करना (चित्र 10.4 B)–

a. स्वस्थ व गेगला रोग ग्रस्त गेहूँ की बालियों को ध्यान से देखें और तालिका बनाकर निम्न परिमापों को लिखें–
   1. बालियों की लम्बाई व चौड़ाई
   2. बालियों की लम्बाई व चौड़ाई का अनुपात

b. गेगला रोग ग्रस्त गेहूँ की बालियों को हाथों के बीच में रगड़ कर उनके अन्दर बने हुए बीज व पिटिकाओं को निकालें व उनके रंग व आकार की तुलना करें।

C. टुण्डू रोग ग्रस्त गेहूँ की बालियों का अध्ययन करना (चित्र 10.4 D)– **रोग ग्रस्त बालियों को ध्यान से देखने के बाद लिखें–**

1. बालियों का रंग व आकार
2. बालियों की सतह पर लगा हुआ पदार्थ
3. बालियों के बीच में बने हुए बीज व पिटिकाओं की संख्या

D. हरे व काले–भूरे रंग की पिटिकाओं के अन्दर उपस्थित सूत्रकृमियों का अध्ययन करना–

1. हरे व काले–भूरे रंग की पिटिकाओं को अलग–अलग पेट्री प्लेटों में रख कर पानी डाल दें।

2. 8–10 घंटे बाद विच्छेदन सुइयों से पिटिकाओं को खोल दें और उनमें से निकलने वाले सूत्रकृमियों की अवस्था व संख्या को नीचे दी हुई तालिका में लिखें–

अवस्था	हरी पिटिका	काली–भूरी पिटिका
स्वस्थ मादा		
मृत मादा		
स्वस्थ नर		
मृत नर		
अंडे		
J2 डिंभक		
J3, J4 डिंभक		

○○○

प्रयोग 21 धान के उफरा रोग का अध्ययन

सामग्री: धान की स्वस्थ व उफरा रोग ग्रस्त बालियाँ/ प्रतिदर्श

विधि: धान की स्वस्थ व उफरा रोग ग्रस्त बालियों/ प्रतिदर्शों (चित्र 11.2, 11.3) का तुलनात्मक अध्ययन करके निम्न प्रश्नों के उत्तर दें–

1. क्या उफरा रोग ग्रस्त बालियाँ एक सी हैं?
2. क्या पुष्पगुच्छ (panicle) पर्णच्छद (leaf sheath) से बाहर निकला हुआ है?
3. क्या पुष्पगुच्छ तने की सीध में है?
4. क्या पुष्पगुच्छ के अन्दर दाने बने हुए हैं? अगर हां, तो पुष्पगुच्छ के किस भाग में?
5. पुष्पावलीवृन्त (peduncle) किस रंग का है?
6. फूला उफरा और पक्का उफरा में क्या अन्तर है?
7. उफरा रोग किस सूत्रकृमि से होता है?

❍❍❍

प्रयोग 22 धान के श्वेत सिरा रोग का अध्ययन करना

सामग्री: स्वस्थ व श्वेत सिरा के रोगी धान के पौधों के प्रतिदर्श, रोगी धान की बालियां, विच्छेदन सूइयाँ, चिमटी, पेट्री प्लेट, स्टीरियोजूम माइक्रोस्कोप

विधि:

A. रोगी धान के पौधों का अध्ययन (चित्र 11.1) करके निम्न प्रश्नों के उत्तर लिखें–

1. पत्तियों का रंग व स्वरूप कैसा है?
2. ध्वज पर्ण (flag leaf) का रंग व स्वरूप कैसा है?
3. चावल के दानों का आकार कैसा है?
4. धान में श्वेत सिरा रोग किस सूत्रकृमि के कारण होता है?

B. 1. रोगी बालियों में से कुछ बीज निकाल कर एक पेट्री प्लेट में पानी डालकर भिगो दें।

2. 24 घंटे बाद विच्छेदन सुइयों से छिलका हटा दें और बीज में निकले हुए सूत्रकृमियों की संख्या व अवस्था का पता लगाएं।

○○○

प्रयोग 23 वृक्काकार सूत्रकृमि–संक्रमित जड़ों व अध्यारोपित निर्मोचन का अध्ययन करना

सामग्री: वृक्काकार सूत्रकृमि (*रोटाइलेंकुलस रेनीफॉरमिस*)–संक्रमित बैंगन/मटर की जड़/प्रतिदर्श, वृक्काकार सूत्रकृमियों का सस्पेंशन, पेट्री प्लेट , केवटी ब्लॉक, पिक, स्लाइड, कवर ग्लास, स्टीरियोज़ूम माइक्रोस्कोप, कम्पाउंड माइक्रोस्कोप से संलग्न LED ।

विधि:

A. वृक्काकार सूत्रकृमि–संक्रमित जड़ों का अध्ययन (चित्र 9.19)– अध्यापक द्वारा LED पर प्रदर्शित वृक्काकार सूत्रकृमि–संक्रमित जड़ों का अध्ययन करें व निम्नलिखित बिन्दुओं पर विशेष टिप्पणी करें–

1. मादा सूत्रकृमि का आकार
2. मादा सूत्रकृमि की जड़ में स्थिति तथा प्रभावित ऊतक
3. मादा सूत्रकृमि द्वारा स्रावित श्लेषी आधात्री और उसमें उपस्थित अंडे।

B. वृक्काकार सूत्रकृमि में अध्यारोपित निर्मोचन (superimposed moulting) का अध्ययन करना

1. वृक्काकार सूत्रकृमि ग्रस्त मिट्टी से सूत्रकृमि सस्पेंशन प्राप्त करें (प्रयोग 2 व 7)।
2. सस्पेंशन में से वृक्काकार सूत्रकृमियों को उठाकर केवटी ब्लॉक में रखे हुए स्वच्छ पानी में डाल दें।
3. स्लाइड पर एक बूंद पानी रखकर सूत्रकृमियों को पिक की सहायता से उसमें स्थानांतरण करें और कवर ग्लास से ढक दें।
4. स्लाइड को कम्पाउंड माइक्रोस्कोप से देखें व निम्न बिन्दुओं पर अधिक ध्यान केंद्रित करें–
   a. कई सूत्रकृमि पिछली अवस्थाओं के डिंभकों की प्रमोचित (moulted) क्यूटिकल से ढके हुए हैं।
   b. प्रमोचित क्यूटिकल में स्टाइलेट का शंकुक भाग व शिरस्य दृढ़ीकृत ढांचा (cephalic sclerotized framework) भी है।
   c. अवयस्क मादा व नर सूत्रकृमि प्रमोचित क्यूटिकल के तीन आवरणों में ढके हुए हैं।

❍❍❍

प्रयोग 24 सिट्रस सूत्रकृमि–संक्रमित जड़ों का अध्ययन करना

सामग्री: सिट्रस सूत्रकृमि (*टाइलेंकुलस सेमीपेनिट्रेंस*)–संक्रमित नींबू की जड़ें, केवटी ब्लॉक, लेक्टोफिनॉल (lactophenol), ऐसिड फकसिन (acid fuchsin), स्टीरियोज़ूम माइक्रोस्कोप, बीकर, हीटर, चिमटी, पेट्री प्लेट, काउंटिंग डिश

विधि:

A. सिट्रस सूत्रकृमि–संक्रमित व स्वस्थ नींबू की जड़ों (चित्र 14.3) का तुलनात्मक अध्ययन करें और निम्न प्रश्नों के उत्तर लिखें–

1. सूत्रकृमि–संक्रमित व स्वस्थ नींबू की जड़ों के रंग में और मोटाई में क्या अन्तर है?
2. क्या संक्रमित जड़ों पर मिट्टी चिपकी हुई है जो पानी में घुलकर नहीं उतरती? अगर हां, तो मिट्टी न उतरने का कारण क्या है?

B. संक्रमित जड़ों को पेट्री प्लेट में पानी डालकर 24 घंटे के लिए छोड़ दें। तत्पश्चात पानी में आये हुए सूत्रकृमियों की गणना करें।

C. जड़ को प्रयोग 9 के अनुसार ऐसिड फकसिन लेक्टोफिनॉल में अभिरंजित (stain) करें तथा लगी हुई सूत्रकृमि की मादाओं व अंड संहतियों (चित्र 14.1) का स्टीरियोज़ूम माइक्रोस्कोप से अवलोकन करें।

❍❍❍

प्रयोग 25 धान जड़ सूत्रकृमि–संक्रमित जड़ों का अध्ययन करना

सामग्री: स्वस्थ व धान जड़ सूत्रकृमि (*हर्शमेनियेला– Hirschmanniella*)–संक्रमित धान की जड़ें, मिक्सी, पेट्री प्लेट, टिशू पेपर, माइक्रोस्कोप, अल्युमीनियम जाली

विधि:

A. स्वस्थ व धान जड़ सूत्रकृमि–संक्रमित धान की जड़ों का तुलनात्मक अध्ययन करके उनके रंगों में अन्तर लिखें।

B. 2g संक्रमित धान की जड़ों में से प्रयोग 6 व 8 के अनुसार सूत्रकृमियों का निष्कर्षण करें और उनकी संख्या व अवस्थाओं का आंकलन करें।

ООО

प्रयोग 26 बिलकारी सूत्रकृमि–संक्रमित जड़ों का अध्ययन करना

सामग्री: स्वस्थ व बिलकारी सूत्रकृमि (*रेडोफोलस सिमीलिस–Radopholus similis*)–संक्रमित केले की जड़ें या प्रतिदर्श, मिक्सी, पेट्री प्लेट, टिशू पेपर, माइक्रोस्कोप, अल्युमीनियम जाली

विधि:

A. केले की बिलकारी सूत्रकृमि–संक्रमित जड़ों (चित्र 16.1) का निरीक्षण करके इन लक्षणें को ध्यान से देखें–

1. जड़ों के ऊपर बने लम्बाकार गहरे रंग के विक्षत (lesion)
2. जड़ों पर पड़ी दरारें

B. 2g संक्रमित जड़ों में से प्रयोग 6 व 8 के अनुसार सूत्रकृमियों का निष्कर्षण करें और उनकी संख्या व अवस्थाओं का आंकलन करें।

OOO

परिशिष्ट

परिशिष्ट I

पारिभाषिक शब्द कोष

acquisition period: अर्जनाविधि– सूत्रकृमि द्वारा किसी पादप से विषाणु लेने और अन्य पादपों में उसे संक्रमित करने में लगने वाला न्यूनतम समय

adanal: अधिगुद– गुदा प्रक्षेप/अवस्कर के निकट स्थित

ala: पक्षक– लम्बवत् स्थूलीकरण के कारण क्यूटिकल का विस्तार

alternation of generation: पीढ़ी एकांतरण– द्विलिंगी पीढ़ी से एक लिंगी पीढ़ी में और एक लिंगी पीढ़ी से द्विलिंगी पीढ़ी में क्रमिक परिवर्तन

ambifenestrate: उभयगवाक्षी– भगशंकु में भग सेतु के कारण अलग-अलग दिखाई देने वाले दो छिद्र

amphid: द्विक– सूत्रकृमि के ओष्ठ भाग के दोनों ओर स्थित रसायन संवेदी अंग

anhydrobiosis: अजलजीविता– जीव की वह अवस्था जब उसमें आर्द्रता प्रतिबल दशा में उपापयचयी गतिविधि होती है

annule: वलयांश– क्यूटिकल में दो क्रमागत अनुप्रस्थधारियों के बीच का भाग

antagonistic crop: विरोधी शस्य– वे शस्य जिनमें सूत्रकृति का या तो संक्रमण नहीं होता है या होता है तो भी उनका परिवर्धन नहीं हो पाता।

basal bulb: आधारी बल्ब– ग्रसनी का पश्च भाग जिसमें ग्रसनी ग्रंथियां होती है

basal knob: आधारी घुंडी– स्टाइलेट के तीन पालि युक्त स्थूलन

basin: द्रोणी– गवाक्ष के चारों तरफ क्यूटिकल का एक स्थूल पट्ट

beet stickness: चुकंदर रोग– चुकंदर में *हेटरोडेरा शेक्टाई* द्वारा उत्पन्न रोग

beet tired soil: चुकन्दर क्लान्त मृदा– मृदा की वह अवस्था जिसमें चुकंदर पुटी सूत्रकृमि की समष्टि बहुत अधिक होती है

biological control of nematode: सूत्रकृमि जैव नियंत्रण– दमनकारी सजीव प्राणियों के प्रयोग द्वारा सूत्रकृमि समष्टि का नियंत्रण

biological race: जैव प्रजाति– पोषी प्राथमिकताओं के आधार पर वगीकृत जातियों के कार्यिकीय प्रभेद

bisexual: द्विलिंगी– ऐसी समष्टि जिसमें नर और मादा दोनों होते है

buccal capsule: मुख संपुट– आहार नाल का वह भाग जो मुख छिद्र से आंरभ होकर ग्रसनी के अंतिम सिरे तक जाता है

buccal catity (mouth cavity) : मुख ग्रहिका– मुख संपुट की भीतरी गुहा

cardia: जठरागम– ग्रसनी और आंत्र को जोड़ने वाला कपाटीय उपकरण

caudal ala: पुच्छ पक्षक- नरों के पश्च सिरे पर स्थित पार्श्वीय क्यूटिकलीय विस्तार

cauliflower disease: कालीफलावर रोग- *एफिलैंकॉडिस* जाति के पर्णीय सूत्रकृमि तथा *रोडोकोकस फेशियंस* नामक जीवाणु के साहचर्य से स्ट्राबेरी में पेरित रोग जिसमें कलिका क्षेत्र में पत्ते फूलगोभी की तरह फैल जाते हैं

cephalic frame work: शिरस्य ढाँचा- तंत्रिकायित करंड जैसी षट्अरीय उपत्वचीय संरचना जो ओष्ठों को सहारा देती है

chemoreceptor: रसोग्राही- रासायनिक उद्दीपनों का बोध कराने वाले संवेदी अंग

chlorosis: हरिमाहीनता- पर्णहरित के नष्ट होने अथवा उसके निर्माण में मंदन के कारण सामान्य रूप से हरित ऊतकों का पीला पड़ जाना

circomyrian: सर्कोमाइरिअन- पेशी कोशिकाओं का एक ऐसा प्रकार जिसमें संकुचनशील रेशे पेशी द्रव्य को पूरी तरह घेरे रहते हैं

circumfenestrate: परिगवाक्षी- ऐसी अवस्था जिसमें गवाक्ष के पार भग सेतु न होने के कारण केवल एक ही छेद होता है

cloaca: अवस्कर- नरों में ऐसी संयुक्त गुहा जिसमें पाचन तथा जनन-तंत्र खुलते हैं

coarse root: स्थूल जड़- वह स्थिति जिसमें सूत्रकृमि के आक्रमण द्वारा पार्श्वीय जड़ें नष्ट हो जाती हैं जिसके परिणामस्वरूप मुख्य जड़ों का तंत्र रह जाता है

Coelomocyte: प्रगुहाणु- मध्य जनस्तर से उत्पन्न कूटगुहा तरल में पाई जाने वाली कोशिकाएं

Coelomyrian : सीलोमाइरिअन- पेशी कोशिका का एक प्रकार जिसमें संकुचनशील रेशे पेशी कोशिका के पार्श्वों तक जाते हैं

cultural control: शस्यरीति नियंत्रण- ऐसे नियंत्रण उपाय जो पीड़क से होने वाली क्षति से बचने के उद्देश्य से किए जाते हैं। इनमें फसलों की पौध रोपने, उगाने, जुताई करने और फसल काटने के संशोधन शामिल हैं

cuticle: क्यूटिकल- अकोशिकीय बाह्य रक्षात्मक आवरण

cyst:पुटी- दीर्घस्थायी, चर्मिल, आशय जैसी संरचना जो अंडों को धारण किए रहती है और मादा की देह भित्ति से बनती है

dauer larva: डाअर डिंभक- सूत्रकृमियों की एक प्रतिरोधी अवस्था जिसमें डिंभक प्रतिकूल परिस्थिति में अपने अंतम निर्मोक से ढके रहता है

didelphic: द्विअंडाशयी- दो पूर्ण जनदों वाली मादाएँ

dieback: पश्चक्षय / शीर्षारंभीक्षय- पादपों की शाखाओं के सिरों से पीछे की ओर बढ़ती हुई ऊतक क्षय स्थिति

dioecious : पृथकलिंगी- एक ही जाति में नर तथा मादा का पृथक-पृथक पाया जाना

diorchic: द्विवृषणी- दो वृषण वाले नर

disease: रोग- शरीर के सामान्य जैव कार्यो से विचलन

dissociation: वियोजन- ऐसी प्रक्रिया जिसमें सूत्रकृमि में विद्यमान विषाणु- कण, मूल स्थल से हट जाते है

ecology: पारिस्थितिकी– जीवधारी तथा उसके पर्यावरणके बीच पारस्परिक क्रियाओं का अध्ययन

economic thresholod: आर्थिक प्रभावी सीमा– पीड़क संख्या का वह न्यूनतम स्तर जिस पर आर्थिक क्षति आरंभ होती है

ectoparasite: बाह्य परजीवी– परपोषी के बाहर रहकर अशन करने वाला परजीवी

egg mass: अंड संहति– श्लेषी आधात्री में अंतस्थापित अंडे

elutriator apparatus: धावपृथकक उपकरण– मिट्टी से सूत्रकृमियों का निष्कर्षण करने वाला उपकरण

en face view: अधि मुख दृश्य– सूत्रकृमि का अग्रतम भाग

endoparasite: अंत:परजीवी– ऐसा परजीवी जो परपोषी के ऊतकों में घुसकर अंदर ही अंदर अशन करता है

endotokia matricida: मातृघाती अंतर्जनन– अंडों या डिंभकों का मृत मादा के शरीर में रह जाना

entomogenous nematode: कीटजात सूत्रकृमि– कीटों के भीतर या उनके ऊपर रहने वाला सूत्रकृमि

entomopathogenic nematode: कीटरोग जनक सूत्रकृमि– कीटपोषियों पर परजीवी बनकर उन्हें मार देने वाले सूत्रकृमि

entomophilic nematode: कीटरागी सूत्रकृमि– कीटों के साहचर्य में रहने वाले सूत्रकृमि

epidermis: अधिचर्म– उपत्वचा (क्यूटिकल) के नीचे एक पतली संकोशिकीय परत

extracorporeal digestion: देहबाह्य पाचन– सूत्रकृमि के शरीर से बाहर के अशन स्थल पर खाद्य पदार्थ का आंशिक पाचन

facultative animal parasite: विकल्पी प्राणि परजीवी– प्राणि परजीवी सूत्रकृमि जो प्राणि परपोषी के बिना भी अपने जीवन चक्र को बनाए रखता है

fallow: परती, पलिहर –भूमि को वनस्पति–विहीन रखना

fecundity: जननक्षमता– संतानोत्पत्ति की क्षमता

feeding tube: अशन नलिका– मुख–द्वार और परपोषी कोशिका के बीच अशन के दौरान बनने वाली नलिका

fanestra: गवाक्ष– पुटीकारी सूत्रकृमियों के भग शंकु में खिड़की जैसा छिद्र

fenestration: गवाही भवन– गुदा या भग के पतले क्यूटिकलीय क्षेत्रों के भंजन के परिणामस्वरूप बने अंडजोत्पत्ति रन्ध्र

filliform: तंतुरूप– तंतु के समान संरचना

fumigation: धूमन– आविषालु वाष्पशील रसायनों के प्रयोग से पीड़कों को मारने की प्रक्रिया

genital papillae: जनन पिप्पल– नर की पुच्छ पर स्थित संवेदी अंग जो मैथुन क्रिया में सहायक होते हैं

giant cell: महाकोशिका– बड़ी बहुकेंद्रकी कोशिका

guiding ring: निर्देशक वलय– ऐसी क्यूटिकलीकृत आस्तीन जैसी संरचना जो शूकिका का घेरे रहती है तथा उसे निर्देशित करती है

gubernaculum: प्रनिदेशक- नर में क्यूटिकलीकृत प्लेट जैसी संरचना जो कंटिकाओं को जनन रंध्र की ओर निर्देशित करती है

hatching: अंडजोत्पत्ति, स्फुटन- अंडे से डिंभक का निकलना

hatching factor: अंडजोत्पत्तिक कारक- कुछ परपोषियों की जड़ों से निकलने वाले वे रसायन जो अंडों से डिंभक उत्पत्ति प्रेरित करते हैं

hermaphoriditism: उभयलिंगता- वह स्थिति जिसमें एक ही व्यष्टि में नर और मादा युग्मक उत्पन्न होते हैं

host races: परपोषी प्रजातियां- सूत्रकृमि की वे जातियाँ जो पादपों की अभिहित ज़ातियों पर अपनी वंशागत जनन-क्षमता या अक्षमता द्वारा विभेदित होती है।

hot water treatment: तप्त जल उपचार- सूत्रकृमि घातक तापमान पर एक जल ऊष्मक में रोपण सामग्री को इस प्रकार उपचार करने की विधि जिससे कि पादप की जीवन क्षमता पर दुष्प्रभाव न पड़े

hyperplasia: अतिवर्धन- ऊतक कोशिकाओं की संख्या में असामान्य वृद्धि

hypodermal chord: अर्धस्त्वक् रज्जु- अधस्त्वचा की लंबाई मं कूट गुहा की ओर उभार जिससे पेशीन्यास चार खंडों में बंट जाता है

in vitro: पात्रे- जीव के बाहर कृत्रिम रूप से नियंत्रित स्थितियों में किए गए अध्ययन से संबंधित

incisures: कटान- पार्श्व क्षेत्र में पाए जाने वाले, अनुदैर्घ्य क्यूटिकलीय खाँच

infective larva: संक्रामक डिंभक (लार्वा)- परजीवी के जीवन चक्र की वह अवस्था जब वह परपोषी के ऊतक के अंदर जा कर उसे सक्रंमित करने में सक्षम होता है

inoculation: संरोपण- पोषी पर रोगजनक / परजीवी को संरोपित करने की प्रक्रिया

integrated nematode management: एकीकृत सूत्रकृमि प्रबंधन- ऐसी पद्धति जिसमें सूत्रकृमि नियंत्रण की अनेक संगत तकनीकों का उपयोग किया जाता है

integrated pest management: समन्वित पीड़क प्रबंधन- पर्यावरण और पीड़कों की समष्टि गतिकी का ध्यान रखते हुए प्रयुक्त किया जाने वाला पीड़क प्रबंधन जिसमें सभी उपयुक्त तकनीकों और विधियों को यथासंभव सुसंगत ढंग से उपयोग करके पीड़कों की संख्या को आर्थिक स्तर के नीचे रखते हैं

intermediate host: मध्यस्थ परपोषी- ऐसा परपोषी जिसमें परजीवी जीवन चक्र की डिंभक अवस्थाएँ विद्यमान रहती है।

intestine: आंत्र- आहार नाल का वह भाग जो ग्रसनी और मलाशय के बीच पाया जाता है

isthmus: तनुयोजी- ग्रसनी के मेटाकारपस और आधारी बल्ब के बीच में एक संकीर्ण अकेंद्रकीय नलिकाकार संरचना

labial papilla: ओष्ठीय पिप्पल- ओष्ठों पर पाई जाने वाली स्पर्श ग्रंथियों के वृत्तक

larva: डिंभक, लार्वा- अंडे और वयस्क के बीच की अपरिपक्व अवस्थाएं

lateral field: पार्श्व क्षेत्र- अनुदैर्घ्य क्यूटिकलीय निशानों का एक जोड़ा जो सूत्रकृमि के शरीर के दोनों पार्श्व पर स्थित होता है

leptoderan bursa: लेप्टोडेरान प्रपुटी– पुच्छ-पक्षक प्रपुटी पक्ष जो शरीर के दोनों ओर सीमित मात्रा में होते है और पुच्छाग्र को नहीं घेरते

lesion: विक्षति– ऊतकक्षयी कोशिकाओं का एक समूह

longitudinal ala: अनुदैर्घ्य पक्षक– शरीर के पार्श्व में एक या दो कटकों से बना क्यूटिकलीय विस्तार

longitudianal stria: अनुदैर्घ्य रेखा– शरीर अक्ष के समान्तर क्यूटिकली कटान-चिन्ह

lumen: अवकाशिका– एक संकीर्ण अनुदैर्घ्य गुहा

mechanoreceptor: स्वतग्राही– विशिष्टीकृत संवेदी अंग जो स्पर्श, दाब और गुरूत्व जैसे उद्दीपनों के प्रति संवेदनशील होते हैं

median bulb: मध्य बल्ब– ग्रसनी का फूला हुआ मध्य भाग

mesenteron: मध्यांत्र– आहार नली के गसनी के आधार और मलाशय के बीच वाला आंत्र-क्षेत्र

metamorphosis: कायांतरण– भ्रूण से लेकर प्रौढ़ अवस्था तक आकार और संरचना में होने वाले परिवर्तन

microvilli: सूक्ष्मांकुर– कोशिका झिल्ली के संकीर्ण अंगुलि जैसे वलन जो अपनी जगह बढ़ाने के लिए बाहर निकले रहते हैं

migratory endoparasite: प्रवासी अंत: परजीवी– ऐसा सूत्रकृमि जो परपोषी में प्रवेश करके अन्दर से अशन करता है और ऊतकों के बीच सुगमता से गतिशील रहता है

monodelphic: एकअंडाशयी– एक अंडाशय वाली मादा

monorchic: एकवृषणी– एक वृषण वाला

mucro: तीक्ष्णाग्र– पुच्छ सिरे पर उभरने वाला एक छोटा नुकीला प्रक्षेप

mural tooth: भित्तिस्थ दंत– ठोस संरचना जो ग्रसनी गुहा की एक उपाधर भित्ति से जुड़ा रहता है

mycorrhiza: कवक मूल– किसी कवक और पौधें की जड़ों अथवा अन्य संरचनाओं के बीच सहजीवी संबंध

necrosis: ऊतकक्षय– कोशिका का निर्जीव हो जाना

nematicide: सूत्रकृमिनाशी– सूत्रकृमियों के लिए घातक रासायनिक यौगिक

nemawool: निमावूल– *डाइटाइलेन्कस डिप्सेकी* के चौथे चरण के डिंभकों का झुंड जो धूसर श्वेत रोएं की तरह दिखाई पड़ता है

NEPO virus: नीपो विषाणु– सूत्रकृमि संचारित बहुतलीय विषाणु

NETU (TOBRA): नीटू (टोबरा)– सूत्रकृमि संचारित नलिकाकार विषाणु

Nurse cell: धात्री कोशिका– सूत्रकृमि द्वारा प्रेरित विशिष्टीकृत कोशिकाएं जिनसे सूत्रकृमि अपना भोजन लेता है

odontophore: दंतधर– दंतशूकिका के पीछे की ओर का दृढ़ीकृत नलिकाकार विस्तार

odontostyle: दंतशूकिका– ग्रसनी के अग्र भाग से उद्भूत बहि:सारी खोखला शूल

oesophagus: ग्रसिका– मुख संपुट या मुखगृहिका आंत्र के बीच वालाा आहार नाल का भाग

onchiostylet: दंष्ट्रशूकिका- ग्रसनी से उद्भूत बहि:सारी, ठोस तथा दीर्घ दंत
opisthodelphic: पश्चअंडाशयी- भग के पश्च भाग की ओर का अंडाशय
oral aperture: मुख छिद्र- आहार नाल के अगले सिरे पर ओष्ठों से घिरा हुआ छिद्र
ovary: अंडाशय- मादा जननांग का दूरस्थ भाग जिसमें अंडे होते हैं
oviduct: अंडवाहिनी- अंडाशय से शुक्रग्राहिका को अंडाणु ले जाने वाली वाहिका
ovoviviparous: अंडसजीवप्रजक- गर्भाशय में अंडों का स्फुटन
papilla: पिप्पल- शरीर के विभिन्न भागों जैसे शीर्ष, ओष्ठ इत्यादि पर पाए जाने वाले संवेदी अंग
parasite: परजीवी- कोई जीव जो किसी अन्य जीव के अंदर या उसके ऊपर रह कर अपना पोषण करता है
parthenogenesis: अनिषेक जनन- निषेचन-रहित जनन प्रक्रिया जिसमें मात्र मादा युग्मक से ही भ्रूण बनता है
pathogen: रोगजनक- बीमारी पैदा करने वाला कोई भी तत्व
pathogenicity: रोगजनन- रोग की उत्पत्ति और उसके विकास में घटनाओं की श्रृंखला
PEBV: मटर का अगेती भूरा विषाणु
perineel pattern: मूलाधार चित्राम- भग और गुदा के चारों और क्यूटिकलीय धारियों से बनी हुई आकृतियाँ
Pest: पीड़क- ऐसा जीव जो मानव अथवा उसकी सम्पति को हानि पहुंचाता है
phasmid: पश्चक- पुच्छ के पार्श्व क्षेत्रों में स्थित युगल रंध्र
playtymyrian: प्लेटीमाइरियन- एक प्रकार की पेशी कोशिका जिसमें आकुंचलनशील रेशे कोशिका के आधार पर ही लगे होते हैं
Polymorphism: बहुरूपता- एक समष्टि में किसी लक्षण के आनुवंशिकीय रूप से भिन्न प्रारूपों का पाया जाना
Polymyarian: बहुपेशीन्यास- कायिक पेशीन्यास जिसमें प्रत्येक पेशी क्षेत्र अथवा चतुर्थांश में पांच से अधिक पेशी कोशिकाएं होती हैं
polyphagous: विविधभक्षी- अनेक प्रकार की खाद्य जातियों का उपयोग करने वाले जीव
predator: परभक्षी- दूसरे जीवों का शिकार करने वाला जीव
prerectum: मलाशयपूर्व- मध्य आंत्र और मलाशय के बीच आहार तंत्र का भाग
procorpus: प्रोकॉरपस- ग्रसनी का वह बेलनाकार भाग जो मध्य बल्ब से आगे स्थित होता है
proctodeum: गुदपथ- आंत्र के बाद आहार नली का पश्चतम क्षेत्र जिसमें मलाशय/ अवस्कर और गुदा/ अवस्कर क्षेत्र होते हैं
prodelphic: अग्र अंडाशयी- भग के अग्र भाग में स्थित एक या एक से अधिक अंडाशय
protein coat: प्रोटीन विलेप- विषाणु-कणों का बाहरी प्रोटीन आवरण
pseudocoelom: कूटगुहा- काय गुहा, जिसका बाहरी आस्तर मध्य जनस्तर का और भीतरी आस्तर अंतर्जनस्तर का होता है

quarantine: संगरोध– खतरनाक पीड़कों के प्रवेश तथा उसके स्थापन और फैलाव को रोकने के लिए अपनाए गए वैधानिक नियंत्रण

quiescence: प्रशांति– जीव की अंतरजीविता क्रियाविधि जहां पर्यावरण की प्रतिबल परिस्थितियों में उपापचयी क्रियाएं घट जाती है

quiescent: प्रशांत– प्रतिकूल परिस्थितियों द्वारा प्रेरित अपेक्षाकृत जैव–निष्क्रियता की अवस्था

receptor: ग्राही– किसी जीव की एक कोशिका या कोशिकाओं का समूह जो बाहरी या भीतरी पर्यावरण से उद्दीपन ग्रहण करता है

reservoir host: आशय परपोषी– प्रकृति में उपलब्ध एक प्रकार का अन्त्य परपोषी जो स्थानिक प्राकृतिक परपोषी होता है।

resistance: प्रतिरोध– परजीवी के परिवर्धन का संदमन करने वाली अनुक्रियाएं

resistant host: प्रतिरोधक परपोषी– ऐसा पौधा जिसमें परजीवी के परिवर्धन का संदमन करने की क्षमता होती है

retention: धारण– विषाणु संचरित करने वाले सूत्रकृमि के मुख के क्यूटिकलीय आस्तर पर विषाणु–कणों का अधिशोषण

retention site: धारण स्थल– सूत्रकृमि के शरीर के वे भाग जहां विषाणु–कण संलग्न हो जाते हैं

rhizosphere: मूलपरिवेश– पौधें की जड़ों के एकदम पास की मिट्टी का क्षेत्र

root diffusate: मूल विसारी– पौधें की जड़ों से निकला रासायनिक पदार्थ जो पादप–परजीवी सूत्रकृमियों के व्यवहार पर असर डालता है

rot: रॉट, विगलन– सूत्रकृमियों समेत सूक्ष्मजीव के कवकीय या जीवाणुज संक्रमण के फलस्वरूप किसी गूदेदार पादप ऊतक का मृदुलन, विवर्णन तथा विघटन

rotation: आर्वतन– वानस्पतिक रूप से विभिन्न फसलों की एक ही भूखंड पर साल दर साल खेती

saprophagous: मृतभक्षी– ऐसे सूत्रकृमि जो सड़ रहे जैव पदार्थ से भोजन लेते हैं

scale: शल्क– बिना पेशियों अथवा तंत्रिकाओं की कुंठित अकोशिकीय क्यूटिकलीय बहिस्सारी संरचनाएं

sclerotized: दृढ़ीकृत– क्यूटिकलीय संरचना की कठोर अवस्था

scutellum: प्रढाल– बढ़े हुए अपवर्तनीय लेन्स जैसे पश्चक

secondary sexual character: द्वितीयक लैंगिक लक्षण– वे लक्षण जो एक ही जाति के दो लिंगों के बीच विभेदन करते हैं, परंतु जनन में प्रत्यक्ष रूप से भाग नही लेते

sedentary: स्थानाबद्ध– एक ही स्थान पर ठहरने वाला

seed treatment: बीजोपचार– पीड़क ग्रसन अथवा पीड़क संक्रमण से रोपण सामग्री तथा बीजों को सुरक्षित रखने के लिए पीड़कनाशी से बीजों का उपचार

semifenestra: अर्धगवाक्ष– पुटीकारी सूत्रकृमियों के भग शंकु में भग सेतु द्वारा पृथक दो जोड़ी रंध्र

seminal vesicle: शुक्राशय– नर जनन तंत्र का भाग जिसमें शुक्राणु संचित रहते हैं

senescence: जीर्णता– आयु के साथ उपापचयी क्रियाओं का धीमा पड़ जाना

sexual dimorphism: लैंगिक द्विरूपता- किसी जाति के दो लिंगी (नर और मादा) के बीच आकारिकीय भिन्नता

shaft: कांड, शैफट, शाफ्ट- सूत्रकृमि में शंकुक का पीछे वाला नलिकार भाग जिसके अंत में तीन घुंडियां बन जाती है

slow decline: मंद ह्रास- नीबू वर्ग के पौधों में *टाइलेन्कुलस सेमिपेनिट्रेन्स* द्वारा होने वाला रोग

soil application: मृदा अनुप्रयोग- रसायन का मिट्टी या मृदा में प्रयोग

spear cone: कुंतशंकु- अक्षीय शूकिका का शंकु जैसा अग्र भाग

specificity of dissociation: वियोजन-विशिष्टता- विशिष्ट सूत्रकृमि संवाहक के धारण स्थल से विशिष्ट विषाणु का विमोचन।

specificity of retention: धारण विशिष्टता- चुने हुए विशेष सूत्रकृमि संवाहक द्वारा विशिष्ट विषाणुओं का अधिशोषण

specificity of transmission: संचारण विशिष्टता- विशिष्ट सूत्रकृमि संवाहक द्वारा कुछ विषाणुओं का वरणात्मक संचारण

spermatheca: शुक्रग्राहिका- मादा जनन तंत्र का भाग जिसमें शुक्राणु संचित रहते है

spicule: कंटिका- क्यूटिकलीकृत नर मैथुन अंग

spine: कंटक- पेशीय अथवा तंत्रिका संयोजक रहित अकोशिकीय, क्यूटिकलीय बहि: सारी संरचना

spreading decline: विस्तारी ह्रास- *रेडोफोलस सिट्रोफिलस* द्वारा फैलने वाला नींबू वर्गीय पौधों का एक रोग

stoma: मुखगुहिका- मुखद्वार और ग्रसनी के बीच की आहार नली

stomatostylet: मुखशूकिका- मुख गृहिका भित्ति के संलयन से बनी शूकिका

stomodeum: मुखपथ- आहार नाल का अग्र भाग जो मुख गुहिका और ग्रसनी से मिलकर बनता है और क्यूटिकल से आस्तरित होता है

striae: धारियाँ- क्यूटिकल के सतही अनुप्रस्थ या अनुदैर्घ्य चिन्ह जो खाँच जैसे दिखाई देते हैं

stunted growth: स्तंभित वृद्धि- किसी भी जीव या परपोषी के कारण वृद्धि का रूक जाना

stylet: शूकिका- मुख गृहिका के अक्ष में स्थित खोखला, पतला दृढ़ीकृत, बहि: सारी आर्मेचर जो अक्षरीय होता है

susceptible: सुग्राही- ऐसे पौधे जो पीड़क के दुष्प्रभाव से क्षतिग्रस्त हो जाते है

symbiosis: सहजीवन- वह अंतरसंबंध जिसमें भिन्न जातियों के दो जीव निकट साहचर्य में रहकर एक दूसरे को करते हैं

tactile receptor: स्पर्श-ग्राही- स्पर्श के प्रति संवेदनशील विशिष्टीकृत संवेदी अंग

tail: पुच्छ- गुदा या अवस्कर रंध्र के पीछे वाला शरीर का भाग

telogonic: अंत्यजनदी- मादा जनद का एक प्रकार जिसमें जनन कोशिकाएं जनद के दूरस्थ सिरे में पाई जाती हैं

tolerance: सह्यता– किसी जीव का ऐसा सामर्थ्य जिसके द्वारा वह उद्दीपक के प्रभाव को सहन कर लेता है अथवा परपोषी की ऐसी विशिष्ट योग्यता जिससे वह रोगाणुग्रस्त होने पर भी अपना उत्पादकता को बचाए रखता है

transmission: संचारण– किसी विषाणु या अन्य रोगाणु का एक पादप से दूसरे पादप तक स्थानांतरण या प्रसार

trap crop: पाश शस्य– ऐसा शस्य पादप जिसमें परजीवी घुस तो जाता है लेकिन परिपक्व अवस्था में नहीं पहुंचने पाता

triploblastic: त्रिकोरकी– तीन जनन स्तरों वाला (बाह्य, मध्य और अंतर्जन स्तर)

underbridge: अधोसेतु– पुटीकारी सूत्रकृमियों में भग शंकु के पास भग सेतु के समानांतर पेशियों का पट्ट

uterus: गर्भाशय– मादा जनन तंत्र में शुक्र ग्राहिका और योनि के बीच का भाग, जिसमें अंडों का परिवर्धन होता है

Vagina: योनि– गर्भाशय से भग तक क्यूटिकल द्वारा आस्तरित नाल

valvular apparatus: कपाट उपकरण– कपाट युक्त ग्रसनी अंग

vas deferens: शुक्र वाहक– वृषण से अवस्कर को जाने वाली वाहिनी

vector: संवाहक– रोगजन का संचार करने वाला कोई प्राणी

vermiform: कृमि रूप– लंबे, पतले, कृमि जैसे आकार के प्राणी

virulence: उग्रता– रोगजनकता की मात्रा या माप, परपोषी प्रतिरक्षा को भेदने की क्षमता

viviparous: सजीवप्रजक– बच्चों को जन्म देने वाली मादाएं/ सूत्रकृमियों में भ्रूणीय परिवर्धन के दौरान अंडकवच नहीं होता और निक्षेपण से पहले डिंभक गर्भाशय व रहते हैं

vulva: भग– मादा जनन तंत्र का बाह्य छिद्र

vulval cone: भग शंकु– कुछ पुटीकारी सूत्रकृमियों में पश्च भाग पर सुस्पष्ट प्रोद्वर्ध

○○○

परिशिष्ट II

पादप सूत्रकृमियों के वर्गीकरण की रूपरेखा*

फाइलम नेमाटोडा रूडोल्फी, 1808

वर्ग सेसरनेंसिया फॉन लिनस्टो, 1905

गण टाइलेंकिडा थोर्न, 1949

उपगण टाइलेंकिना चिटवुड व चिटवुड में चिटवुड,1950

इंफ्रागण टाइलेंकेटा सिद्दकी, 2000

अधिकुल टाइलेंकोइडिया ओरले, 1880

कुल टाइलेंकिडी ओरले, 1880

वंश *टाइलेंकस* बासटिआन, 1865

कोसलेंकस सिद्दिकी, 2000

इंफ्रागण एंग्युआइनेटा सिद्दिकी, 2000

अधिकुल एंग्युआइनोइडिया निकोल., 1935

अधिकुल एंग्युआइनिडी निकोल., 1935

वंश *एंग्युआइना* स्कोपुली, 1777

सबएंग्युआइना पेरेमोनोव, 1967

डाइटाइलेंकस फिलिपजेव, 1936

उपगण होप्लोलेमिना सिजोव व बेरेजिना, 1988

अधिकुल होप्लोलेमोइडिया फिलिपजेव, 1934

कुल होप्लोलेमिडी फिलिपजेव, 1934

उपकुल होप्लोलेमिनी फिलिपजेव, 1934

वंश *होप्लोलेमस* फॉन डेडे, 1905

स्कुटेलोनिमा अंद्रासी,1958

उपकुल रोटाइलेंकिोइडिनी व्हाइटहेड, 1958

वंश *रोटाइलेंकस* फिलिपजेव, 1936

हेलीकोटाइलेंकस स्टाइनर, 1935

कुल रोटाइलेंकुलिडी हुसैन व खान, 1967

वंश *रोटाइलेंकुलस* लिनफोर्ड व ओलिवेरा, 1940

कुल प्रेटीलेंकिडी थोर्न, 1949

उपकुल प्रेटीलेंकिनी थोर्न, 1949

वंश *प्रेटीलेंकस* फिलिपजेव, 1936

उपकुल हर्शमेनियेलिनी फोतेदार व हांडू, 1978

वंश *हर्शमेनियेला* लुक व गुडी, 1964

उपकुल रेडोफोलिनी एलन व शेर, 1967

वंश *रेडोफोलस* थोर्न, 1949

उपकुल नेकोबिनी चिटवुड व चिटवुड में चिटवुड , 1967

वंश *नेकोबस थोर्न* व एलन, 1944

कुल हेटरोडेरिडी फिलिपजेव व शूरमान– स्टेकऑवन, 1936

उपकुल हेटरोडेरिनी फिलिपजेव व शूरमान व स्टेकऑवन, 1936

वंश *हेटरोडेरा* शमिट, 1871

ग्लोबोडेरा स्कारबिलोविच, 1959

पंक्टोडेरा मल्वी व स्टोन, 1976

कुल मेलॉइडोगाइनिडी स्कारबिलोविच, 1959

वंश *मेलॉइडोगाइन* गोल्डी, 1892

अधिकुल डोलिकोडोरोइडिया चिटवुड व चिटवुड में चिटवुड,1950

कुल डोलिकोडोरिडी चिटवुड व चिटवुड में चिटवुड, 1950

वंश *डोलिकोडरस* कॉब, 1914

कुल टिलोटाइलेंकिडी सिद्दिकी, 2000

वंश *टाइलेंकोरिंकस* कॉब, 1913

मरलीनियस सिद्दिकी, 2000

कुल बेलोनोलेमिडी व्हाइटहेड, 1958

वंश *बेलोनोलेमस* स्टाइनर, 1949

कुल साइलेंकिडी पेरामानॉव, 1967

वंश *साइलेंकस* डि मान, 1921

उपगण क्रिकोनिमेटिना सिद्दिकी, 1980

अधिकुल क्रिकोनिमेटोइडिया टेलर, 1936

कुल *क्रिकोनिमेटिडी* टेलर, 1936

उपकुल क्रिकोनिमेटिनी टेलर, 1936

वंश *क्रिकोनिमा* हॉफमानर व मेन्जेल, 1914

ओग्मा सदरन, 1914

उपकुल मेक्रोपोथिनी स्कारबिलोविच, 1959

वंश *क्रिकोनिमोइड* टेलर, 1936

हेमीक्रिकोनिमोइड चिटवुड व ब्रिचफील्ड, 1957

अधिकुल हेमीसाइकिलोफोरोइडिया स्कारबिलोविच, 1959

कुल हेमीसाइकिलोफोरडी स्कारबिलोविच, 1959

वंश *हेमीसाइकलोफोरा* डि मान, 1921

अधिकुल टाइलेंकुलोइडिया स्कारबिलोविच, 1947

कुल टाइलेंकुलिडी स्कारबिलोविच, 1947

वंश *टाइलेंकुलस* कॉब, 1913

कुल पेराटाइलेंकिडी थोर्न, 1949

वंश *पेराटाइलेंकस* माइकोलेटसकी, 1922

काकोपोरस थोर्न, 1943

उपगण हेक्साटाइलिना सिद्दिकी, 1980

अधिकुल स्फेरोलेरिओइडिया लुबोक, 1861

कुल नियोटाइलेंकिडी थोर्न, 1941

उपकुल नियोटाइलेंकिनी थोर्न, 1941

वंश *डेलाडेनस* थोर्न, 1941

उपकुल फरगुसोबिनी गुडी, 1963

वंश *फरगुसोबिया* कुरी, 1937

गण एफलेंकिडा सिद्दिकी, 1980

उपगण एफलेंकिना गेरट, 1966

अधिकुल एफलेंकोइडिया फक्स, 1937

कुल एफलेंकिडी फक्स, 1937

वंश *एफलेंकस* बास्टियान, 1865

अधिकुल एफलेंकॉइडोइडिया स्कारबिलोविच, 1947

कुल एफलेंकॉइडोइडिडी स्कारबिलोविच, 1947

वंश *एफलेंकॉडिस* फिशर, 1894

सिस्टोंकस कॉब, 1927

कुल पेरासिटेफलेंकिडी रूह्म, 1956

वंश *बरसेफलेंकस* फक्स, 1960

रेडिनेफलेंकस गुडी, 1960

वर्ग एडिनोफोरिया फॉन लिनस्टो, 1905

गण डोरीलेमिडा पियर्स , 1942

उपगण डोरीलेमिना पियर्स , 1942

अधिकुल लोंजीडोरोइडिया थोर्न, 1935

कुल लोंजीडोरिडी थोर्न, 1935

उपकुल लोंजीडोरिनी थोर्न, 1935

वंश *लोंजीडोरस* माइकोलेटसकी, 1922

पेरालोंजीडोरस सिद्दिकी आदि, 1963

उपकुल जिफीनिमेटिडी डालमासो, 1968

वंश *जिफीनिमा* कॉब, 1913

गण ट्रिपलोंकिडा कॉब, 1920

उपगण डिफथेरोफोरिना कूमांस व लूफ, 1970

अधिकुल ट्रिकोडोरोइडिया थोर्न, 1935

कुल ट्रिकोडोरिडी थोर्न, 1935

वंश *ट्रिकोडोरस* कॉब, 1913

पेराट्रिकोडोरस सिद्दिकी, 1974

---

* केवल इस पुस्तक समाविष्ट में प्रमुख पादप सूत्रकृमि

○○○

परिशिष्ट III

प्रमुख पादप सूत्रकृमियों के प्रचलित व वैज्ञानिक नाम

प्रचलित नाम	इंग्लिश नाम	वैज्ञानिक नाम	वैज्ञानिक नाम
सूआ सूत्रकृमि	Awl nematode	*डोलिकोडोरस* जातियां	*Dolichodorus* species*
कली व पर्ण सूत्रकृमि	Bud & Leaf nematode	*एफलेंकॉडिस* जातियां	*Aphelenchoides* species
बिलकारी सूत्रकृमि	Burrowing nematode	*रेडोफोलस सिमिलिस, आर. सिट्रोफिलस*	*Radopholus similis, R. citrophilus**
सिस्ट / पुटीकारी सूत्रकृमि	Cyst nematode	*हेटरोडेरा, ग्लोबोडेरा व पंक्टोडेरा जातियां*	*Heterodera, Globodera , Punctodera* species
ब्रेसिका सिस्ट सूत्रकृमि	Brassica cyst nematode	*हेटरोडेरा ब्रेसिकी*	*Heterodera brassicae**
सिरियल सिस्ट सूत्रकृमि	Cereal cyst nematode	*हेटरोडेरा एविनी*	*Heterodera avenae*
मक्की सिस्ट सूत्रकृमि	Corn/Maize cyst nematode	*हेटरोडेरा जी*	*Heterodera zeae*
हॉप सिस्ट सूत्रकृमि	Hop cyst nematode	*हेटरोडेरा हुमुली*	*Heterodera humuli**
मटर सिस्ट सूत्रकृमि	Pea cyst nematode	*हेटरोडेरा गोटिनगियाना*	*Heterodera goettingiana**
अरहर सिस्ट सूत्रकृमि	Pigconpea cyst nematode	*हेटरोडेरा केजनी*	*Heterodera cajani*
आलू का सिस्ट सूत्रकृमि	Potato cyst nematode	*ग्लोबोडेरा रोस्टोकाइएनसिस, जी. पेलीडा*	*G.rostochiensis, G. pallida*
धान सिस्ट सूत्रकृमि	Rice cyst nematode	*हेटरोडेरा ओराइजीकोला*	*Heterodera oryzicola*
ज्वार सिस्ट सूत्रकृमि	Sorghum cyst nematode	*हेटरोडेरा सोरगाई*	*Heterodera sorghi*
सोयबीन सिस्ट सूत्रकृमि	Soybean cyst nematode	*हेटरोडेरा ग्लाइसीन*	*Heterodera glycines**
चुकन्दर सिस्ट सूत्रकृमि	Sugarbeet cyst nematode	*हेटरोडेरा शेक्टाई*	*Heterodera schachtii**
सिट्रस सूत्रकृमि	Citrus nematode	*टाइलेंकुलस सेमीपेनिट्रेंस*	*Tylenchulus semipenetrans*

प्रचलित नाम	इंग्लिश नाम	वैज्ञानिक नाम	वैज्ञानिक नाम
भाला सूत्रकृमि	Dagger nematode	*जिफीनीमा जातियां*	*Xiphinema* species
कूट जड़ गांठ सूत्रकृमि	False root knot nematode	*नेकोबस जातियां*	*Nacobbus* species*
पर्णीय सूत्रकृमि	Foliar nematode	*एफलेंकॉडिस रिजेमाबोसी, एफलेंकॉडिस फरागेरी*	*Aphelenchoides ritzemabosi, A. fragariae**
सुनहरी सूत्रकृमि	Golden nematode	*ग्लोबोडेरा रोस्टोकाइएनसिस*	*Globodera rostochiensis*
बर्छी सूत्रकृमि	Lance nematode	*होप्लोलेमस* जातियां	*Hoplolaimus* species
विक्षत/ मिडो सूत्रकृमि	Lesion/Meadow nematode	*प्रेटीलेंकस* जातियां	*Pratylenchus* species
नीडल (सूई) सूत्रकृमि	Needle nematode	*लोंजीडोरस* जातियां	*Longidorus* species
पिन सूत्रकृमि	Pin nematode	*पेराटाइलेंकस* जातियां	*Paratylenchus* species
पाइन वुड सूत्रकृमि	Pinewood nematode	*बरसेफलेंकस जाइलोफिलस*	*Bursaphelenchus xylophilus**
आलू विगलन सूत्रकृमि	Potato rot nematode	*डाइटाइलेंकस डेसट्रक्टर*	*Ditylenchus destructor**
रेड रिंग सूत्रकृमि	Red ring nematode	*रेडिनेफलेंकस कोकोफिलस*	*Rhadinaphelenchus cocophillus**
वृक्काकार सूत्रकृमि	Reniform nematode	*रोटालेंकुलस रेनीफॉरमिस*	*Rotylenchulus reniformis*
धान जड़ सूत्रकृमि	Rice root nematode	*हर्शमेनियेला* जातियां	*Hirschmanniella* species
धान स्तम्भ सूत्रकृमि	Rice stem nematode	*डाइटाइलेंकस अंगसटस*	*Ditylenchus angustus*
रिंग सूत्रकृमि	Ring nematode	*क्रिकोनेमॉइड, क्रिकोनिमा* जातियां	*Criconema, Criconemoides* species
जड़ गांठ सूत्रकृमि	Root knot nematode	*मेलॉइडोगाइन* जातियां	*Meloidogyne* species
ब्राजीलियन जड़ गांठ सूत्रकृमि	Brazilian root knot nematode	*मेलॉइडोगाइन एक्सीगुया*	*Meloidogyne exigua*
जावा का जड़ गांठ सूत्रकृमि	Javanese root knot nematode	*मेलॉइडोगाइन जैवेनिका*	*Meloidogyne javanica*
उत्तरी जड़ गांठ सूत्रकृमि	Northern root knot nematode	*मेलॉइडोगाइन हेपला*	*Meloidogyne hapla*

प्रचलित नाम	इंग्लिश नाम	वैज्ञानिक नाम	वैज्ञानिक नाम
मूंगफली जड़ गांठ सूत्रकृमि	Peanut root knot nematode	*मेलॉइडोगाइन एरीनेरिया*	*Meloidogyne arenaria*
पाइन विल्ट सूत्रकृमि	Pine wilt nematode	*बरसेफलेंकस जाइलोफिलस*	*Bursaphelenchus xylophilus*
रेड रिंग सूत्रकृमि	Red ring nematode	*रेडिनेफलेंकस कोकोफिलस*	*Rhadinaphelenchus cocophilus*
धान का जड़ गांठ सूत्रकृमि	Rice root knot nematode	*मेलॉइडोगाइन ग्रेमीनिकोला*	*Meloidogyne graminicola*
दक्षिणी जड़ गांठ सूत्रकृमि	Southern root knot nematode	*मेलॉइडोगाइन इनकोगनिटा*	*Meloidogyne incognita*
शिथिल सूत्रकृमि	Sessile nematode	*काकोपोरस पेसटिस*	*Cacopaurus pestis**
आच्छद सूत्रकृमि	Sheath nematode	*हेमीसाइकलोफोरा* जातियां	*Hemicycliophora* species
सर्पिल सूत्रकृमि	Spiral nematode	*हेलीकोटाइलेंकस, रोटाइलेंकस* जातियां	*Helicotylenchus, Rotylenchus* species
स्तम्भ व शल्ककंद सूत्रकृमि	Stem & Bulb nematode	*डाइटाइलेंकस डिपसेकी*	*Ditylenchus dipsaci**
डंक सूत्रकृमि	Sting nematode	*बेलोनोलेमस* जातियां	*Belonolaimus* species*
अवरुद्ध जड़ सूत्रकृमि	Stubby root nematode	*ट्रिकोडोरस* व *पेराट्रिकोडोरस* जातियां	*Trichodorus, Paratrichodorus* species
स्तंभन, स्टाइलेट सूत्रकृमि	Stunt, Stylet nematode	*टाइलेंकोरिंकस* जातियां	*Tylenchorhynchus* species
टेस्टा सूत्रकृमि	Testa nematode	*एफलेंकॉडिस एराकिडिस*	*Aphelenchoides arachidis**
तम्बाकू का स्तंभन सूत्रकृमि	Tobacco stunt nematode	*टाइलेंकोरिंकस क्लेटोनी*	*Tylenchorhynchus claytoni**
गेहूँका बीज पिटिका सूत्रकृमि	Wheat seedgall nematode	*एंग्युआइना ट्रिटिसाई*	*Anguina tritici*
श्वेत सिरा सूत्रकृमि	White tip nematode	*एफलेंकॉडिस बेसीआई*	*Aphelenchoides besseyi*

* भारत में अनुपस्थित

○○○

परिशिष्ट IV

सूत्रकृमियों द्वारा उत्पन्न रोग

सूत्रकृमि	फसल	रोग
एंग्युआइना फुनेस्ट्रा + रेथीबैक्टर टोक्सीकस (जीवाणु) (*Anguina funesta + Rathayibacter toxicus*) (bacterium)	राई घास– *लोलियम* जाति (*Lolium* spp.)	वार्षिक राई घास विषाक्तता रोग, चिपचिपा रोग (Gumming disease, Gummosis)
एंग्युआइना एगरोसट्रिस + रेथीबैक्टर टोक्सीकस (*Anguina agrostis + Rathayibacter toxicus*)	राई घास– *लचनाएग्रोसट्रिस फिलीफोरमिस* (*Lachnagrostis filiformis*)	वार्षिक राई घास विषाक्तता रोग, चिपचिपा रोग
एंग्युआइना रेडीसीकोला (*Anguina radicicola*)	जौ	जौ का कोर्क रोग, जौ का जड़ गांठ रोग
	घास	घासों का घास जड़ गांठ सूत्रकृमि रोग
एंग्युआइना ट्रिटिसाई (*Anguina tritici*)	गेहूँ	ममनी/ सेहूँ / गेगला, इयर कोकल
एंग्युआइना ट्रिटिसाई + क्लेवीबेक्टर ट्रटिसाई (जीवाणु) (*Anguina tritici + Clavibacter tritici*)	गेहूँ	टुण्डु/ बाली का पीला सड़न/ गलन/ तनन / येलो इयर रोट
एफलेंकॉडिस एराकिडिस (*Aphelenchoides arachidis*)	मूंगफली	मूंगफली का बीज चोल (testa) सूत्रकृमि रोग
एफलेंकॉडिस बेसीआई (*Aphelenchoides besseyi*)	रजनी गन्धा	पुष्परोग
	स्ट्राबेरी	स्ट्राबेरी का ग्रीष्म बौनापन (Summer dwarf of strawberry)
	धान	श्वेत सिरा रोग, Firefly blast
एफलेंकॉडिस फरागेरी (*Aphelenchoides fragariae*)	स्ट्राबेरी	स्ट्राबेरी का अन्ध पौधा (Blind plant of strawberry), स्ट्राबेरी का वसन्त बौनापन (Spring dwarf of strawberry), स्ट्राबेरी का सिकुड़न रोग

सूत्रकृमि	**फसल**	**रोग**
एफलेंकॉडिस फ्रागेरी + रोडोकॉकस फैसिएन्स (जीवाणु) (*Aphelenchoides fragariae + Rhodococcus fascians*)	स्ट्राबेरी	फूलगोभी रोग
एफलेंकॉडिस रिजेमाबोसी + रोडोकॉकस फैसिएन्स (*Aphelenchoides ritzemabosi + Rhodococcus fascians*)	स्ट्राबेरी	फूलगोभी रोग
बरसेफसेंकस जाइलोफिलस (*Bursaphelenchus xylophilus*)	चीड़ (ब्लैक पाइन, लाल पाइन)	चीड़ म्लानि
काकोपोरा पेसटिस (*Cacopaurus pestis*)	अखरोट	अखरोट का शीर्षारंभीय रोग
क्रिकोनेमॉइड करवेटा/ *जिनोपलेक्स* (*Criconemoides* curvata/ *C. xenoplex*)	आड़ू	आड़ू अल्पायु रोग
डाइटाइलेंकस अंगसटस (*Ditylenchus angustus*)	धान	उफरा, डाकपोरा
डाइटाइलेंकस डेसट्रक्टर (*Ditylenchus destructor*)	आलू	आलू कंद का सूखा विगलन (Tuber dry rot of potato)
	इरिस	इरिस का काली धारी वाला रोग
डाइटाइलेंकस डिपसेकी (*Ditylenchus dipsaci*)	डेफोडिल, हाइसिंथ	हाइसिंथ का ब्राउन रिंग रोग
	प्याज	फूलना रोग (Bloat disease)
	जई और राई	जई और राई का ट्यूलिप रोग
	फ्लॉक्स	फ्लॉक्स की बन्ची रोजेट रोग
	चुकन्दर	झुर्रीदार ब्राउन विक्षत रोग
डोलिकोडोरस हेटरोसेफेलस (*Dolichodorus heterocephalus*)	अजवायन	लाल जड़ रोग
हेटरोडेरा एविनी (*Heterodera avenae*)	गेहूँ, जौ	मोल्या, सिरियल सिस्ट सूत्रकृमि रोग

सूत्रकृमि	फसल	रोग
हेटरोडेरा ग्लाइसीन (Heterodera glycines)	सोयाबीन	पीला बौना रोग
हेटरोडेरा शेक्टाई (Heterodera schachtii)	चुकन्दर	चुकन्दर क्लान्त मृदा रोग
हर्शमेनियेला ओराइजी (Hirschmaniiella oryzae)	धान	मेन्टेक, ओमोमेटक
हर्शमेनियेला मिटीकोडा (Hirschmanniella miticauda)	टोर	मिटीमिटी रोग
लोंजीडोरस व *पेराट्रिकोडोरस* जातियां (*Longidorus* spp. and *Paratrichodorus* spp.)	चुकन्दर	डोकिंग डिसऑर्डर
मेलॉइडोगाइन नासी (Meloidogyne naasi)	गेहूँ, जौ, राई, चारा घास	सिरियल जड़ गांठ रोग
मेलॉइडोगाइन जातियां (*Meloidogyne* spp.)	धान, सब्जियां, फल वाली फसलें, दलहनी फसलें, चारे की फसलें	जड़ गांठ रोग
प्रेटीलेंकस पेनीट्रेंस (Pratylenchus penetrans)	आड़ू	आड़ू की आरोपित करने की समस्या
प्रेटीलेंकस प्राटेंसिस (Pratylenchus pratensis)	तम्बाकू	तम्बाकू की ब्राउन जड़ रोग
रेडोफोलस सिट्रोफिलस (Radopholus citrophilus)	सिट्रस	सिट्रस व्याप्तिशील अपक्षय/ विस्तारी रोग
रेडोफोलस सिमिलिस (Radopholus similis)	केला	ब्लेक हेड रोग/केला अपक्षय/ राइजोम रोट/ विगलन/ टोपलिंग आवर/पनामा म्लानि
	काली मिर्च	पीत / येलाज
	नारियल और सुपारी	नारियल और सुपारी का जड़ विगलन रोग
रेडिनेफलेंकस कोकोफिलस (Rhadinaphelenchus cocophilus)	नारियल	रेड रिंग रोग
रोटाइलेंकस बक्सोफिलस (Rotylenchus buxophilus)	मटर	मटर का शीघ्र हरिमाहीन रोग(*Early yellowing of pea*)

सूत्रकृमि	**फसल**	**रोग**
स्कुटेलोनिमा बेंडिस (*Scutellonema bradys*)	जिमीकंद (*Dioscorea sp.*)	जिमीकंद का सूखा विगलन रोग (*Dry rot of yam*)
टाइलेंकोरिंकस ब्रेवीलीनिएटस (*Tylenchorhynchus brevilineatus*)	मूंगफली	कालाहस्ती (*Kalahasti*)
टाइलेंकुलस सेमीपेनिट्रेंस (*Tylenchulus semipenetrans*)	सिट्रस	शीर्षारंभीय रोग, सिट्रस अपक्षय, सिट्रस मंद अपक्षय (*Dieback, Slow citrus decline*)

■